高等院校本科生
化学系列教材

邵学俊 董平安 魏益海 编著

无机化学（第二版）

WU JI HUA XUE

（上册）

武汉大学出版社
WUHAN UNIVERSITY PRESS

图书在版编目(CIP)数据

无机化学.上册/邵学俊,董平安,魏益海编著.—2 版.—武汉:武汉大学出版社,2002.10(2018.8 重印)
高等院校本科生化学系列教材
ISBN 978-7-307-03654-3

Ⅰ.无… Ⅱ.①邵… ②董… ③魏… Ⅲ.无机化学—高等学校—教材 Ⅳ.O61

中国版本图书馆 CIP 数据核字(2002)第 050961 号

责任编辑:顾素萍　　责任校对:王　建　　版式设计:支　笛

出版发行:武汉大学出版社　　(430072　武昌　珞珈山)
　　　　　(电子邮件:cbs22@whu.edu.cn 网址:www.wdp.com.cn)
印刷:北京虎彩文化传播有限公司
开本:850×1168　1/32　印张:16.5　字数:426 千字　插表:1
版次:1994 年 11 月第 1 版　　2002 年 10 月第 2 版
　　2018 年 8 月第 2 版第 8 次印刷
ISBN 978-7-307-03654-3/O·265　　　　定价:36.00 元

版权所有,不得翻印;凡购买我社的图书,如有缺页、倒页、脱页等质量问题,请与当地图书销售部门联系调换。

内容介绍

本书是在《无机化学》(上、下册)第一版的基础上修订而成,共23章,分上、下两册。

第二版保留了第一版的特色,对整个章节结构未作变动,但对具体内容作了较多的补充、删减和调整,力求使教材跟上时代的发展。

上册原理部分包括物质的聚集状态、化学热力学基础、化学反应速率、化学平衡、四大反应与平衡、原子结构以及化学键与分子结构等11章。

下册为元素化学,共12章。侧重于介绍重要元素和化合物的性质、反应和应用,以及某些性质与结构的关系。为了实施可持续性发展这一人类进步的基本战略,使人类更好地生存、提高生存质量、保障生存安全,在元素化学有关章节中增加了环境化学和生物无机化学等有关内容。

本书可作为综合性大学化学院系无机化学课程和师范院校化学类专业基础化学教材,亦可作为其他各类高等院校普通化学教学参考书。

第二版前言

《无机化学》（上、下册）自出版以来，深受广大读者的欢迎。

为了适应我国经济建设、社会发展和科技进步对人才培养提出的要求，面向21世纪，根据广大读者提出的宝贵意见，以及我们在教学实践中的总结，对第一版进行了修订。

修订后的第二版，仍保留第一版具有的深入浅出、承前启后、注重内容的先进性和科学性、对于基本概念和理论的叙述力求阐明物理意义等特点。第二版虽对整个章节结构未作变动，但对具体内容作了较多的补充、删减和调整，力求使教材跟上时代的发展。

第2章增加了超临界流体；第3,4,5章对一些基本概念和理论如可逆过程和不可逆过程的功和热、标准平衡常数 $K^{\ominus}$ 与标准吉布斯自由能变化 $\Delta_r G_m^{\ominus}$ 的关系、催化作用机理等内容作了较大的改写；第6章对拉平效应作了简单的推导和证明，对软硬酸碱的原理和应用作了进一步说明；第7章增加了氢氧化物沉淀的pH内容，以资比较；第8章增加了用热力学数据计算电极电势和自由能-氧化态图；结构部分增加了电子云的空间分布、分子的磁性等内容。

20世纪末提出可持续性发展这一人类进步的基本战略，它是人类生存、生存质量和生存安全的保证，其基本化学问题是绿色化学和环境化学。元素特别是金属元素在生命过程中起着重要作用。因此，在元素化学的相应章节中增加了环境化学和生物无机化学方面的内容。

  本书采用 SI 单位制。但考虑到历史的原因和习惯，对某些常用的非 SI 单位也作了介绍，并根据不同的情况和需要加以应用。另外，对各章的习题也作了删减和补充。

  本书在修改过程中，参考了国内有关的教材，在此对这些教材的作者表示衷心的感谢。

  由于编者学识水平所限，书中错误和不妥之处在所难免，敬望读者批评指正。

编 者

2002 年 8 月于武昌珞珈山

目 录

第1章 绪 论 ·· 1
1.1 化学研究的对象和特点 ······················· 1
1.2 化学的发展和展望 ······························· 3
1.3 无机化学简介 ······································ 7
1.4 学习无机化学的方法 ··························· 11

第2章 物质的聚集状态 ································ 13
2.1 气体 ··· 13
2.2 液体与液晶 ··· 28
2.3 溶液 ··· 33
2.4 固体 ··· 45
2.5 等离子体 ··· 51
  习题 ··· 52

第3章 化学热力学基础 ································ 55
3.1 热力学常用术语 ·································· 56
3.2 热力学第一定律 ·································· 58
3.3 热化学 ··· 63
3.4 化学反应的自发性 ······························· 80
  习题 ··· 94

第 4 章 化学反应速率 ········· 97
- 4.1 化学反应速率 ········· 98
- 4.2 反应速率定律 ········· 102
- 4.3 温度对反应速率的影响 ········· 110
- 4.4 催化剂对反应速率的影响 ········· 114
- 4.5 反应速率理论简介 ········· 119
- 习题 ········· 125

第 5 章 化学平衡 ········· 128
- 5.1 化学反应的可逆性和化学平衡 ········· 128
- 5.2 平衡常数及其计算 ········· 130
- 5.3 平衡常数关系式的应用 ········· 142
- 5.4 化学平衡移动 ········· 148
- 习题 ········· 159

第 6 章 酸碱理论 ········· 162
- 6.1 质子酸碱理论 ········· 162
- 6.2 缓冲溶液 ········· 181
- 6.3 非水溶剂酸碱 ········· 187
- 6.4 路易斯酸碱 ········· 190
- 6.5 软硬酸碱 ········· 195
- 习题 ········· 198

第 7 章 沉淀-溶解平衡 ········· 200
- 7.1 溶度积常数 ········· 200
- 7.2 沉淀-溶解平衡的移动 ········· 206
- 7.3 分步沉淀与沉淀的转化 ········· 217

习题 ··· 221

第8章 氧化还原反应与电化学 ················ 223
8.1 基本概念 ······································· 223
8.2 电极电势 ······································· 231
8.3 电极电势的应用 ······························ 248
8.4 电势图解 ······································· 259
8.5 电化学的应用 ································· 274
习题 ··· 289

第9章 原子的电子结构和周期律 ·············· 293
9.1 氢原子光谱和玻尔学说 ···················· 293
9.2 微观粒子的基本属性 ······················· 300
9.3 核外电子运动状态及其运动规律 ······· 304
9.4 原子核外电子排布和元素周期系 ······· 316
9.5 元素某些性质的周期性 ···················· 334
习题 ··· 345

第10章 化学键与分子结构 ······················ 348
10.1 离子键 ··· 348
10.2 经典路易斯学说 ···························· 359
10.3 共价键理论 ·································· 362
10.4 价层电子对互斥模型 ····················· 383
10.5 键参数、分子的极性和磁性 ··········· 390
10.6 金属晶体、金属键 ························· 396
10.7 分子间作用力和氢键 ····················· 402
习题 ··· 412

第 11 章 配位化合物 ·············· 414
　11.1 配位化合物的基本概念·········· 414
　11.2 配位化合物的化学键理论········· 431
　11.3 配位化合物的稳定性············ 451
　11.4 配位平衡及平衡移动············ 469
　　　 习题······················ 481

附录 I　 常用物理常数················ 486
附录 II　难溶电解质的溶度积常数········ 487
附录 III　标准电极电势··············· 490
附录 IV　一些物质的热力学性质········· 502
附录 V　 配合物的稳定常数············ 513

第1章 绪 论

1.1 化学研究的对象和特点

化学是自然科学中一门基础学科。自然科学的研究对象是运动的物质,即研究物质的运动形式。物质的运动形式具有多样性,化学主要研究物质的化学运动,即物质的化学变化。物质的化学变化具有自身的特殊性,这种特殊性主要是组成物质的分子、原子或离子的分解和化合,并常伴有能量、颜色、物态等物理性质的变化。

物质的化学变化基于物质的化学性质,而化学性质与物质的组成和结构密切相关,因此,物质的组成、性质、结构和反应成为化学研究的主要内容。化学还研究物质的化学变化与外界条件的关系以及化学反应的规律性。所以,化学是在分子、原子或离子层次上研究物质的组成、性质、结构和反应及其相互关系的科学。

化学作为一门科学,虽只有三百多年的历史,但在自然科学中占有重要的地位,并且这种地位随科学的发展不断得到加强。特别是20世纪以来,由于化学发展的高度分化和高度综合,与其他科学的相互渗透、相互交叉,使得化学与多种学科关联,化学科学的发展大大地促进了其他科学的发展。物理学为近代化学的发展提供了现代化的研究方法和测试手段,物理学的发展与新材料的合成和研究密切相关,化学和固体物理是材料科学的基础，可以说材料科学是这两门科学相互渗透的结果。化学与生物学相结合，在分子水平上研究生物体，给生命科学以及医学和农业带来新的发展。化学与地理学相结合，对于探索天体的起源和演变都有重要意义。20世纪末提出可持续性发展这一人类的基本战略，其基本化学问题是绿色化学和环境化学，这对保证人类生存质量和生存安全有着重要的意义。

应该指出的是，由于化学是研究物质及其变化的科学，化学不仅与其他科学密切相关，而且在自然科学中起着举足轻重的作用。

各门科学都有自身的特点，化学科学的特点可以概括为如下几方面。

(1) 实验性

任何一门自然科学都是以科学实验（包括观察和测试）作为直接的基础，科学实验是自然科学赖以建立、检验和发展的动力。由于化学是从物质自身特点的变化中了解物质的组成、结构和性能，又要从物质的组成、结构和性能的分析中进一步认识物质自身的特点和变化。这一方面说明化学的实验性能，另一方面表明化学实验的手段和技术要先进。1967年合成冠醚化合物，由于这类化合物对金属离子具有选择性的配合性，因此引起了世界上有关科学家的兴趣和重视，而这类化合物的合成和研究都是以化学实验为基础的。1987年诺贝尔化学奖获得者就是三位合成了这类具有特殊结构和性能的环状化合物的化学家，他们为实现人们长期寻求合成类似具有天然蛋白质功能的有机化合物取得了开拓性的成就。对于冠醚化合物及其配合性能的研究，不仅要合成有关化合物，而且还要测定其组成和配合性能，这就需要有多种先进的仪器和实验技术。如果要进一步研究冠醚配合物的结构，还必须在实验室培养出单晶，然后用四圆衍射仪作结构分析。当然最后结构的分析判断，不仅要综合各种实验结果，还要从理论上加以分析。

(2) 理论性

化学的发展来自于实践和社会的发展。化学虽然要应用其他科学的有关理论，但是在长期的发展中化学形成了自身的概念、定律和理论。这些定律和理论不仅可以用来说明物质的性质、结构和反应以及它们之间的关系，而且可以指导某些新化合物的合成。1962 年，巴特列根据理论分析和计算认定 O_2，Xe 具有相似的电离能；O_2PtF_6，$XePtF_6$ 具有相似的晶格能，因此合成了第一个稀有气体化合物 $XePtF_6$。

由于化学变化的特殊性，使用特定的概念、定律和理论是化学学科的一个重要特点。例如，1661 年提出元素概念，正是由于这一概念的提出，才为化学元素的相继发现及其系统化直至物质组成理论的建立奠定了基础。质量守恒定律（1789 年）、定比定律（1799 年）、倍比定律（1803 年）等化学基本定律的发现，不仅反映了物质组成的定量关系和化学反应的质变和量变特点，而且为近代化学原子论的建立打下了基础。量子理论的提出和发展，对从微观上认识物质的结构具有划时代的意义。

(3) 应用性

科学变为直接的生产力是近代科学技术的特点。从化学的发展来看，化学的产生、研究来源于生产的需要，又走在生产的前面。在古代，化学知识和化学工艺都是以原始的实用化学形式相结合；在近代，化学主要是化工生产、化工技术与化学理论化的形式相结合；在现代，化学则以理论与化工技术进而与化工生产转化的形式相结合。

1.2 化学的发展和展望

化学的发展可分为三个时期。从化学的萌芽到 17 世纪中期为古代化学时期；从 17 世纪后半期波义耳把化学确立为科学至 19 世纪 90 年代中期为近代化学时期；从 19 世纪 90 年代末至 20

世纪以来为现代化学时期。

在古代,除数学、力学和天文学具有一定的相对独立性外,科学并没有分化,化学没有具体的研究对象,科学的化学也不存在。化学只是以知识的形态存在着,在实际生活中积累化学知识,这个时期的化学知识主要来源于 4 个方面。① 古代实用化学,这是一些具体工艺中的化学知识,如陶瓷、冶金、酿造等。② 古代的物质观,即人类对自然万物的本原、构成及其变因的认识。③ 炼金术,即炼丹术,这是化学最原始的形式。④ 冶金、医学的出现,它们在从炼金术到科学化学的转变中起到了桥梁作用。古代化学时期,化学虽经历了漫长的岁月,但只是积累了一些零散的化学现象和事实,并未建立严格的化学概念和理论,化学并未成为一门科学。但古代化学的萌芽和发展在人类认识自然和改造自然的历史长河中仍起着重要作用。

近代化学时期,历时两个半世纪。在以往积累的事实和经验的基础上,加之实验化学又有许多新的发现,化学成为一门科学,逐渐提出一系列的概念、定律和理论。在科学的发展中,建立起以研究元素及其化合物性质为主要内容的无机化学;以研究碳氢化合物及其衍生物为主要内容的有机化学;以研究物质化学组成的鉴定方法为主要内容的分析化学;以应用物理方法和数学处理研究化学热力学、化学动力学和物质结构为主要内容的物理化学,并具备了一定的实验基础和理论基础。在应用方面,兴起了化学工业、化工生产、化工技术与化学理论相结合的研究方法。19 世纪 20 年代,维勒人工合成了尿素,说明无机和有机之间没有不可逾越的鸿沟。19 世纪,化学已进入繁荣昌盛时期,成为带头的学科之一。

19 世纪 90 年代末至 20 世纪以来为现代化学时期。在现代化学时期,化学开始从宏观领域进入微观领域,把宏观和微观研究结合起来,可以更深刻地揭示物质结构和化学现象的本质。微观化学从量子化学、结构化学和核化学三个方向发展并向许多方面渗透，特别是表现在化学动力学、生命化学和元素的人工合成等方面。在实验技术上，由于物理学、计算机的发展和工业生产水平的提高，各种先进新型仪器设备相继出现，从而促进化学实验水平的全面提高。20世纪末提出可持续性发展这一人类进步的基本战略，它包括保证人类生存、生存质量和生存安全三个方面。其基本化学问题归属于绿色化学和环境化学，二者是不可分割的。绿色化学是要从"源头"上杜绝不安全的因素，环境化学是研究环境中物质间相互作用的科学。

20世纪的化学无论是在基础研究、化学工业、实验技术方面，还是化学理论等方面都有着高速的发展和创新。

综观化学科学的过去和现状，21世纪化学科学发展总的趋势是：

（1）微观与宏观结合。

以微观结构研究为基础的药物和材料的计算机辅助设计将成为研究的热点。但在研究微观世界的同时不能忽视宏观化学热力学和化学动力学的研究。而微观研究和宏观研究相结合，在研究生命科学、材料科学和环境科学时是尤为重要的。

（2）动态与静态相结合。

静态研究主要是采用合成-测试-表征-结构的模式。但是作为研究物质化学变化的化学学科，一直重视化学过程的研究。近年来把微观概念引进反应过程的微观动力学研究有了重大的突破，形成了现代化学的一个热点。另外，用计算机模拟分子间作用的过程表明将来化学过程微观动态跟踪研究的可能性。将来化学既要从分子层次认识静态结构和性质的关系，又要研究发生的动态过程。

现代化学有着与以往各个时期不同的特点，可以概括为如下几方面。

（1）发展速度快

现代化学发展速度快，无论是化学成果和水平都在日新月异变化。如美国《化学文摘》是国际上权威的检索刊物，以其资料多、报道快而著称，《化学文摘》中摘录了反映化学发展的有关论文。其论文数目，1907 年创刊时为 11 847 条，1977 年增加到 436 887 条，1990 年达到 1×10^6 条。又如，1995 年完成了 100 万种有关化合物的设计和合成。可见化学发展速度之快。

（2）应用性广

化学工业几乎与国民经济的所有部门联系在一起，这是现代化学最明显的特点。20 世纪以来，化学工业及与化学工业相关的各个领域如粮食、能源、交通、材料、医药、国防以及人们的衣、食、住、行等都有着巨大的变化和发展。甚至电视、磁带和激光等物理效应也要依赖化学提供新物质和新材料。

20 世纪 50~60 年代，世界的总生产量大约增加了 3 倍，而在同一时期，化工产品的产量增加了 20 倍。1961~1970 年，世界工业产品的年平均增长率为 6.7%，而同期化工产品增长率为 9.7%。从化工产品的数量来看，20 世纪 70 年代初，城市居民日常生活所用的化工产品为 400 种左右，其中大约 60 种为纺织品，200 种为日常生活用品，50 种用于医药，50 种用于食品。另外，为了生产食品，还需要约 900 种不同的化学试剂。在物质生产的各个部门约 100 多万种物品来自于化学工业。已知的化合物近 450 万种，与此同时，在实验室每天能合成近 200 种新的化合物，1990 年，化合物达 1 000 多万种。

（3）实验技术高

现代化学的实验水平空前提高，这主要表现为实验仪器的精密程度高，自动化程度高，为现代化学打下了牢固的物质基础。例如，近年来发现的 C_{60} 分子是研究的热点之一。20 个六元环和 15 个五元环拼成一个类似足球的圆球，60 个碳原子位于 60 个顶点，位于球面上，碳原子间的化学键和烯烃双键相似，故取名为球烯。C_{60} 是一种介于无机和有机之间的物质，这种非经典的物质具有重要科学研究意义。

C_{60}的发现,说明当今化学实验水平空前提高,因为60个碳原子组成稳定的球烯,若没有现代化的高分辨的质谱、核磁共振、高效的液相色谱分离技术等实验手段,这种原子团簇的物质是很难发现的。

(4) 理论水平高

现代化学理论水平有了新的发展。现代化学不仅要研究宏观方面的化学问题,而且要探索微观领域中的问题。化学键的价键理论、分子轨道理论和配位场理论成为现代化学重要理论的基础。20世纪60年代以来,量子化学借助电子计算机的应用,有了新的发展,促进了分子结构,特别是生物大分子的结构和功能的研究。量子化学的计算结果,为分子设计开辟了道路。分子轨道对称守恒原理的提出,使分子轨道理论从分子静态的研究发展到化学反应的动态研究。

(5) 分支学科多

现代化学突破了原有的化学研究范围,同其他基础学科相互交叉、结合为许多分支学科或边缘学科。现代化学正是站在化学的交叉性、边缘性的前沿来预测化学的发展。如无机化学与固体物理结合形成了无机固体化学;无机化学与生物学结合形成了无机生物化学;无机化学与有机化学结合形成了金属有机化学。

回顾化学的发展史,可以清楚地看到化学在社会发展和人类进步中所起的作用。科学家们断言,化学将成为先导科学,21世纪将是化学时代。

1.3 无机化学简介

无机化学是研究元素及其化合物的制备、性质、反应、结构和相互关系的一门化学分支。

人类最早接触到的化学知识是无机化学。15世纪后半期以来,人类逐渐积累了较多的无机化学知识,这是无机化学成为化学重要组成部分和分支学科的萌芽阶段。从18世纪后半期到19世纪初期无机化学进入第二阶段,即无机化学成为化学的一个分支,到1869年,共发现了63种化学元素。从19世纪的最后10年到20世纪40年代的半个世纪中,无机化学进展迟缓,其主要工作是合成新的化合物和分析方法的改进,其间虽然积累了极丰富的资料,但除根据周期定律提出了一些关系外,并未形成理论使之连贯起来。20世纪50年代以后,无机化学得以复兴,出现了欣欣向荣的局面。无机化学的复兴主要是由于量子力学理论的发展,从而使无机化学经验材料得以系统化和理论化。另一个原因是现代化的光学、电学和磁学等测试仪器和技术的出现和发展,使物质的微观结构和宏观性能联系起来。20世纪60年代以后,无机化学又有了新的发展,形成了与无机化学有关的交叉学科和边缘学科。

材料、能源和信息科学是现代文明的三大支柱,化学被认为是这三大支柱的中心科学。随着微电子技术、能源、光纤通讯、海洋开发等新技术的发展,无机化学成为化学学科中最活跃、最富生命力的基础和前沿学科。下面仅就无机固体化学和生物无机化学作一些简要介绍。

1. 无机固体化学

材料是人类赖以生存的物质基础,而化学是新材料的源泉,也是材料科学发展的推动力。材料科学中的基本化学问题即形成了无机固体化学。

无机固体化学又叫无机材料化学,它是无机化学、固体物理和材料科学的交叉学科,是在原子水平上了解无机材料的组成、结构和性能的关系基础上发展起来的。其研究的主要内容是:固相反应、晶体的生长和组成、固体的结构、固体表面化学等,以及无机固体物质作为材料应用的实际可能性。当今人类所用的材料中,无机材料占有重要地位,高新技术领域所用的材料中80%以上为无机材料,如半导体、电子陶瓷、磁性材料、激光光源材料、光纤材料、超导材料、纳米材料等。

光纤材料又称为光通讯纤维,是具有导光特性的石英纤维,由化学气相沉积制得。光导纤维通讯是用光波传送信息,传送信息容量比电缆容量大几万倍,具有传输耗能低、体积小、电绝缘性能好、耐腐蚀、抗雷击、保密性能好等优点。新的一类氟玻璃光纤材料还可以提高其透明度。我国光纤通讯材料不仅有广泛和深入的研究,而且已用于通讯。在武汉不仅有高水平的光导纤维研究所,而且建有最先进的光纤光缆有限公司。

超导材料是一种重要的无机固体材料。在温度和磁场都小于一定数值的条件下,导体材料的电阻和磁感应都突然变为零的性质称为超导性,具有超导性的物质叫超导材料。电阻突然发生转变的温度称为超导材料的临界温度。1986年以来,探索高临界温度的超导材料取得了重大突破,继发现 Ba-La-Cu-O 体系后,又发现了某些不含稀土元素的复合氧化物体超导材料,其临界温度突破 100 K。20 世纪是以室温超导的物理学研究为主,21 世纪室温超导化学必然发展,即研究其组成与超导的关系,电子在超导材料结构中的运动和超导性能的关系。

超微粒及其某些独特的性质受到人们的重视,它们在催化中的应用展示了一个富有活力的研究领域。近年来发现一系列金属(如 Ni,Fe,Cu,Au 等)微粒子沉积在冷冻的烷烃基质上,经特殊处理后,金属粒子有断裂 C—C 键或加成到 C—H 键之间的能力,如 Ni,Fe 等形成稳定的具有 $M_xC_yH_z$ 组成的金属有机粉末,对催化氢化具有极高的活性。

纳米材料在光学、电子、磁力学以至生物学等方面的性质发生了突变,形成了纳米化学。如 Al_2O_3/TiO_2 和 SiO_2/Fe_2O_3 复合纳米材料对红外光谱有屏蔽效应。

2. 生物无机化学

生物无机化学是无机化学、生物学、医学等多种学科的交叉学科,是 20 世纪 60 年代形成和发展起来的。其主要内容包括:

① 生物化学和结构化学相结合，以测定生物功能分子结构和阐明作用机理。② 生物化学与配位化学相结合，研究生物配体与金属离子的配位化学。③ 结构化学与溶液化学相结合，探索金属离子生物大分子结构与生物功能的关系。

生物体内含有金属（少数非金属）元素及其化合物（目前已知人体中生命必需的元素大约有 26 种），特别是痕量金属元素和生物大分子配体形成的配合物，如金属酶和金属蛋白质。生物无机化学研究它们的结构、性质和生物活性之间的关系，以及在生物体系中参与反应的反应机理。金属元素是一系列酶和蛋白质的重要组成部分，因此，在生命过程中起着重要的作用，如人体吸收氧以氧化有机物来获取能量，这有赖于含 Fe 酶——血红素来完成。金属元素的含量在人体内失调将导致金属缺乏症或中毒等疾病，影响人的正常生长和发育。如克山病与缺 Se, Mo 等元素有关，缺 Zn, Cr 会导致糖尿病，Ca 失调与原发性高血压有关，Pb, Cd, As 的污染及 Se 失调与癌症病发有关。

顺式-二氯二氨合铂（Ⅱ）($Pt(NH_3)_2Cl_2$）已成功地作为一种抗癌药物临床用于医学。它于 1845 年首次被合成，1893 年测定了其结构，1965 年发现顺铂的抗癌活性，特别是对子宫癌、肺癌有明显疗效。现在一些新的更有效的抗癌药物如顺式-二氯戊烯胺合铂（Ⅱ）($Pt(C_5H_9NH_2)_2Cl_2$）、顺式-二氯茂钛相继发现。我们相信，不久的将来危害人类生命最大的疾病——癌症将被征服。

最近发现，金化合物的代谢产物 $Au(CN)_2^-$ 有抗病毒作用，有利于抗炎症，钒的化合物可以治疗糖尿病，锌的化合物可以防治流感。因此，有理由认为：在药物中无机药物将起着越来越重要的作用。

无机化学的研究范围广，涉及许多领域，作为化学专业基础课程的无机化学，当然不能详尽地讨论无机化学的各个领域。无机化学课程的目的是学习无机化学的基本概念、定律和理论以及重要元素及其化合物的性质、结构和反应，为后续有关课程的学习、深造、工作打下牢固的无机化学基础。

1.4 学习无机化学的方法

为了更好地学习无机化学，在学习中应注意和处理好以下关系。

（1）理论和实验的关系

无机化学的实验性强，也有自身的理论。无机化学设有理论课和实验课，二者是一个整体，互相补充、完善，学习中不能偏废。实验可以加深感性认识，而理论可以加深对感性认识的理解。

（2）承前启后的关系

无机化学课的内容涉及面广，有些内容大家可能接触过，有的后续课程还要学习。但无机化学既不是简单的重复，也不能代替后续课程，而是根据需要着重于对某些概念、理论物理意义的理解，并用这些概念和理论来说明元素和化合物的性质及其有关无机化学的问题。

（3）理解和记忆的关系

元素和化合物的性质是无机化学的重要组成部分，要把诸多化合物的性质和结构联系起来，并从理论上加以解释是困难的，有的目前也是不可能的。如 H_2O_2 具有热不稳定性、氧化还原性和催化分解等性质，这些性质从 H_2O_2 的结构是可以解释的。但 I_2 与 $Na_2S_2O_3$ 反应为什么生成 $Na_2S_4O_6$，从理论上难以解释，而该反应非常重要，务必加以记忆。

（4）一点论和多种处理方法的关系

所谓一点论是指物质的客观属性。但客观属性可以用不同的观点解释，或不同的方法加以处理。如近代共价键理论就有价键理论和分子轨道理论，而这两种理论中又有多种处理方法，如价键理论中的杂化轨道、共振等。对于 F_2 分子用价键理论和分子轨道理论处理可以得相同的结果,但对于 O_2 分子用分子轨道理论处理则更合理。

(5) 个性和共性的关系

无机化学中的元素化学内容多,难以记忆,并且各有特性。但元素化学具有周期性,在学习、掌握个性的基础上,应总结、归纳共性,做到举一反三。

第 2 章　物质的聚集状态

在通常情况下，物质所呈现的聚集状态有气态、液态和固态三种。在特定条件下，物质还可以以等离子态存在。气态、液态和固态各有其特点，在一定的条件下可以互相转化。例如液态水可以蒸发为水蒸气，水蒸气可以冷凝为液态水，在低温下水可以冻结成冰。液体的气化、气体的液化、液体的凝固和固体的熔化等物态变化统称为相变。物质在发生状态变化时总是要涉及能量的转化和传递。在化学变化中也常常伴随着物质聚集状态的变化，同时物质聚集状态也影响化学反应的进行。因此，化学工作者必须熟悉物质的状态特征，研究物质的状态变化。

2.1　气　　体

气体的基本特征是具有扩散性和可压缩性。将一定量的气体引入容器，不管容器的大小、形状如何，即使极少量的气体也能均匀地充满整个容器。气体没有固定的形状和体积。所谓气体的体积，实际是指它所在容器的容积。气体具有极强的可压缩性，压力改变，气体的体积也随之改变。在通常的温度和压力条件下，气体的分子间相距甚远，分子本身所占的体积很小。增大压力，分子间距离减小，所以气体的体积减小。由于气体分子间距离很大，所以分子间的作用力很小，不同气体可以按任何比例互相混溶。气体分子处于永恒的无规则的运动之中，气体分子在无规则的运动中相互碰撞，同时也碰撞容器壁，气体分子对器壁的碰撞就产生了气体的压力。温度升高，气体分子的无规则运动加剧，气体的压力和体积也会发生变化。气体的压力、体积、温度以及气体的物质的量是描述气体状态的4个重要物理量。

2.1.1 理想气体定律

所谓理想气体，是人们为了使问题简化而建立的一种人为的气体模型。按照这一模型，气体的分子只是一种质点，只有位置而不具有体积。分子之间也没有相互作用力。像氢气、氮气、氧气等许多实际气体，在一般条件下的性质非常接近于理想气体。在通常情况下，我们可以按照理想气体的有关定律来处理许多实际气体的问题，并且能获得相当好的近似。另外，通过对理想气体定律作适当的修正，就可以比较精确地解决有关实际气体的问题。

1. 理想气体状态方程式

理想气体状态方程式为

$$pV = nRT \qquad (2\text{-}1)$$

这是我们所熟悉的一个方程式，是由波义耳(Boyle)定律、查理(Charles)定律和阿佛加德罗(Avogadro)定律合并而组合成的一个方程式。式中 p 为气体的压力，V 为气体的体积，n 为气体的物质的量，T 为热力学温度，R 是摩尔气体常数。在标准状况(S.T.P)下，即 $T = 273.15$ K，$p = 101.325$ kPa 时，气体的摩尔体积 $V_m = 22.414 \times 10^{-3}$ m^3。这样，摩尔气体常数 R 的数值和单位就可以确定。

$$R = \frac{pV}{nT} = \frac{101.325 \text{ kPa} \times 22.414 \times 10^{-3} \text{ m}^3}{1 \text{ mol} \times 273.15 \text{ K}}$$

$$= 8.314 \times 10^{-3} \text{ kPa} \cdot \text{m}^3 \cdot \text{mol}^{-1} \cdot \text{K}^{-1}$$

$$= 8.314 \text{ kPa} \cdot \text{dm}^3 \cdot \text{mol}^{-1} \cdot \text{K}^{-1}$$

$$= 8.314 \text{ J} \cdot \text{mol}^{-1} \cdot \text{K}^{-1}$$

当用 m 表示气体的质量，M 表示气体的摩尔质量时，理想

气体状态方程式变为

$$pV = \frac{m}{M}RT \qquad (2\text{-}2)$$

[**例 2-1**] CO 的摩尔质量 $M = 28.0 \times 10^{-3}$ kg·mol^{-1}，求 298.15 K 和 101.325 kPa 时 CO 的密度。

解 因为 $\rho = \frac{m}{V}$，$pV = \frac{m}{M}RT$，所以 $\rho = \frac{pM}{RT}$，

$$\rho_{\text{CO}} = \frac{101.325 \text{ kPa} \times 28.0 \times 10^{-3} \text{ kg·mol}^{-1}}{8.314 \times 10^{-3} \text{ kPa·m}^3 \cdot \text{K}^{-1} \cdot \text{mol}^{-1} \times 298.15 \text{ K}}$$

$$= 1.14 \text{ kg·m}^{-3}$$

根据理想气体状态方程式还可以从气体的密度求物质的摩尔质量，从而确定物质在气体状态下的分子式。

[**例 2-2**] 三氧化二砷在 844 K 和 99.1 kPa 时形成的蒸气密度 $\rho = 5.66$ kg·m^{-3}，求它的近似摩尔质量。三氧化二砷的分子式应该如何写？

解 从理想气体状态方程式可得

$$M = \rho \frac{RT}{p}$$

$$= \frac{5.66 \text{ kg·m}^{-3} \times 8.314 \times 10^{-3} \text{ kPa·m}^3 \cdot \text{mol}^{-1} \cdot \text{K}^{-1} \times 844 \text{ K}}{99.1 \text{ kPa}}$$

$$= 0.401 \text{ kg·mol}^{-1}$$

如果分子式为 As_2O_3，则摩尔质量应为 0.1978 kg·mol^{-1}，若为 As_4O_6，摩尔质量应为 0.3956 kg·mol^{-1}。后一值与从气体密度计算的值 0.401 kg·mol^{-1} 很相近，故三氧化二砷的分子式应为 As_4O_6，通过对其蒸气的电子衍射研究，进一步证实了这一分子组成。

2. 气体分压定律

当几种不同的气体在同一容器中混合时，如果它们之间不发生化学反应，按理想气体模型，它们将互不干扰，每一种组分气体都能均匀地充满整个容器。每一组分气体所产生的压力同其在

相同温度下单独存在于同一容器中所产生的压力相同,不因其他气体的存在而有所改变。混合气体中某一组分气体所产生的压力叫做该组分气体的分压力。某一组分气体的分压力等于该组分气体在相同温度下,单独占据与混合气体相同体积时所产生的压力。

1801年道尔顿(J.Dalton)通过实验发现:混合气体的总压力等于混合气体中各组分气体的分压力之和。这就是道尔顿分压定律。可表示为

$$p = p_1 + p_2 + \cdots \tag{2-3a}$$

或

$$p = \sum p_i \tag{2-3b}$$

式中,p 为混合气体的总压力,$p_1, p_2, \cdots$ 为各组分气体的分压力。

若混合气体的物质的量为 n,各组分气体的物质的量分别是 $n_1, n_2, \cdots$,混合气体的体积为 V,根据理想气体状态方程式,则

$$p = n\frac{RT}{V} \tag{2-4}$$

$$p_1 = n_1 \frac{RT}{V}, \quad p_2 = n_2 \frac{RT}{V}, \cdots \tag{2-5}$$

因为 $n_1 + n_2 + \cdots = n$,所以

$$p = (n_1 + n_2 + \cdots)\frac{RT}{V} = n_1\frac{RT}{V} + n_2\frac{RT}{V} + \cdots$$

即

$$p = p_1 + p_2 + \cdots$$

这样就从理想气体状态方程式直接导出了分压定律。用(2-5)式分别除以(2-4)式得 $\frac{p_1}{p} = \frac{n_1}{n}, \frac{p_2}{p} = \frac{n_2}{n}, \cdots$,或

$$p_1 = \frac{n_1}{n}p = x_1 p, \quad p_2 = \frac{n_2}{n}p = x_2 p, \cdots \tag{2-6}$$

式中,$x_1, x_2, \cdots$ 为各组分气体的物质的量分数。(2-6)式说明,混合气体中某一组分气体的分压力等于该组分气体的物质的量分

数与总压力的乘积。

[例 2-3] 将一定量的固体氯酸钾和二氧化锰的混合物加热，分解反应完成后测得其质量减少了 0.480 g，同时测得用排水集气法收集起来的氧气体积为 377 cm³，而此时的温度为 294 K，压力为 99.6 kPa，试计算氧气的分子量。

解 查表得 294 K 时水的蒸气压为 2.48 kPa。所以

$$p_{O_2} = 99.6 \text{ kPa} - 2.48 \text{ kPa} = 97.12 \text{ kPa}$$

因为 $M = \dfrac{mRT}{pV}$，而混合物减少的质量就是生成的 O_2 的质量，故

$$M_{O_2} = \frac{0.480 \times 10^{-3} \text{ kg} \times 8.314 \times 10^{-3} \text{ kPa·m}^3\text{·mol}^{-1}\text{·K}^{-1} \times 294 \text{ K}}{97.12 \text{ kPa} \times 377 \times 10^{-6} \text{ m}^3}$$

$$= 0.032 \text{ kg·mol}^{-1}$$

氧气的摩尔质量为 0.032 kg·mol⁻¹，故其分子量为 32。

严格地说，实际气体分子间是存在相互作用力的，各种气体分子间的相互作用力不尽相同，各组分气体在混合气体中的存在状态与其单独存在时的状态是有差别的。因此，分压定律仅适用于理想气体。但是，在压力不太高的情况下，实际气体分子间的相互作用力很小，很接近于理想气体，其行为与分压定律的偏差通常可以忽略。

3. 气体扩散定律

气体扩散定律认为：在同温同压下，气态物质的扩散速度与密度的平方根成反比。这一定律是英国物理学家格拉罕(Thomas Graham)在 1831 年通过实验首先发现的。在相同的条件下对 A 与 B 两种气体进行实验，按气体扩散定律，其扩散速度具有如下关系：

$$\frac{v_A}{v_B} = \sqrt{\frac{\rho_B}{\rho_A}} \tag{2-7}$$

在同温同压下，气体的密度与气体的摩尔质量成正比，所以

$$\frac{v_A}{v_B} = \sqrt{\frac{M_B}{M_A}} \qquad (2-8)$$

式中，$v_A, v_B, \rho_A, \rho_B, M_A, M_B$ 分别为气体 A 和气体 B 的扩散速度、密度和摩尔质量。

(2-8)式表明气体的扩散速度与其摩尔质量的平方根成反比。若将一定量的气体密封在容积一定的容器中，容器通过一毛细管与真空室相连接，测定容器内压力下降至预定值所需的时间为 t，在相同温度和压力条件下，对于气体 A 和气体 B 来说，测得的时间应与气体的扩散速度成反比。即

$$\frac{t_A}{t_B} = \frac{v_B}{v_A}$$

所以

$$\frac{t_A}{t_B} = \sqrt{\frac{M_A}{M_B}} \qquad (2-9)$$

(2-9)式表明两种气体 A 和 B，在相同的温度和压力条件下，等量的气体分子数扩散通过某一点所需的时间与其摩尔质量的平方根成正比。

应用气体扩散定律可以分离气体混合物。将混合气体通过多孔隔膜进行扩散，摩尔质量不同的气体通过隔膜所需的时间不同，这样经过多次扩散，各组分气体就可以分离开。这一方法在同位素分离中得到了广泛的应用。作为核裂变材料的 ^{235}U 在自然界的相对丰度仅为 0.72%，而占 99% 以上的是不具有裂变性质的 ^{238}U。由于一种元素的两种同位素在化学性质上极其相似，所以用化学方法分离 ^{235}U 和 ^{238}U 是十分困难的。但是利用 U 的挥发性化合物 UF_6 进行气体扩散法分离，就能够将这两种同位素分离开来。虽然 $^{235}UF_6$ 的摩尔质量与 $^{238}UF_6$ 的摩尔质量相差不大，但在大规模的生产浓缩铀的工厂中，UF_6 通过多孔隔膜进行数千次的扩散，较轻的组分不停地向下一级扩散，而较重的组

分通过前一级循环,这样就使铀的两种同位素得到了分离。图 2-1 为 UF_6 气体扩散装置串联示意图。

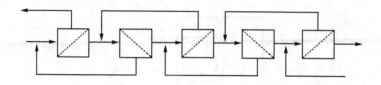

图 2-1　气体扩散法串联示意图

2.1.2　气体分子运动论

虽然前面所述的理想气体状态方程式、分压定律及气体扩散定律是从实验中总结出来的,但是在一般条件下却能相当准确地描述所有气体的物理性质。这一事实表明所有气体必定具有某些共同的特征,因而能遵守相同的自然规律。麦克斯韦(J.C. Maxwell)、玻尔兹曼(L.Boltzmann)、克劳胥斯(R.Clausius)等人发展了气体分子运动论,成功地解释了理想气体定律。气体分子运动论假设:气体分子永不停息地作无规则运动;分子与分子间的碰撞、分子与容器壁的碰撞为弹性碰撞;分子本身的大小与分子间的距离相比可以忽略;分子之间除碰撞的瞬间外其相互作用力可以忽略。按照分子运动论的假设,对气体分子的运动作严格处理需要高深的数学基础,这里我们将按简化的方式引出气体的压力公式,然后用此公式简要讨论理想气体状态方程式。

1. 理想气体的压力公式

如图 2-2 所示,设在边长为 l 的立方体容器中有 N 个气体分子,每个分子的质量为 m,若某一分子 a 以速度 v 运动,v 在 x, y, z 三个方向的分量分别为 v_x, v_y, v_z,则

$$v^2 = v_x^2 + v_y^2 + v_z^2$$

分子 a 碰撞 A_1 面时,其动量的改变为 $-mv_x - mv_x =$

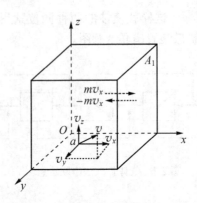

图 2-2 气体分子与器壁碰撞示意图

$-2mv_x$,则施加给 A_1 面的冲量为 $2mv_x$。在 A_1 面相继碰撞两次所经过的距离为 $2l$,所需时间为 $\dfrac{2l}{v_x}$,则单位时间内 a 分子在 A_1 面碰撞的次数为 $\dfrac{v_x}{2l}$,因而单位时间内施加给 A_1 面的力为 $2mv_x \cdot \dfrac{v_x}{2l} = \dfrac{mv_x^2}{l}$。因容器内有 N 个分子,这些分子都有 x 方向的速度分量,都可能与 A_1 面碰撞,故 N 个分子在单位时间内施加给 A_1 面的总力为

$$\frac{m}{l}(v_{x1}^2 + v_{x2}^2 + \cdots + v_{xN}^2)$$

按压力的定义,A_1 面所受的压力为

$$p = \frac{F}{A} = \frac{m}{l^2 \cdot l}(v_{x1}^2 + v_{x2}^2 + \cdots + v_{xN}^2)$$

$$= \frac{N \cdot m}{V} \frac{v_{x1}^2 + v_{x2}^2 + \cdots + v_{xN}^2}{N} = \frac{N \cdot m}{V} \overline{v_x^2}$$

式中,A 为 A_1 面的内表面积,V 为立方体容器的容积,$\overline{v_x^2}$ 为所有分子在 x 方向的速度分量的平方的平均值。

由于 N 是一个很大的数值,按照统计学的观点,分子运动速

度在各个方向的分布的几率应是等同的，即 $\overline{v_x^2} = \overline{v_y^2} = \overline{v_z^2}$，而 $\overline{v^2} = \overline{v_x^2} + \overline{v_y^2} + \overline{v_z^2}$，所以 $\overline{v_x^2} = \dfrac{1}{3}\overline{v^2}$。故

$$p = \frac{1}{3}\frac{Nm}{V}\overline{v^2} \qquad (2\text{-}10)$$

这就是理想气体的压力公式，是分子运动论导出的一个基本方程式，式中的 p 和 V 是宏观物理量，而 $\overline{v^2}$ 为气体分子运动速度的平方的平均值，具有统计平均的意义。这一方程从微观角度出发，说明了气体压力这一宏观物理量的统计意义。

2．理想气体状态方程式

从(2-10)式可得

$$pV = \frac{1}{3}Nm\overline{v^2} \qquad (2\text{-}11)$$

因为气体分子的平均动能与热力学温度成正比，并可表示为

$$\frac{1}{2}m\overline{v^2} = \frac{3}{2}kT$$

式中，k 为玻尔兹曼常数，$k = 1.3806 \times 10^{-23}$ J·K^{-1}，则(2-11)式可改写为

$$pV = \frac{2}{3}N \cdot \frac{1}{2}m\overline{v^2} = \frac{2}{3}N \cdot \frac{3}{2}kT = NkT$$

设 n 为气体物质的量，阿佛加德罗常数 $N_A = 6.022 \times 10^{23}$ mol^{-1}，$n = \dfrac{N}{N_A}$，所以

$$pV = nN_A kT$$

而

$$N_A k = 6.022 \times 10^{23}\text{ mol}^{-1} \times 1.3806 \times 10^{-23}\text{ J·K}^{-1}$$
$$= 8.314\text{ J·mol}^{-1}\text{·K}^{-1}$$

所以 $N_A k = R$，因此 $pV = nRT$。

这样，理想气体状态方程式就成为气体分子运动论的一个重要结果。同样，气体扩散定律也可以直接从气体分子运动论的压力公式中导出。

2.1.3 实际气体

理想气体定律对 H_2,N_2,O_2 等沸点很低的气体来说，在常温及压力不太高的情况下，偏差很小。例如，在标准状况下，这些气体的实际摩尔体积与按理想气体状态方程式计算的摩尔体积之间的偏差不足 0.1%。但是一些易液化的气体则与理想气体状态方程式有较大的偏差，例如在相同条件下 Cl_2 的摩尔体积，按理想气体状态方程式的计算值与实际值之间相差超过 1%。随着压力的升高和温度的降低，各种实际气体的性质与理想气体的偏差会越来越大。现代科学研究工作和工业生产中越来越多地采用高压和低温技术，理想气体定律显然是不能适用于这种条件的。因此有必要研究适用于实际气体的状态方程式。

1. 实际气体的特征

按照波义耳定律，一定温度下，理想气体的摩尔体积与压力的乘积 pV_m 值为常数，且等于 RT。而实际气体不能严格符合波义耳定律，一定温度下其 pV_m 值不是常数。图 2-3 是气体的 pV_m-p 关系图。图中 AB 是平行于 p 轴的直线，代表理想气体的 pV_m-p 关系。三种实际气体的 pV_m-p 线都与 AB 线有不同程度的偏离，而且在压力很大的情况下，偏离程度也很大。在室温

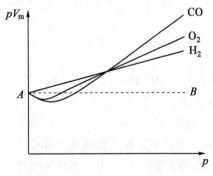

图 2-3 一些气体的 pV_m-p 图

下,氢气的 pV_m 值除在 $p \to 0$ 时等于 RT 外,总是大于 RT,所以氢气的 pV_m-p 线全部在 AB 线之上。大多数气体,在 $p \to 0$ 时 pV_m 值等于 RT,然后随着 p 的增大,pV_m 值减小,经过一最小值以后,又随着 p 的增大而增大,并在 p 升高至某一值时,pV_m 值又一次等于 RT,当 p 超过这一值后 pV_m 值变得大于 RT。

同时对气体加压和降低温度,当压力增加到一定程度和温度降到一定值时,气体将变成液体。每一种气体都有一特定的温度,当温度高于这一特定温度时,无论加多大的压力,气体都不能变为液体。只有在这一温度以下,气体的液化才可能实现。这一特定的温度就称为临界温度,临界温度用 T_c 表示。例如 CO_2 的 T_c 为 304.16 K。在临界温度下,使气体液化所需的最小压力叫做临界压力,以 p_c 表示。物质在临界温度和临界压力下的摩尔体积叫做临界体积,符号为 V_c。物质在临界温度和临界压力下,气体和液体的比容相等,而且它们之间不存在相界面。所谓临界状态就是指这种状态。一些气体的临界常数列于表 2-1 中。

表 2-1　　　　一些气体的临界常数

气　　体	$p_c/(10^5\ Pa)$	T_c/K	$V_c/(m^3 \cdot mol^{-1})$
He	2.29	5.3	0.057 6
H_2	12.97	33.3	0.065 0
N_2	33.94	126.1	0.090 0
CO	35.97	134.0	0.090 0
O_2	50.36	153.4	0.074 4
CH_4	46.00	190.6	0.099 0
CO_2	73.97	304.2	0.095 7
NH_3	112.98	405.6	0.072 4
Cl_2	77.11	417	0.123 9
H_2O	220.58	647.2	0.045 0

实际气体在临界状态时开始液化,当压力和温度条件超过临界状态时就会出现液体。压力和温度条件越接近临界状态,气体分子间的作用力越大,对理想气体定律的偏差也越大。

2. 实际气体状态方程式

针对实际气体偏离理想气体状态方程式的情况,人们根据实际气体的实验事实对理想气体状态方程式进行修正,提出了各种解决实际气体问题的方程式。这些方程式在理论分析和工程计算中有着广泛的应用。

1873年荷兰科学家范德华(Van der Walls)的工作最为人们所重视。实际气体与理想气体状态方程式发生偏差的主要原因是实际气体并不完全符合理想气体模型,一是实际气体分子之间不可能不存在吸引力,二是气体分子本身的体积虽小,但也要占有一定的空间。范德华针对这两个主要问题对理想气体状态方程式进行了修正,提出了著名的范德华方程式。

范德华方程式是在理想气体状态方程式中加入两个修正项而得到的。在理想气体模型中,假设分子不占体积。实际上分子是有一定体积的,不过在低压时分子本身的体积与气体的体积相比显得微不足道,可以忽略。但在高压时,分子本身的体积变得重要而不可忽视了。由于分子本身要占据一定体积,分子在容器内的活动空间就减小了,所以要引入一个体积校正因子 b。实际气体分子只能在 $(V-b)$ 的空间运动。关于 b 的数值与分子体积的关系可根据图2-4作进一步分析。设分子是直径为 d 的圆球,两球心最接近的距离为 d,这意味着在半径为 d 的球形空间内只能容纳两个分子。所以,一个分子所占据的容积等于半径为 d 的球体积的一半,即 $\frac{1}{2} \times \frac{4}{3}\pi d^3$。因为分子本身的体积是 $\frac{4}{3}\pi(\frac{d}{2})^3$,所以分子所占据的容积是其本身体积的4倍。这就是校正因子 b 的意义,可以称之为排除体积。

范德华方程的第二个校正因子是对压力的校正。分子相互靠

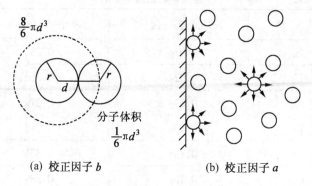

图 2-4 范德华方程的校正项

近时吸引力开始起作用,在气体内部,一个分子周围所受的吸引力平均来说是均衡的。但对靠近器壁分子的吸引力便不均衡(图2-4)。由于内部分子的吸引力,撞向器壁的分子施加于器壁的碰撞力就要减小。所以实际气体产生的压力要比按理想气体计算的压力小一些。由内部分子对接近器壁表面的分子所产生的单位面积上的拉力叫内压力。单位面积上碰撞器壁的分子越多,以及每一个分子所受的拉力越大,内压力就越大。这两个因素都与单位体积内分子数成正比,即与气体的密度成正比,密度又与体积成反比,所以内压力与体积的平方成反比。设比例系数为 a,则内压力 $=\dfrac{a}{V^2}$。用 p' 表示按理想气体计算的压力,p 为实际气体作用于器壁的压力,根据上面的分析知道,$p = p' - \dfrac{a}{V^2}$ 或 $p' = p + \dfrac{a}{V^2}$。

综合以上两项校正,就得到范德华气体状态方程式

$$\left(p + \dfrac{a}{V_m^2}\right)(V_m - b) = RT \tag{2-12}$$

参数 a 和 b 称为范德华常数,是与气体种类有关的特征常数。这些常数都是由实验测定的。表 2-2 列出了一些气体的范德华常数。

表 2-2　　　　　　一些气体的范德华常数

气　体	$a/(m^6 \cdot Pa \cdot mol^{-2})$	$b/(10^{-4}\ m^3 \cdot mol^{-1})$
He	0.034 5	0.237
H_2	0.024 7	0.266
NO	0.138 5	0.279
O_2	0.138	0.318
N_2	0.141	0.391
CO	0.151	0.399
CH_4	0.228	0.428
CO_2	0.364	0.427
HCl	0.372	0.408
NH_3	0.423	0.371
C_2H_2	0.445	0.514
C_2H_4	0.453	0.571
NO_2	0.535	0.442
H_2O	0.552	0.305
C_2H_6	0.556	0.638
Cl_2	0.658	0.562
SO_2	0.680	0.564

显然，范德华方程式与理想气体状态方程式相比，能够在更大的温度和压力范围内应用。但由于范德华方程式也是一种近似公式，在高压范围内其计算结果与实际值仍有一定的偏差，不过比理想气体状态方程式更接近于实际。在工程计算中，当需要有更加精确的结果时，可以采用其他更精确的状态方程式。

2.1.4 超临界流体

温度和压力达到物质的临界点时,液体和气体的界面消失,在临界点以上物质将处于一种特殊的状态。物质在温度和压力都超过临界点时的状态称为**超临界流体**。图 2-5 用物质的 T-p 图表示了超临界流体存在的区域。

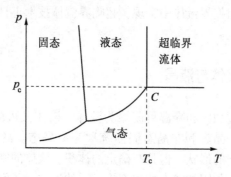

图 2-5 超临界流体在 T-p 图上存在的区域

超临界流体应该说还是属于气态,但由于其所处的条件比较特殊,它与一般条件下的气态又很不一样。超临界流体溶解物质的能力与液体相似,而其粘度远小于液体,扩散能力远高于液体,与一般的气体相似。超临界流体的密度随温度和压力而改变,这样,物质在其中的溶解度参数也会随之而变。因此,超临界流体是人们非常感兴趣的溶剂,在物质分离、制备化学和分析化学等领域应用前景广阔。

超临界流体萃取可以完成一般的溶剂萃取体系所不能完成的工作。CO_2 的临界温度和临界压力较低,且价格低廉,无毒性,化学活性较低,是非常理想的超临界流体萃取溶剂,在实际工作中应用最广泛。超临界 CO_2 主要用来萃取一些非极性或极性很小的有机物质。例如,用超临界 CO_2 从咖啡豆中萃取咖啡因可以达到很高的萃取率。应用超临界 CO_2 代替氟里昂清洗精密仪器或设备（如制导系统）的复杂部件既可以达到优良的清洗效果，而且还不会对环境带来不利的影响。近年来有人开展了用超临界CO_2萃取金属离子的工作，在超临界CO_2中溶解各种螯合剂，可以从环境样品中萃取过渡金属、镧系和锕系元素。

有些化学反应在超临界流体中可以达到意想不到的反应效果，一些有特定要求的材料，如超微细粉末材料和薄膜材料的制备，也可在超临界流体中实现。超临界流体技术正日益受到科学工作者的关注。

2.2 液体与液晶

气体通过加压和降温可凝聚为液体，液体又可凝固为固体，液体、液晶、晶态和非晶态固体统称为**凝聚态**。液体具有流动性，没有一定的形状，但具有确定的体积。液体的密度比气体的密度大得多，与固体状态的密度接近，故液体分子间的作用力强烈。液体的可压缩性很小，液体的摩尔体积主要由物质本身的性质决定，受压力和温度的影响较小，不像气体那样主要由压力与温度决定。液体虽然有一定的掺混性，但一般不能像气体那样无限混溶。不同物质间混溶的情况差别相当大，有的可相互混溶，有的几乎完全不能混溶，这与其分子间作用力的本质及大小密切相关。

2.2.1 液体的微观结构

相对于气体和固体，人们对液体的微观结构了解得最少。虽然人们在这方面进行了多年的研究，也建立了一些结构模型，但还没有形成一套完整的定量理论。这主要是因为液体分子间距离很小，相互作用力强烈，而且又不具有晶体那样的有序排列，进行定量处理相当困难。许多科学工作者通过 X 射线衍射和中子衍射实验对液体的结构进行了研究，并用计算机进行模拟，对液体的微观结构有了一定的认识。

液体结构的基本特征是分子的排列整体上是无序的,但在一定的局部也存在有序的状态。即从大的范围来说,液体分子的排列是完全没有规律的,但在许多局部位置又可以看到一些有规律的结构。这种有规律的结构接近于相应固体中的分子排列情况。但这种有序的结构往往只是围绕某个分子的最邻近的一些分子相对于此"中心分子"的有序堆积,随着与这个分子的距离增大,这种有序性就被打乱。因此液体的微观结构是长程无序而短程有序的。液体微观结构的另一基本特征是分子没有确定的位置,液体分子时刻处于无规则的运动中,液体中的局部有序结构是随时间和空间不断变化的。这也就是说液体是一个动力学体系,分子之间可以相互穿插移动,每一瞬间分子的排列位置是不一样的。这一点与气体相似,所以液体具有流动性。

液体虽然具有流动性,没有确定的形状,但液体并不能像气体那样无限扩散。液体分子的运动被限制在液面之内。液体分子间具有较强的吸引力,处于表面的分子因内部分子的吸引而受到一种向内的拉力,这种力使液体表面具有收缩的趋势。这种使液体表面收缩的力就是表面张力。这种力将分子强烈地限制在液面之内。只有具有很高能量的分子才能逃出液面,所以液体能保持一定的体积。同时由于液体中分子相当靠近,当进一步靠近时分子间的排斥力很快增大,这样就使得液体不具有大的可压缩性。

2.2.2 液体的蒸气压与沸点

液体虽然有一种较强的力量将分子束缚在液体之内,但是高能量的分子还是有可能冲破这种束缚而逃逸出液面成为气体,这就是液体的蒸发过程。在敞口容器中,液体蒸发所产生的蒸气迅速向外扩散,蒸气分子回到液面重新进入液体的机会很小,蒸发过程可以一直进行下去,直到全部液体蒸发完为止。由于只有具有高能量的分子才能克服其他分子的吸引力从液体表面逸出,所以在液体的蒸发过程中,需要不断地从外界吸收热量。在一定温度和压力条件下,1 mol 液体蒸发变为蒸气所吸收的热量称为液体的**蒸发热**。

在一定温度下,密闭的容器中液体的蒸发是有限的。这里有两个过程同时存在。一个过程是液体的蒸发,另一过程是蒸气的凝聚。蒸气分子在液面上方作无规则运动时,与器壁或液面相碰撞,在碰撞中有些分子有可能重新进入液体中,这就是蒸气凝聚成液体的过程。蒸发初期进入气相的分子数较少,蒸气的压力较低,蒸发速度较快,而凝聚的速度较慢。随着蒸发过程的进行,蒸气中的分子数越来越多,蒸气的压力越来越大,凝聚的速度也就不断增大。当蒸发的速度和凝聚的速度相等时,单位时间内从液体表面逸出的分子数等于进入液体的分子数,于是就达到了平衡:

$$液体 \underset{凝聚}{\overset{蒸发}{\rightleftharpoons}} 蒸气$$

达到蒸发-凝聚平衡之后,单位体积蒸气内分子数不再增多,蒸气具有恒定的压力。一定温度下与液体平衡的蒸气称为饱和蒸气,饱和蒸气所具有的压力称为饱和蒸气压,简称为蒸气压。

一定温度下,各种液体的蒸气压相差很大。液体的蒸气压与液体的本性即液体的蒸发热有关,而与液体的量无关。常温下,蒸气压大的液体是易挥发的液体,蒸气压小的液体是难挥发的液体。例如酒精在 25℃ 时的蒸气压为 7.51 kPa,水的蒸气压为 3.17 kPa,而溴的蒸气压为 30.17 kPa,可见这三种物质中,溴的挥发性最大,酒精比水容易挥发。

液体的蒸气压随着温度的升高而增大,因为温度升高,液体分子运动的平均动能增大,相对来说高能量的分子数也增大,有利于蒸发过程,所以蒸气压增大。不同温度下纯水的蒸气压为

温度 t/℃	0	25	50	75	100
蒸气压 p/kPa	0.613	3.17	12.26	38.50	101.325

以温度 T 对蒸气压 p 所作的 T-p 图称为蒸气压曲线。图 2-6 为水的蒸气压曲线。蒸气压曲线上的每一点表示气、液两相平衡的温度和压力。从蒸气压曲线上可以直观地看出蒸气压随温度的上升而增大的变化情况。

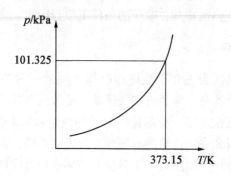

图 2-6 水的蒸气压曲线

液体在敞口容器中进行蒸发时，蒸发过程先只是在液体的表面进行。随着温度的升高，液体的蒸气压不断增大，当蒸气压上升到同外界压力相等时，蒸发过程不仅在液面进行，在液体内部也可以进行，液体内部气化所产生的蒸气泡不断上升，达到液面时破裂，此时的液体处于沸腾状态。液体的蒸气压同外界的压力相等时，液体开始沸腾，此时的温度称为液体的沸点。在一定的压力下，纯净的液态物质开始沸腾后，继续加热，液体的温度不再上升，直至液体全部变为蒸气为止。

液体的沸点与外界的压力有关，如果将蒸气压曲线中的压力看成外界压力，蒸气压曲线也可看成是液体的沸点与压力的关系曲线。在外界压力为 101.325 kPa 时，液体的沸点称为正常沸点。水的正常沸点为 100℃（373.15 K）。在外界压力低于 101.325 kPa 时，水的沸点就低于 100℃。在海拔几千米的高山上，大气压力较低，水在 90℃ 左右就沸腾了，所以登山运动员必须用压力锅才能煮熟食物。

利用液体的沸点随压力的降低而降低的性质，实验室和工业生产中常用减压蒸发或真空蒸发来浓缩溶液，这样不仅可以加快蒸发过程和减少能耗，而且可以避免一些高温下不稳定的物质发生分解或发生其他化学反应。在蒸馏或分馏的过程中，为避免使用过高的温度，也常常在减压的条件下进行操作。

2.2.3 液晶

液晶可以认为是介于液体和晶体之间的一种各向异性的流体。液晶化合物分子常具有细长棒状、平板或盘状的形态，且常含有一二个极性基团。在晶体中分子的位置和取向都是有序的，当温度升高时先失去位置的有序性而产生流动性，但分子还保留分子取向有序性，温度进一步升高才破坏取向有序性而形成各向同性的液体。液晶就是这种具有流动性而又保持分子取向有序性的液体。液晶分子的质心位置是随机的，但分子的取向有一定规律，所以液晶与晶体一样表现出各向异性的特征。晶体、液晶、液体三者转变关系可用下列图解说明：

$$\text{晶体} \xleftrightarrow{T_1} \text{液晶} \xleftrightarrow{T_2} \text{液体}$$
（无流动性,各向异性）（有流动性,各向异性）（有流动性,各向同性）

按照液晶的分子排列模型有三种类型的液晶，分别称为近晶相液晶，向列相液晶和胆甾相液晶。这三种液晶在偏光显微镜下呈现的纹理特点各不相同。三种液晶的分子排列形式如图2-7所示。

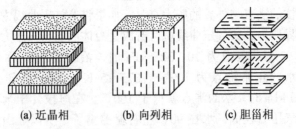

图 2-7 液晶分子排列模式

液晶化合物对光、电、磁及热的作用极为敏感,只要用极低的能量施加于其上,就足够引起分子排列取向的变化,从而产生光-电、电-光、热-光等一系列物理效应。各种液晶器件,如数字仪表、显示器、电视机显示屏、温度计等就是利用液晶的各种物理效应设计而成。液晶器件电能消耗很低,显示色彩鲜艳清晰,并具有可靠性高、适应性广、成本低的优点,在许多领域广泛使用。

具有液晶性质的化合物现在已发现的有数千种,液晶进入实用领域虽然只有数十年,但已经在科学研究、信息传播、生产技术及千家万户的日常生活中发挥着重要作用。对液晶的研究和应用涉及化学、物理学、生物学和技术科学各个领域,是许多科学家感兴趣的一个新兴领域。

2.3 溶 液

物质以分子、原子或离子状态分散于另一种物质中所形成的均匀而稳定的分散体系都叫做**溶液**。按此定义溶液应包括气态、液态和固态溶液。各种气体混合物都是气态溶液,例如空气就是N_2,O_2,CO_2及少量稀有气体组成的溶液。黄铜、钢等合金及掺杂的半导体材料是最常见的固态溶液,固态溶液中组分元素的原子间作用力较强,微观结构比较复杂,是固体化学和固体物理所讨论的问题。通常我们所说的溶液一般是指液态溶液,所以这里只讨论液态溶液。

溶液由溶剂和溶质组成。溶剂是溶解其他物质的液体,溶质则是溶解于溶剂中的物质。溶质可以是气态、固态和液态物质。对液体溶于液体所组成的溶液来说,溶质和溶剂是相对的。一般将含量较多的组分称为溶剂,将含量较少的组分称为溶质。例如乙醇含量为38%的低度白酒,水为溶剂,乙醇为溶质。而乙醇含量为60%的高度白酒,则水为溶质,乙醇为溶剂。水是最重要也是应用最为广泛的溶剂,水溶液中的化学反应也研究得最充分,所以我们也将重点讨论水溶液中的问题。

2.3.1 溶液的浓度

溶液的性质除与溶质和溶剂的本性有关外,还与溶液的浓度有很大的关系。有各种方法表示溶液的浓度,下面介绍几种最常用的表示方法。

1. 质量百分比浓度

用溶质的质量占溶液质量的百分数表示的溶液浓度称为质量百分比浓度,简称为**百分比浓度**。例如将 25 g NaOH 溶于 100 g 水中,所形成的 NaOH 溶液的浓度为

$$\frac{25 \text{ g}}{(25+100) \text{ g}} \times 100\% = 20\%$$

实验室常用的硫酸、盐酸、硝酸及氨水等试剂,原装试剂瓶上所标的浓度就是质量百分比浓度。

2. 摩尔分数

溶液中溶质(或溶剂)的物质的量与溶液的总的物质的量之比称为溶质(或溶剂)的**摩尔分数**。摩尔分数以 x 表示,是一无量纲的量。如果以 n_A 和 n_B 分别表示溶剂和溶质的物质的量,则溶剂的摩尔分数 x_A 为

$$x_A = \frac{n_A}{n_A + n_B}$$

溶质的摩尔分数 x_B 为

$$x_B = \frac{n_B}{n_A + n_B}$$

显然溶质和溶剂的摩尔分数之和为 1。

3. 物质的量浓度

物质的量浓度过去叫做摩尔浓度,是用 1 dm³ (1 L)溶液中所含的溶质的物质的量表示的浓度,符号为 c,单位为 mol·dm^{-3}

($mol·L^{-1}$)。例如，将 5.85 g NaCl 用水溶解，然后用容量瓶稀释为 $0.25\ dm^3$，那么

$$c_{NaCl} = \frac{5.85\ g/58.5\ g·mol^{-1}}{0.25\ dm^3} = 0.40\ mol·dm^{-3}$$

[例 2-4] 市售浓硫酸的浓度为 98%，密度为 $1.84\ g·cm^{-3}$，现需配制浓度为 $2.0\ mol·dm^{-3}$ 的硫酸溶液 $0.50\ dm^3$，应怎样配制？

解 设需用浓硫酸 $x\ cm^3$，稀释前后硫酸的物质的量不变，所以

$$2.0\ mol·dm^{-3} \times 0.50\ dm^3 = \frac{x\ cm^3·1.84\ g·cm^{-3} \times 98\%}{98\ g·mol^{-1}}$$

因此 $x=54$。

用量筒量取 $54\ cm^3$ 浓硫酸，在搅拌下慢慢倒入盛有大半杯水的 500 mL 烧杯内，冷却后稀释至 $0.50\ dm^3$。

4．质量摩尔浓度

以 1 kg 溶剂中所溶解的溶质的物质的量表示的浓度称为**质量摩尔浓度**，以符号 m 表示，单位为 $mol·kg^{-1}$。质量摩尔浓度过去曾叫做重摩浓度。例如在 3.00 kg 水中溶解了 87.7 g NaCl，则 NaCl 的浓度为

$$m = \frac{(87.7\ g)/(58.5\ g·mol^{-1})}{3.00\ kg} = 0.500\ mol·kg^{-1}$$

对于同一稀的水溶液来说，在一般条件下物质的量浓度与质量摩尔浓度的数值很接近，质量摩尔浓度的优点是不随温度而变，缺点是用天平称量液体的质量不如用量筒量取液体的体积方便。

除了上面介绍的几种浓度外，在生产实践和各种特定场所还有各种不同的表示浓度的方法，各种浓度都是说明溶液中溶质和溶剂的相对含量，它们之间是可以相互换算的。

2.3.2 物质的溶解度

物质在各种溶剂中的溶解性能以溶解度表示。一定条件下，

物质在某一溶剂中溶解所形成的饱和溶液的浓度称为该物质在这种溶剂中的**溶解度**。实际工作中最常用的溶解度是指每 100 g 溶剂中所能溶解的溶质的最大质量(g)。

物质的溶解过程是一个比较复杂的过程,既有物理过程也有化学过程。现在还没有一种定量的理论能够预测物质在各种溶剂中的溶解度大小。物质的溶解度除了与物质的本性有关外,还与外界条件有密切的关系,如温度、压力及溶剂中含有的其他物质等。下面就物质的本性与溶解度的关系作一简要的讨论。

人们根据大量的实验事实,总结出了物质溶解性的一条粗略的规律,即"相似者相溶"。所谓"相似"是指物质的分子结构相似,分子间相互作用力的本质和大小相似。"相溶"则是指具有上述相似特征的物质可以相互混溶。

当两种液体物质相混时,若两种液体的分子间作用力相似,界面阻力小,一种液体的分子就容易克服界面阻力而分散到另一种液体中去。而当两种液体的分子间作用力相差很大时(或者作用力的本质完全不同),界面阻力也会很大,一种分子就很难越过界面分散到另一液体中去。结构相似的物质,往往分子间作用力的本质和大小也相差不多,所以它们往往可以相互混溶。非极性或极性很小的液体物质一般可以相互混溶,但却往往不能与极性较大的液体物质相互混溶。各种脂肪烃可以相互混溶,但都难溶于分子极性很大的水中。苯和甲苯可以无限混溶,但二者都难溶于水中。甲醇和乙醇各含有一个羟基,分子之间也有氢键存在,它们之间可以无限混溶,也可以与水无限混溶。但随着醇分子上碳链增长,与水分子在结构上的差异逐渐增大,在水中的溶解度也就逐渐减小,高级脂肪醇基本不溶于水。

许多固体物质的溶解性也服从"相似者相溶"的规律。由非极性分子形成的固体,在极性溶剂中的溶解度很小,而在非极性溶剂中的溶解度很大。例如碘在水中的溶解度很小,在苯和四氯化碳中的溶解度很大,因此可用苯或四氯化碳将溶于水中的少量碘萃取到苯或四氯化碳中来。单质硫在水中难溶，但可溶于非极性溶剂二硫化碳中。

许多离子化合物固体可溶于水，而难溶于非极性或极性很小的有机溶剂中。当然，固体在液体中溶解的情况比较复杂，往往涉及几个过程。即离子在溶剂分子的作用下，克服离子键的束缚，进入液体并形成溶剂合物，很多时候还可能会形成配位离子。离子化合物固体在水中的溶解度差别也是非常大的。有些物质溶解度很大，有些物质则几乎不溶解。在介电常数很大的溶剂中，正、负离子间的静电作用力大为降低，加上离子溶剂化作用的推动，离子键就可能瓦解，固体发生溶解。离子键的强度，溶剂的介电常数，离子的溶剂化作用等是影响离子化合物溶解度的主要因素。离子键强度不大，溶剂的介电常数大，离子的溶剂化作用放出的热量多或可形成溶剂配位化合物，则有利于离子化合物的溶解。正、负离子间共价特征突出时将不利于物质在水中的溶解，而有利于其在非极性溶剂中的溶解。只有综合分析各种因素，才能对物质的溶解性有比较全面的理解。

气体的溶解性也可以用上述原理加以说明。除了同液体溶质一样要考虑分子的极性外，气体的沸点高低对其溶解度也有很大的影响。由于气体的溶解相当于液化，所以一般来说，在一定条件下，在同一溶剂中沸点高的气体溶解度较大。例如在温度为 25℃和压力为 101.3 kPa 的条件下，氯气在水中的溶解度为 0.64 g/100 g H_2O，而氧气的溶解度仅为 0.0039 g/100 g H_2O，而比氯气更易液化的 SO_2 的溶解度则为 9.41 g/100 g H_2O。

2.3.3 非电解质稀溶液的依数性

溶液中由于有溶质的分子或离子的存在，其性质与原溶剂已不相同。溶液的许多性质与溶质有关，但有些性质与溶质的本性无关，而只与溶液的浓度有关。这些性质包括溶液的蒸气压下降、沸点上升、凝固点下降和渗透压。当溶液是非电解质稀溶液时,上述性质与溶液的浓度有很好的定量关系,这种定量关系称为**依数性定律**。当溶液的浓度较大或溶质为电解质时,溶液的蒸气压下降、沸点上升、凝固点下降、渗透压与依数性定律的定量关系有很大的偏离。下面的讨论仅限于非电解质的稀溶液。

1. 溶液的蒸气压下降——拉乌尔定律

通过实验可以发现,在一定温度下,难挥发物质溶液的蒸气压总是比纯溶剂的蒸气压低。同一温度下,纯溶剂的蒸气压与溶液的蒸气压之差就叫做溶液的蒸气压下降。这里所说的溶液的蒸气压实际是指溶液中溶剂的蒸气压。当难挥发物质溶于溶剂后,溶剂的部分表面或多或少被溶质分子所占据,单位时间内从溶液中蒸发出的分子数比原来从纯溶剂中蒸发出的分子数少,即溶剂的蒸发速率变小。在达到平衡时溶液的蒸气压就必然小于相同温度下纯溶剂的蒸气压。

1887年拉乌尔(F.M.Raoult)进行了大量的实验研究,并提出了溶液的浓度与蒸气压关系的经验规律,这一规律后来被称为拉乌尔定律。**拉乌尔定律**认为:在一定温度下,稀溶液中溶剂的蒸气压等于相同温度下纯溶剂的蒸气压乘以溶剂的摩尔分数。用公式可以表示如下:

$$p_A = p_A^\circ \cdot x_A \quad (2\text{-}13)$$

式中,p_A 为溶液中溶剂的蒸气压,p_A° 为纯溶剂的蒸气压,x_A 为溶液中溶剂的摩尔分数。令 x_B 为溶质的摩尔分数,因为 $x_A + x_B = 1$,所以

$$p_A = p_A^\circ(1 - x_B)$$

即

$$\Delta p = p_A^\circ - p_A = p_A^\circ x_B \quad (2\text{-}14)$$

式中,Δp 就是溶液的蒸气压下降。因此拉乌尔定律也可以这样来叙述:一定温度下,非电解质稀溶液的蒸气压下降与溶质的摩尔分数成正比。

对于稀溶液来说,$n_A \gg n_B$,所以

$$x_B = \frac{n_B}{n_A + n_B} \approx \frac{n_B}{n_A}$$

若以水为溶剂,在 1 000 g 水中,$n_B = m$,$n_A = 55.51$,那么

$$\Delta p = p_A^\circ \frac{m}{55.51} = km \tag{2-15}$$

应该注意,拉乌尔定律只适用于非电解质的稀溶液。由于我们将溶液的蒸气压限定为溶液中溶剂的蒸气压,所以拉乌尔定律同样适用于挥发性溶质的溶液,此时溶液的总蒸气压等于溶剂和溶质的蒸气压之和。

2. 沸点升高和凝固点下降

液体的沸点是液体的蒸气压与外界压力相等时的温度。由于难挥发物质的溶液的蒸气压下降,所以在一定的外压下,难挥发物质的溶液的沸点必然高于纯溶剂的沸点。液体的凝固点是一定压力下液态与固态相平衡时的温度,此时液态与固态的蒸气压必定相等。同样因为溶液的蒸气压低于纯溶剂的蒸气压,溶液的凝固点也就必然低于纯溶剂的凝固点。应该注意的是,这里所说的溶液的沸点和凝固点,是指在一定压力下,一定浓度的溶液刚开始沸腾的温度和开始出现少量溶剂结晶的温度。随着沸腾时溶剂的蒸发和凝固时溶剂结晶的析出,溶液的浓度变大,溶液的沸点和凝固点会进一步升高和下降。

为了进一步理解溶液的沸点上升和凝固点下降,下面用水的状态图来讨论难挥发非电解质的水溶液中的情况。如图 2-8 所示,OA,OB,OC 分别为纯水的气-液、液-固和气-固平衡线,O 点为水的三相点。三相点的温度为 273.16 K,压力为 0.611 kPa。水的正常沸点为 373.15 K,正常凝固点为 273.15 K。

由于溶液的蒸气压下降,溶液的气-液平衡线 $O'A'$ 处于 OA 的下方,相应的固-液平衡线也移到 $O'B'$。因而水溶液的沸点 T_2 比水的正常沸点 373.15 K 高,而其凝固点 T_1 比水的正常凝固点 273.15 K 低。

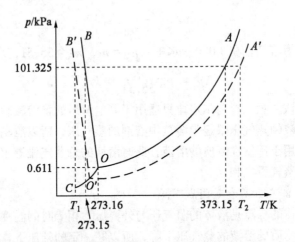

图 2-8 水溶液的沸点上升和凝固点下降

若以 ΔT_b 表示难挥发非电解质溶液的沸点上升值,以 ΔT_f 表示该溶液凝固点下降值,则有如下关系:

$$\Delta T_b = K_b m \qquad (2\text{-}16)$$
$$\Delta T_f = K_f m \qquad (2\text{-}17)$$

式中,K_b 和 K_f 分别为沸点上升常数和凝固点下降常数,K_b 和 K_f 只与溶剂有关而与溶质无关。一些常用溶剂的 K_b 和 K_f 列在表 2-3 中。(2-16)式和(2-17)式表示难挥发性非电解质溶液的沸点上升和凝固点下降和溶液的质量摩尔浓度成正比。

3. 渗透压

当溶液与纯溶剂用半透膜隔开时,溶剂分子穿过半透膜向溶液中扩散的现象称为**渗透**。当半透膜隔开的是两种浓度不同的溶液时,渗透也可以发生,此时是稀溶液中的溶剂分子向浓溶液中渗透。所谓半透膜是一种只允许溶剂分子通过而不允许溶质分子通过的薄膜。羊皮纸、膀胱膜、细胞膜等都具有半透膜的性质。

表 2-3　　　　　　　一些常用溶剂 K_b 和 K_f 值

溶　剂	沸点/K	$K_b/(K\cdot kg\cdot mol^{-1})$	凝固点/K	$K_f/(K\cdot kg\cdot mol^{-1})$
水	373.15	0.515	273.15	1.853
乙醇	351.44	1.160		
乙酸	391.05	2.530	289.75	3.90
氯仿	334.302	3.62		
四氯化碳	349.9	4.48		
苯	353.25	2.53	278.683	5.12
萘			353.44	6.94
苯酚			314.05	7.40

如图 2-9 所示，烧杯中为纯水，用半透膜封口的倒置漏斗中为糖水溶液。纯水中的水分子通过半透膜向溶液中扩散，溶液中的水分子也可以通过半透膜向水中扩散，但进入溶液中的水分子多于从溶液中出去的水分子，最终的结果是纯水中的水分子扩散到了溶液中，即发生渗透。随着渗透过程的进行，漏斗中的液面上升，当漏斗中的液面与烧杯中的液面高度差为 h 时，达到渗透平衡，此时水分子穿过半透膜向两边扩散的速度相等，在宏观上渗透过程已经停止。当液面高度差达到 h 时，半透膜两边就有一压力差，这一压力差就是渗透压。人们将阻止渗透过程进行所需施加于溶液的压力称为**渗透压**，以

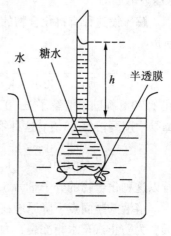

图 2-9　渗透压示意图

符号 π 表示。

1886年荷兰物理学家范特荷甫(Van't Hoff)指出:"稀溶液的渗透压与浓度和温度的关系同理想气体状态方程式相似。"即

$$\pi V = nRT \tag{2-18}$$

或

$$\pi = \frac{n}{V}RT = cRT \tag{2-19}$$

式中,V 为溶液的体积,n 为溶质的物质的量,c 是溶液的物质的量浓度,R 是摩尔气体常数,T 是热力学温度。

4. 依数性定律的应用

稀溶液的依数性提供了几种测定物质分子量的方法。其中凝固点下降现象明显,测定方便,是常用的一种测定分子量的方法。

[例2-5] 某天然有机化合物的结构尚不清楚,将 25.0 mg 这种化合物溶解在 1.00 g 樟脑中,樟脑的凝固点下降了 2.0 K,求这种有机化合物的分子量。(樟脑的凝固点下降常数 K_f 为 40 $K\cdot kg\cdot mol^{-1}$)

解 设这种有机化合物的摩尔质量为 M。因为 $\Delta T_f = K_f m$,所以

$$m = \frac{\Delta T_f}{K_f} = \frac{2.0 \text{ K}}{40 \text{ K}\cdot \text{kg}\cdot \text{mol}^{-1}} = 0.050 \text{ mol}\cdot \text{kg}^{-1}$$

在 1.00 g 樟脑中溶解了 25.0 mg 这种有机化合物,那么在 1 kg 樟脑中就要溶解 25.0 g 这种物质,所以

$$M = \frac{25.0 \text{ g}\cdot \text{kg}^{-1}}{0.050 \text{ mol}\cdot \text{kg}^{-1}} = 5.0\times 10^2 \text{ g}\cdot \text{mol}^{-1}$$

所以这种化合物的分子量为 5.0×10^2。

溶液的凝固点下降原理在实际工作中很有用处。在寒冷的冬天,为防止汽车水箱冻裂,人们常在水箱中加入一定量的甘油或乙二醇,这样可以降低水的凝固点,防止水箱中的水结冰。在生

产和科学实验中为获得低温,常用 $CaCl_2$ 或 NaCl 溶液作为冷却介质,这种冷却介质在零下十多度甚至几十度不会冻结,可以很方便地用管道输送。

渗透现象在生物的生命过程中起着十分重要的作用,通过渗透压的作用,植物从土壤中吸收水分和养分,并向体内各部分输送。高大的乔木,其十几米甚至几十米高的顶端的枝叶仍然青翠鲜嫩,就是靠渗透压将水分和养分输送上去的。对病人进行输液时,应使用渗透压与人的体液的渗透压基本相等的溶液,临床常用的生理盐水(0.90%)或5%的葡萄糖溶液就是这种等渗液。如果不用等渗液,就有可能产生严重的后果。

2.3.4 电解质溶液

前面曾经提到,不论是电解质溶液还是非电解质溶液,不论是浓溶液还是稀溶液,都有蒸气压下降、沸点上升、凝固点下降、渗透压等现象。但电解质溶液和非电解质的浓溶液不服从依数性定律的定量关系。对于非电解质的浓溶液来说,单位体积内溶质分子数增多,溶质分子之间的相互影响、溶质分子与溶剂分子之间的相互影响大大加强。这些复杂的因素使其与稀溶液的定量关系产生了偏差。对于电解质溶液来说,电解质的电离则是其不服从依数性定律的主要原因。由于发生电离,溶液中微粒数增多,所以电解质溶液的蒸气压下降、沸点上升、凝固点下降、渗透压总是比相同浓度的非电解质溶液要大一些。

1887年阿仑尼乌斯(S.M.Arrhenius)根据稀溶液的依数性定律不适用于电解质溶液,以及电解质溶液具有导电性的事实,提出了电离理论。按照电离理论,电解质在水溶液中要电离成带电荷的正离子和负离子。电解质可分为强电解质和弱电解质。强电解质在水溶液中完全电离成离子,而弱电解质仅部分电离成离子,存在着电离平衡。弱电解质溶液本书后面还要作详细讨论,这里仅简要介绍一下强电解质溶液的有关问题。

NaCl，KCl等强电解质在水溶液中应该全部以离子形式存在。但根据其导电性能或对其他性质的测定，其电离度（电离百分率）总是小于100%（在293 K时，0.1 mol·dm^{-3}浓度的KCl溶液的电离度仅为86%）。这种实验测得的电离度称为表观电离度。强电解质溶液的这种表观电离度比实际电离度要小。这就是说，溶液中所能观测到的离子浓度即有效浓度比实际离子浓度要小。为了更为精确地研究溶液的性质，人们引入了活度的概念。活度是与有效浓度有关的物理量，以 a 表示：

$$a_B = \frac{\gamma_B c_B}{c^{\ominus}} \tag{2-20}$$

式中，a_B, γ_B, c_B 分别为溶质 B 的活度、活度系数、浓度，$c^{\ominus}$ 为标准浓度，通常为 1 mol·dm^{-3}。活度、活度系数均为无量纲的量。一般来说活度系数 $\gamma < 1$，只有当溶液无限稀释时，才会有 $\gamma = 1$。因此，活度系数的大小，反映了溶液中粒子间相互作用的程度。

1923年，德拜（Peter J.W.Debye）和休克尔（E.Hückekl）首先提出了关于强电解质溶液的理论。他们认为，强电解质在水溶液中是完全电离的，其表观浓度之所以与实际浓度产生偏差，主要是由于正、负离子之间的静电引力所造成的。他们根据离子间的静电引力与离子热运动这一对矛盾，提出了强电解质溶液中的"离子氛"模型。按这一模型，由于离子间的静电作用力及离子的热运动共同作用的结果，在一个正离子周围，负离子出现的机会比正离子多；而在一个负离子周围，正离子出现的机会比负离子多。也就是说，在强电解质溶液中，每一个离子的周围，统计地看来，带相反电荷的离子相对地集中，因此反电荷过剩，形成了一个离子氛。所以每一个离子都作为"中心离子"而被带相反电荷的"离子氛"所包围；同时，每一个离子又是构成另一个或几个电性相反的中心离子外围离子氛的成员。溶液中的离子不断运动，离子氛也随时拆散，又随时形成。由于有离子氛的存在，离子的运动受到牵制，不是完全自由的，这就使得离子参与导电及其他作用的能力降低。因此强电解质溶液中离子的有效浓度比实际浓度低。

溶液中离子浓度越大，离子间的静电作用越强烈，离子氛也就越牢固，离子的运动所受的牵制作用就越大，活度系数与 1 偏离就越大。溶液中离子的活度系数虽然可以通过实验测定，也可以进行理论计算，但这是相当麻烦的工作。在实际工作中，为了使实验数据具有可比性，常常需保持溶液的活度系数不发生大的变化。由于活度系数与离子强度有一定的关系，当溶液中的离子强度基本不变时，离子的活度系数也基本不变。用一种离子浓度较大，而不参与反应的强电解质来维持溶液中一定的离子强度，是一种常用的方法。

离子强度的计算公式如下：

$$\mu = \frac{1}{2}\sum c_i Z_i^2 \qquad (2\text{-}21)$$

式中，c_i 是 i 离子的浓度（$mol \cdot dm^{-3}$），Z_i 是 i 离子的电荷数，μ 是离子强度。

[例 2-6] 求 $0.01\ mol \cdot dm^{-3}\ BaCl_2$ 溶液中的离子强度。

解 $\mu = \frac{1}{2}(0.01\ mol \cdot dm^{-3} \times 2^2 + 0.02\ mol \cdot dm^{-3} \times 1^2)$

$= 0.03\ mol \cdot dm^{-3}$

2.4 固　　体

将液体进行冷却时，质点的运动速度减慢，温度降低到一定值时，质点的动能不足以克服质点间的吸引力，于是质点就聚集在一起而被固定在相对一定的位置上，这时液体就凝结成固体了，固体的组成质点可以是分子，也可以是原子或离子。固体中的质点靠得很近，相互间具有很强的作用力。质点在固体中不能自由移动，而只能在相对固定的位置上振动。固体不仅具有确定的体积，而且还具有确定的形状。

固体可分为晶体和非晶体。晶体物质常常具有规则的外形，有确定的熔点，其物理性质（力学、电学、光学、热学性质）常表现为各向异性。而非晶体则没有规则的外形，往往没有固定的熔点，由固态变为液态时要经过一个软化过程，物理性质为各向同性。晶体和非晶体的性质特征是由其内部结构所决定的。

2.4.1 晶体的结构

1. 晶体的类型

按组成晶体的质点及质点间相互作用力的类型可将晶体分成四大基本类型：离子晶体、原子晶体、分子晶体和金属晶体。

离子晶体：构成晶体的质点是正离子和负离子，正、负离子按一定的规律交替排列，其相互作用力为离子键。由于离子键是一种较强的作用力，所以离子晶体常具有较高的熔点和沸点，有较高的硬度，但有脆性。离子晶体虽然是由正、负离子组成的，但这些离子一般都只能在固定的位置上振动，所以离子晶体一般不具有导电性。但离子晶体熔化后或溶于水形成的水溶液具有导电性。$NaCl, KCl, K_2SO_4, CaO$ 等是典型的离子晶体。

原子晶体：构成晶体的质点为原子，原子通过共价键结合而聚集成晶体。金刚石、碳化硅、石英等就是原子晶体。这类物质的原子按一定的配位方式进行堆积，整块晶体是一个巨大的分子。由于原子间的结合力是共价键这种强作用力，所以原子晶体常具有很高的熔点和沸点，硬度也很大。如金刚石、金刚砂（SiC）、立方氮化硼都是十分坚硬的物质，但这些物质都具脆性。原子晶体大多为绝缘体，有些具有半导体性质。

分子晶体：干冰、碘、白磷和冰等是分子晶体的代表，这类晶体中的质点是分子，组成晶体的分子通过比较弱的分子间作用力或氢键结合在一起。由于分子间作用力和氢键都是弱的相互作用力，所以分子晶体熔点、沸点较低，硬度较小。这类晶体中很多物质在一般条件下为气体和液体。它们一般为绝缘体。

金属晶体：在一般条件下大多数金属单质都以金属晶体存在，金属晶体由金属原子紧密堆积而成，其聚集力为金属键。大多数金属的熔点和沸点较高，硬度较大，但也有些金属的熔点和沸点不高，硬度也较小。大多数金属的密度较大。与其他类型晶体具有脆性不同，金属晶体具有延展性，可以压成薄片或拉成细丝。由于金属键的特殊性，所有金属晶体都是热和电的良导体。

除了这4种基本晶体类型之外，有些晶体还兼有两种晶体类型的结构特征，常称为混合型晶体。例如石墨是一种层状晶体，其同一层内原子间以共价键结合，而层与层之间的结合力相当于分子间作用力。有些硅酸盐也常常出现层状或链状结构，这些晶体层内或链内的作用力为共价键，而层与层、链与链则通过离子键相结合。各种化学键之间常存在一系列的过渡，单纯的离子键和单纯的共价键只是极端的情况，许多物质的化学键既有离子键的成分也有共价键的成分。化学键键型的变化对晶体结构当然会产生影响，所以常常存在混合型或过渡型晶体。

2．晶系与晶格

晶体物质具有一定外形特征，虽然同一种物质的晶体大小和外形可以变化多样，但其外形特征不会发生变化，如晶面间的夹角保持不变。人们根据晶体的外形特征将晶体划分为7个晶系。这7个晶系分别是三斜、单斜、正交、三方、四方、六方和立方晶系。

晶体的宏观特性是由其内部的微观结构所决定的。X射线晶体结构的分析结果表明，构成晶体的质点是按照一定的空间点阵规律排列而成的。这种空间点阵总是由一定的单元向上下左右前后重复而形成的。在晶体中能够体现晶体结构特征的最小重复单元称为晶胞。构成晶体的空间点阵结构称为晶格。晶胞在空间重复排列就得到整个晶格，每个晶胞中都含有相同数目的结构质点。由于晶胞是晶格的最小重复单元,因此通过研究晶胞的结构特征就能得到晶格的结构特征。

晶胞是由晶体结构质点构成的平行六面体,这种平行六面体顶角上的质点为 8 个相邻的晶胞所共有,故顶角上的质点对每个晶胞来说是 $8 \times \frac{1}{8} = 1$。因此最简单的晶胞是只含有一个质点的晶胞。有的晶胞在平行六面体的面心或体心还含有质点。这样根据晶胞的对称特征和平行六面体的面心或体心有无质点的情况,总共有 14 种类型的晶格。这 14 种晶格按照其对称特征分别属于 7 个晶系。7 个晶系是按照晶胞平行六面体的边和角的关系来进行划分的。这也充分体现了晶体的外形是由其内部质点排列的对称特征所决定的。图 2-10 表示晶胞平行六面体的边和角,表 2-4 列出了 7 个晶系的边角关系。图 2-11 表示了 14 种晶格形式。

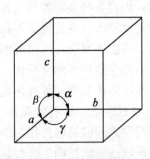

图 2-10 晶胞的边和角

表 2-4　　　　　　　　7 个 晶 系

晶　　系	边　　长	夹　　角
立方(Cubic)	$a = b = c$	$\alpha = \beta = \gamma = 90°$
四方(Tetragonal)	$a = b \neq c$	$\alpha = \beta = \gamma = 90°$
正交(Rhombic)	$a \neq b \neq c$	$\alpha = \beta = \gamma = 90°$
六方(Hexagonal)	$a = b \neq c$	$\alpha = \beta = 90°,\ \gamma = 120°$
三方(Rhombohedral)	$a = b = c$	$\alpha = \beta = \gamma \neq 90°$
单斜(Monoclinic)	$a \neq b \neq c$	$\alpha = \gamma = 90°,\ \beta \neq 90°$
三斜(Triclinic)	$a \neq b \neq c$	$\alpha \neq \beta \neq \gamma \neq 90°$

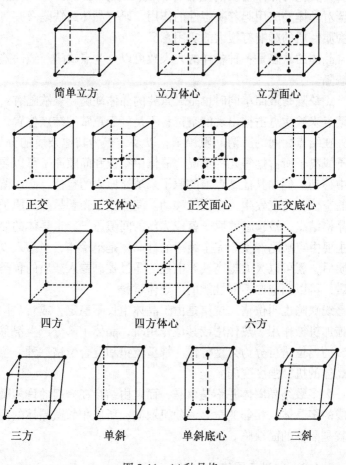

图 2-11　14 种晶格

2.4.2　晶体的缺陷

理论上，晶体内部的离子、原子或分子，应该分别严格按上述各种晶格的点阵规律排列。但是在真实晶体中，往往有或多或少的质点不符合这种规律，而出现各种结构缺陷。这种缺陷的数目及其类型对晶体物质的性质有着很大的影响,在一些情况下,甚至对晶体的应用起着决定性的作用。研究晶体的缺陷及其对晶体物质性质的影响有很大的实用意义。

晶体的缺陷是各种各样的,大致可以分为点缺陷、线缺陷和面缺陷。

点缺陷是最简单同时也是最重要的晶体缺陷。点缺陷有:晶格结点未被质点占据出现的空位;不是处于正常的结点位置,而是夹在结点之间的所谓间隙原子;以及结点为其他杂质的分子、原子或离子所占据等几种情况。晶体中空位和间隙原子可以在晶体中移动。例如其他结点上的原子来填充原来的空位,必会留下新的空位,这就发生了空位的移动。间隙原子顶替另外的原子占据晶格结点,被顶替的原子就成为新的间隙原子。半导体的导电性主要由点缺陷产生。完全纯净的硅晶体是绝缘体,当掺入少量杂质后,就可以大大提高其导电性。通过控制掺入杂质的种类和数量,可以制造出不同性能的半导体材料。

线缺陷也叫位错,位错是由于晶体生长不稳定,或对晶体局部施加机械作用、热作用或其他作用时,晶体中部分产生滑移而形成的。位错可分为刃型位错、螺型位错和混合位错三种。位错使晶体的机械强度变弱。

大多数结晶固体并不是单晶,而是由结合在一起的许多微晶构成的多晶体。相邻的微晶体随机取向,所以相邻微晶体的面边界就是晶体的面缺陷。

2.4.3 非晶态固体

非晶态固体也称为无定形体。与晶体的微观结构不同,无定形体内部不具有大范围的有序排列,而与液体的内部结构类似,具有一种短程有序而长程无序的结构特征。无定形体的形成可以看成是液体在冷却过程中,质点还来不及作有序排列就凝固了。许多大分子物质,分子有序排列困难,常常以无定形体存在。玻璃、树脂、沥青等就是我们常见的无定形体物质。

由于无定形体内部的质点是一种无序的排列，质点在空间随机取向，所以无定形体具有各向同性的特征。晶体在受热时，质点的运动加剧，当达到一定温度时，质点动能足以克服质点间的作用力而脱离晶格结点的位置，于是就发生熔化，所以晶体有固定的熔点。而无定形体内部质点是一种无序的结构，在受热时，质点的运动速度加快，其自由移动的距离渐渐增大，固体开始变软。整个熔化过程是渐渐进行的，先软化到一定的程度，逐渐具有一定的流动性，最后完全变为液体，因而没有确定的熔点。

无定形体相对于晶体来说是一种不稳定的结构，无定形态可以自发地转变为晶态，而晶态则不可能自发地转变为无定形态。玻璃在高温下会自发结晶同时发生破裂。通过特殊的方法，可以使一些常常以结晶态形式存在的物质变成无定形态。例如用硅烷 SiH_4 或四氟化硅 SiF_4 进行辉光放电分解及溅射等方法可以制得非晶态硅的薄膜。这种非晶态的半导体硅薄膜可用于制造太阳能电池。以一些金属和合金制得的非晶态磁性材料由于其特性优良，制造方法新颖，目前特别引人注目。

2.5 等离子体

当对气体进行加热、放电时，气体中的分子或原子就会发生电离，当电离所产生的带电粒子的密度达到一定数值时，气体的性质就会发生根本性的变化，这时的气体已处于等离子态，而成为等离子体了。等离子体是由带电离子、电子和中性粒子组成的流体，在等离子体中，带正电荷的粒子与带负电荷的粒子所带的电荷总数相等，而且粒子的密度也基本相同。从宏观意义上讲，等离子体是电中性的。

等离子体具有一些类似于气体的性质，但与普通气体有着本质的区别。等离子体虽然从宏观上来看是电中性的，但它是由带电粒子所组成的，是一种导电的流体，为一个带电的粒子体系。等离子体的运动行为受到磁场的影响和支配。

在地球表面的环境中，通常不具备产生等离子体的条件，但是在宇宙空间，等离子体则是物质存在的普遍形式，太阳就是一个等离子体火球，地球大气层的上部，由于受强烈的辐射作用，也以等离子体存在，大气层的这一层次称电离层，短波无线电通讯就是靠电离层对无线电波的反射作用才得以远距离传播的。等离子体也存在于我们的周围，霓虹灯管、荧光灯管和电弧中都存在着等离子体。通过放电、高温、辐射等方法都可以产生等离子体。通过辉光放电所产生的等离子体常称为低温等离子体，而用电弧放电产生的等离子体则为高温等离子体。

近几十年对等离子体的基本理论及应用技术的研究已经取得了长足的进步。等离子体技术已广泛应用于冶金、机械制造、电子技术及新型材料合成等领域。例如利用高温等离子体来切割金属，以及用来喷镀、焊接和熔炼金属。从化学角度看，等离子体空间富集的离子、电子、激发态的原子、分子及自由基等，恰恰是极活泼的反应性物质。一些化学反应，在通常的场合难于发生，在等离子体中就可能变得容易发生了。例如利用氮等离子体，人们获得了许多氮化物新材料，如仿金镀层 TiN，誉为黑色金刚石的立方 BN，耐高温精细陶瓷 Si_3N_4 等。一门新兴的化学分支学科——等离子体化学已经形成，并以极快的速度发展和完善。人们在探索物质在等离子态进行化学反应的特征和规律方面取得了巨大的进步，同时将等离子体技术引入化学合成、薄膜制备、表面处理和精细化学加工等领域都获得了令人注目的成果。

习 题

2.1 在温度为 100℃ 和压力为 1.0×10^2 kPa 的条件下，224 dm³ 钢筒中充满氢气。计算：

(1) 氢气的密度；

(2) 同量氢气在 0℃和 1.5×10^2 kPa 下的体积；

(3) 在 100℃时，同质量的 Ne 在同一钢筒中的压力；

(4) 当钢筒加热至 200℃，在压力保持为 1.0×10^2 kPa 的条件下，需从钢筒中流出的氢气的物质的量；

(5) 与钢筒中的全部氢气反应生成水所需的氧气，在 20℃和 0.99×10^2 kPa 下所占的体积。

2.2 用 1 000 g 氮气在 0℃和 16.0×10^2 kPa 下充满一个反应罐，将反应罐加热到 50℃时打开阀门，如果外部压力是 1.0×10^2 kPa，温度为 50℃，放出的氮气的质量为多少？

2.3 1.00 g 石灰石样品在 30℃和 1.0×10^2 kPa 下用盐酸处理产生 219 cm^3 CO_2，如石灰石中只含有 $CaCO_3$ 一种碳酸盐，那么 $CaCO_3$ 的百分含量为多少？

2.4 设元素 X 的气态氧化物样品 9.8 g，在 27℃和 101.3 kPa 下占据 2.00 dm^3 体积。

(1) 这种气体的近似分子量为多少？

(2) 如果此氧化物含 40.0%的氧，在每个气体分子中有多少个氧原子？按上述所给数据，试给出 X 的两个可能的原子量。

2.5 一未知气态烃在 96.9 kPa 和 100℃时的密度为 3.5 $g \cdot dm^{-3}$。

(1) 其近似分子量为多少？

(2) 当这种气体同过量的氧气燃烧时，产物是 CO_2 和 H_2O，生成水的质量恰好同原气态烃的质量相同，此烃的分子式如何写？

(3) 按写出的分子式计算，其分子量应为多少？与(1)中的计算结果为什么有一定的差别？

2.6 在 273 K 时，将同一初压的 4.0 dm^3 N_2 和 1.0 dm^3 O_2 压缩到一个容器为 2.0 dm^3 真空容器中，混合气体的总压力为 253 kPa。试求：

(1) 两种气体的初压；

(2) 混合气体中各组分气体的分压；

(3) 各气体的物质的量。

2.7 在 27.0℃和 91.2 kPa 下，测得 N_2 和 H_2 混合气体的密度为 0.785 $g \cdot dm^{-3}$。求：

(1) N_2 和 H_2 的分压；

(2) N_2 和 H_2 的体积百分数。

2.8 分别用理想气体状态方程式和范德华方程式计算,将 1 mol SO_2 压入 10.0 dm^3 的容器中,在 300 K 时容器中的压力为多少?

2.9 氧气钢瓶的容积为 40.0 dm^3,额定使用压力为 1.50×10^4 kPa。当环境温度为 298 K 时,按理想气体状态方程式计算,此钢瓶可装多少 mol 氧气?如果按范德华方程式计算,这样多的氧气压入钢瓶,瓶中的压力应为多少?

2.10 回答下列问题:
(1) 为什么海水不易结冰?
(2) 为什么生活在海水中的鱼类不能在淡水中生存?
(3) 为什么在农田中施用浓度过大的化肥反而会使农作物枯死?
(4) 在积雪的公路上撒一些盐,可以使积雪更快地融化,这是什么道理?

2.11 在 26.6 g 氯仿中溶解 0.402 g 萘($C_{10}H_8$),所得溶液的沸点比氯仿的沸点高 0.455 K,求氯仿的沸点升高常数。

2.12 当 1.00 g 硫溶于 20.0 g 萘时,溶液的凝固点比萘的凝固点低 1.28 K,求硫的分子量。

2.13 与人体血液具有相等渗透压的葡萄糖溶液,其凝固点降低值为 0.543 K,求此葡萄糖溶液的质量百分比浓度(密度为 1.085 $g \cdot cm^{-3}$)和血液的渗透压。

2.14 现有两种溶液,一种溶液为 1.50 g 尿素(($NH_2)_2CO$)溶于 200 g 水中所形成的,另一溶液为 42.75 g 未知物(非电解质)溶于 1 000 g 水中所得。这两种溶液在同一温度下结冰,求未知物的摩尔质量。

2.15 CO_2 和 SiO_2 都是共价化合物,但是干冰和石英的物理性质相差很远,试加以解释。

2.16 晶体的 4 种基本类型是根据什么来划分的?各类晶体的物理性质有何特征?

2.17 干冰的晶体结构属于面心立方晶格,每个晶胞中含有多少个 CO_2 分子?

2.18 已知金的晶格形式为面心立方,晶胞边长 $a = 0.409$ nm,求金的原子半径和金的密度。

第3章　化学热力学基础

　　热力学是研究热和其他形式能量之间转化规律的科学。用热力学的原理和方法来研究化学反应过程及其伴随的能量变化形成了化学热力学。

　　从总体来看，热力学研究的是物质的宏观性质，而不涉及这些性质的微观解释。就化学反应而言，化学热力学不能提供化学反应过程中具体情况和反应速率，也不考虑物质的微观结构和化学性质。当然，某些热力学性质也可从微观上去认识，例如熵是体系的宏观性质，但统计力学可以用微观混乱度对它加以解释。

　　化学反应是化学研究的重要内容，物质能否发生反应，反应在什么条件下发生以及反应进行的程度，这正是化学热力学所要回答的问题。科学工作者曾一度在实验室从事石墨转变为金刚石的研究，结果都失败了，但是根据热力学的预测这种转变是可能的。正是由于预测，激励科学工作者不断努力，终于在高温高压下使石墨转变为金刚石得以成功。NH_3 的合成是一个重要化学反应，对于该反应必须研究如下的问题：H_2 与 N_2 混合能否反应生成 NH_3？如果能，反应进行到什么限度？改变温度、压力对反应将产生什么影响？要回答诸如此类的问题必须借助于化学热力学。

　　化学热力学是化学学科的一个重要分支，其内容涉及到许多方面，本章仅对其中最基本的部分作简单介绍，以作为学习热化学、化学平衡、电化学等内容的基础，并应用热力学数据及其处理来说明一些有关的化学问题。

3.1 热力学常用术语

3.1.1 体系和环境

体系是宇宙真实或假想的一部分,该部分是根据研究者的需要而指定的,它被一定的界面限制或者数学上定义的界面所限制。如容器中的气体,容器是物理界面,而想像房间中空间某一特定体积的气体,没有实际界面,可以设想一个假想的界面,这种界面是数学定义的界面。体系以外而与体系密切相关的部分叫环境。体系和环境结合起来在热力学上称为宇宙。

热力学体系是由大量物质微粒组成的宏观有限体系。根据体系和环境之间物质和能量的交换情况的不同可以将体系分为三种类型:① 孤立体系:完全不受环境影响的体系,即体系与环境之间没有物质和能量的交换;② 封闭体系:体系与环境之间有能量交换但无物质的交换;③ 敞开体系:体系与环境之间有物质和能量的交换。例如,一个具有隔热带塞的保温瓶中盛以热水,以瓶内热水为体系,则该体系可以近似看做是孤立体系,若保温瓶不能隔热,即成为封闭体系,如果保温瓶既不隔热又不加塞便成为敞开体系。

3.1.2 状态和状态函数

热力学所研究的是与体系平衡态有关的问题。所谓热力学平衡态是指体系的宏观性质如温度、密度、化学组成等是确定的,并且不随时间而改变。

热力学状态是指体系的热力学平衡态,它是体系物理、化学性质的综合表现。用来描述和确定状态性质的物理量叫状态函数。有些状态函数是由热力学基本定律引出来的,如热焓 H、吉布斯自由能 G 等,有的是由实验测得的,如温度 T、体积 V

等。本章将介绍几个重要的热力学状态函数。根据状态函数数值大小与体系中所含物质量有无关系可将状态函数分为容量性质和强度性质。若数值大小与体系中所含物质量成正比,具有加合性,则状态函数具有容量性质,如热焓 H、体积 V 等。若数值大小与体系中所含物质量无关,不具加合性,其状态函数具有强度性质,如温度 T、压力 p 等。状态函数具有两个明显的特点:

① 同一热力学体系中各状态函数之间相关,由几个状态函数值(通常为二个或三个)可以确定其他状态函数值,对于理想气体,$p = \dfrac{nRT}{V}$ 即为一例。

② 状态函数值的变化只与始末状态有关,而与变化途径无关,这正是状态函数在热力学中重要性的体现,因为一个化学反应或物理变化能否发生及其变化的方向和限度,只取决于始末态某些状态函数值的变化,而与变化的途径无关。

3.1.3 过程和途径

体系状态从始态变为终态经历的热力学过程,简称过程。根据体系状态变化的条件不同可分为不同的过程,如恒温、恒压、恒容条件下发生变化,则分别称为恒温、恒压、恒容过程。若状态发生变化时,体系和环境之间没有热量交换,则称为绝热过程,还有可逆过程和不可逆过程等。

体系状态由始态变为终态的过程的具体方式称为途径。如某体系由状态 1(p_1, T_1)变为状态 2(p_2, T_2),可采用两种途径(如图 3-1):① 恒压下温度由 T_1 变为 T_2,然后恒温下压力由 p_1 变为 p_2。② 温度和压力同时发生变化,由状态(p_1, T_1)变为状态(p_2, T_2)。

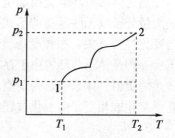

图 3-1 热力学途径和状态函数关系

3.2 热力学第一定律

热力学第一定律是能量转换守恒定律。热力学中能量以内能、热和功表示，因此，在具体讨论热力学第一定律之前必须介绍这些相关的概念。

3.2.1 内能、热和功

1. 内能

体系内宏观静止物质一切能量的总和叫体系的内能，以符号 U 表示。它主要包括体系内各物质分子或原子的电子能（包括电子的动能、电子间以及电子与核间的势能），原子核间的势能，以及振动能、转动能和平动能等。内能是状态函数，由于它是由多种运动形式和相互作用产生的，不能测定和计算体系某一状态内能的绝对值，只能求得体系两个状态内能的差值 ΔU。如 298℃ 时，$H_2(g)$ 离解为 $2H(g)$，其内能变化 ΔU 为 $433.1\ kJ \cdot mol^{-1}$，ΔU 与下列能量的变化有关。

$$\Delta U = \Delta E_{平动} + \Delta E_{转动} + \Delta E_{振动} + \Delta E_{电子} + \Delta E + \cdots$$
$$\qquad\quad 3.7 \qquad -2.5 \qquad -26.1 \qquad 458 \quad (kJ \cdot mol^{-1})$$

2. 热

热是体系与环境交换能量的一种方式，以符号 Q 表示。热是大量分子以无序运动的形式而传递的能量，热不是状态函数，与变化过程有关。根据状态变化条件的不同，热可分为两种情况：一种是体系与环境由于存在温度差而进行的能量交换，体系放热为负值，体系吸热为正值。另一种是在热交换时，体系发生化学变化或相变，但变化过程中温度保持不变。

3. 功

功是体系与环境交换能量的另一种形式，以 W 表示。功可以是机械功、电功、体积功等多种形式，通常把非体积功叫有用功。体积功是体系反抗外压使体积发生变化而做的功，如体系中的气体反抗环境的压力而膨胀，即做了体积功，$W = -\int_{1}^{2} p_{外} \mathrm{d}V$ 或 $W = -p_{外}\Delta V$。根据国际上的推荐，同时为使热、功的符号相一致，本书采用体系对环境做功为负值，环境对体系做功为正值。功不是状态函数，与变化过程有关。

由于常见的化学变化或物理变化只是在恒压条件下做体积功，因此下面着重讨论体积功。

4. 不可逆过程和可逆过程的功和热

从微观上讲，体积功是大量分子定向有序运动而交换的能量。下面通过理想气体在恒温过程中做体积功的具体讨论说明功不是状态函数，并得出热也不是状态函数的结论。

带活塞的圆筒中充满理想气体，活塞上面放置砂粒，如图 3-2（Ⅰ）所示，状态Ⅰ的外压为砂粒和大气压力之和。若砂粒突然被拿去，气体所受外压减小，将自发等温扩散，直到状态（Ⅱ），即直到内、外压力相等，处于平衡状态(图 3-2（Ⅱ）)。

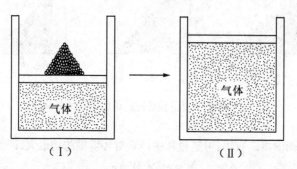

图 3-2　体系的始态和末态

由于是等温过程，膨胀时体系从环境吸收热量。气体膨胀时克服恒定的外压(大气压)做功，膨胀功为 $-p_{外}\Delta V$，$\Delta V = V_{Ⅱ} - V_{Ⅰ}$ 为正值，故体系做的功为负值，其大小如 $p_{外}$-V 图阴影部分面积所示（图 3-3（a））。图中点 1 相应于状态Ⅰ，点 2 相应于拿去砂粒以后、气体膨胀以前瞬间的非平衡状态,点3相应于最后的平衡状态Ⅱ。

若将状态Ⅰ活塞上的砂粒等分分两次、四次、八次或者一粒一粒地拿去,其 $p_{外}$-V 图分别如图3-3(b),(c),(d),(e)所示,以上过程中外压不是无限小的变化,都是不可逆过程。若将砂粒磨成细粉一个微粒一个微粒地拿去,即外压是无限小的变化,这一过程可视为热力学可逆过程,其 $p_{外}$-V 图如图 3-3(f)所示,曲线上的每个点可视为平衡态。

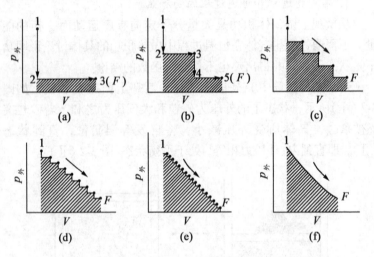

图 3-3 等温不可逆和可逆过程体系做的膨胀功

从图中可以看出:可逆过程中体系对环境做的功最大,即绝对值
$$W_{可逆} > W_{不可逆}$$
采用加砂粒的办法可使状态Ⅱ复原到状态Ⅰ,则环境对体系做功,其功为正值。若以等温一次、等分分两次、八次或一粒一粒地加砂粒,其 $p_{外}$-V 图如图 3-4(a),(b),(c),(d)所示,显然,这些过程都是不可逆的。若将砂粒磨成细粉,一个微粒一个微粒地加上,则过程可视为可逆过程,其 $p_{外}$-V 图如图3-4(e)所示。

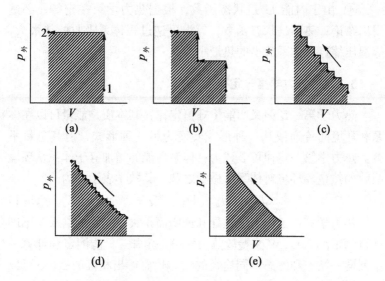

图 3-4 等温不可逆和可逆过程环境对体系做的膨胀功

由图可以看出：气体压缩时，可逆过程中环境对体系做的功最小，即

$$W_{可逆} < W_{不可逆}$$

可逆过程是一种理想过程，它是通过连续无限多热力学平衡态完成的。自然过程都是不可逆的，有些实验可认为接近可逆过程，如铅蓄电池的充电和放电。根据前面的讨论可将可逆过程归纳总结为以下基本特点：

① 可逆过程中，体系的状态函数与环境相差无限小的量，如气体膨胀或压缩时 $p_{体系} = p_{环境} \pm dp$。

② 等温可逆膨胀过程体系对环境做的功最大，等温可逆压缩过程环境对体系做的功最小。

③ 可逆过程中，当体系恢复为原来的状态时，即体系从始态可逆膨胀至终态，然后从终态可逆压缩到始态，体系对环境做的功和环境对体系做的功数值相等。

④ 由于内能 U 是状态函数,根据热力学第一定律,必然得出结论:热不是状态函数,等温可逆过程体系吸收的热最大,等温压缩过程体系放出的热最小。

3.2.2 热力学第一定律

热力学第一定律又叫能量守恒定律,其本质是能量可以在体系和环境间传递或从一种形式转变为另一种形式,但其总量不变。热力学第一定律可表述为:体系内能的增加等于体系从环境吸收的热量和环境对体系所做功之和。其数学表示式为

$$\Delta U = U_2 - U_1 = Q + W \tag{3-1}$$

热力学第一定律不能推导和证明而是大量实践的结果。不能独自测量 $\Delta U, Q, W$ 来检验热力学第一定律,只能测定和计算一系列同一始态和终态不同途径的 Q, W 而得出相等的 ΔU,可以举例说明。

设 20℃ 和标准压力下,有 H_2, Cl_2 各 1 mol 和 1 mol·dm^{-3} 的 HCl 100 dm^3,在恒温、恒压下将它们变成 100 dm^3 1.02 mol·dm^{-3} 的 HCl 溶液,求 ΔU。

上述变化可采用两种途径完成:

① 将 H_2, Cl_2 两种气体在一个具有理想活塞的容器中混合,利用光照使其化合,化合前后体积不变。以 1 mol·dm^{-3} 的 HCl 溶液吸收 HCl 气体,因气体体积减小,活塞将被空气推进,环境对体系做功。有关途径和数据如下:

$$H_2(g) + Cl_2(g) \Longrightarrow 2HCl(g)$$
$$W_1 = 0, \quad Q_1 = -182.3 \text{ kJ}$$
$$2HCl(g) + 2H_2O(l) \Longrightarrow 2H_3O^+ + 2Cl^-(aq)$$
$$W_2 = 5.02 \text{ kJ}, \quad Q_2 = -143.9 \text{ kJ}$$
$$\Delta U = Q + W = 0 + (-182.3) + 5.02 + (-143.9)$$
$$= -323.2 \text{ (kJ)}$$

② 使反应在原电池中进行，其电解质溶液为 $1\ mol\cdot dm^{-3}$ 的 HCl，电池的电动势为 1.36 V。有关途径和数据如下：

$$H_2(g) + Cl_2(g) + 2H_2O(l) \Longrightarrow 2H_3O^+ + 2Cl^-(aq)$$

$Q = -65.7\ kJ,$ 体积功 $W = 5.02\ kJ,$

电功 $= -(1.36 \times 2 \times 96.5) = -262.5\ (kJ)$

$\Delta U = Q + W = -65.7 + 5.02 + (-262.5)$
$= -323.2\ (kJ)$

从上面计算结果可以看出：两种不同途径中热 Q、功 W 各不相同，但其内能的变化 ΔU 是一样的。

[例 3-1] 体系在某一状态变化过程中吸收 836 J 的热量，当体系以不同的途径恢复到原来的状态时，体系放出 418 J 的热量，对环境做 1.627 kJ 的功，求在该状态变化过程中环境对体系做的功。

解 $\Delta U_1 = Q_1 + W_1 = 836\ J + W_1,$

$\Delta U_2 = Q_2 + W_2 = -418\ J + (-1627\ J)$
$= -2.045 \times 10^3\ J$

因 $\Delta U_\text{总} = \Delta U_1 + \Delta U_2 = 0$，所以 $(836\ J + W_1) + (-2.045 \times 10^3\ J) = 0$，即

$$W_1 = 1.209 \times 10^3\ J = 1.209\ kJ$$

3.3 热 化 学

化学反应的热效应是化学反应体系最普遍、最重要的能量变化，研究化学反应中的热效应就形成了热化学。化学反应的热效应是化学反应体系中各物质宏观性质的一种体现，但热效应与物质的微观性质如分子的稳定性、化学键的强弱等有关。因此，研究化学反应的热效应不仅可以提供这方面的信息，而且还可以做某些具体计算，如计算键能等。

由于热是非状态函数，所以化学反应的热效应与反应过程有

关。化学反应中应用最为普遍的是恒容、恒压过程,其中以恒压过程更为重要。下面分别讨论恒容、恒压条件下的热效应。

3.3.1 化学反应的热效应

化学反应的热效应是指反应体系的温度一定,且反应过程中体系只反抗外压做膨胀功时,化学反应体系吸收或放出的能量,此能量通常称为**反应热**。

当体系只做体积功而不做其他功时,热力学第一定律可写为
$$\Delta U = Q + W \tag{3-2}$$

若反应是在恒容条件下进行,$\Delta V = 0$,故体积功为零,(3-2)式变为
$$\Delta U = Q_V$$

即化学反应内能的变化等于恒容条件下的热效应,因此只要测定恒容条件下的热效应就可求得反应体系内能的变化。若反应放热,ΔU 为负值,表明生成物内能比反应物内能小;若反应吸热,ΔU 为正值,表明生成物的内能比反应物内能大。

恒容条件下进行化学反应是不方便甚至是困难的,因为许多化学反应在反应过程中将发生很大的压力变化,所用的反应容器要求能够耐压。

化学反应通常是在敞开容器内即恒压(大气压)条件下进行,下面着重讨论恒压时的热效应。假设反应体系只做体积功,根据(3-2)式得

$$\Delta U = Q_p + W_{体} = Q_p - p\Delta V$$
$$Q_p = \Delta U + p\Delta V$$
$$= \Delta(U + pV) \quad (p \text{ 恒定}, \Delta(pV) = p\Delta V) \tag{3-3}$$

(3-3)式可改写为
$$Q_p = (U_2 - U_1) + p(V_2 - V_1)$$
$$= (U_2 + pV_2) - (U_1 + pV_1)$$

因为 U, p, V 都是体系的状态函数，$U + pV$ 也一定是体系的状态函数，这一新的状态函数定义为热焓，简称为焓，以符号 H 表示，即

$$H = U + pV$$
$$\Delta H = \Delta U + p\Delta V \tag{3-4}$$

比较(3-3),(3-4)式得

$$Q_p = \Delta U + p\Delta V = \Delta H \tag{3-5}$$

此式将非状态函数 Q_p 转化为状态函数的变量 ΔH，表明任何化学变化都伴有能量的吸收或放出，这种能量通常为热的形式。热的吸收或放出是由于参加变化过程的物质的"热焓"变化引起的。(3-5)式还表明：当反应在恒压下进行，并且反应过程中只做体积功时，反应热即为反应体系的热焓变化，等于体系内能的变化加上体系做的体积功。若 ΔH 为负值，表示恒压条件下反应体系放热，是放热反应；若 ΔH 为正值，体系吸热，是吸热反应。

若反应体系中只有液体和固态，显然，反应前后体积没有多大变化，即体系基本不做体积功，ΔH 在数值上近似等于 ΔU，并和恒容反应热 Q_V 基本相等。若反应是在低的压力下恒压进行，体积功相对于内能的变化是很小的，ΔH 在数值上也近似等于 ΔU。因此，在上述两种情况下，只要测定 Q_p 就可近似代表体系内能的变化。但是，若反应过程中有气体产生和消耗并且压力不是很低，体积功不能忽略，ΔH 和 ΔU 之间有一定的差值，不过体积功相对于 ΔU 仍然是很小的。由于反应体系是恒温、恒压的，根据理想气体状态方程 $pV = nRT$，可得

$$p\Delta V = \Delta nRT$$

式中，Δn 是反应前后气体物质的量的变化，最后得到关系式

$$\Delta H = \Delta U + \Delta nRT$$

当 ΔH 和 ΔU 以焦耳为单位时，气体常数 $R = 8.314 \text{ J·mol}^{-1}\text{·K}^{-1}$。

[例 3-2] 压力 100 kPa 下，四氯化碳 CCl_4 沸点为 349.9 K。

在该压力下蒸发 100 g CCl_4 需吸收 19.5 kJ 热量。计算 1 mol CCl_4 蒸发时的 ΔH 和 ΔU。

解 在上述条件下蒸发 1 mol CCl_4 需吸收的热量为

$$\frac{19.5 \text{ kJ}}{100 \text{ g}} \times 153.8 \text{ g·mol}^{-1} = 30 \text{ kJ·mol}^{-1}$$

即

$$\Delta H = Q_p = 30 \text{ kJ·mol}^{-1}$$

$$\begin{aligned}\Delta U &= \Delta H - p\Delta V = \Delta H - \Delta nRT = \Delta H - RT \\ &= 30 \text{ kJ·mol}^{-1} - (8.314 \times 10^{-3} \text{ kJ·mol}^{-1} \cdot \text{K}^{-1})(349.9 \text{ K}) \\ &= 30 \text{ kJ·mol}^{-1} - 2.9 \text{ kJ·mol}^{-1} \\ &= 27.1 \text{ kJ·mol}^{-1}\end{aligned}$$

计算结果表明：蒸发 1 mol CCl_4 需从环境吸收 30 kJ 的热量，其中 27.1 kJ 用于增加 CCl_4 气态分子的内能，2.9 kJ 用于 CCl_4 蒸发时做的体积功。

3.3.2 化学反应进度

热力学状态函数热焓 H、熵 S、吉布斯自由能 G 等均为表征体系容量性质的物理量，这些状态函数的大小及其变量 ΔH，ΔS 和 ΔG 与体系的物质的量有关。另外，反应速率所涉及到的活化能 E_a 的大小也与物质的量有关，而化学反应中物质的量的变化与化学反应进度有关，因此，有必要介绍化学反应进度概念。

化学反应进度是化学反应最基本的量，它是用于表示化学反应进行程度的物理量，以符号 ξ 表示。当某化学反应进行时，化学反应方程式中某一参与反应的物质（反应物或生成物）i 的物质的量从开始（$t=0$）的 $n_{i,0}$ 变为某一时刻（$t=t_1$）的 n_i，并假设化学反应方程式中物质 i 的计量系数为 ν_i，则反应进度定义为

$$\xi = \frac{n_i - n_{i,0}}{\nu_i} \tag{3-6}$$

式中，ν_i 为无量纲的纯数，对生成物 ν_i 为正值；反应物 ν_i 为负值。由(3-6)式可以看出：对于计量系数确定的化学方程式，在某一时刻用反应体系中任一物质表示反应进度，其数值均是一致的，但是对于同一化学反应，若化学方程式的写法不同，即物质的计量系数不同，则同一时刻反应进度的数值不同。例如反应

$$2H_2(g) + O_2(g) = 2H_2O(g) \qquad ①$$

各物质的计量系数 $\nu_{H_2(g)}$，$\nu_{O_2(g)}$ 和 $\nu_{H_2O(g)}$ 分别为 -2，-1 和 $+2$。若 $H_2(g)$ 和 $O_2(g)$ 在某时刻物质的量的变化$(n_i - n_{i,0})$分别为 -0.4 mol 和 -0.2 mol，则 $H_2O(g)$ 物质的量的变化为 $+0.4$ mol，该反应的反应进度为

$$\xi = \frac{n_i - n_{i,0}}{\nu_i} = \frac{-0.4}{-2} = \frac{-0.2}{-1} = \frac{0.4}{2}$$
$$= 0.2 \text{ (mol)}$$

若将上述反应写为

$$H_2(g) + \frac{1}{2}O_2(g) = H_2O(g) \qquad ②$$

则反应进度为

$$\xi = \frac{n_i - n_{i,0}}{\nu_i} = \frac{-0.4}{-1} = \frac{-0.2}{-0.5} = \frac{0.4}{1}$$
$$= 0.4 \text{ (mol)}$$

显然，其反应进度是不同的。

从例子中可以看出：反应进度的单位为摩尔。对于任一反应，当物质 i 物质的量的变化(生成了或消耗了)与计量系数 ν_i 的数值相等时，则反应进度为一摩尔($\xi = 1$ mol)，即进行了一摩尔反应。对于反应方程式①而言是指消耗了 2 mol $H_2(g)$ 和 1 mol $O_2(g)$、生成 2 mol $H_2O(g)$ 时的反应进度，而对于反应方程式②是指消耗了 1 mol $H_2(g)$ 和 $\frac{1}{2}$ mol $O_2(g)$、生成 1 mol $H_2O(g)$ 时的反应进度。应该指出的是，反应进度的单位"摩尔"与物质的量

的单位"摩尔"有不同含义,当反应进度 $\xi = 1$ mol 时,对反应方程式①而言,是指在某一时刻已有 $2 \times 6.02 \times 10^{23}$ 个 H_2 分子与 6.02×10^{23} 个 O_2 分子反应,生成了 $2 \times 6.02 \times 10^{23}$ 个 H_2O 分子,或者理解为 2 个 H_2 分子和 1 个 O_2 分子为一个单元进行 6.02×10^{23} 个单元反应。反应进度与反应方程式直接相联系,离开反应方程式谈反应进度是没有意义的。

3.3.3 热化学方程式

表明化学反应与热效应关系的方程式叫热化学方程式。例如,一摩尔固态碳酸钙分解为固态氧化钙和气态二氧化碳时,吸收 178 kJ 热量,相应的热化学方程式可写为

$$CaCO_3\,(s) = CaO\,(s) + CO_2\,(g) \qquad \Delta_r H_m^{\ominus} = 178 \text{ kJ} \cdot \text{mol}^{-1}$$

或

$$CaCO_3\,(s) = CaO\,(s) + CO_2\,(g) - 178 \text{ kJ} \cdot \text{mol}^{-1}$$

这两个方程式虽都叫热化学方程式,但是第一个方程式的写法更规范。在第二个方程式中把反应前后物质及其量的变化和相应的能量变化写在同一方程式中是欠妥的,因为化学方程式强调的是质量守恒,而且化学反应的热效应和反应条件有关。从能量角度考虑,该方程式表明碳酸钙分解前吸收 178 kJ·mol^{-1} 热量后与分解后体系能量相等。反应吸热用 $-Q$ 表示,反应放热用 $+Q$ 表示,这种热化学符号正好和热力学规定的符号相反。化学反应的热效应与物质的量、温度和压力有关,实验发现:温度变化 100℃,其反应的热效应变化 1% 左右,虽然压力对反应的热效应影响不大,但毕竟是有影响的。第一个方程式不仅把质量守恒和能量的变化分别加以表示,而且注明了该反应反应热的条件。

综上所述,书写热化学方程式时应注意以下问题。

① 注明反应物和生成物的聚集状态和晶型。焓变 ΔH 应加以标明,为此,焓变 ΔH 的左下角以 r 代表化学反应;右下角以

m代表摩尔;右上角以⊖表示热力学标准态(简称标态)*;并在 H 后面用括号标明温度,即以 $\Delta_r H_m^\ominus(T)$ 表示。若未注明温度,$\Delta_r H_m^\ominus$ 代表 298.15 K 和标态时的焓变,常简写为 $\Delta H^\ominus$。

如果对焓变符号加以区别,则 ΔH 代表任意状态的焓变,$\Delta_r H_m^\ominus(T)$ 代表压力为标态、温度为 T 时的摩尔焓变。

② ΔH 的单位为 $J \cdot mol^{-1}$ 或 $kJ \cdot mol^{-1}$。其摩尔代表的是反应进度。ΔH 数值的大小与物质的量成正比,因此,对于代表同一化学反应的不同化学反应方程式,ΔH 数值的大小不同,只是数值大小与方程式中各物质计量系数之间成正比关系。例如

$$3H_2(g) + N_2(g) \rightleftharpoons 2NH_3(g) \quad \Delta_r H_m^\ominus = -92.22 \text{ kJ} \cdot \text{mol}^{-1}$$

$$\frac{3}{2}H_2(g) + \frac{1}{2}N_2(g) \rightleftharpoons NH_3(g) \quad \Delta_r H_m^\ominus = -46.11 \text{ kJ} \cdot \text{mol}^{-1}$$

③ 反应热是指反应进行完全时的热效应。例如,上述合成氨的第一个反应方程式中,3 个 H_2 分子和 1 个 N_2 分子为基本单元进行了 6.02×10^{23} 个单元反应,即进行了一摩尔反应,其反应热 $\Delta_r H_m^\ominus$ 为 $-92.22 \text{ kJ} \cdot \text{mol}^{-1}$。

3.3.4 化学反应热的求得

热化学主要是研究化学反应的热效应。大多数化学反应的反应热可通过实验测量,但有些反应由于反应速率太慢,反应时间太长,测量热量时由于热辐射散热而带来较大的误差;有些反应甚至难以用直接测量热量的方法,例如,下列反应的反应热不能直接用实验方法测量。

$$C(石墨) + \frac{1}{2}O_2(g) \rightleftharpoons CO(g) \quad \Delta H = ?$$

---

* 气态物质的标准态指分压为标准压力 $p^\ominus$,通常为 100 kPa。液体和固体的标准态指处于标准压力下的纯物质和最稳定的晶体;溶液的标准态是指溶液的浓度为 1 $mol \cdot kg^{-1}$(或近似为 1 $mol \cdot dm^{-3}$)。

实验事实表明：碳在氧气中燃烧生成一氧化碳的同时，不可避免地会有二氧化碳生成，因此，直接测定一氧化碳的生成热是不可能的，但可通过热化学计算求得。下面介绍热化学计算的原理和几种热化学计算方法。

1. 盖斯定律及其应用

1840年盖斯根据大量实验事实总结出一条规律："一个化学反应无论是一步完成或分步完成，反应的热效应是相等的，即总过程的热效应等于各分步过程热效应的代数和。"盖斯定律又叫恒定热加合定律。

根据热力学第一定律，盖斯定律能够得到解释：因为测定反应热的实验是在恒压或恒容并且无其他功的条件下进行的，虽然热与过程有关，但在上述条件下，热 Q 在数值上等于体系热力学状态函数的改变量，即 $Q_p = \Delta H$，$Q_V = \Delta U$，因此，反应热由反应体系始、末状态决定，而与满足指定条件下的不同途径无关。例如，下列反应：

$$CO_2 \text{ (aq)} + 2OH^- \text{ (aq)} = CO_3^{2-} \text{ (aq)} + H_2O \text{ (l)}$$
$$\Delta_r H_m^\ominus = -89.36 \text{ kJ} \cdot \text{mol}^{-1}$$

上述反应可分解为两步完成：

$$CO_2 \text{ (aq)} + OH^- \text{ (aq)} = HCO_3^- \text{ (aq)}$$
$$\Delta_r H_m^\ominus = -48.26 \text{ kJ} \cdot \text{mol}^{-1} \quad (1)$$

$$HCO_3^- \text{ (aq)} + OH^- \text{ (aq)} = CO_3^{2-} \text{ (aq)} + H_2O \text{ (l)}$$
$$\Delta_r H_m^\ominus = -41.10 \text{ kJ} \cdot \text{mol}^{-1} \quad (2)$$

显然，

$$\Delta_r H_m^\ominus(1) + \Delta_r H_m^\ominus(2) = \Delta_r H_m^\ominus$$

应用盖斯定律具体求反应热时，可以用代数法或作图法，下面以一氧化碳的生成为例加以说明。

代数法是根据化学反应方程式及其相应的焓变 ΔH 具有加合性，并应用同一化学反应的正逆反应热效应数值相等符号相反的原理,通过一定的代数运算将总反应和分步反应联系起来,从而求得反应热。

碳在氧气中燃烧有关的化学反应如下:

① $C(s,石墨) + O_2(g) = CO_2(g)$

$\Delta_r H_m^\ominus = -393.51 \text{ kJ} \cdot \text{mol}^{-1}$ (1)

② $CO(g) + \frac{1}{2}O_2(g) = CO_2(g)$

$\Delta_r H_m^\ominus = -282.98 \text{ kJ} \cdot \text{mol}^{-1}$ (2)

③ $C(s,石墨) + \frac{1}{2}O_2(g) = CO(g)$

$\Delta_r H_m^\ominus = ?$ (3)

为了求 C 与 O_2 反应生成 CO 的焓变,可作如下分析:

反应方程式③中 C 为反应物,CO 为生成物,而方程式①中 C 也为反应物,而且计量系数 ν 相等。方程式②中 CO 为反应物,这与方程式③中 CO 为生成物刚好相反,因此方程式②必须反向,在两个方程式中 CO 的计量系数 ν 相等。当 ① + ② 时,CO_2 在所得方程式的两边,$\frac{1}{2}O_2$ 也在方程式的两边,可以分别消去,即得方程式③。

具体计算如下:

$C(s,石墨) + O_2(g) = CO_2(g)$ $\Delta_r H_m^\ominus = -393.51 \text{ kJ} \cdot \text{mol}^{-1}$ (1)

$+)CO_2(g) = CO(g) + \frac{1}{2}O_2(g)$ $+)\Delta_r H_m^\ominus = 282.98 \text{ kJ} \cdot \text{mol}^{-1}$ (2)

$C(s,石墨) + \frac{1}{2}O_2(g) = CO(g)$ $\Delta_r H_m^\ominus = -110.53 \text{ kJ} \cdot \text{mol}^{-1}$ (3)

作图法是以图示的方法将总反应与分步反应联系起来,从而求得反应热。图 3-5 为总反应的 $\Delta_r H_m^\ominus$ 与分步反应的 $\Delta_r H_m^\ominus$ 关系图。

[**例 3-3**] 已知下列三个反应的反应热的实验值:

① $C(s) + O_2(g) = CO_2(g)$

$\Delta_r H_m^\ominus = -393.51 \text{ kJ} \cdot \text{mol}^{-1}$ (1)

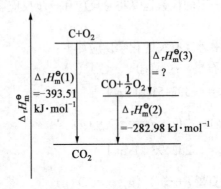

图 3-5　总反应的 $\Delta_r H_m^\ominus$ 与分步反应的 $\Delta_r H_m^\ominus$ 关系图

② $H_2(g) + \dfrac{1}{2}O_2(g) = H_2O(l)$

　　$\Delta_r H_m^\ominus = -285.83 \text{ kJ} \cdot \text{mol}^{-1}$ 　　　　　　　　　　(2)

③ $CH_4(g) + 2O_2(g) = CO_2(g) + 2H_2O(l)$

　　$\Delta_r H_m^\ominus = -890.83 \text{ kJ} \cdot \text{mol}^{-1}$ 　　　　　　　　　　(3)

求反应 $C(s) + 2H_2(g) = CH_4(g)$ 的反应热 $\Delta_r H_m^\ominus$。

解　②式乘以 2 加①式减③式即得待求的反应式④，根据盖斯定律可求得 $\Delta_r H_m^\ominus$：

$$
\begin{array}{ll}
C(s) + O_2(g) = CO_2(g) & \Delta_r H_m^\ominus = -393.51 \text{ kJ} \cdot \text{mol}^{-1} \\
+)\,2\times[H_2(g) + \dfrac{1}{2}O_2(g) = H_2O(l)] & +)\,2\times[\Delta_r H_m^\ominus = -285.83 \text{ kJ} \cdot \text{mol}^{-1}] \\
-)\,CH_4(g) + 2O_2(g) = CO_2(g) + 2H_2O(l) & -)\quad \Delta_r H_m^\ominus = -890.32 \text{ kJ} \cdot \text{mol}^{-1} \\
\hline
C(s) + 2H_2(g) = CH_4(g) & \Delta_r H_m^\ominus = -74.85 \text{ kJ} \cdot \text{mol}^{-1}
\end{array}
$$

2．标准生成焓

盖斯定律及其应用避免了用实验方法直接测量某些化学反应反应热的困难，但仅用这种方法求为数很多的化学反应的反应热仍然是不方便的。更有实际意义、从化学手册中能查到的是常见化合物和单质的标准生成焓，通过标准生成焓的代数运算可以求得许多化学反应的反应热。

在标态和温度 $T(K)$ 的条件下由稳定单质生成一摩尔化合物或其他物种的焓变叫该物质在 $T(K)$ 时的**标准生成焓**,以符号 $\Delta_f H_m^\ominus(T)$ 表示。化学手册中所载标准生成焓数据,其温度一般是 298.15 K,符号可简写为 $\Delta_f H_m^\ominus$,还可简写为 $\Delta H_f^\ominus$。标准生成焓的单位是 $kJ \cdot mol^{-1}$。例如:

$$\frac{1}{2} H_2 (g) + \frac{1}{2} Cl_2 (g) =\!=\!= HCl (g)$$

$$\Delta_f H_m^\ominus = -92.31 \ kJ \cdot mol^{-1}$$

$$Ca (s) + C (s) + \frac{3}{2} O_2 (g) =\!=\!= CaCO_3 (s)$$

$$\Delta_f H_m^\ominus = -1206.9 \ kJ \cdot mol^{-1}$$

在查阅和应用标准生成焓数据时应注意和明确以下几个问题。

① 在标态和指定温度 $T(K)$ 下,稳定单质的标准生成焓为零,因为处于标态的稳定单质变为其自身不需任何过程,即其始态和末态相同,如 $H_2(g)$ 的 $\Delta_f H_m^\ominus = 0$。显然,这种标度是人为的,因此,标准生成焓是相对值。有些标准生成焓是实验测定的,有些则是间接计算得到的。

② 固态单质可能存在多种晶型,因此,在确定稳定态时应考虑哪种晶型在标态和指定温度(298.15 K)下是最稳定的,如碳有石墨、金刚石和碳原子簇三种晶型,石墨在上述条件下是稳定的,金刚石在高温下稳定,而对碳原子簇的结构了解甚少,因此将石墨作为碳的稳定单质*。

$$C(石墨) \longrightarrow C(石墨) \qquad \Delta_f H_m^\ominus = 0$$

$$C(石墨) \longrightarrow C(金刚石) \qquad \Delta_f H_m^\ominus = 1.89 \ kJ \cdot mol^{-1}$$

---

* 存在一种例外情况,磷有三种晶型,其稳定态是白磷而不是红磷或黑磷,这是因为对白磷的结构和性质了解较多。

③ 大多数化合物的标准生成焓为负值,表明由单质生成化合物时放出能量,例如

$$2B(s) + \frac{3}{2}O_2(g) = B_2O_3(s)$$

$$\Delta_f H_m^{\ominus} = -1\,272.8 \text{ kJ·mol}^{-1}$$

某些常见物质的标准生成焓列于表 3-1 中。

表 3-1　　　常见物质的标准生成焓(298.15 K)

化合物	$\dfrac{\Delta_f H_m^{\ominus}}{\text{kJ·mol}^{-1}}$	化合物	$\dfrac{\Delta_f H_m^{\ominus}}{\text{kJ·mol}^{-1}}$	化合物	$\dfrac{\Delta_f H_m^{\ominus}}{\text{kJ·mol}^{-1}}$
$Ag_2O(s)$	-31.045	$CaSO_4(s)$	-1434.11	$MgSO_4(s)$	-1284.91
$AgCl(s)$	-127.068	$CaCO_3(s)$	-1206.9	$MgCO_3(s)$	-1095.79
$AgBr(s)$	-100.374	$CS_2(l)$	89.705	$MnO_2(s)$	-520.03
$AgI(s)$	-61.84	$CO(g)$	-110.525	$NO(g)$	90.249
$Al_2O_3(s,\alpha)$	-1675.69	$CO_2(g)$	-393.51	$NO_2(g)$	33.18
$AlCl_3(s)$	-704.17	$CH_4(g)$	-74.810	$N_2O_4(g)$	9.163
$Al_2Cl_6(g)$	-1290.76	$CCl_4(l)$	-135.436	$NH_3(g)$	-46.11
$Al_2(SO_4)_3(s)$	-3440.84	$C_2H_4(g)$	52.258	$NH_4Cl(s)$	-314.43
$As_2O_3(s)$	-924.87	$C_2H_6(g)$	-84.684	$Na_2O_2(s)$	-510.87
$AsCl_3(l)$	-305.01	$C_2H_5OH(l)$	-277.69	$NaOH(s)$	-425.61
$AsCl_3(g)$	-261.5	$HCl(g)$	-92.307	$NaCl(s)$	-411.149
$As_2S_3(s)$	-169.03	$Cr_2O_3(s)$	-1139.7	$Na_2CO_3(s)$	-1130.68
$BaS(s)$	-460.24	$CuO(s)$	-157.32	$O_3(g)$	142.67
$BaSO_4(s)$	-1473.2	$Cu_2O(s)$	-168.62	$P_4O_{10}(s)$	-2984.03

续表

化合物	$\dfrac{\Delta_f H_m^\ominus}{kJ\cdot mol^{-1}}$	化合物	$\dfrac{\Delta_f H_m^\ominus}{kJ\cdot mol^{-1}}$	化合物	$\dfrac{\Delta_f H_m^\ominus}{kJ\cdot mol^{-1}}$
$BaCO_3(s)$	-1216.3	$CuSO_4\cdot 5H_2O(s)$	-229.492	$PCl_3(g)$	-287.02
$BaCrO_4(s)$	-1146.0	$Fe_2O_3(s,\alpha)$	-824.25	$PbO_2(s)$	-277.4
$BeSO_4(s,\alpha)$	-1205.2	$Fe_3O_4(s,\alpha)$	-1118.38	$SO_2(g)$	-296.83
$Bi_2O_3(s)$	-573.88	$HF(g)$	-271.12	$SO_3(g)$	-395.72
$Bi_2S_3(s)$	-143.1	$H_2O(l)$	-285.83	$SbH_3(g)$	145.11
$B_2O_3(s)$	-1272.77	$H_2O(g)$	-241.82	$SiO_2(s,\alpha)$	-910.94
$B_2H_6(g)$	-35.56	$H_2O_2(aq)$	-191.17	$SiCl_4(l)$	-687.01
$H_3BO_3(s)$	-1094.3	$HgO(s,红)$	-90.835	$SnCl_4(l)$	-511.29
$BF_3(g)$	-1137.0	$HgO(s,黄)$	-89.538	$TiO_2(s,金红石)$	-944.75
$Br_2(g)$	-30.907	$HI(g)$	26.49	$TiCl_4(l)$	-804.17
$HBr(g)$	-36.4	$KCl(s)$	-346.75	$WO_3(s)$	-842.87
$CdSO_4(s)$	-933.28	$LiCl(s)$	-408.61	$V_2O_5(s)$	-1550.59
$CaO(s)$	-635.089	$MgO(s)$	-601.7	$ZnO(s)$	-348.28
				$ZnSO_4(s)$	-982.82

应用标准生成焓可以计算化学反应的焓变 $\Delta_r H_m^\ominus$。例如计算下列反应的焓变。

$$2Fe_2O_3(s) + 3C(s) = 4Fe(s) + 3CO_2(g)$$
$$\Delta_r H_m^\ominus = 3\Delta_f H_m^\ominus(CO_2) + 4\Delta_f H_m^\ominus(Fe)$$
$$- 2\Delta_f H_m^\ominus(Fe_2O_3) - 3\Delta_f H_m^\ominus(C)$$
$$= 3(-393.51) + 0 - 2(-824.25) - 0$$

$$= 468 \text{ (kJ·mol}^{-1})$$

对于任一化学反应

$$\nu_A A + \nu_B B = \nu_M M + \nu_N N$$

$$\Delta_r H_m^\ominus = \nu_N \Delta_f H_m^\ominus(N) + \nu_M \Delta_f H_m^\ominus(M)$$
$$- \nu_B \Delta_f H_m^\ominus(B) - \nu_A \Delta_f H_m^\ominus(A)$$

即

$$\Delta_r H_m^\ominus = \sum \nu_i \Delta_f H_m^\ominus(生成物) - \sum \nu_j \Delta_f H_m^\ominus(反应物)$$

[例 3-4] Al 粉与 Fe_2O_3 混合引发后发生如下反应

$$2Al(s) + Fe_2O_3(s) = 2Fe(s) + Al_2O_3(s)$$

计算 10 g Al 粉与过量 Fe_2O_3 反应的热效应。

解 $\Delta_r H_m^\ominus = \Delta_f H_m^\ominus(Al_2O_3) - \Delta_f H_m^\ominus(Fe_2O_3)$
$= -1675.69 - (-824.25)$
$= -851.44 \text{ kJ·mol}^{-1}$

Al 的摩尔质量为 26.98 g·mol^{-1},故 10 g Al 粉相当于 0.3706 mol,所以

$$Q_p = \left(\frac{-851.44 \text{ kJ}}{2 \text{ mol}}\right)(0.3706 \text{ mol})$$
$$= 157.7 \text{ kJ}$$

3. 燃烧热

燃烧热不仅可以用来计算某些化学反应的反应热,而且可以用来计算有机化合物的标准生成焓,从实验上讲,燃烧热比生成焓容易测量。标准燃烧热提供了一套用来计算有机化合物标准生成焓和反应热的数据。**标准燃烧热**是指在标态和温度 $T(K)$ 条件下,一摩尔物质完全燃烧产生的热效应,以符号 $\Delta_c H_m^\ominus(T)$ 表示,若温度 T 为 298.15 K,可简写为 $\Delta H_c^\ominus$。标准燃烧热是以燃烧的最终产物为参照物的相对值,热力学规定,碳的燃烧产物为二氧化碳,氢的燃烧产物为水等。表 3-2 列出了某些物质的标准燃烧热。

表 3-2　　某些物质的标准燃烧热（298.15 K）

化合物	$\dfrac{\Delta_c H_m^{\ominus}}{kJ \cdot mol^{-1}}$	化合物	$\dfrac{\Delta_c H_m^{\ominus}}{kJ \cdot mol^{-1}}$
C（石墨）	-393.51	C_6H_6 (l)	-3 302.0
CH_4 (g)	-890.36	CH_3COOH (l)	-874.2
C_2H_4 (g)	-1 411.0	CH_3OH (l)	-726.1
C_2H_6 (g)	-1 559.9	C_2H_5OH (l)	-1 367.0
C_3H_8 (g)	-2 220.1	H_2 (g)	-285.84

[例 3-5]　应用标准燃烧热数据，计算下列反应的焓变 $\Delta_r H_m^{\ominus}$：

$$2C（石墨） + 2H_2O (l) = CH_3COOH (l)$$

解　C（石墨）、CH_3COOH (l) 燃烧的反应方程式为

① 　　C（石墨） + O_2 (g) = CO_2 (g)

② 　　CH_3COOH (l) + $2O_2$ (g) = $2CO_2$ (g) + $2H_2O$ (l)

①式乘以 2 减去②式即得所求焓变 $\Delta_r H_m^{\ominus}$ 的反应方程式。所以

$$\Delta_r H_m^{\ominus} = 2\Delta_c H_m^{\ominus}（石墨） - \Delta_c H_m^{\ominus}(CH_3COOH)$$
$$= 2(-393.51) - (-874.2)$$
$$= 87.2 \ (kJ \cdot mol^{-1})$$

4. 键焓

热化学对化学的重要贡献之一是计算化学键键能，当然，许多双原子分子的键能是来自于光谱实验数据，而不是热力学计算。根据键能数据也可计算化学反应的反应热，这对于某些难以用实验测量反应热的反应是很有意义的。按照热力学观点，键焓定义为：在标准压力（$p^{\ominus}$）和温度 T（一般为 298.15 K）条件下，断裂一摩尔化学键的焓变。键焓也叫键能，常以缩写符号 B.E. 表示。对于双原子分子，离解能即为键焓；对于多原子分子，键

焓是各步离解能的平均值,称为平均热力学键焓。

$$AB(g) \longrightarrow A(g) + B(g) \quad \Delta_r H_m^\ominus = B.E.(A-B)$$
$$AB_n(g) \longrightarrow A(g) + nB(g) \quad \Delta_r H_m^\ominus = n B.E.(A-B)$$

某些常见化学键键焓列于表 3-3 中。

表 3-3　某些常见化学键键焓($p^\ominus$, 298.15 K)

B.E./kJ·mol^{-1}		H	C	N	O	F	Cl	Br	I	S
单键	H	436								
	C	413	348							
	N	391	292	161						
	O	463	351	175	139					
	F	563	441	270	212	158				
	Cl	432	328	200	210	251	243			
	Br	366	276	243	217	249	218	193		
	I	299	240	201	241	281	210	178	151	
	S	339	259	247	—	340	277	239	—	266
复键	C=C 607　C=N 619　C=O 724　C=S 578									
	C≡C 833　C≡N 879　C≡O 1 072									

键焓与反应热的关系可用 $H_2(g)$ 与 $Cl_2(g)$ 反应生成 $HCl(g)$ 为例简要说明。为了找出二者的关系,可将反应分解为如下途径:

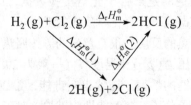

$$\Delta_r H_m^\ominus = \Delta_r H_m^\ominus(1) + \Delta_r H_m^\ominus(2)$$
$$= B.E.(H\!\!-\!\!H) + B.E.(Cl\!\!-\!\!Cl)$$
$$+ (-2B.E.(H\!\!-\!\!Cl))$$

对于任一化学反应，键焓与反应热的关系可表示为

$$\Delta_r H_m^\ominus = -\sum B.E.(生成物) + \sum B.E.(反应物)$$
$$= -\left[\sum B.E.(生成物) - \sum B.E.(反应物)\right]$$
$$= -\Delta\left[\sum B.E.\right]$$

[例 3-6] 试根据下列离解反应的焓变，计算 O—H 热力学平均键焓。

$$H_2O(g) == 2H(g) + O(g)$$

解 题中离解反应与以下三个反应相关

$H_2(g) == 2H(g)$ $D(H_2) = 435.9 \text{ kJ} \cdot \text{mol}^{-1}$

$O_2(g) == 2O(g)$ $D(O_2) = 495.0 \text{ kJ} \cdot \text{mol}^{-1}$

$H_2(g) + \frac{1}{2}O_2(g) == H_2O(g)$ $\Delta_f H_m^\ominus = -241.83 \text{ kJ} \cdot \text{mol}^{-1}$

应用盖斯定律可求得离解反应的焓变。

$$\Delta_r H_m^\ominus = D(H_2) + \frac{1}{2}D(O_2) - \Delta_f H_m^\ominus(H_2O(g))$$
$$= 435.9 + \frac{1}{2}(495.0) - (-241.83)$$
$$= 925.2 \text{ (kJ} \cdot \text{mol}^{-1})$$

$H_2O(g)$ 的离解是分两步进行的，所以 O—H 热力学平均键焓为

$$\frac{1}{2}\Delta_r H_m^\ominus = \frac{1}{2}(925.2) = 462.6 \text{ (kJ} \cdot \text{mol}^{-1})$$

应该指出的是：根据键焓进行有关的计算，一般对有机化合物较为可靠，对于无机化合物，由于氧化态、配位数的变化以及复键的生成等原因使得键焓的计算精确性差，如 P—Cl 键焓在 PCl_3 中是 $325 \text{ kJ} \cdot \text{mol}^{-1}$，而在 PCl_5 中为 $268 \text{ kJ} \cdot \text{mol}^{-1}$。

3.4 化学反应的自发性

热力学第一定律是关于能量转换及其能量守恒定律,热化学是关于化学反应的热效应及其计算,它们都不能判断化学反应的自发性,即化学反应进行的方向和限度,而这正是热力学所要讨论的另一个重要问题。

3.4.1 自发过程的特征

实践告诉我们,宇宙间许多变化可以自发进行,例如,气体自发地向真空扩散,热自发地从热的物体流向冷的物体,锌放在硫酸铜溶液中会自发地变为锌离子并析出铜等。尽管存在各式各样的自发性变化,但自发性却有着共同的特征。

① 自发过程具有确定的方向和限度。自发过程的方向和限度是密切相关的。化学反应的方向是指反应体系中各物质均处于标态时的化学反应方向。自发过程的限度是指过程不能无限制地进行下去,当进行到一定的程度后,过程会处于平衡状态,化学反应进行的限度是达到化学平衡。

② 自发过程的不可逆性。自发过程具有确定的方向是自发过程不可逆性的必然结果。一个体系只要发生变化就不可能使体系和环境复原,如氢与氧反应生成水是放热反应,其反应热将传给环境,若要使体系恢复原状,可将水电解而复得氢和氧,但水电解需要电功,因此,体系复原时,环境要留下损失电功的痕迹。

③ 自发过程可以用来做功。自发过程是体系能量降低的过程,放出的能量可以用来做功,如铜锌原电池可以做电功。

根据上面的分析可将自发过程概括为:一切自发过程都是自发地、单向地趋于给定条件下的平衡状态。

3.4.2 自发过程的判断

对于宇宙中一般简单的自发过程的方向凭经验即可判断，但对有些自发过程凭经验是难以确定的。

由于自发过程是体系的属性，19世纪曾提出焓变 ΔH 是自发性的判据，认为所有的自发过程都是放热的。就化学反应而言，许多放热反应的确是放热的自发过程。放热反应意味反应物的能量比产物的能量高，反应自发进行时，其能差以热的形式放出。例如：

$$H_3O^+(aq) + OH^-(aq) = 2H_2O(l) \quad \Delta_r H_m^\ominus = -55.9 \text{ kJ·mol}^{-1}$$

$$2Fe(s) + \frac{3}{2}O_2(g) = Fe_2O_3(s) \quad \Delta_r H_m^\ominus = -824.2 \text{ kJ·mol}^{-1}$$

但有些吸热的化学反应也能自发进行，吸热反应表明产物的能量比反应物高。例如：

$$NH_4NO_3(s) \xrightarrow{H_2O(l)} NH_4^+(aq) + NO_3^-(aq)$$

$$\Delta_r H_m^\ominus = 25.8 \text{ kJ·mol}^{-1}$$

因此，仅用焓变 ΔH 来判断化学反应的自发性是片面的，有时甚至是错误的。焓变 ΔH 是决定化学反应自发性的重要因素，但不是惟一的因素。

为了正确判断过程的自发性及其方向和限度，热力学中引入了新的状态函数，下面分别介绍熵 S 和吉布斯自由能 G。

1. 熵

热力学中之所以引入状态函数熵 S 是因为在一定条件下它能作为自发过程的判断依据。

（1）熵和混乱度

熵是热力学状态函数。从微观上讲，它与体系的微观状态有关，即熵是体系混乱度（有序度）的量度。体系的混乱度是指一定宏观状态下体系可能出现的微观状态数目。混乱度越大，则熵值越大，熵以符号 S 表示，其绝对值严格讲是不能求得的，只能求得始态和末态的熵变 ΔS。熵变 ΔS 也可从宏观热力学的观点定义：可逆过程中体系吸收的热量除以热传递时的温度，熵即由其定义"热温商"而得名。若是恒温过程，熵变 ΔS 可表示为

$$\Delta S = \frac{Q_r}{T} \tag{3-7}$$

该式把与体系微观状态有关的熵变 ΔS 和宏观物理量 Q_r 联系起来，Q_r 是一种能量，因此 $T\Delta S$ 可视为能量的一种形式。

由(3-7)式不难得出结论：因为熵是状态函数，可逆过程中体系吸收的热量最大，因此，体系不可逆过程中的热温商小于具有相同始、末态可逆过程中的热温商，不可能出现 $\frac{Q}{T} > \Delta S$ 的情况。只要体系状态变化相同，可逆过程和不可逆过程的熵变是相同的。

为了进一步认识熵和混乱度的关系，下面从微观分子结构的角度加以解释。

热力学虽然不涉及物质的结构，但如果从微观分子结构来解释则可加深对热力学函数的理解。热是分子无序运动传递的能量，体积功是分子定向运动产生的，内能由体系中分子、原子、电子以及核的势能和动能等组成，那么熵反映微观体系的什么性质呢？

熵代表体系的微观状态，体系的微观状态数越多，混乱度越大，其熵值就越大。对于任何处于宏观热力学平衡态的体系，其微观状态却是以很大的速率变化，所以微观上的描述只是对瞬时有效。

考虑反应

$$2NO(g) + O_2(g) \Longrightarrow 2NO_2(g)$$

该反应的熵变 ΔS 为负值，即 $\Delta S < 0$，因为3分子气体反应物生成2分子气体产物，NO_2 分子中新的 N—O 键的形成在体系中

是较为有序的。体系中的原子在产物中比在反应物中结合得更紧，反应导致原子的自由度降低，而体系的自由度降低，其体系的熵值降低。物质中的分子、原子有运动自由度，整个分子向一个方向运动叫平动，分子还可以转动，分子中的原子可产生振动，这些运动能使分子储存能量，体系的运动自由度越大，分子储存的能量越大，体系的熵越大。假如降低温度而减小体系的热能，由于平动、转动和振动而储存的能量降低，体系的熵减小，直至一定的温度(绝对零度)，这些运动形式基本停止，原子和分子处于理想的晶格点上，体系是绝对有序的，只有一种微观状态，所以任何理想晶体在绝对零度时，熵等于零。

熵与体系微观状态数的关系，波耳兹曼提出如下关系式

$$S = k\ln w \tag{3-8}$$

式中 w 是体系可能出现的微观状态数，k 叫波耳兹曼常数（$k = 1.38 \times 10^{-23}\,\text{J}\cdot\text{K}^{-1}$）。该式只是表示热力学状态函数 S 与微观状态数的关系，但体系的熵变 ΔS 不能由此式求得。

（2）标准熵

为了便于求算体系状态变化的熵变，特定义标准熵。任何物质的理想晶体在绝对零度时，熵等于零。随温度升高时，熵增加，增加数量与多种因素有关。一摩尔物质在标态时的熵值叫标准熵，也叫绝对熵，以符号 $S_\text{m}^\ominus$ 表示，单位是 $\text{J}\cdot\text{mol}^{-1}\cdot\text{K}^{-1}$。从定义可以看出，标准熵似乎是绝对值，但仍有一定的人为性，因为绝对零度是不能达到的。表3-4列举了某些常见物质的标准熵 $S_\text{m}^\ominus$ 值（298.15 K）。

熵是状态函数，并具有容量性质，因此，知道物质的标准熵，应用热化学定律就可计算反应的熵变 $\Delta_\text{r} S_\text{m}^\ominus$。例如，下列反应

$$\nu_\text{A} \text{A} + \nu_\text{B} \text{B} \Longrightarrow \nu_\text{M} \text{M} + \nu_\text{N} \text{N}$$

$$\Delta_\text{r} S_\text{m}^\ominus = \nu_\text{N} S_\text{m}^\ominus(\text{N}) + \nu_\text{M} S_\text{m}^\ominus(\text{M}) - \nu_\text{A} S_\text{m}^\ominus(\text{A}) - \nu_\text{B} S_\text{m}^\ominus(\text{B})$$

即

$$\Delta_\text{r} S_\text{m}^\ominus = \sum \nu_i S_\text{m}^\ominus(\text{生成物}) - \sum \nu_j S_\text{m}^\ominus(\text{反应物})$$

表 3-4　　某些常见物质的标准熵（298.15 K）

物 质	$\dfrac{S_m^\ominus}{J\cdot mol^{-1}\cdot K^{-1}}$	物 质	$\dfrac{S_m^\ominus}{J\cdot mol^{-1}\cdot K^{-1}}$	物 质	$\dfrac{S_m^\ominus}{J\cdot mol^{-1}\cdot K^{-1}}$
$Ag_2O(s)$	72.676	C(石墨)	5.740	CuO(s)	42.64
AgCl(s)	96.232	C(金刚石)	2.377	$Cu_2O(s)$	93.14
$Al_2O_3(s,\alpha)$	50.92	CO(g)	197.564	$F_2(g)$	202.67
$Al_2Cl_6(g)$	489.53	$CO_2(g)$	213.64	HF(g)	173.67
$As_2O_3(s)$	105.44	$CH_4(g)$	186.155	$Fe_2O_3(s,\alpha)$	87.40
$BaSO_4(s)$	132.2	$CCl_4(l)$	216.40	$H_2(g)$	130.574
$B_2O_3(s)$	53.97	$C_2H_4(g)$	219.45	$H_2O(l)$	69.92
$B_2H_6(g)$	230.0	$C_2H_6(g)$	229.49	$H_2O(g)$	188.72
$BF_3(g)$	254.01	$C_2H_5OH(l)$	160.67	$H_2O_2(aq)$	143.9
$Br_2(l)$	152.23	$Cl_2(g)$	222.96	NO(g)	210.65
$CaSO_4(s)$	106.69	HCl(g)	186.799	$NO_2(g)$	239.95
$CaCO_3(s)$	92.89				

[例 3-7]　应用标准熵数据，计算下列反应的熵变：
$$N_2(g) + 2O_2(g) = 2NO_2(g)$$

解　$\Delta_r S_m^\ominus = 2S_m^\ominus(NO_2) - S_m^\ominus(N_2) - 2S_m^\ominus(O_2)$
　　　　　$= 2 \times 239.95 - 191.50 - 2 \times 205.03$
　　　　　$= -121.66\ (J\cdot mol^{-1}\cdot K^{-1})$

(3) ΔS 作为自发过程的判据

体系自发地倾向于混乱度增大，即向熵增加的方向进行，这就是用熵作为自发过程的判断依据，也是热力学第二定律的一种表述方法。不过，用熵增原理来判断过程的自发性是有条件的，其条件是孤立体系。孤立体系是指能量守恒的体系,体系和环境之间没有能量的交换,当然也没有物质的交换,为此,可把体系和环境作为一个整体考虑。因此,用熵来判断过程的自发性可以表述为:在孤立体系中,一切自发过程都是朝增加体系的混乱度即增加熵的方向进行。

应用熵增原理判断过程的自发性必须是孤立体系,或者考虑体系和环境总的熵变,否则会得出错误的结论。例如,在常压时0℃以下的水会自发地结冰,显然这是熵降低的过程,过程之所以能自发地进行,是因为水结冰不是孤立体系,结冰过程中放出的能量必然传给环境使环境的熵增加(由于环境分子的热运动增加),而且环境熵增加比体系熵降低值大,因此,水结冰时体系和环境总的熵值是增加的,过程能自发进行。

2. 吉布斯自由能

(1) 吉布斯自由能

用焓变 ΔH 判断化学反应的自发性不是在任何情况下都是正确的,熵变 ΔS 虽然可以判断自发性,但其条件是体系必须是孤立体系,或者同时考虑体系和环境的熵变,应用起来极不方便。但从中可以看出焓变 ΔH 和熵变 ΔS 对化学反应的自发性都是有影响的。若定义某个状态函数,在不涉及环境的情况下能判断过程的自发性,则是非常有意义的,该状态函数是吉布斯自由能。其定义为

$$G = H - TS \tag{3-9}$$

由于 H,S 和 T 都是状态函数,所以 G 一定是状态函数。G 的绝对值是不能求得的,只能求得体系发生状态变化时的自由能变化 ΔG。

为了说明 ΔG 的物理意义,可以作如下处理:大多数化学反应都是在恒压、恒温下进行的,根据 G 的定义可得

$$\Delta G = \Delta H - T\Delta S = \Delta U + p\Delta V - T\Delta S$$

应用热力学第一定律,可得关系式

$$\Delta G = Q + W + p\Delta V - T\Delta S$$

假设体系除做体积功外还做其他功(有用功),如将化学反应设计为相应的原电池,所做的其他功为电功,则

$$W = -p\Delta V + W'$$

将 W 代入上式,得

$$\Delta G = Q + W' - T\Delta S$$

对于可逆过程

$$Q_r = T\Delta S$$

所以 $\Delta G = W'$,即

$$-\Delta G = -W'$$

由此可知吉布斯自由能的物理意义是:在恒温、恒压条件下一个封闭体系所能做的最大非体积功等于其吉布斯自由能降低,或者说自由能降低在数值上等于化学反应所能得到的最大有用功。它是自发反应能量变化的一部分,这部分能量可以用来自由做有用功,所以叫自由能。其余的能量以热的形式进入环境。

(2) 标准生成吉布斯自由能

体系在一定状态下吉布斯自由能的绝对值不能测量和求得,为了计算化学反应吉布斯自由能的变化 ΔG,必须定义标准生成吉布斯自由能。和标准生成焓的定义一样,标准生成吉布斯自由能也是相对的。在标态和温度 T (K)条件下,由稳定单质生成一摩尔化合物或其他物种时吉布斯自由能变化,叫该物质的标准生成吉布斯自由能,以符号 $\Delta_f G_m^{\ominus}(T)$ 表示。化学手册中所载标准生成吉布斯自由能数据其温度为 298.15 K,符号可写为 $\Delta_f G_m^{\ominus}$,还可简写为 $\Delta G_f^{\ominus}$,单位是 $kJ \cdot mol^{-1}$。显然,按此定义稳定单质的标准生成吉布斯自由能为零。绝大多数物质的 $\Delta_f G_m^{\ominus}$ 为负值,表明在标态由稳定单质生成相应的化合物时,其自由能降低。

表 3-5 列出常见化合物的 $\Delta_f G_m^{\ominus}$ 值。

表 3-5　某些常见物质的标准生成吉布斯自由能（298.15 K）

化合物	$\dfrac{\Delta_f G_m^\ominus}{kJ \cdot mol^{-1}}$	化合物	$\dfrac{\Delta_f G_m^\ominus}{kJ \cdot mol^{-1}}$	化合物	$\dfrac{\Delta_f G_m^\ominus}{kJ \cdot mol^{-1}}$
AgO(s)	-11.213	CH_4(g)	-88.408	MnO_2	-465.18
AgCl(s)	-109.805	CCl_4(l)	-65.27	NO(g)	86.57
AgI(s)	-96.901	C_2H_4(g)	68.116	NO_2(g)	51.30
Al_2O_3(s,α)	-1582.39	C_2H_6(g)	-32.886	N_2O_4(g)	92.82
Al_2Cl_6(g)	-1220.47	C_2H_5OH(l)	-174.89	NH_3(g)	-16.49
As_2O_3(s)	-782.4	HCl(g)	-95.299	NH_4Cl(s)	-202.97
$BaSO_4$(s)	-1362.3	CuO(s)	-129.7	Na_2O_2(s)	-447.69
$BaCO_3$(s)	-1137.6	Cu_2O(s)	-146.0	NaCl(s)	-384.16
Bi_2O_3(s)	-493.7	$CuSO_4 \cdot 5H_2O$(s)	-1880.06	Na_2CO_3(s)	-1044.49
B_2O_3(s)	-1193.7	HF(g)	-273.22	O_3(g)	163.18
B_2H_6(g)	86.61	Fe_2O_3(s,α)	-724.24	P_4O_{10}(s)	-2697.84
H_3BO_3(s)	-969.01	H_2O(l)	-237.18	PbO_2(s)	-217.36
BF_3(g)	-1120.35	H_2O(g)	-228.59	SO_2(g)	-300.19
Br_2(g)	3.142	H_2O_2(aq)	-134.10	SO_3(g)	-371.08
HBr(g)	-53.4	HgO(s,红)	-58.56	SiO_2(s,α)	-856.67
CaO(s)	-604.044	HgO(s,黄)	-58.24	TiO_2(s,金红石)	-889.52
CO(g)	-137.152	HI(g)	-1.751	ZnO(s)	-318.23
CO_2(g)	-394.359	MgO(s)	-569.44	$ZnSO_4$(s)	-891.05

应用标准生成吉布斯自由能数据可以计算化学反应自由能变化 $\Delta_r G_m^\ominus$。

对于任一化学反应

$$\nu_A A + \nu_B B \Longrightarrow \nu_M M + \nu_N N$$

$$\Delta_r G_m^\ominus = \nu_N \Delta_f G_m^\ominus(N) + \nu_M \Delta_f G_m^\ominus(M) - \nu_B \Delta_f G_m^\ominus(B) - \nu_A \Delta_f G_m^\ominus(A)$$

即

$$\Delta_r G_m^\ominus = \sum \nu_i \Delta_f G_m^\ominus(生成物) - \sum \nu_j \Delta_f G_m^\ominus(反应物)$$

[例 3-8] 计算下列反应的 $\Delta_r G_m^\ominus$

$$CaCO_3(s) \Longrightarrow CaO(s) + CO_2(g)$$

解 $\Delta_r G_m^\ominus = \Delta_f G_m^\ominus(CO_2) + \Delta_f G_m^\ominus(CaO) - \Delta_f G_m^\ominus(CaCO_3)$
  $= -394.4 - 604.2 - (-1128.8)$
  $= 130.2 \ (kJ \cdot mol^{-1})$

(3) ΔG 作为自发性的判据

前面讨论了体系状态变化时，体系自由能降低与体系所做最大有用功的关系，对于可逆过程 $-\Delta G = -W_{有用}$，因此，自由能降低是体系发生自发过程必须做的最小有用功的量度。当然，由于变化过程会损失能量，实际上做的有用功比理论上的最小值要大，这样自发过程才能发生。

大多数化学反应是在恒温、恒压、不做非体积功的条件下进行的，用吉布斯自由能变化判断化学反应的自发性，必然得出以下结论：

$\Delta G < 0$，反应自发进行。

$\Delta G = 0$，反应是可逆的，处于平衡状态。

$\Delta G > 0$，正反应不能自发进行，若要发生反应必须从环境得到功。逆反应是自发的。

为了说明吉布斯自由能变化 ΔG 与焓变 ΔH 和熵变 ΔS 的关系，下面作简要的推导。

假设体系和环境是等温、等压的，则环境吸收的热量等于体

系放出的热量,即

$$Q_{环境} = -Q_{体系} = -\Delta H_{体系}$$

由于体系和环境的温度相同,环境吸热可以认为是在无限接近于平衡状态下进行的,即为恒温可逆过程,故环境的熵变 $\Delta S_{环境}$ 为

$$\Delta S_{环境} = \frac{Q_{环境}}{T} = -\frac{\Delta H_{体系}}{T}$$

根据热力学第二定律熵增原理,对于自发过程:

$$\Delta S_{总} = \Delta S_{体系} + \Delta S_{环境} > 0 \tag{3-10}$$

将 $\Delta S_{环境} = -\dfrac{\Delta H_{体系}}{T}$ 代入上式,得

$$T\Delta S_{体系} - \Delta H_{体系} > 0$$

或

$$\Delta H_{体系} - T\Delta S_{体系} < 0$$

根据 ΔG 的定义,自发过程的条件是

$$\Delta G = \Delta H - T\Delta S < 0 \tag{3-11}$$

关系式 $\Delta G = \Delta H - T\Delta S$ 不仅把体系的吉布斯自由能变化 ΔG 与焓变 ΔH 和熵变 ΔS 联系起来,并且表明温度对 ΔG 的影响,这个关系式叫吉布斯-赫姆霍兹方程。

在恒温、恒压和体系不做非体积功的条件下,化学反应吉布斯自由能变化是焓变和熵变的综合效应,从微观上讲与分子的运动和混乱度有关。基于这种观点,用吉布斯-赫姆霍兹方程作为化学反应自发性的判据可以分为以下几种情况:

① $\Delta S = 0$(这种情况极少),$\Delta H < 0$,ΔG 为负值,反应自发地向能量降低的方向进行。

② $\Delta H = 0$(这种情况也极少),$\Delta S > 0$,ΔG 为负值,反应自发地向增加混乱度的方向进行。

③ $\Delta H \neq 0$,$\Delta S \neq 0$,ΔG 的正负号要作具体分析,列于表3-6。

自发过程判据对物理变化和化学变化都是适用的,下面分别举例加以讨论。

表 3-6　　　　恒温下温度对反应自发性的影响

反　　应	ΔH	ΔS	$\Delta G = \Delta H - T\Delta S$	反应特征
$2O_3(g) \rightleftharpoons 3O_2(g)$	−	+	−	任何温度下反应向放热和增加混乱度方向进行
$CO(g) \rightleftharpoons C(s) + \frac{1}{2}O_2(g)$	+	−	+	任何温度下反应不能自发进行
$CaCO_3(s) \rightleftharpoons CaO(s) + CO_2(g)$	+	+	高温 − 低温 +	高温下反应自发向吸热和增加混乱度方向进行
$N_2(g) + 3H_2(g) \rightleftharpoons 2NH_3(g)$	−	−	低温 − 高温 +	低温下反应自发向放热和降低混乱度方向进行

在 273.15 K 和标准压力下，水和冰处于平衡状态。

$$H_2O(l) \rightleftharpoons H_2O(s)$$

在上述条件下，测得 $Q_p = \Delta H = -6.007 \text{ kJ·mol}^{-1}$，由于转变是可逆过程，于是

$$\Delta S = \frac{Q_r}{T} = -\frac{6.007 \times 10^3 \text{ J·mol}^{-1}}{273.15 \text{ K}} = -21.99 \text{ J·mol}^{-1}·\text{K}^{-1}$$

自由能变化为

$$\begin{aligned}\Delta G &= \Delta H - T\Delta S \\ &= -6.007 \times 10^3 \text{ J·mol}^{-1} \\ &\quad - (273.15 \text{ K})(-21.99 \text{ J·mol}^{-1}·\text{K}^{-1}) \\ &= 0\end{aligned}$$

水变为冰时，体系放热，ΔH 为负值，ΔS 降低，冰变为水时，体系吸热，ΔH 为正值，ΔS 增加，焓变和熵变相互制约，水和冰处于平衡状态。

若水是在 263.15 K，处于过冷状态(不稳定的介稳状态)，则

$$\Delta G = \Delta H - T\Delta S$$
$$= -6.007 \times 10^3 \text{ J} \cdot \text{mol}^{-1}$$
$$- (267.15 \text{ K})(-21.99 \text{ J} \cdot \text{mol}^{-1} \cdot \text{K}^{-1})$$
$$= -220.3 \text{ J} \cdot \text{mol}^{-1}$$

考虑到 ΔH，ΔS 与温度有关（实验表明：温度变化 100℃，ΔH 变化不超过 1%，ΔS 变化不超过 3%），ΔG 的精确值为 -213 J·mol^{-1}，表明过冷状态水是不稳定的，将自发变为冰。

水和冰之间的转化取决于 ΔH 和 ΔS 之间的竞争，而温度对竞争是有影响的，实际情况是：当 $T > T_f$（273.15 K）时，熵效应起控制作用，冰变为水；当 $T < T_f$（273.15 K）时，热焓起控制作用，水变为冰，这种关系如图 3-6 所示。

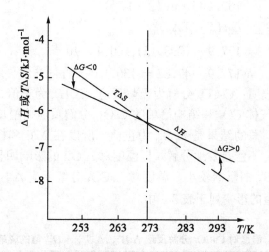

图 3-6　ΔH，$T\Delta S$ 对 $H_2O(l) \rightleftharpoons H_2O(s)$ 相转变的影响

由图可知：在 273.15 K 时，代表 ΔH 和 $T\Delta S$ 的两条线相交，$\Delta G = 0$，水和冰处于平衡状态，而在其他温度，水或冰将自发地转化。

温度对化学反应自发性的影响更为明显，$CaCO_3$ 的分解就是一例。

$CaCO_3$ 的分解反应是

$$CaCO_3(s) \rightleftharpoons CaO(s) + CO_2(g)$$

根据 $\Delta_f H_m^\ominus$，$S_m^\ominus$ 数据可以计算 $\Delta_r H_m^\ominus$，$\Delta_r S_m^\ominus$，从而可以计算 $\Delta_r G_m^\ominus$。其计算过程如下：

$$\begin{aligned}\Delta_r H_m^\ominus &= \Delta_f H_m^\ominus(CaO) + \Delta_f H_m^\ominus(CO_2) - \Delta_f H_m^\ominus(CaCO_3) \\ &= -635.5 - 393.5 - (-1206.9) \\ &= 177.9 \ (kJ \cdot mol^{-1}) \\ \Delta_r S_m^\ominus &= S_m^\ominus(CaO) + S_m^\ominus(CO_2) - S_m^\ominus(CaCO_3) \\ &= 39.7 + 213.6 - 92.9 \\ &= 160.4 \ (J \cdot mol^{-1} \cdot K^{-1}) \\ \Delta_r G_m^\ominus &= \Delta_r H_m^\ominus - T\Delta_r S_m^\ominus \\ &= 177.9 - (298.15)(160.4 \times 10^{-3}) \\ &= 177.9 - 47.82 = 130.1 \ (kJ \cdot mol^{-1})\end{aligned}$$

计算结果表明：$CaCO_3$ 分解为吸热反应，$\Delta_r H_m^\ominus$ 为正值，因为分解产物是气体 CO_2 和结构简单的 CaO，分解反应熵增加，$\Delta_r S_m^\ominus$ 也为正值，总的结果是 $\Delta_r G_m^\ominus$ 为正值，所以在 25℃ 和标准压力下，$CaCO_3$ 不能自发地分解。但温度对 $\Delta_r G_m^\ominus$ 的影响明显，而对 $\Delta_r H_m^\ominus$，$\Delta_r S_m^\ominus$ 的影响较小。温度对 $CaCO_3$ 分解反应 $\Delta_r H_m^\ominus$，$\Delta_r S_m^\ominus$ 和 $\Delta_r G_m^\ominus$ 值的影响列于表 3-7 中。

表 3-7 温度对 $CaCO_3$ 分解反应 $\Delta_r H_m^\ominus$，$\Delta_r S_m^\ominus$，$\Delta_r G_m^\ominus$ 值的影响

温度 T/K	$\Delta_r H_m^\ominus$/kJ·mol^{-1}	$\Delta_r S_m^\ominus$/J·mol^{-1}·K^{-1}	$\Delta_r G_m^\ominus$/kJ·mol^{-1}
298.15	177.9	160.4	130.1
600.0	176	156.3	82.0

结果表明：在标准压力下，随温度增加，$\Delta_r G_m^\ominus$ 降低，当温度接近 1 270 K 时，$\Delta_r G_m^\ominus$ 变为负值，$CaCO_3$ 将自发分解。另外，由于反应中产生气体，压力对 $\Delta_r H_m$，特别是对 $\Delta_r S_m$，$\Delta_r G_m$ 也有一定的影响。

[例 3-9] 已知下列反应

$$N_2(g) + 3H_2(g) \rightleftharpoons 2NH_3(g)$$

试回答：

(1) 根据 $\Delta_r G_m^\ominus$ 预测随温度升高反应进行的方向；
(2) 计算 $\Delta_r G_m^\ominus$ 值由负变为正的最低温度；
(3) 计算 500℃时反应的 $\Delta_r G_m^\ominus$。

解 为了计算和回答有关的问题，首先应用热力学数据分别求出反应的 $\Delta_r H_m^\ominus$，$\Delta_r S_m^\ominus$ 和 $\Delta_r G_m^\ominus$。

	$N_2(g)$	+ $3H_2(g)$	$\rightleftharpoons$	$2NH_3(g)$
$\Delta_f H_m^\ominus / kJ \cdot mol^{-1}$	0	0		−46.1
			$\Delta_r H_m^\ominus = -92.2\ kJ \cdot mol^{-1}$	
$S_m^\ominus / J \cdot mol^{-1} \cdot K^{-1}$	191.5	130.6		192.3
			$\Delta_r S_m^\ominus = -198.7\ J \cdot mol^{-1} \cdot K^{-1}$	
$\Delta_f G_m^\ominus / kJ \cdot mol^{-1}$	0	0		−16.5
			$\Delta_r G_m^\ominus = -33\ kJ \cdot mol^{-1}$	

(1) 由于 $\Delta_r S_m^\ominus$ 为负值，则 $-T\Delta_r S_m^\ominus$ 为正值，该项随温度的升高而增大，$\Delta_r H_m^\ominus$ 为负值，温度对其影响不大。$\Delta_r G_m^\ominus$ 为负值，随温度升高 $\Delta_r G_m^\ominus$ 将向正值变化。所以在标准压力、25℃时，反应自发地向合成氨的方向进行，温度升高反应向逆方向进行。

(2) $\Delta_r G_m^\ominus$ 值由负变为正的最低温度是 $\Delta_r G_m^\ominus = 0$ 时的相应温度。

$$T = \frac{\Delta_r H_m^\ominus}{\Delta_r S_m^\ominus} = \frac{-92.2}{198.7 \times 10^{-3}} = 464 \text{ (K)}$$

即 $t = 191$℃。

(3) $\Delta_r G_m^\ominus = \Delta_r H_m^\ominus - T\Delta_r S_m^\ominus$

$= -92.2 - 773(-198.7 \times 10^{-3})$

$= 61.4 \text{ (kJ·mol}^{-1}\text{)}$

从上面的例题可知：升高温度对合成氨的反应是不利的，但合成氨的实际温度为500℃左右，这是因为还要考虑反应速率。为提高反应速率，选用铁催化剂，而这种催化剂在较高温度(500℃左右)才具有活性，不能单纯考虑合成氨时最有利的热力学条件。加大压力对合成氨是有利的，所以合成氨是在高温(500℃左右)、高压($2 \times 10^4 \sim 3 \times 10^4$ kPa)下进行。

习　题

3.1　计算体系内能的变化。已知

(1) 体系吸收1 000 J热量，对环境做540 J功；

(2) 体系吸收250 J热量，环境对体系做635 J功。

3.2　在298 K和恒压100 kPa条件下，反应

$$C(石墨) + \frac{1}{2}O_2(g) = CO(g)$$

的焓变 $\Delta_r H_m^\ominus = -110.53$ kJ·mol^{-1}，石墨的摩尔体积为0.005 31 dm^3·mol^{-1}，求 $\Delta_r U_m^\ominus$。

3.3　已知反应

$C(石墨) + O_2(g) = CO_2(g)$　　$\Delta_r H_m^\ominus = -393.5$ kJ·mol^{-1}　(1)

$CO(g) + \frac{1}{2}O_2(g) = CO_2(g)$　　$\Delta_r H_m^\ominus = -283.0$ kJ·mol^{-1}　(2)

求反应 $C(石墨) + \frac{1}{2}O_2(g) = CO(g)$ 的 $\Delta_r H_m^\ominus, \Delta_r U_m^\ominus, W$。

3.4　由 H_2 和 N_2 合成氨，其化学反应式可写为

$$3H_2 + N_2 \rightleftharpoons 2NH_3 \qquad (1)$$

或

$$\frac{3}{2}H_2 + \frac{1}{2}N_2 \rightleftharpoons NH_3 \tag{2}$$

若反应进度 ξ 为 1 mol，则上述两个反应式所表示的物质的量的变化是否相同？为什么？

3.5 有人试图通过往燃烧炭的炉膛中的底层的热炭上喷洒水来提高炭燃烧的热量，这种观点是否科学？试从有关热力学计算加以论证。已知炭生成水煤气的反应是

$$C(s) + H_2O(g) = CO(g) + H_2(g) \quad \Delta_r H_m^{\ominus} = 131.18 \text{ kJ·mol}^{-1}$$

3.6 已知反应

$$B_4C(s) + 4O_2(g) = 2B_2O_3(s) + CO_2(g)$$
$$\Delta_r H_m^{\ominus} = -2858.9 \text{ kJ·mol}^{-1}$$

试利用 $\Delta_f H_m^{\ominus}(CO_2)$，$\Delta_f H_m^{\ominus}(B_2O_3)$ 的数据，求 $B_4C(s)$ 的标准生成焓 $\Delta_f H_m^{\ominus}$。

3.7 已知反应

$$Fe_2O_3(s) + 3CO(g) = 2Fe(s) + 3CO_2(g)$$
$$\Delta_r H_m^{\ominus} = -24.78 \text{ kJ·mol}^{-1} \tag{1}$$

$$3Fe_2O_3(s) + CO(g) = 2Fe_3O_4(s) + CO_2(g)$$
$$\Delta_r H_m^{\ominus} = -47.02 \text{ kJ·mol}^{-1} \tag{2}$$

$$Fe_3O_4(s) + CO(g) = 3FeO(s) + CO_2(g)$$
$$\Delta_r H_m^{\ominus} = 19.49 \text{ kJ·mol}^{-1} \tag{3}$$

求下列反应的 $\Delta_r H_m^{\ominus}$：

$$FeO(s) + CO(g) = Fe(s) + CO_2(g)$$

3.8 高温焙烧 $CaSO_4$ 时，它以两种方式分解：

$$CaSO_4 = CaO + SO_3 \quad \Delta_r H_m = 393.3 \text{ kJ·mol}^{-1} \tag{1}$$

$$CaSO_4 = CaO + SO_2 + \frac{1}{2}O_2 \quad \Delta_r H_m = 485 \text{ kJ·mol}^{-1} \tag{2}$$

若在 $CaSO_4$ 中加入 SiO_2，则按另外两种方式分解：

$$CaSO_4 + SiO_2 = CaSiO_3 + SO_3 \quad \Delta_r H_m \tag{3}$$

$$CaSO_4 + SiO_2 = CaSiO_3 + SO_2 + \frac{1}{2}O_2 \quad \Delta_r H_m \tag{4}$$

已知：

$$SiO_2 + CaO = CaSiO_3 \quad \Delta_r H_m = -71.1 \text{ kJ·mol}^{-1} \tag{5}$$

试求反应(3)，(4)的焓变 $\Delta_r H_m$。由计算结果可得出什么结论？

3.9 由光谱实验得到 ClF 的离解能为 253 kJ·mol^{-1}，又知 ClF(g) 的标准生成焓 $\Delta_f H_m^\ominus$ 为 -50.6 kJ·mol^{-1}，Cl_2 的键能为 239 kJ·mol^{-1}，试求 F_2 的键能。

3.10 已知石墨、氢和乙醇的燃烧热分别为 -393.5 kJ·mol^{-1}，-285.8 kJ·mol^{-1}，-1366.7 kJ·mol^{-1}，求下列反应的反应热 $\Delta_r H_m^\ominus$：

$$2C(\text{石墨}) + 2H_2(g) + H_2O(l) = C_2H_5OH(l)$$

3.11 25℃ 时，CCl_4 的蒸发热 $\Delta H_m^\ominus(\text{蒸发})$ 为 43 kJ·mol^{-1}，$CCl_4(l)$ 的标准熵 $S_m^\ominus$ 为 214 J·mol^{-1}·K^{-1}，求 25℃ 平衡时，气态 CCl_4 的标准熵 $S_m^\ominus$。

3.12 已知反应

$$2MnO_4^- + 10Cl^- + 16H^+ = 2Mn^{2+} + 5Cl_2 + 8H_2O$$

$$\Delta_r G_m^\ominus = -142 \text{ kJ·mol}^{-1}$$

$$Cl_2 + 2Fe^{2+} = 2Cl^- + 2Fe^{3+}$$

$$\Delta_r G_m^\ominus = -113.6 \text{ kJ·mol}^{-1}$$

求下列反应的 $\Delta_r G_m^\ominus$：

$$MnO_4^- + 5Fe^{2+} + 8H^+ = Mn^{2+} + 5Fe^{3+} + 4H_2O$$

3.13 已知反应

$$3Fe_2O_3(s) = 2Fe_3O_4(s) + \frac{1}{2}O_2(g)$$

试计算 $\Delta_r H_m^\ominus$，$\Delta_r G_m^\ominus$。在标准状态下，哪种氧化物稳定？

3.14 计算 298 K 时，下列反应的 $\Delta_r G_m^\ominus$。哪些反应能自发进行？

(1) $2NH_3(g) = N_2(g) + 3H_2(g)$

(2) $4NH_3(g) + 7O_2 = 4NO_2(g) + 6H_2O(l)$

(3) $SiO_2(s) + 2H_2(g) = Si(s) + 2H_2O(l)$

3.15 已知反应

$$MgCO_3(s) = MgO(s) + CO_2(g)$$

试计算 $\Delta_r H_m^\ominus$，$\Delta_r S_m^\ominus$，$\Delta_r G_m^\ominus$ 和在 500 K、标准压力时的 $\Delta_r G_m^\ominus$。

($MgCO_3(s)$：$\Delta_f H_m^\ominus = -1096$ kJ·mol^{-1}，$S_m^\ominus = 65.7$ J·mol^{-1}·K^{-1}，

$\Delta_f G_m^\ominus = -1012$ kJ·mol^{-1}。)

第4章　化学反应速率

化学热力学研究的是宏观化学反应体系反应前后的状态，而不涉及状态变化的微观过程和变化的速率。化学动力学研究的是化学反应速率和反应历程，与化学热力学研究的对象及要解决的问题不同。在通常条件下，有些化学反应，从热力学考虑似乎进行的趋势很大，但反应速率却很小，几乎不可能发生反应，如反应

$$H_2(g) + \frac{1}{2}O_2(g) \Longrightarrow H_2O(l) \qquad \Delta_r G_m^\ominus = -137 \text{ kJ} \cdot \text{mol}^{-1}$$

$$C_{12}H_{22}O_{11}(s) + 12O_2(g) \Longrightarrow 12CO_2(g) + 11H_2O(l)$$

$$\Delta_r G_m^\ominus = -5\ 796 \text{ kJ} \cdot \text{mol}^{-1}$$

而下列反应可以以很大的反应速率向正、逆两个方向进行，但自由能降低并不大。

$$2NO_2(g) \Longrightarrow N_2O_4(g) \qquad \Delta_r G_m^\ominus = -60 \text{ kJ} \cdot \text{mol}^{-1}$$

反应动力学的应用涉及化学的各个方面，例如，由化学热力学可知，在低温下合成氨是有利的，但其反应速率太慢，没有实际意义，为了提高反应速率必须使用铁催化剂，而这种催化剂只有在高温下才具有活性，在合成氨时不能过多考虑热力学的有利条件，而要着眼于化学反应速率。有时希望反应速率尽量慢，如一些金属在空气中易于被氧化，具有热力学不稳定性，但在室温下氧化速率很慢。反应速率对生命机体的活动也是非常重要的，生物大分子（如蛋白质）易于水解，具有热力学不稳定性，但没有催化剂时其水解反应速率极为缓慢，只是在生物催化剂（如生

物酶）的作用下才能有选择地加速水解反应，从而控制机体的活动。因此，欲较为全面地了解化学反应的性质，既要从化学热力学的角度考虑反应进行的可能性和进行的程度，又要从化学动力学的角度考虑反应进行的速率，当然，如有可能还要了解反应机理。

化学动力学是一个复杂的课题，许多化学反应的平衡常数可以通过实验或者由热力学计算求得，但其反应速率特别是反应机理难以得知。例如，反应

$$5Fe^{2+}(aq) + MnO_4^-(aq) + 8H^+(aq)$$
$$= 5Fe^{3+}(aq) + Mn^{2+}(aq) + 4H_2O(l)$$

其平衡常数可通过测定相应原电池的电动势计算求得，但测定其反应速率、确定其反应机理是相当困难的。

对反应速率特别是对无机反应的反应机理研究和了解甚少。本章主要讨论化学反应速率的基本概念、规律等有关问题。

4.1 化学反应速率

4.1.1 化学反应速率的表示

化学反应速率的差异极大，最快的反应不超过 10^{-6} s 即可完成，而最慢的反应却需数日之久才能完成。

化学反应速率有两种表示方法，一种是国际上规定的转化速率，另一种是习惯上沿用的非法定单位表示的反应速率。

转化速率以反应进度随时间的变化率表示，用 $\dot{\xi}$ 标记。

$$\dot{\xi} = \frac{d\xi}{dt} \tag{4-1}$$

$\dot{\xi}$ 具有与反应体系体积成正比的容量性质，其单位为 $mol \cdot s^{-1}$。

对于任一化学反应

$$\nu_A A + \nu_B B \Longrightarrow \nu_M M + \nu_N N$$

$$\dot{\xi} = \frac{d\xi}{dt} = \frac{1}{\nu_i}\frac{dn_i}{dt}$$

i 为体系中任一反应物或生成物,对于反应物,ν_i 为负;对于生成物,ν_i 为正。于是

$$\dot{\xi} = \frac{1}{\nu_A}\frac{dn_A}{dt} = \frac{1}{\nu_B}\frac{dn_B}{dt} = \frac{1}{\nu_M}\frac{dn_M}{dt} = \frac{1}{\nu_N}\frac{dn_N}{dt} \quad (4-2)$$

反应速率以单位体积中反应进度随时间的变化率表示,用 v 标记。

$$v = \frac{1}{V}\frac{d\xi}{dt} = \frac{\dot{\xi}}{V} \quad (4-3)$$

v 具有不依赖于反应体系体积的强度性质,其单位为 $mol \cdot m^{-3} \cdot s^{-1}$ (或 $mol \cdot dm^{-3} \cdot s^{-1}$)。

对于任一化学反应

$$\nu_A A + \nu_B B \Longrightarrow \nu_M M + \nu_N N$$

$$v = \frac{1}{V}\frac{1}{\nu_i}\frac{dn_i}{dt}$$

假如反应体系的体积在反应中恒定不变(如体积一定的气相反应或体积变化可忽略的稀溶液中的反应)。因为 $c_i = \frac{n_i}{V}$,则

$$v = \frac{1}{\nu_i}\frac{dc_i}{dt}$$

于是

$$v = \frac{1}{\nu_A}\frac{dc_A}{dt} = \frac{1}{\nu_B}\frac{dc_B}{dt} = \frac{1}{\nu_M}\frac{dc_M}{dt} = \frac{1}{\nu_N}\frac{dc_N}{dt} \quad (4-4)$$

由上面的讨论可知:转化速率 $\dot{\xi}$ 和反应速率 v 与反应体系中选用何种物质无关。由于反应速率具有强度性质,因而比转化速率更为常用。下面将以此为基础讨论平均速率和瞬时速率,并以 N_2O_5 在 CCl_4 介质中的分解反应为例具体说明。在 CCl_4 介质

中，N_2O_5 的分解反应为

$$2N_2O_5 =\!\!=\!\!= 4NO_2 + O_2$$

45℃时，有关数据列入表 4-1 中。

表 4-1 　　N_2O_5 在 CCl_4 介质中的分解速率（45℃）

t/s	$[N_2O_5]/mol\cdot dm^{-3}$	$v = -\dfrac{1}{2}\dfrac{d[N_2O_5]}{dt}/mol\cdot dm^{-3}\cdot s^{-1}$	$k = \dfrac{v}{[N_2O_5]}/s^{-1}$
0	2.33	7.3×10^{-4}	3.1×10^{-4}
184	2.08	6.7×10^{-4}	3.2×10^{-4}
319	1.91	6.0×10^{-4}	3.1×10^{-4}
525	1.67	5.1×10^{-4}	3.1×10^{-4}
867	1.36	4.1×10^{-4}	3.0×10^{-4}
1 198	1.11	3.5×10^{-4}	3.2×10^{-4}
1 877	0.72	2.2×10^{-4}	3.1×10^{-4}

4.1.2　平均速率和瞬时速率

1. 平均速率

若反应速率是在一定的时间间隔内求得的，则叫**平均反应速率**，记为 $\bar{v}$ 。

假设取反应开始时（$t_1=0$）至反应进行到 184 s 时作为时间间隔，则平均反应速率分别为

$$\begin{aligned}\bar{v}_{N_2O_5} &= -\frac{[N_2O_5]_2-[N_2O_5]_1}{t_2-t_1} = -\frac{\Delta[N_2O_5]}{\Delta t}\\ &= -\frac{(2.08-2.33)}{184-0}\\ &= 1.36\times10^{-3}\,(mol\cdot dm^{-3}\cdot s^{-1})\end{aligned}$$

$$\bar{v}_{NO_2} = \frac{\Delta[NO_2]}{\Delta t} = 2 \times 1.36 \times 10^{-3}$$
$$= 2.72 \times 10^{-3} \; (\text{mol} \cdot \text{dm}^{-3} \cdot \text{s}^{-1})$$
$$\bar{v}_{O_2} = \frac{\Delta[O_2]}{\Delta t} = \frac{1}{2} \times 1.36 \times 10^{-3}$$
$$= 6.8 \times 10^{-4} \; (\text{mol} \cdot \text{dm}^{-3} \cdot \text{s}^{-1})$$

反应单一的反应速率为

$$\bar{v} = -\frac{1}{2}\frac{\Delta[N_2O_5]}{\Delta t} = \frac{1}{4}\frac{\Delta[NO_2]}{\Delta t} = \frac{\Delta[O_2]}{\Delta t}$$
$$= 6.8 \times 10^{-4} \; (\text{mol} \cdot \text{dm}^{-3} \cdot \text{s}^{-1})$$

2．瞬时速率

某一时刻或某一特定浓度时的反应速率叫**瞬时速率**。相对于平均速率而言，瞬时速率更为重要和具有实际意义。瞬时速率代表当 Δt 趋近于零时的反应速率，以符号 $\dfrac{1}{\nu_i}\dfrac{\mathrm{d}c_i}{\mathrm{d}t}$ 表示。瞬时速率只能通过作图的方法求得。为此，先作 $[N_2O_5]\text{-}t$ 关系图（或其他物质浓度对 t 的关系图），然后作出某一时刻在曲线上对应点的切线，并求出该切线的斜率，即可求得此时刻的瞬时速率。如图 4-1 所示。

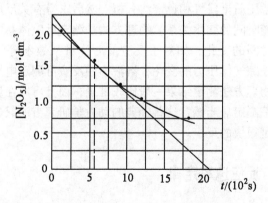

图 4-1 45℃，CCl_4 介质中 $[N_2O_5]\text{-}t$ 关系图

若求 526 s 时的瞬时速率,则该时刻在曲线上对应点的切线斜率为

$$\text{斜率} = \frac{y_2 - y_1}{x_2 - x_1} = \frac{0.00 - 2.20}{2150 - 0} = -1.02 \times 10^{-3}$$

$$\frac{dc_{N_2O_5}}{dt} = -1.02 \times 10^{-3} \text{ mol·dm}^{-3}\text{·s}^{-1}$$

反应在 526 s 时的瞬时速率为

$$v = \frac{1}{\nu_{N_2O_5}} \frac{dc_{N_2O_5}}{dt} = -\frac{1}{2}(-1.02 \times 10^{-3})$$
$$= 5.1 \times 10^{-4} \text{ (mol·dm}^{-3}\text{·s}^{-1})$$

4.1.3 反应速率的求得

为了求得反应速率,必须测定反应体系中反应物或生成物浓度随时间变化的函数关系,可采用化学法和物理方法。

在化学法中,可将几个盛有完全相同起始组成反应液的反应器置于恒温浴中,按合适的时间间隔从浴中取出试样,减速或停止其化学反应,并迅速用化学法分析试样。减速或停止化学反应的方法有:将试样急剧冷却、稀释试样,或加入一种能很快与试样中某一反应物结合的物质等,但操作麻烦而且误差较大。对于气体试样常用质谱或气相色谱法分析。然后求得有关反应物或生成物浓度随时间的变化关系。物理方法是测定反应体系中某一物理性质随时间的变化,如对于反应前后计量系数不等的气相反应,可以跟踪气体压力的变化,溶液中的反应可测定电导率、折光率等。物理方法测定结果一般比较准确,而且可以在反应进程中连续跟踪测定。当然,这些经典的动力学研究方法只适用于反应速率不是很快的反应。

4.2 反应速率定律

反应速率定律又叫质量作用定律,其实质是指反应速率与反

应物浓度的关系。为了表示这种关系，有必要介绍基元反应和复杂反应。

基元反应又叫**简单反应**，指从反应物一步生成产物的化学反应，一般是单分子或双分子分解反应或有机化学中的异构化反应。如反应

$$SO_2Cl_2 = SO_2 + Cl_2$$

（异腈）$H_3C—N≡C \longrightarrow H_3C—C≡N$（乙腈）

复杂反应是指由两个或两个以上基元反应组成的化学反应。如反应

$$2NO + O_2 = 2NO_2$$

实际上是由如下两个基元反应组成的：

$$2NO = N_2O_2 \quad （快）$$
$$N_2O_2 + O_2 = 2NO_2 \quad （慢）$$

4.2.1 反应速率定律

从上节表 4-1 所列数据可以看出：N_2O_5 在某时刻的分解速率与该时刻 N_2O_5 的浓度存在函数关系，即

$$v = -\frac{1}{2}\frac{d[N_2O_5]}{dt} = k[N_2O_5]$$

又如反应

$$BrO_3^- + 5Br^- + 6H^+ = 3Br_2 + 3H_2O$$

反应速率与反应物浓度也存在一定的函数关系，有关数据列入表 4-2 中。

从表 4-2 中所列数据可以看出：比较实验次数 1 和 2，当 $[H^+]$，$[BrO_3^-]$ 不变，$[Br^-]$ 增加一倍时，反应速率约增大一倍 ($\frac{4.7 \times 10^{-8}}{2.5 \times 10^{-8}} = 1.9$)，速率与 $[Br^-]$ 的一次方成正比。比较 2 和 3，当 $[BrO_3^-]$，$[Br^-]$ 不变，$[H^+]$ 减小一倍时，反应速率减小为原来

表 4-2 反应 $BrO_3^- + 5Br^- + 6H^+ \Longrightarrow 3Br_2 + 3H_2O$ 的反应速率与反应物浓度关系

实验次数	$\dfrac{[H^+]}{mol \cdot dm^{-3}}$	$\dfrac{[BrO_3^-]}{mol \cdot dm^{-3}}$	$\dfrac{[Br^-]}{mol \cdot dm^{-3}}$	$\dfrac{v}{mol \cdot dm^{-3} \cdot s^{-1}}$
1	0.0080	0.0010	0.10	2.5×10^{-8}
2	0.0080	0.0010	0.20	4.7×10^{-8}
3	0.0040	0.0010	0.20	1.2×10^{-8}
4	0.0080	0.0020	0.10	5.4×10^{-8}

的 $\dfrac{1}{4}$ ($\dfrac{1.2 \times 10^{-8}}{4.7 \times 10^{-8}} \approx \dfrac{1}{4}$),速率与 $[H^+]$ 的二次方成正比。比较 1 和 4,当 $[H^+]$,$[Br^-]$ 不变,$[BrO_3^-]$ 增加一倍时,反应速率约增加一倍($\dfrac{5.4 \times 10^{-8}}{2.5 \times 10^{-8}} = 2.2$),速率与 $[BrO_3^-]$ 的一次方成正比。因此,该反应的反应速率与反应物浓度的关系是

$$v = \frac{1}{\nu_i} \frac{dc_i}{dt} = k[BrO_3^-][Br^-][H^+]^2$$

比较上面两例反应的反应速率与反应物浓度的关系可知,反应物浓度的方次可能与相应反应物的计量系数相同,也可能不同。这种差异表明:N_2O_5 的分解可能是基元反应,而在酸性介质中 BrO_3^- 与 Br^- 的反应肯定是复杂反应。因为化学反应速率不仅决定于反应前后的状态,而且与反应机理有关。对于基元反应,反应速率与反应物浓度的关系式中,浓度的方次一定与反应物相应的计量系数相同,但应注意的是若二者相同,并不能肯定是基元反应(如反应 $H_2(g) + I_2(g) \Longrightarrow 2HI(g)$,后面将具体讨论)。

对于任一基元反应

$$aA + bB \Longrightarrow gG + hH$$

反应速率与反应物浓度的关系是

$$v = k[A]^a[B]^b \qquad (4\text{-}5)$$

(4-5)式叫**速率方程式**,反应速率与反应物浓度关系所遵循的规律叫**反应速率定律***,也称为**质量作用定律**。

反应速率定律也可表述为:对于基元反应,反应速率与反应物浓度以相应的计量系数为幂的乘积成正比,表示任一瞬间反应速率与该瞬间反应物浓度的关系。

对于复杂反应,反应速率与反应物浓度的关系以及如何写出速率方程式,可分为两种情况。

若知道反应机理,则反应速率决定于慢的基元反应,这又可分为两种情况。

(1) 第一步为慢反应。例如,反应

$$2O_3 \rightleftharpoons 3O_2$$

该反应的反应机理为

$$O_3 \xrightarrow{k_1} O_2 + O \quad (慢)$$
$$O + O_3 \xrightarrow{k_2} 2O_2 \quad (快)$$

$(k_1 \ll k_2)$

决定反应速率的是第一步慢反应。O 原子是极为活泼的中间体,它由第一步慢反应产生,被第二步快反应消耗,O 原子的浓度很小,而且基本上是定值,这种状态叫平稳态,O 原子变化的速率为零,即

$$\frac{d[O]}{dt} = k_1[O_3] - k_2[O][O_3] = 0$$

$k_1[O_3]$ 为产生 O 原子的速率,$k_2[O][O_3]$ 是消耗 O 原子的速率。因为 $k_1[O_3] = k_2[O][O_3]$,所以

$$[O] = \frac{k_1}{k_2}$$

---

* 由于反应速率是以微分形式 $\frac{dc_i}{dt}$ 表示,确切地讲应该叫微分反应速率定律。

O_3 分解的反应速率是

$$v = \frac{1}{\nu_{O_3}}\frac{d[O_3]}{dt} = -\frac{1}{2}\frac{d[O_3]}{dt} = k_1[O_3] + k_2[O][O_3]$$

$$= k_1[O_3] + k_2\frac{k_1}{k_2}[O_3] = 2k_1[O_3] = k[O_3]$$

所以，反应速率由第一步慢反应决定。

(2) 第一步为快反应。速率决定步骤的慢反应发生在一个或多个快反应之后，这类复杂反应的反应机理较为复杂，难以确定速率方程式。例如，反应

$$2NO(g) + Br_2(g) \Longrightarrow 2NOBr(g)$$

实验确定该反应的速率方程式是

$$v = k[NO]^2[Br_2]$$

反应可能的反应机理是

$$NO(g) + Br_2(g) \underset{k_{-1}}{\overset{k_1}{\rightleftharpoons}} NOBr_2(g) \quad (快)$$

$$NOBr_2(g) + NO(g) \overset{k_2}{=\!=\!=} 2NOBr(g) \quad (慢)$$

第二步是慢反应，是速率决定步骤，总反应的反应速率取决于慢反应的反应速率。此慢反应的速率方程式为

$$v = k_2[NOBr_2][NO]$$

$NOBr_2$ 是第一步反应产生的中间体，其浓度低，可以有两种消耗的途径，一是与 NO 反应形成 NOBr，另一个是进行快反应的逆反应。可以认为 $NOBr_2$ 主要是消耗于此逆反应，还可以假设快反应的正、逆反应速率相等，即

$$k_1[NO][Br_2] = k_{-1}[NOBr_2]$$

于是

$$[NOBr_2] = \frac{k_1}{k_{-1}}[NO][Br_2]$$

将关系式代入速率决定步骤慢反应速率方程式，得

$$v = k_2 \frac{k_1}{k_{-1}}[\text{NO}][\text{Br}_2][\text{NO}] = k[\text{NO}]^2[\text{Br}_2]$$

与实验确定的总反应的速率方程式相同。

一般说来，假如快反应先于慢反应，可以假设快反应是平衡反应，而且能很快建立化学平衡，由此求得中间体的浓度，从而导出速率决定步骤慢反应的速率方程式。

若不知道反应机理，其速率方程式只能通过实验确定。如反应

$$2\text{H}_2(\text{g}) + 2\text{NO}(\text{g}) \Longleftrightarrow 2\text{H}_2\text{O}(\text{g}) + \text{N}_2(\text{g})$$

实验证明：该反应的速率方程式为

$$v = k[\text{H}_2][\text{NO}]^2$$

反应速率定律是反应动力学的重要规律，写反应速率方程式时应注意以下问题：

① 对于基元反应可以直接写出速率方程式；对于复杂反应，若知道反应机理，可根据慢的基元反应写出速率方程式，若不知道反应机理，只能通过实验写出反应速率方程式。

② 若反应物为气体，可用分压代替浓度。如反应

$$2\text{NO}_2 \Longleftrightarrow 2\text{NO} + \text{O}_2$$

$$v = \frac{1}{\nu_i}\frac{d[\text{NO}_2]}{dt} = k_c[\text{NO}_2]^2$$

$$v' = \frac{1}{\nu_i}\frac{dp_{\text{NO}_2}}{dt} = k_p p_{\text{NO}_2}^2$$

③ 反应速率方程式中的 k 叫**速率常数**。k 取决于反应的性质和温度，而与浓度无关，因此，k 是在给定温度下，当反应物浓度为单位浓度时的反应速率。速率常数 k 的量纲与反应级数有关。例如，反应

$$a\text{A} + b\text{B} \Longleftrightarrow g\text{G} + h\text{H}$$

若速率方程式为

$$v = k[\text{A}]^a[\text{B}]^b$$

则

$$k = \frac{v \,(\mathrm{mol} \cdot \mathrm{dm}^{-3} \cdot \mathrm{s}^{-1})}{[\mathrm{A}]^a [\mathrm{B}]^b (\mathrm{mol} \cdot \mathrm{dm}^{-3})^{a+b}}$$

式中，$a+b$ 称为反应的反应级数，a,b 分别叫反应物 A,B 的级数。若为一级反应，k 的量纲为 s^{-1}；若为二级反应，k 的量纲为 $\mathrm{mol}^{-1} \cdot \mathrm{dm}^3 \cdot \mathrm{s}^{-1}$；对于 n 级反应，k 的量纲为 $\mathrm{mol}^{1-n} \cdot (\mathrm{dm}^3)^{n-1} \cdot \mathrm{s}^{-1}$，因此，根据 k 的量纲可以判断反应级数。

4.2.2 反应分子数和反应级数

1. 反应分子数

在基元反应或复杂反应的基元反应步骤中，发生反应所需要的微粒（原子、分子、离子或自由基等）数称为**反应分子数**。反应分子数的引入是为了从理论上和微观上研究反应机理。对指定的基元反应，反应分子数不变。反应分子数为整数，但三分子反应已为数不多。例如

$$\mathrm{SO_2Cl_2} = \mathrm{SO_2} + \mathrm{Cl_2} \quad 单分子反应$$
$$2\mathrm{NO_2} = 2\mathrm{NO} + \mathrm{O_2} \quad 双分子反应$$

2. 反应级数

在基元反应或复杂反应的速率方程式中，各反应物浓度的指数之和称为该反应的**反应级数**，每个反应物浓度的指数叫该反应物的**级数**。反应级数的引入是为了从实验上确定反应速率与反应物浓度的关系，即以实验为根据的宏观反应速率对浓度的依赖关系。对于同一反应，由于反应条件不同，反应级数可能发生变化。反应级数可以是正整数、分数或者为零。例如，基元反应

$$\mathrm{SO_2Cl_2} = \mathrm{SO_2} + \mathrm{Cl_2} \quad v = k[\mathrm{SO_2Cl_2}] \quad 一级反应$$
$$2\mathrm{NO_2} = 2\mathrm{NO} + \mathrm{O_2} \quad v = k[\mathrm{NO_2}]^2 \quad 二级反应$$

复杂反应

$$\mathrm{H_2(g)} + \mathrm{I_2(g)} = 2\mathrm{HI(g)} \quad v = k[\mathrm{H_2}][\mathrm{I_2}] \quad 二级反应$$
$$2\mathrm{H_2} + 2\mathrm{NO} = \mathrm{N_2} + 2\mathrm{H_2O} \quad v = k[\mathrm{H_2}][\mathrm{NO}]^2 \quad 三级反应$$

反应级数为分数的反应，一般不是基元反应，而是产生于复

杂的反应机理。例如,反应

$$H_2 + Br_2 \rightleftharpoons 2HBr$$

实验确定该反应的起初速率方程式为

$v = k[H_2][Br_2]^{\frac{1}{2}}$ (反应开始,HBr 浓度很小时的简化式)

反应由以下基元反应组成

$Br_2 \rightleftharpoons 2Br$ (快) $K = \frac{[Br]^2}{[Br_2]}$, $[Br] = (K[Br_2])^{\frac{1}{2}}$

$Br + H_2 \rightleftharpoons HBr + H$ (慢) $v = k_2[Br][H_2]$

$H + Br_2 \rightleftharpoons HBr + Br$ (快)

将 $[Br] = (K[Br_2])^{\frac{1}{2}}$ 代入慢反应速率方程式,得

$$v = k_2 K^{\frac{1}{2}}[Br_2]^{\frac{1}{2}}[H_2] = k[Br_2]^{\frac{1}{2}}[H_2]$$

零级反应的反应速率与反应物浓度无关。如气体在金属表面的分解,酶催化反应等。

应该指出的是,即使各反应物的级数与其方程式计量系数相等,该反应也不一定是基元反应。例如,反应

$$H_2(g) + I_2(g) = 2HI(g)$$

早在 1890 年就由实验确定该反应的速率方程式为 $v = k[H_2][I_2]$,认为反应是基元反应。20 世纪 60 年代初,科学家提出两步机理,尔后为实验证明。

$I_2 \rightleftharpoons I + I$ (快) $K = \frac{[I]^2}{[I_2]}$, $[I]^2 = K[I_2]$

$H_2 + I + I \rightleftharpoons HI + HI$ (慢) $v = k_1[H_2][I]^2$

将 $[I]^2 = K[I_2]$ 代入慢反应速率方程式,得

$$v = k_1 K[I_2][H_2] = k[H_2][I_2]$$

1967 年,科学家用紫外线照射反应混合物,以加速 I_2 的离解,研究反应速率与照射紫外线强度的关系。结果表明:I 原子是反应的中间体,反应速率正比于 I 原子浓度的平方,从而证明两步机理是正确的。

虽然大多数反应遵循质量作用定律，通过实验可以确定反应级数，但有些反应的速率方程式不是简单的形式，谈反应级数没有实际意义。如反应

$$H_2(g) + Br_2(g) \Longrightarrow 2HBr(g)$$

当 HBr 积累到一定程度后，其速率方程式为

$$v = \frac{1}{2}\frac{d[HB]}{dt} = \frac{k[H_2][Br_2]^{\frac{1}{2}}}{1 + k'\frac{[HBr]}{[Br_2]}}$$

反应物 H_2 的级数为 1，但难确定反应物 Br_2 的级数，谈反应的反应级数没有实际意义。因为这种链反应或其他复杂反应的速率方程式是由多个相应基元反应速率方程式组合而得。

4.3 温度对反应速率的影响

大多数化学反应的反应速率随温度的升高而急剧增加（光化学反应例外），而且这种影响是指数关系。温度对反应速率的影响实质上是对速率常数的影响，讨论这种影响对进一步了解化学反应是如何发生的及其相应理论是有意义的。

1889 年阿仑尼乌斯在总结大量实验事实和平衡常数 K 和正、逆速率常数 k_f, k_r 关系（$K = \dfrac{k_f}{k_r}$）的基础上提出温度与速率常数经验关系式：

$$k = Ae^{-E_a/RT} \tag{4-6}$$

式中，A 叫**指前因子**或**频率因子**，其单位与 k 的单位相同，E_a 为实验活化能，单位与 RT 的单位相同（$kJ \cdot mol^{-1}$）。A, E_a 是表征化学反应特征的常数，与温度无关。实践证明：(4-6)式对几乎所有均相基元反应和大多数复杂反应在一定温度范围内都是相当符合的。

为了求活化能 E_a 和指前因子 A，将(4-6)式变为对数形式

$$\lg k = -\frac{E_a}{2.303R} \cdot \frac{1}{T} + \lg A \tag{4-7}$$

由(4-7)式可以看出：$\lg k$-$\frac{1}{T}$作图得一直线，其斜率为$-\frac{E_a}{2.303R}$，截距为$\lg A$，因此，通过作图可以求得E_a和A。

[例4-1] 某反应的速率常数k与温度t存在如下关系，试通过作图求E_a和A。

t/℃	20	25	30	35
k/s^{-1}	3.76×10^4	5.01×10^4	6.61×10^4	8.64×10^4

解 将所列数据作相应变换，然后作$\lg k$-$\frac{1}{T}$图。

T/K	293	298	303	308
$\frac{1}{T}$/K^{-1}	3.41×10^{-3}	3.36×10^{-3}	3.30×10^{-3}	3.25×10^{-3}
$\lg k$	4.58	4.71	4.83	4.94

$\lg k$-$\frac{1}{T}$图如图4-2所示。

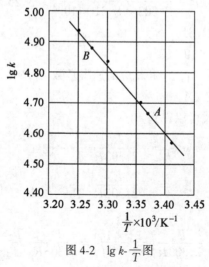

图4-2 $\lg k$-$\frac{1}{T}$图

在直线上任取两点(非实验点) $A(3.370\times 10^{-3}, 4.665)$，$B(3.275\times 10^{-3}, 4.895)$，直线的斜率为

$$\text{斜率} = \frac{y_2 - y_1}{x_2 - x_1} = \frac{4.665 - 4.895}{3.370\times 10^{-3} - 3.275\times 10^{-3}}$$

$$= -2.42\times 10^3 \text{ (K)}$$

因为对数没有单位，斜率关系式中分子没有单位，分母的单位为 K^{-1}，因此，斜率的单位是 K。

$$\text{斜率} = -\frac{E_a}{2.303R}$$

$$E_a = -2.303\times 8.31 \frac{J}{\text{mol}\cdot K} \times (-2.42\times 10^3 \text{ K})$$

$$= 46\,313 \text{ J}\cdot\text{mol}^{-1} = 46.313 \text{ kJ}\cdot\text{mol}^{-1}$$

任取一个温度值(如35℃)和对应的 k (8.64×10^4)代入(4-7)式，得

$$\lg A = \lg k + \frac{E_a}{2.303R}\cdot\frac{1}{T}$$

$$= 4.94 + \frac{46.31}{2.303\times 8.31\times 10^{-3}}\times 3.25\times 10^{-3}$$

$$= 12.81$$

所以 $A = 6.45\times 10^{12} \text{ s}^{-1}$。

若已知温度 T_1, T_2 和相应的速率常数 k_1, k_2，不用作图，通过计算可求得 E_a, A。

根据(4-7)式可以得到

① $$\lg k_1 = -\frac{E_a}{2.303R}\cdot\frac{1}{T_1} + \lg A$$

② $$\lg k_2 = -\frac{E_a}{2.303R}\cdot\frac{1}{T_2} + \lg A$$

② - ①式，得

$$\lg\frac{k_2}{k_1} = \frac{E_a}{2.303R}\left(\frac{1}{T_1} - \frac{1}{T_2}\right) = \frac{E_a}{2.303R}\cdot\frac{T_2 - T_1}{T_1\cdot T_2} \quad (4\text{-}8)$$

应用(4-8)式可求得 E_a。

再根据(4-7)式可以求 A，其关系式可写为

$$\lg \frac{A}{k} = \frac{E_a}{2.303R} \cdot \frac{1}{T} \tag{4-9}$$

该式适用于任一温度。只要知道某一特定温度和相应的速率常数 k，由(4-8)式求得活化能 E_a 后，即可求得指前因子 A。

[**例 4-2**] 某反应当温度从27℃上升到37℃，速率常数增大一倍，求该反应的活化能 E_a。

解 根据题意，$\frac{k_2}{k_1} = 2$，即 $\lg \frac{k_2}{k_1} = 0.301$，于是

$$\lg \frac{k_2}{k_1} = \frac{E_a}{2.303R} \cdot \frac{T_2 - T_1}{T_1 \cdot T_2}$$

$$0.301 = \frac{E_a}{2.303 \times 8.31 \times 10^{-3}} \times \frac{310 - 300}{300 \times 310}$$

解得 $E_a = 53.6 \text{ kJ} \cdot \text{mol}^{-1}$。

由关系式和计算结果可以看出：温度对速率常数的影响与活化能 E_a 的大小和温度变化范围有关。就活化能 E_a 而言，若 $E_a > 53.6 \text{ kJ} \cdot \text{mol}^{-1}$，温度升高 10℃，反应速率将大于原来的两倍；若 $E_a < 53.6 \text{ kJ} \cdot \text{mol}^{-1}$，温度升高 10℃，反应速率不大于原来的两倍。就温度而言，低温时速率随温度变化比在高温时明显。当然这些结果是定性的，因为温度对反应速率的影响是复杂的。

[**例 4-3**] 反应 $H_2 + I_2 \Longrightarrow 2HI$ 在 575 K 和 700 K 时的速率常数 k 为 $6.6 \times 10^{-5} \text{ mol}^{-1} \cdot \text{dm}^3 \cdot \text{s}^{-1}$ 和 $3.21 \times 10^{-2} \text{ mol}^{-1} \cdot \text{dm}^3 \cdot \text{s}^{-1}$，试求 E_a 和 A。

解 根据(4-8)式，活化能为

$$E_a = \frac{2.303 T_1 T_2 R \lg(k_2/k_1)}{T_2 - T_1}$$

$$= \frac{575 \times 700 \times 8.31 \times 10^{-3} \times 2.303 \lg(3.21 \times 10^{-2})/(6.6 \times 10^{-5})}{700 - 575}$$

$$= 166 \text{ (kJ} \cdot \text{mol}^{-1})$$

为了求 A,可任取温度 700 K 和相应的速率常数 k,并和 E_a 一起代入(4-9)式,得

$$\lg \frac{A}{3.21 \times 10^{-2}} = \frac{166}{2.303 \times 8.31 \times 10^{-3} \times 700} = 12.4$$

$$\frac{A}{3.21 \times 10^{-2}} = 2.51 \times 10^{12}$$

所以

$$A = 2.51 \times 10^{12} \times 3.2 \times 10^{-2}$$
$$= 8.05 \times 10^{10} \ (\text{mol}^{-1} \cdot \text{dm}^3 \cdot \text{s}^{-1})$$

关于 E_a,A 与温度的关系,在阿仑尼乌斯经验式中是假设与温度无关。研究温度对速率常数 k 的影响表明:这种假设只是在 $E_a \gg RT$(大多数化学反应如此),且研究的温度范围不是特别宽(100℃左右)时成立,因为从不太准确的动力学数据中不能看出 E_a 和 A 对温度的依赖关系。

4.4 催化剂对反应速率的影响

催化剂是一种能改变化学反应速率,使化学反应快速达到平衡,而反应前后其组成和数量不发生变化的物质。催化剂对化学反应速率的影响叫**催化作用**。尽管人们对催化剂,特别是对催化剂作用原理的研究不是很多,但催化剂的应用却极为广泛,在生物、大气、海洋和工业化学中的化学反应很多受催化剂的影响。例如,催化剂 $Fe-Al_2O_3-K_2O$ 对合成氨的催化作用,在硫酸工业中 V_2O_5 对 SO_2 氧化为 SO_3 的催化作用,$SiO_2-Al_2O_3$ 对石油裂解的催化作用,液态催化剂 H_3PO_4(分布在硅藻土上)用于烯烃的聚合反应等。

催化反应的种类繁多,但就催化剂和反应物所处的状态而言,可分为均相催化反应和多相催化反应。均相催化反应是指催化剂和反应物同处一相,多相催化反应指催化剂自成一相,以气

体或溶液状态存在的反应物在催化剂表面流过。

为使产物从反应物和催化剂中分离出来,多相催化较均相催化方便,但从多相催化体系的研究获悉反应机理是困难的,而均相催化体系有时可以做到。

4.4.1 均相催化

考虑反应
$$2Ce^{4+} + Tl^{+} = 2Ce^{3+} + Tl^{3+}$$
虽为基元反应,但该反应是两个电子转移反应,而且是三个离子间的碰撞,因此反应速率慢。若以 Mn^{2+} 作催化剂,反应机理变为
$$Ce^{4+} + Mn^{2+} = Ce^{3+} + Mn^{3+}$$
$$Ce^{4+} + Mn^{3+} = Ce^{3+} + Mn^{4+}$$
$$Mn^{4+} + Tl^{+} = Mn^{2+} + Tl^{3+}$$
由反应机理可以看出:加催化剂 Mn^{2+} 后,反应由原来的两个电子转移的三分子反应变为快的双分子反应,而且除最后一个基元反应外,其余两个基元反应为单电子转移反应。

过氧化氢 H_2O_2 是常用的氧化剂,由于它的热稳定性低,特别是易于被催化分解,对 H_2O_2 的保存和应用带来很大的不利。H_2O_2 的分解反应为
$$2H_2O_2 = 2H_2O + O_2$$
许多物质对 H_2O_2 的分解有催化作用,如 Fe^{3+}、I^-、Br^-、MnO_2、酶等,各种催化剂对 H_2O_2 的催化分解具有不同的反应机理。就均相催化而言,Fe^{3+} 催化分解机理是
$$2Fe^{3+} + H_2O_2 = 2Fe^{2+} + O_2 + 2H^+$$
$$2Fe^{2+} + \frac{1}{2}O_2 + 2H^+ = 2Fe^{3+} + H_2O$$
I^- 催化分解机理是
$$H_2O_2 + I^- = IO^- + H_2O$$
$$IO^- + H_2O_2 = H_2O + O_2 + I^-$$

Br^- 催化分解机理是

$$2Br^- + H_2O_2 + 2H^+ \rightleftharpoons Br_2 + 2H_2O$$
$$Br_2 + H_2O_2 \rightleftharpoons 2Br^- + O_2 + 2H^+$$

实验表明：无催化剂时，H_2O_2 分解所需活化能为 75 kJ·mol^{-1}，Fe^{3+} 作催化剂时，催化分解所需活化能为 54 kJ·mol^{-1}，而生物酶对 H_2O_2 是三步催化分解机理，所需活化能小于 21 kJ·mol^{-1}。H_2O_2 分解所需活化能关系如图 4-3 所示。

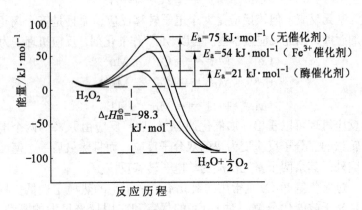

图 4-3　H_2O_2 分解所需活化能关系图

4.4.2　多相催化

多相催化的最初阶段通常是反应物被催化剂吸附。所谓吸附是指反应物分子键合到催化剂表面，而不是进入催化剂内部。催化剂表面的原子或离子是非常活泼的，不同于内部的原子或离子，这些活泼的原子或离子能够将气相或液相中的分子键合到催化剂表面。但并不是催化剂表面所有的原子或离子具有这种活性，那些活性大的位置叫活性中心，活性中心的多少取决于催化剂的性质、制备方法和应用前的处理。下面以乙烯催化加氢反应为例加以具体说明。

乙烯加氢为放热反应

$$C_2H_4 + H_2 \longrightarrow C_2H_6 \qquad \Delta_r H_m^\ominus = -137 \text{ kJ} \cdot \text{mol}^{-1}$$

虽为放热反应，但无催化剂时，其反应速率慢，若有催化剂如粉末金属镍、钯或铂存在，反应在室温下即可发生，其反应机理如图 4-4 所示。

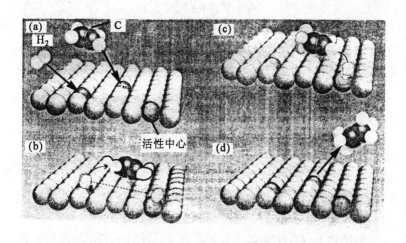

图 4-4 乙烯氢化的催化机理

首先 H_2 和 C_2H_4 被吸附到金属表面的活性中心(a)，H_2 被吸附后，H—H 键断裂形成氢原子，氢原子键合到金属表面(b)，氢原子在金属表面的运动是自由的，当 H 碰撞被吸附的 C_2H_4 分子时，能够同一个碳原子形成 σ 键，有效地削弱了 C-C π 键，留下一个乙基 C_2H_5 并通过金属-碳 σ 键键合到金属表面(c)。这种 σ 键是相当弱的，当另一个碳原子也碰撞氢原子时，形成第六个 C-H σ 键，即形成乙烷 C_2H_6 分子。乙烷分子从金属表面释放(d)。活性中心再吸附另外的乙烯分子，上述过程重现。

从上面的过程可以看出：乙烯氢化时必须断裂 H-H σ 键和 C-C π 键，而键的断裂需要能量，这种能量可以视为反应所需的活化能。H-C σ 键的形成将释放较大的能量，故反应是放热的。当 H_2 和 C_2H_4 键合到催化剂的表面后，断裂化学键只需少量的能量，即降低了反应的活化能。

多相催化由于催化剂的吸附作用而降低反应的活化能。合成氨反应是另一实例。

$$N_2 + 3H_2 \rightleftharpoons 2NH_3$$

反应的活化能为 326 $kJ \cdot mol^{-1}$，在通常条件下，反应速率很慢。但反应在高温（500℃左右）和高压（$2 \times 10^4 \sim 3 \times 10^4$ kPa）以 $Fe-Al_2O_3-K_2O$ 作催化剂时，活化能降低为 176 $kJ \cdot mol^{-1}$。

4.4.3 酶催化

酶催化在生物体中有着十分重要的意义，因为生物体中的化学反应是通过酶催化实现的。酶是分子量在 $10^4 \sim 10^6$ 的蛋白质，酶催化能显著地降低活化能。被酶作用的分子叫基质，基质结合到酶上活性位置，形成酶-基质配合物，然后转化为产物并从酶上释放，这是酶催化的一般机理。

酶催化不仅在生物体中有重要意义，而且人们试图模拟这种作用固氮，即生物模拟固氮。在酶的作用下，将大气中的氮在常温常压下固定下来，为植物所吸收。

催化剂对反应速率的影响，主要表现在活化能对速率常数的影响，而且这种影响十分显著，因为在阿仑尼乌斯经验式中，E_a 为指数项，假设指前因子为常数，25℃时，活化能每降低 1 $kJ \cdot mol^{-1}$，速率常数增加 1.5 倍，若活化能降低 n $kJ \cdot mol^{-1}$，则速率常数增加 1.5^n 倍。

应该指出的是：催化剂能改变反应速率，但不影响反应物和生成物的状态，即不影响反应自由能的变化 $\Delta_r G_m$，因此，不改变反应的平衡位置。催化剂对正反应起催化作用，必然同等地对逆反应起催化作用。例如，H_3O^+ 对酯的水解起催化作用，同样对逆反应醇的酯化有催化作用。对蛋白质水解为氨基酸起催化作用的酶，必然对氨基酸聚合为蛋白质起催化作用。

在具体使用中，催化剂中常加入少量(5%～10%)助催化剂，以增加催化剂的活性，并延长催化剂的寿命。例如，用于合成氨的铁催化剂含有少量 K，Ca，Mg，Al，Si，Ti，Zr 以及 V 的氧化物，Al_2O_3 的作用是防止细小的 Fe 晶体结块，否则会降低催化剂的表面积和活性。某些少量物质与催化剂结合会导致催化剂中毒，如 CO 可使 Fe 催化剂中毒，这些物质主要是含孤对电子的 S，N 和 P 原子的化合物(如 H_2S，PH_3，CO)以及某些金属如 Hg，Pb 等。

催化剂能加快反应速率而得到广泛的应用，但也有不利的一面，如大气层中的臭氧 O_3 由于催化分解而受到破坏就是一例。

4.5 反应速率理论简介

前面讨论了反应速率定律和影响反应速率的因素，如何从理论上解释这些规律和影响因素是值得研究的。由于反应速率研究的是非平衡态问题，反应速率差异极大，反应机理复杂，因此，反应速率理论目前还很不完善。下面结合本课程要求作简要介绍。

4.5.1 阿仑尼乌斯经验式

在讨论温度对反应速率的影响时，提到阿仑尼乌斯经验式，并以它为基础计算反应的活化能。该经验式提出了活化能概念，对解释反应速率随温度升高而增大，为从本质上揭示反应机理奠定了基础。但它不能从理论上说明反应活化能的含义及其大小，不能解释分子是如何作用的。

4.5.2 碰撞理论

1918 年路易斯提出碰撞理论。路易斯根据对一些简单气体反应的研究，把分子视为无内部结构和内部运动的硬球，以气体分子运动论为基础，并接受阿仑尼乌斯提出的活化能概念，着眼于反应速率与分子碰撞的关系，试图说明一些简单气体反应（一步完成）的动力学过程。基本要点如下：

① 分子为无内部结构和内部运动的硬球。这是一个假设，分子特别是多原子分子不是球形，而且有内部结构和内部运动，把分子视为硬球更是对分子间相互作用的忽视。

② 分子必须发生碰撞才能发生反应。但碰撞不是分子发生反应的充分条件，只有能量较高的分子发生碰撞才能发生反应。能量较高的分子叫**活化分子**，活化分子的平均能量与反应物分子能量之差叫**活化能**。当两个具有一定能量的分子发生碰撞时，碰撞的动能转变为势能，进而转变为转动能和振动能，以增加原子在分子中的振动频率，导致化学键断裂。因此，活化能对破坏分子中原子间的化学键是必要的。大多数基元反应实测活化能在 $0\sim 330\ kJ\cdot mol^{-1}$ 之间，但 CO_2 分子分解为 CO 和 O 的活化能高达 $413\ kJ\cdot mol^{-1}$，其反应速率慢到难以测定。双分子反应的活化能低于单分子反应活化能。某些气相双分子反应速率常数 k 和活化能关系列入表 4-3 中。

表 4-3　某些气相双分子反应 $k_{实验}$ 与 E_a 的关系（25℃）

反　　应	$k_{实验}/dm^3\cdot mol^{-1}\cdot s^{-1}$	$E_a/kJ\cdot mol^{-1}$
$H+O_3 \Longrightarrow OH+O_2$	1.7×10^{10}	4.0
$F+H_2 \Longrightarrow HF+H$	1.7×10^{10}	4.7
$OH+CH_4 \Longrightarrow CH_3+H_2O$	5.4×10^4	14.2
$O+O_3 \Longrightarrow 2O_2$	5.1×10^6	19.1
$Cl+H_2 \Longrightarrow HCl+H$	1.1×10^7	19.4
$N+O_2 \Longrightarrow NO+O$	5.4×10^4	26.8
$O+H_2 \Longrightarrow OH+H$	2.1×10^3	38.0
$N_2O_5+N_2 \Longrightarrow N_2+NO_2+NO_3$	9.6×10^1	92.1

根据碰撞理论，可以解释反应速率随温度升高而增大。温度升高将增加分子的平均动能，从而增加有效碰撞的百分数，另外，碰撞频率也随温度升高而增大。

③
$$v = PZf = PZe^{-E_c/RT} \tag{4-10}$$

式中，

Z——单位时间、单位体积内分子发生碰撞的总数。当反应物浓度为 $mol\cdot dm^{-3}$ 时，在 $1\ dm^3$ 中每秒碰撞的分子数称为频率因子。

f——有效碰撞在碰撞总数 Z 中所占的百分数。

P——方位因子。除发生反应的能量条件外，碰撞分子还要求某种特殊的取向。实际情况是在两个分子碰撞的瞬间，只是当沿分子中心线方向运动的能量超过活化能时反应才能发生。

如果将(4-6)式和(4-10)式进行比较，发现阿仑尼乌斯经验式中的活化能(E_a)和碰撞理论中所指活化能(E_c)在数值上有微小的差异。根据分子的能量分布和数学处理，得到关系式

$$E_a = E_c + R\frac{T}{2} \tag{4-11}$$

室温时，$R\dfrac{T}{2} = 1.24\ kJ\cdot mol^{-1}$，因此，$E_a$ 与 E_c 之差很小。

碰撞理论应用了活化能概念，但是没有从分子内部的变化来揭示活化能的物理意义。碰撞理论只能说明一些简单的气体反应。

4.5.3 过渡态理论

过渡态理论又叫**绝对反应速率理论**。该理论于 20 世纪 30 年代由爱林和波兰尼提出，认为反应不是由分子简单碰撞发生的，而是由于生成中间活性配合物。在解释反应速率特别是溶液中反应速率与温度的关系时，该理论是非常适用的。

对于双分子反应可描述为

$$A+B \rightleftharpoons (AB)^* \rightleftharpoons C+D$$

$(AB)^*$ 叫**活性配合物**，活性配合物作为一个正常的分子处理，但它的某一个振动不能回复为反应物，而是分解为产物。

下面以异腈 $H_3C—N\equiv C:$ 转化为乙腈 $H_3C—C\equiv N:$ 为例简要介绍过渡态理论。

异腈 $H_3C—N\equiv C:$ 转变为乙腈 $H_3C—C\equiv N:$ 可表示为

$$H_3C—N\equiv C: \longrightarrow [H_3C\cdots\overset{\overset{..}{C}}{\underset{N}{\|}}] \longrightarrow H_3C—C\equiv N:$$

其反应历程与能量关系如图 4-5 所示。

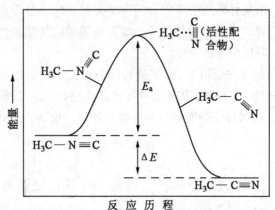

图 4-5　反应历程与能量关系图

由图可以看出：能量必须供给 H_3C 基和 $N\equiv C$ 基之间化学键的伸展(拉长)，以便 $N\equiv C$ 基的转动。$N\equiv C$ 基足够扭转以后，$C—C$ 键开始形成，分子的能量降低。从图还可以看出：能垒描述异腈分子 $H_3C—N\equiv C:$ 通过不稳定的活性配合物

$$[H_3C\cdots\overset{\overset{..}{C}}{\underset{\underset{..}{N}}{\|}}]$$

转变为乙腈分子 $H_3C—C≡N:$ 所需能量变化。沿反应历程反应物分子能垒与活性配合物最高能垒的差值叫反应的活化能 E_a，原子在能垒顶点的特殊排布叫活性配合物或过渡态。活性配合物离解为反应产物时，其反应速率等于活性配合物的浓度与振动频率的乘积。

前面就反应速率的主要问题如反应速率的表示、反应级数、速率常数、活化能以及速率定律和影响反应速率的其他因素等进行了讨论。讨论这些问题时是以实验为基础或者从宏观的角度加以分析。提出反应分子数、基元反应和复杂反应旨在从微观角度研究反应是如何进行的，而反应机理是对反应历程的具体描述。微观的反应历程和宏观的物理量是紧密相关的，例如，若正反应是基元反应，逆反应也是基元反应(也有例外)，则该反应的焓变和活化能之间存在一定的关系，即 $\Delta_r H_m = E_a(正) - E_a(逆)$。$H_3C—N≡C:$ 转变为 $H_3C—C≡NC:$ 时，由于正反应的活化能小于逆反应的活化能，所以其转化是放热的。又如反应

$$NO_2 + CO \Longrightarrow NO + CO_2$$

正反应的活化能为 $132 \ kJ·mol^{-1}$，逆反应的活化能为 $358 \ kJ·mol^{-1}$，所以

正反应的 $\Delta_r H_m = E_a(正) - E_a(逆) = 132 - 358$
$= -226 \ (kJ·mol^{-1})$

逆反应的 $\Delta_r H_m = E_a(逆) - E_a(正) = 358 - 132$
$= 226 \ (kJ·mol^{-1})$

关于反应机理，本书不作过多的讨论，下面举一实例说明分析反应机理的思维方法。

[例 4-4] 已知反应

$$2H_2(g) + 2NO(g) \Longrightarrow N_2(g) + 2H_2O(g)$$

的速率方程式为 $v = k[NO]^2[H_2]$，该反应可能按下面 4 种机理进行，试分析哪一种是较为正确的？

Ⅰ　　　$2H_2(g) + 2NO(g) \xrightleftharpoons{k_1} N_2(g) + 2H_2O(g)$

Ⅱ　①　$H_2(g) + NO(g) \xrightleftharpoons{k_2} N(g) + H_2O(g)$　　（慢）
　　②　$N(g) + NO(g) \rightleftharpoons N_2(g) + O(g)$　　　　（快）
　　③　$O(g) + H_2(g) \rightleftharpoons H_2O(g)$　　　　　　　（快）

Ⅲ　①　$H_2(g) + 2NO(g) \xrightleftharpoons{k_3} N_2O(g) + H_2O(g)$　（慢）
　　②　$N_2O(g) + H_2(g) \rightleftharpoons N_2(g) + H_2O(g)$　　（快）

Ⅳ　①　$2NO(g) \rightleftharpoons N_2O_2$　　　　　　　　　　　（快平衡）
　　②　$N_2O_2(g) + H_2(g) \xrightleftharpoons{k_4} N_2O(g) + H_2O(g)$　（慢）
　　③　$N_2O(g) + H_2(g) \rightleftharpoons N_2(g) + H_2O(g)$　　（快）

解　在4种反应机理中，尽管每一种反应机理的基元步骤不同，但基元反应的代数和等于总反应的化学计量。下面对每一种机理的速率方程式及其合理性进行分析。

机理Ⅰ：若反应为基元反应,速率方程式为 $v = k_1[H_2]^2[NO]^2$,为四级反应，显然，这与实验事实不符。另外，根据反应历程，该反应为四分子反应，而四分子同时碰撞发生反应几乎是不可能的，因此，机理Ⅰ不正确。

机理Ⅱ：由于总的反应速率决定于慢的基元反应，故反应速率方程式为 $v = k_2[H_2][NO]$，反应级数为2，这种反应机理也是不正确的。

机理Ⅲ：根据反应历程,反应速率方程式为 $v = k_3[NO]^2[H_2]$。虽说速率方程式和反应级数与实验相符，但不足以说明该反应机理的正确性，若是正确的，则必须证明中间物 N_2O 在反应混合物中的存在。另外，决定反应速率的基元反应是三分子反应，而三分子同时碰撞发生反应的可能性不大，因此，这一反应机理有待进一步用实验证明。

机理Ⅳ：根据平衡方程式得 $[N_2O_2] = K[NO]^2$，所以速率方程式为 $v = k_4K[NO]^2[H_2] = k[NO]^2[H_2]$，反应级数为3，与实验所得速率方程式和反应级数相符，而且决定反应速率的基元反应是双分子反应,这一反应机理较为正确。

从上面的实例分析可知:不能单由速率方程式来确定反应机理,它只是提供了分析、判断反应机理的信息。人们可根据逻辑分析和已知的其他化学反应虚构反应机理。当然提出的反应机理应该符合由实验得到的速率方程式,但最终确定反应机理是否正确,需要多方面的实验证明和综合分析。应特别注意的是:即使反应级数与反应方程式中反应物(气体分子或离子)的计量系数相同,也不能肯定该反应一定是基元反应。

习　题

4.1　已知反应 $\nu_A A + \nu_B B \Longrightarrow \nu_M M + \nu_N N$,试分别写出转化速率和反应速率表示式和单一的反应速率表示式。

4.2　下列反应在水溶液中能缓慢地进行:
$$S_2O_8^{2-} + 2I^- \Longrightarrow 2SO_4^{2-} + I_2$$
试根据下列数据回答:

(1) 写出速率定律方程式;

(2) 计算速率常数。

$\dfrac{[S_2O_8^{2-}]}{mol \cdot dm^{-3}}$	$\dfrac{[I^-]}{mol \cdot dm^{-3}}$	反应速率 v $mol \cdot dm^{-3} \cdot s^{-1}$
0.010	0.016	4.4×10^{-7}
0.010	0.008 0	2.2×10^{-7}
0.005 0	0.016	2.2×10^{-7}

4.3　已知反应 $2O_3 \Longrightarrow 3O_2$,90℃时,测得不同时间 O_3 的浓度为下列对应值:

t/s	0	100	200	300	400
$[O_3]/mol \cdot dm^{-3}$	6.4×10^{-3}	6.25×10^{-3}	6.13×10^{-3}	6.00×10^{-3}	5.87×10^{-3}

试根据以上数据计算：

(1) 反应级数和反应速率常数；

(2) 多少秒后一半的 O_3 变为 O_2。

4.4 光气 $COCl_2$ 在 350℃ 可由 CO 和 Cl_2 合成，根据以下实验数据写出该反应的速率方程式，并计算速率常数。

实验序数	1	2	3	4
$[CO]_0/(mol \cdot dm^{-3})$	0.10	0.10	0.050	0.050
$[Cl_2]_0/(mol \cdot dm^{-3})$	0.10	0.050	0.10	0.050
$v/(mol \cdot dm^{-3} \cdot s^{-1})$	1.2×10^{-2}	4.26×10^{-3}	6.0×10^{-3}	2.13×10^{-3}

4.5 何谓反应级数和反应分子数？它们之间有什么关系？

4.6 在碱性介质中，ClO^- 氧化 I^- 的反应为

$$ClO^- + I^- \xrightarrow{OH^-} IO^- + Cl^-$$

实验求得其速率定律方程式是

$$v = \frac{k[I^-][ClO^-]}{[OH^-]}$$

该反应的可能反应机理为

$$ClO^- + H_2O \underset{k_{-1}}{\overset{k_1}{\rightleftharpoons}} HClO + OH^- \quad (快平衡)$$

$$I^- + HClO \xrightarrow{k_2} HIO + Cl^- \quad (慢反应)$$

$$HIO + OH^- \xrightarrow{k_3} IO^- + H_2O \quad (快反应)$$

上述反应机理与速率定律方程式是否一致？

4.7 反应 $\nu_A A + \nu_B B \rightleftharpoons \nu_M M + \nu_N N$ 是放热反应，$\Delta_r H_m = -20.0$ kJ·mol^{-1}，正反应的活化能 $E_a = 30$ kJ·mol^{-1}，求逆反应的活化能。

4.8 物质 A 与 B 混合，反应按下列反应机理进行：

$$A + B \longrightarrow C \quad (快)$$
$$B + C \longrightarrow D + E + A \quad (慢)$$

试回答：

(1) 写出该反应的反应方程式;
(2) 哪种物质作为催化剂;
(3) 哪种物质为中间产物。

4.9 下列反应在 288.2 K 的速率常数 k 为 3.1×10^{-4} $mol^{-1} \cdot dm^3 \cdot s^{-1}$, 313 K 的速率常数 k 为 8.15×10^{-3} $mol^{-1} \cdot dm^3 \cdot s^{-1}$, 求反应的活化能 E_a, 并求 303 K 时的速率常数 k。

$$CO + H_2O \Longrightarrow CO_2 + H_2$$

4.10 下列反应在 575 K, 700 K 时的速率常数分别为 6.6×10^{-5} $mol^{-1} \cdot dm^3 \cdot s^{-1}$, 3.21×10^{-2} $mol^{-1} \cdot dm^3 \cdot s^{-1}$, 求该反应的活化能 E_a 和指前因子 A。

$$H_2(g) + I_2(g) \Longrightarrow 2HI(g)$$

4.11 25℃时,某反应的速率常数 k 为 7.2×10^{-3} $mol^{-1} \cdot dm^3 \cdot s^{-1}$, 活化能为 45 $kJ \cdot mol^{-1}$, 求 50℃时的速率常数 k。

4.12 若基元反应 $\nu_A A \Longrightarrow \nu_B B$ 正反应的活化能为 E_a, 逆反应的活化能为 E_a', 试问:
(1) 加催化剂后,E_a, E_a' 各有何变化?
(2) 反应的 $\Delta_r H_m$, $\Delta_r G_m$ 加催化剂后有何变化?
(3) 若提高温度,E_a, E_a' 有何变化?
(4) 若改变反应物浓度,E_a 有何变化?

4.13 影响化学反应速率的因素有哪些?它们将如何影响?

4.14 实验得到反应 $2NO + O_2 \Longrightarrow 2NO_2$ 的速率定律方程式为

$$v = k[NO]^2[O_2]$$

该反应可能按以下机理进行:

$$NO + NO \underset{k_{-1}}{\overset{k_1}{\Longleftrightarrow}} N_2O_2 \quad (快平衡)$$

$$N_2O_2 + O_2 \overset{k}{\Longrightarrow} 2NO_2 \quad (慢反应)$$

或

$$NO + O_2 \underset{k_{-2}}{\overset{k_2}{\Longleftrightarrow}} OONO \quad (快平衡)$$

$$NO + OONO \overset{k'}{\Longrightarrow} 2NO_2 \quad (慢反应)$$

以上两种机理是否都正确?为什么?如何证明哪种机理更为合理?

第5章 化学平衡

第3章讨论了自发过程,自发过程进行的限度即最后达到平衡是其重要的特征,这是宇宙中观察到的最普遍、最基本的事实。就化学而言,化学平衡几乎涉及所有的化学反应,当然,有些反应化学平衡的特征并不十分明显,或者达到化学平衡需要相当长的时间。甚至有许多化学问题涉及到非平衡体系,如与能源有关的化学反应(如燃烧)、工业上化工产品的生产(如合成氨)等都没有使化学反应体系达到平衡状态。研究化学平衡是极为重要的,因为它不仅可以处理化学平衡的有关问题,而且是研究和处理非化学平衡的基础。

5.1 化学反应的可逆性和化学平衡

几乎所有的化学反应都具有可逆性,即一个反应可以向正、逆两个方向进行。但反应的可逆程度相差很大,一些反应在一定条件下向某一方向进行的趋势很大,而向反方向进行的趋势很小。另一些反应在一定条件下正、逆两个方向进行的趋势都很大,我们将能同时向正、逆两个方向进行的反应称为**可逆反应**。可逆反应在一定条件下必然达到化学平衡,例如

$$2NO_2(g) \rightleftharpoons N_2O_4(g)$$

在一定的温度和压力下反应达到化学平衡。由于NO_2呈红棕色,N_2O_4为无色,根据反应体系颜色的变化,可以得知外界条件对平衡的影响,以及一定条件下达到平衡时,反应体系的大致组

成。实际情况是：一定压力下该平衡体系高温时以 NO_2 为主，低温时以 N_2O_4 为主。

可逆反应和热力学中的可逆过程相比较其含义并不是完全相同的。可逆反应是指正、逆两个方向都能进行的反应体系，并不涉及体系和环境的复原问题，而热力学可逆过程要考虑体系和环境能否复原。当然，化学平衡和热力学平衡具有某些相同的属性。化学平衡是指在一定条件下体系反应物和生成物的浓度（或数量）不随时间而变化的平衡状态，是热力学平衡的特例。为了对化学平衡有较深刻的认识，下面讨论化学平衡的特征。

① 化学平衡是动态平衡。当化学反应处于平衡时我们说化学反应体系达到平衡态，但平衡不是静止的，而是动态的。从宏观上讲，与化学平衡相应的热力学状态不随时间而改变，但正、逆反应仍然同时进行且反应速率相等。

② 自发性。在一定条件下，化学反应以有限的速率自发地趋于化学平衡。这一特性可以从大量化学反应证实，或者用反应速率定性解释。

③ 可逆性。可逆性是指化学平衡可以从正、逆两个方向达到。例如 $CaCO_3$ 在一定温度分解达到平衡后，CO_2 的压力是恒定的，而不管化学平衡是从 $CaCO_3$ 分解还是由 CaO 与 CO_2 反应建立的。

④ 热力学性质。化学平衡与体系的热力学性质相关。化学反应进行时，体系的焓和熵都要发生变化，由于二者对反应自发性进行的共同作用，在达到化学平衡时，体系的焓变和熵变必然符合平衡状态的要求。某些反应焓和熵的变化是显而易见的，如反应

$$H_2(g) \rightleftharpoons 2H(g)$$

从熵考虑，H_2 自发地分解为 H，而从热焓考虑，H 将自发变为 H_2，由于互相制约的结果，在一定条件下 H_2 和 H 处于平衡。但有些化学反应焓和熵的变化是不明显的，如反应

$$N_2(g) + O_2(g) \rightleftharpoons 2NO(g)$$

反应前后熵变近乎为零；反应的焓变难以直观判断，必须通过热力学计算求出 $\Delta_r S_m$ 和 $\Delta_r H_m$，然后应用这些数据判断反应进行的程度和化学平衡的建立。

平衡是宇宙中的普遍现象，其中最重要的是相平衡和化学平衡，有关平衡的一般原理对这两种平衡都是适用的，但确定平衡态的方式不同。单组分体系相平衡是以在特定温度和压力下物质的熔化或特定温度下物质具有的蒸气压衡量。而化学反应较为复杂，需要一个单一的参数描述在一定温度下平衡体系的状态，这一参数叫平衡常数。平衡常数在化学反应中是极为重要的，应用在化学中的许多方面，下面将较为详细地讨论平衡常数。

5.2 平衡常数及其计算

5.2.1 平衡常数

平衡常数是反映可逆化学反应进行程度的重要参数。以质量作用定律为基础或通过实验测量平衡态时各组分的浓度或分压而求得的平衡常数为实验平衡常数。以热力学为基础，根据热力学函数关系求得的平衡常数叫标准平衡常数。

1. 实验平衡常数

对于任一可逆气体反应

$$aA(g) + bB(g) \rightleftharpoons gG(g) + hH(g)$$

在一定温度下达到平衡，根据质量作用定律，各分压之间存在如下定量关系：

$$\frac{p_G^g \cdot p_H^h}{p_A^a \cdot p_B^b} = K_p \tag{5-1}$$

K_p 为压力平衡常数。

同样，各组分的平衡浓度之间也存在定量关系：

$$\frac{[G]^g \cdot [H]^h}{[A]^a \cdot [B]^b} = K_c \qquad (5\text{-}2)$$

K_c 为浓度平衡常数。

氢气和碘蒸气反应生成碘化氢气体是可逆反应,其反应方程式为

$$H_2(g) + I_2(g) \rightleftharpoons 2HI(g)$$

根据质量作用定律,压力平衡常数表示式为

$$\frac{p_{HI}^2}{p_{H_2} \cdot p_{I_2}} = K_p$$

730.8 K 时,若反应体系各物质的起始分压不同,则平衡时各物质的分压不同,但比值 $\dfrac{p_{HI}^2}{p_{H_2} \cdot p_{I_2}}$ 基本上为常数。实验数据列于表 5-1 中。

表 5-1　H_2-I_2-HI 体系平衡分压和平衡常数 (730.8 K)

实验次数	平衡分压/kPa			$\dfrac{p_{HI}^2}{p_{H_2} \cdot p_{I_2}}$
	H_2	I_2	HI	
1	23.2704	9.22938	102.1817	48.62
2	8.67792	8.67792	60.5596	48.70
3	10.27069	10.27069	71.5080	48.48
4	25.51765	25.51765	178.2751	48.81

698 K 时,若反应体系各物质的浓度以 mol·dm^{-3} 表示,其浓度平衡常数表示式为

$$\frac{[HI]^2}{[H_2][I_2]} = K_c$$

其比值也基本上为常数。实验数据列于表 5-2 中。

实验平衡常数可用 K_p 或 K_c 表示,在同一温度下,K_p 和 K_c 有何关系呢?这可从压力和浓度的关系导出。

表 5-2　H_2-I_2-HI 体系平衡浓度和平衡常数（698 K）

实验次数	平衡浓度/mol·dm^{-3}			$\dfrac{[HI]^2}{[H_2][I_2]}$
	H_2	I_2	HI	
1	1.140	1.140	8.410	54.4
2	1.140	1.140	8.410	54.4
3	0.495	0.495	3.360	54.7
4	4.56	0.738	13.54	54.5

$$p = \frac{n}{V}RT = cRT$$

上述反应平衡常数 K_p 可表示为

$$K_p = \frac{([HI]RT)^2}{([H_2]RT)([I_2]RT)} = \frac{[HI]^2}{[H_2][I_2]}(RT)^{2-(1+1)} = K_c$$

由于生成 HI 的反应是放热的($H_2(g) + I_2(g) \rightleftharpoons 2HI(g)$，$\Delta_r H_m^\ominus$ = -9.5 kJ·mol^{-1}），由表 5-1, 5-2 数据可以看出：随温度升高平衡常数减小。

对于任一气相反应

$$a\mathrm{A}(g) + b\mathrm{B}(g) \rightleftharpoons g\mathrm{G}(g) + h\mathrm{H}(g)$$

在同一温度下，K_p 和 K_c 的关系为

$$\begin{aligned}
K_p &= \frac{([H]RT)^h \cdot ([G]RT)^g}{([B]RT)^b \cdot ([A]RT)^a} \\
&= \frac{[H]^h \cdot [G]^g}{[B]^b \cdot [A]^a}(RT)^{(g+h)-(a+b)} \\
&= K_c(RT)^{\Delta n}
\end{aligned} \tag{5-3}$$

式中 Δn 是反应式中生成物和反应物计量系数之差。在 SI 单位制中，分压以 kPa 为单位，浓度以 mol·dm^{-3}为单位，R 为 8.31 kPa·dm^3·mol^{-1}·K^{-1}。很明显，除特定条件($\Delta n = 0$)外，实验平衡常数 K_p 或 K_c 是有量纲的，由反应方程式的计量系数决定。

2. 标准平衡常数

许多化学反应由于反应速率太慢，难以达到平衡，或由于副反应的干扰，难以测定平衡时的分压或浓度，因此，难以求得实验平衡常数。另外，实验平衡常数对理想气体和理想溶液是精确的，但对实际气体和实际溶液会产生一定的偏差。为了消除这种偏差，应用热力学数据计算平衡常数，特引进标准平衡常数 $K^{\ominus}$。关于标准平衡常数与热力学函数的关系将在 5.2.2 节中讨论，这里只是引出标准平衡常数表达式。

对于任一气态可逆反应

$$a\mathrm{A}(\mathrm{g}) + b\mathrm{B}(\mathrm{g}) \rightleftharpoons g\mathrm{G}(\mathrm{g}) + h\mathrm{H}(\mathrm{g})$$

只要将实验压力平衡常数表达式中分压 p_i 以相对分压 $\dfrac{p_i}{p^{\ominus}}$ 代替，即得标准平衡常数 $K^{\ominus}$。

$$\frac{\left(\dfrac{p_\mathrm{G}}{p^{\ominus}}\right)^g \cdot \left(\dfrac{p_\mathrm{H}}{p^{\ominus}}\right)^h}{\left(\dfrac{p_\mathrm{A}}{p^{\ominus}}\right)^a \cdot \left(\dfrac{p_\mathrm{B}}{p^{\ominus}}\right)^b} = K^{\ominus} \tag{5-4}$$

由于 $\dfrac{p_i}{p^{\ominus}}$ 无量纲，所以标准平衡常数 $K^{\ominus}$ 无量纲。将 $p^{\ominus}$ 合并，可得 K_p 与 $K^{\ominus}$ 在数值上的关系式

$$K_p = \frac{p_\mathrm{G}^g \cdot p_\mathrm{H}^h}{p_\mathrm{A}^a \cdot p_\mathrm{B}^b} = K^{\ominus}(p^{\ominus})^{\Delta n} \tag{5-5}$$

由 5-5 式可以看出：对于理想气体反应，若标准压力以非 SI 制 1 atm 表示，或反应前后的计量系数相等（$\Delta n = 0$），则 K_p 与 $K^{\ominus}$ 在数值上相等。

对于溶液中的可逆反应

$$a\mathrm{A}(\mathrm{aq}) + b\mathrm{B}(\mathrm{aq}) \rightleftharpoons g\mathrm{G}(\mathrm{aq}) + h\mathrm{H}(\mathrm{aq})$$

实验平衡常数表示式中各物质以浓度 $\mathrm{mol \cdot dm^{-3}}$ 表示，平衡常数为 K_c。

$$\frac{[G]^g \cdot [H]^h}{[A]^a \cdot [B]^b} = K_c \tag{5-6}$$

将实验平衡常数表达式中浓度 c_i 以相对浓度 $\frac{c_i}{c_i^\ominus}$ 代替，即得标准平衡常数 $K^\ominus$。

$$\frac{\left(\frac{c_G}{c^\ominus}\right)^g \cdot \left(\frac{c_H}{c^\ominus}\right)^h}{\left(\frac{c_A}{c^\ominus}\right)^a \cdot \left(\frac{c_B}{c^\ominus}\right)^b} = K^\ominus \tag{5-7}$$

显然，除了反应前后计量系数相等（$\Delta n = 0$）以外，实验平衡常数 K_c 有量纲，而标准平衡常数无量纲。对于稀溶液，在数值上 $K_c = K^\ominus$。

纯液态物质的活度为 1，稀溶液的溶剂近似作为纯液体对待，故不写入平衡常数表达式中。如反应

$$2CrO_4^{2-} + 2H^+ \rightleftharpoons Cr_2O_7^{2-} + H_2O$$

$$K_c = \frac{[Cr_2O_7^{2-}]}{[CrO_4^{2-}]^2[H^+]^2}$$

以上主要从概念上对实验平衡常数 K_p（或 K_c）和标准平衡常数 $K^\ominus$ 进行了讨论，在一定温度下都代表可逆反应进行的程度，都是温度的函数。它们的主要区别是：平衡常数的定义和导出的出发点不同，除特定情况（$\Delta n = 0$）外，K_p（或 K_c）有量纲，而 $K^\ominus$ 无量纲，对于气相可逆反应，若以 100 kPa 作为标准压力 $p^\ominus$，则 K_p 和 $K^\ominus$ 的数值不相等（$\Delta n \neq 0$）。

由于历史原因以及考虑到应用的方便，现行使用的有关教科书中，对 K_p（或 K_c）和 $K^\ominus$ 未作严格的区别，而且压力有的也不是用 SI 制表示，读者务必特别留心。本教材根据不同情况和需要分别采用 K_p（或 K_c）和 $K^\ominus$。

3. 其他几种反应体系平衡常数

（1）气-固相反应体系

对于这种反应体系，固体物质不写入平衡常数表达式中，气

体物质一般以分压 p_i（或 $\frac{p_i}{p^\ominus}$）表示，固体物质的数量在一定温度下不影响气体物质的分压。如反应

$$CaCO_3(s) \rightleftharpoons CaO(s) + CO_2(g)$$

$$K_p = p_{CO_2}, \quad K^\ominus = \frac{p_{CO_2}}{p^\ominus}$$

(2) 多重反应平衡体系

这类反应平衡体系中，每种物质的平衡浓度或分压必须满足体系中多个平衡，因此，各平衡常数之间存在一定的关系。例如反应

① $2BrCl(g) \rightleftharpoons Cl_2(g) + Br_2(g)$ $\qquad K_{p_1} = \frac{p_{Cl_2} \cdot p_{Br_2}}{p_{BrCl}^2}$

② $Br_2(g) + I_2(g) \rightleftharpoons 2IBr(g)$ $\qquad K_{p_2} = \frac{p_{IBr}^2}{p_{Br_2} \cdot p_{I_2}}$

③ $2BrCl(g) + I_2(g) \rightleftharpoons 2IBr(g) + Cl_2(g)$ $\qquad K_{p_3} = \frac{p_{IBr}^2 \cdot p_{Cl_2}}{p_{BrCl}^2 \cdot p_{I_2}}$

由反应式可知：①+②=③，故平衡常数关系为

$$K_{p_1} \cdot K_{p_2} = \frac{p_{Cl_2} \cdot p_{Br_2}}{p_{BrCl}^2} \cdot \frac{p_{IBr}^2}{p_{Br_2} \cdot p_{I_2}} = \frac{p_{IBr}^2 \cdot p_{Cl_2}}{p_{BrCl}^2 \cdot p_{I_2}}$$

$$= K_{p_3}$$

通过上面多重反应平衡可以看出：为了找出多重反应平衡体系中各个平衡常数的关系，必须考查各平衡反应间的关系，通过一定的变换将它们联系起来，然后将各个平衡常数进行相应的代数运算，可求得体系中某个可逆反应的平衡常数。

[**例 5-1**] 根据对大气中氮的氧化物浓度监测，25℃时以下反应的平衡常数为

① $\qquad NO(g) + \frac{1}{2}O_2(g) \rightleftharpoons NO_2(g)$

$$\frac{p_{NO_2}}{p_{NO} \cdot p_{O_2}^{\frac{1}{2}}} = K_{p_1} = 1.3 \times 10^6 \text{ (kPa)}^{-\frac{1}{2}}$$

② $\quad \frac{1}{2}N_2(g) + \frac{1}{2}O_2(g) \rightleftharpoons NO(g)$

$$\frac{p_{NO}}{p_{N_2}^{\frac{1}{2}} \cdot p_{O_2}^{\frac{1}{2}}} = K_{p_2} = 6.5 \times 10^{-16}$$

求下列反应的平衡常数 K_{p_3}。

③ $\quad N_2(g) + 2O_2(g) \rightleftharpoons 2NO_2(g)$

解 为了找出三个平衡反应之间的关系,将方程式①+②,得

④ $\quad \frac{1}{2}N_2(g) + O_2(g) \rightleftharpoons NO_2(g)$

$$K_{p_4} = \frac{p_{NO_2}}{p_{N_2}^{\frac{1}{2}} \cdot p_{O_2}} = \frac{p_{NO_2}}{p_{NO} \cdot p_{O_2}^{\frac{1}{2}}} \cdot \frac{p_{NO}}{p_{N_2}^{\frac{1}{2}} \cdot p_{O_2}^{\frac{1}{2}}}$$

$$= K_{p_1} \cdot K_{p_2}$$

将 $2 \times$ ④即得所求平衡常数 K_{p_3} 的反应式③。

$$K_{p_3} = (K_{p_4})^2 = (K_{p_1} \cdot K_{p_2})^2$$

$$= [(1.3 \times 10^6)(\text{kPa})^{-\frac{1}{2}} \cdot (6.5 \times 10^{-16})]^2$$

$$= 7.1 \times 10^{-19} \text{ (kPa)}^{-1}$$

4. 同一反应平衡常数间的关系

对于同一反应,由于反应方程式的写法不同,其平衡常数不同,但它们之间存在一定的关系。可能有两种情况。

一种情况是:对于同一可逆反应,其平衡态可以从正或逆两个方向建立,反应方程式的写法不同,平衡常数互为倒数。例如,反应

$$3H_2(g) + N_2(g) \rightleftharpoons 2NH_3(g) \quad K_{p_1} = \frac{p_{NH_3}^2}{p_{H_2}^3 \cdot p_{N_2}}$$

$$2NH_3(g) \rightleftharpoons 3H_2(g) + N_2(g) \qquad K_{p_2} = \frac{p_{H_2}^3 \cdot p_{N_2}}{p_{NH_3}^2}$$

$$K_{p_1} = \frac{1}{K_{p_2}}$$

另一种情况是：对于同一可逆反应，反应方程式中各物质计量系数不同，平衡常数之间互成指数关系。例如反应

$$2SO_2(g) + O_2(g) \rightleftharpoons 2SO_3(g) \qquad K_{p_1} = \frac{p_{SO_3}^2}{p_{SO_2}^2 \cdot p_{O_2}}$$

$$SO_3(g) + \frac{1}{2}O_2(g) \rightleftharpoons SO_3(g) \qquad K_{p_2} = \frac{p_{SO_3}}{p_{SO_2} \cdot p_{O_2}^{\frac{1}{2}}}$$

$$K_{p_2} = K_{p_1}^{\frac{1}{2}}$$

5.2.2 平衡常数的求得

平衡常数可用实验测定法和热力学计算得到，前者为实验平衡常数，后者为标准平衡常数。

1. 实验测定法

实验测定法以实验为基础，即在一定温度下将待测反应的物质进行实验，反应达到平衡状态后，测定有关物质的平衡浓度或分压，然后代入平衡常数表达式中进行计算，从而求得实验平衡常数。如果实验仪器和实验条件控制得好，平衡常数的数值是很准确的。

2. 标准平衡常数与吉布斯自由能变化

实验平衡常数虽然数值较为准确，但是需要一定的实验条件，而且有些反应的平衡常数难以用实验求得。反应

$$C_2H_4(g) + H_2O(g) \rightleftharpoons C_2H_5OH(g)$$

即为一例。

在恒温、恒压下可用反应自由能的变化来判断反应的自发性，估量反应进行的程度。平衡常数的大小代表反应进行的程度，因此，标准平衡常数 $K^{\ominus}$ 和吉布斯自由能变化 $\Delta_r G_m$ 有一定的关系，这种关系实际上是指标准平衡常数 $K^{\ominus}$ 与反应的标准自由能变化 $\Delta_r G_m^{\ominus}$ 的关系。对于气相反应，体系中各气体的分压不一定等于标准压力 $p^{\ominus}$，而压力对恒温过程中体系自由能变化是有影响的。为此，必须计算恒温下气体分压从 p_1 变为 p_2 的自由能变化 ΔG。

若气体为理想气体，恒温时，ΔU，ΔH 皆为零。设气体等温可逆膨胀时，体积从 V_1 变为 V_2，体系做的体积功为 $-W_{可逆}$，根据热力学第一定理可知 $Q = W_{可逆}$。等温可逆过程中，$\Delta S = \dfrac{Q}{T}$，于是 $\Delta S = \dfrac{W_{可逆}}{T}$。假设体积从 V_1 变为 V_2，则 $W_{可逆} = nRT\ln\left(\dfrac{V_2}{V_1}\right)$，于是 ΔS 为

$$\Delta S = nR\ln\left(\dfrac{V_2}{V_1}\right) = nR\ln\left(\dfrac{p_1}{p_2}\right) = -nR\ln\left(\dfrac{p_2}{p_1}\right)$$

根据吉布斯-赫姆霍兹方程

$$\Delta G = \Delta H - T\Delta S$$

所以

$$\Delta G = -T\Delta S = -\left(-nR\ln\dfrac{p_2}{p_1}\right)\cdot T$$

$$= nRT\ln\left(\dfrac{p_2}{p_1}\right) \tag{5-8}$$

(5-8)式表示自由能变化与压力的关系。

假设体系中进行如下可逆反应

$$3NO(g) \rightleftharpoons NO_2(g) + N_2O(g)$$

反应通过三步在恒温可逆过程中完成，反应自由能变化为三步自由能变化的总和。

下面计算每一步自由能变化 ΔG。

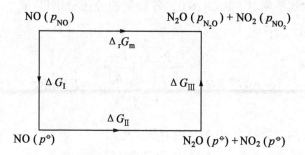

图 5-1 计算 $\Delta_r G$ 的循环图

步骤Ⅰ 反应物压力变化。反应物的分压从起始态 p_{NO} 变为 $p^{\ominus}$，自由能变化 ΔG_{I} 为

$$\Delta G_{\mathrm{I}} = 3RT\ln\left(\frac{p^{\ominus}}{p_{NO}}\right) = RT\ln\left(\frac{p^{\ominus}}{p_{NO}}\right)^3$$

步骤Ⅱ 恒温下进行可逆反应。反应物和产物的分压均为 $p^{\ominus}$，自由能变化 ΔG_{II} 为

$$\Delta G_{\mathrm{II}} = \Delta_r G_m^{\ominus}$$

步骤Ⅲ 生成物分压变化。生成物的分压由 $p^{\ominus}$ 变为 p_{N_2O}，p_{NO_2}，自由能变化 ΔG_{III} 为

$$\Delta G_{\mathrm{III}} = RT\ln\left(\frac{p_{N_2O}}{p^{\ominus}}\right) + RT\ln\left(\frac{p_{NO_2}}{p^{\ominus}}\right)$$

$$= RT\ln\left[\left(\frac{p_{N_2O}}{p^{\ominus}}\right)\left(\frac{p_{NO_2}}{p^{\ominus}}\right)\right]$$

G 具有容量性质，可以加合，故总的自由能变化 ΔG 为

$$\Delta_r G_m = \Delta G_{\mathrm{I}} + \Delta G_{\mathrm{II}} + \Delta G_{\mathrm{III}}$$

$$= \Delta_r G_m^{\ominus} + RT\ln\frac{\left(\frac{p_{N_2O}}{p^{\ominus}}\right)\left(\frac{p_{NO_2}}{p^{\ominus}}\right)}{\left(\frac{p_{NO}}{p^{\ominus}}\right)^3}$$

反应达到平衡时，$\Delta_r G_m = 0$，各物质的分压分别以 p'_{N_2O}, p'_{NO_2}, p'_{NO} 表示，于是

$$-\Delta_r G_m^\ominus = RT\ln \frac{\left(\dfrac{p'_{N_2O}}{p^\ominus}\right)\left(\dfrac{p'_{NO_2}}{p^\ominus}\right)}{\left(\dfrac{p'_{NO}}{p^\ominus}\right)^3} = RT\ln K^\ominus$$

若将自然对数换为 10 为底的对数，得

$$-\Delta_r G_m^\ominus = 2.303RT\lg K^\ominus$$

对于任一气态反应

$$a\text{A}(g) + b\text{B}(g) \rightleftharpoons g\text{G}(g) + h\text{H}(g)$$

有

$$\Delta_r G_m = \Delta_r G_m^\ominus + RT\ln \frac{\left(\dfrac{p_G}{p^\ominus}\right)^g \left(\dfrac{p_H}{p^\ominus}\right)^h}{\left(\dfrac{p_A}{p^\ominus}\right)^a \left(\dfrac{p_B}{p^\ominus}\right)^b} \tag{5-9}$$

达到平衡时，$\Delta_r G_m = 0$，p'_A, p'_B, p'_G, p'_H 为平衡分压，则

$$-\Delta_r G_m^\ominus = RT\ln \frac{\left(\dfrac{p'_G}{p^\ominus}\right)^g \left(\dfrac{p'_H}{p^\ominus}\right)^h}{\left(\dfrac{p'_A}{p^\ominus}\right)^a \left(\dfrac{p'_B}{p^\ominus}\right)^b}$$

$$= RT\ln K^\ominus = 2.303RT\lg K^\ominus \tag{5-10}$$

对于溶液中的反应

$$a\text{A}(aq) + b\text{B}(aq) \rightleftharpoons g\text{G}(aq) + h\text{H}(aq)$$

同样有

$$\Delta_r G_m = \Delta_r G_m^\ominus + RT\ln \frac{\left(\dfrac{[G]}{c^\ominus}\right)^g \left(\dfrac{[H]}{c^\ominus}\right)^h}{\left(\dfrac{[A]}{c^\ominus}\right)^a \left(\dfrac{[B]}{c^\ominus}\right)^b} \tag{5-11}$$

达到平衡时，$\Delta_r G_m = 0$，各组分浓度分别为 $[G]', [H]', [A]', [B]'$，则

$$-\Delta_r G_m^{\ominus} = RT \ln \frac{\left(\frac{[G]'}{c^{\ominus}}\right)^g \left(\frac{[H]'}{c^{\ominus}}\right)^h}{\left(\frac{[A]'}{c^{\ominus}}\right)^a \left(\frac{[B]'}{c^{\ominus}}\right)^b}$$

$$= RT \ln K^{\ominus} = 2.303 RT \lg K^{\ominus} \qquad (5\text{-}12)$$

(5-10),(5-12)式将标准自由能变化 $\Delta_r G_m^{\ominus}$ 与标准平衡常数 $K^{\ominus}$ 联系起来,它们也是 $K^{\ominus}$ 的定义式。

3. 标准平衡常数的计算

利用热力学数据 $\Delta_f G_m^{\ominus}$, $\Delta_f H_m^{\ominus}$, $S_m^{\ominus}$ 不仅可以计算标准平衡常数 $K^{\ominus}$,而且可以看出焓变和熵变在化学反应中的作用。

[**例 5-2**] 计算25℃时下列反应的 $\Delta_r H_m^{\ominus}$, $\Delta_r S_m^{\ominus}$, $\Delta_r G_m^{\ominus}$, $K^{\ominus}$。

$$C(石墨) + 2H_2(g) \Longrightarrow CH_4(g)$$

解 根据标准生成焓和标准熵可以计算 $\Delta_r H_m^{\ominus}$ 和 $\Delta_r S_m^{\ominus}$; $\Delta_r G_m^{\ominus}$ 可由 $\Delta_f G_m^{\ominus}$ 计算,也可由 $\Delta_r H_m^{\ominus}$ 和 $\Delta_r S_m^{\ominus}$ 求得。

$$\Delta_r H_m^{\ominus} = \Delta_f H_m^{\ominus}(CH_4) = -74.81 \text{ kJ} \cdot \text{mol}^{-1}$$

$$\Delta_r S_m^{\ominus} = S_m^{\ominus}(CH_4) - S_m^{\ominus}(石墨) - 2 S_m^{\ominus}(H_2)$$

$$= 186.15 - 5.74 - 2 \times 130.57$$

$$= -80.73 \text{ (J} \cdot \text{mol}^{-1} \cdot \text{K}^{-1})$$

$$\Delta_r G_m^{\ominus} = \Delta_r H_m^{\ominus} - T \Delta_r S_m^{\ominus}$$

$$= -74.81 \text{ kJ} \cdot \text{mol}^{-1} - (298.15 \text{ K})$$

$$(-8.073 \times 10^{-2} \text{ kJ} \cdot \text{mol}^{-1} \cdot \text{K}^{-1})$$

$$= -50.74 \text{ kJ} \cdot \text{mol}^{-1}$$

$$\ln K^{\ominus} = -\frac{\Delta_r G_m^{\ominus}}{RT} = \frac{5.074 \times 10^4 \text{ J} \cdot \text{mol}^{-1}}{(8.31 \text{ J} \cdot \text{mol}^{-1} \cdot \text{K}^{-1})(298.15 \text{ K})}$$

$$= 20.47$$

$$K^{\ominus} = 7.8 \times 10^8$$

计算结果表明:该反应进行的限度很大,即反应进行得非常完全;焓变在反应中起的作用大于熵变。但25℃时反应进行的速率很慢,实际上反应难以进行。

[例 5-3] 应用 $\Delta_f G_m^\ominus$ 数据计算 25℃时下列反应的标准平衡常数 $K^\ominus$。

$$CaCO_3(s) \rightleftharpoons CaO(s) + CO_2(g)$$

解 $\Delta_r G_m^\ominus = \Delta_f G_m^\ominus(CaO) + \Delta_f G_m^\ominus(CO_2) - \Delta_f G_m^\ominus(CaCO_3)$

$= -604.2 - 394.4 - (-1128.8)$

$= 1.302 \times 10^5 \ (J \cdot mol^{-1})$

$\ln K^\ominus = -\dfrac{\Delta_r G_m^\ominus}{RT} = -\dfrac{1.302 \times 10^5}{8.31 \times 298.15} = -52.55$

$K^\ominus = 1.5 \times 10^{-23}$

计算结果表明：平衡常数 $K^\ominus$ 远小于 1，而 $K_p = p_{CO_2} = K^\ominus p^\ominus$，空气中 CO_2 的分压比平衡时的分压大得多，故 25℃时 $CaCO_3$ 不分解。

[例 5-4] 应用 $\Delta_f G_m^\ominus$ 数据计算 25℃时下列反应的标准平衡常数 $K^\ominus$。

$$2Fe^{2+}(aq) + Cl_2(g) \rightleftharpoons 2Fe^{3+}(aq) + 2Cl^-(aq)$$

解 $\Delta_r G_m^\ominus = 2\Delta_f G_m^\ominus(Fe^{3+}(aq)) + 2\Delta_f G_m^\ominus(Cl^-(aq))$

$\qquad - 2\Delta_f G_m^\ominus(Fe^{2+}(aq)) - \Delta_f G_m^\ominus(Cl_2(g))$

$= 2 \times (-4.6) + 2 \times (-131.2) - 2 \times (-78.8) - 0$

$= -1.14 \times 10^5 \ (J \cdot mol^{-1})$

$\ln K^\ominus = -\dfrac{\Delta_r G_m^\ominus}{RT} = -\dfrac{-1.14 \times 10^5}{8.31 \times 298.15} = 46$

$K^\ominus = 9.5 \times 10^{19}$

在这一例题中，反应体系中既有气体又有在溶液中存在的离子，用标准平衡常数 $K^\ominus$ 表示非常方便。

5.3 平衡常数关系式的应用

平衡常数关系式把反应体系中平衡时各物质的分压或浓度与

平衡常数联系起来,而平衡时物质的分压或浓度与起始时的分压或浓度有关。因此,根据平衡常数关系式可以进行有关的计算和判断。

5.3.1 判断任意分压或浓度下反应进行的方向和限度

在推导 $K^{\ominus}$ 与 $\Delta_r G_m^{\ominus}$ 的关系时,得到(5-9),(5-10),(5-11),(5-12)式,应该强调的是(5-9),(5-11)式是任意状态时的关系,式中的分压或浓度是任意的。而(5-10),(5-12)式是平衡时的关系,式中的分压或浓度是平衡时的分压或浓度。将(5-9)式中的 $\dfrac{(p_G/p^{\ominus})^g (p_H/p^{\ominus})^h}{(p_A/p^{\ominus})^a (p_B/p^{\ominus})^b}$ 或(5-11)式中的 $\dfrac{([G]/c^{\ominus})^g ([H]/c^{\ominus})^h}{([A]/c^{\ominus})^a ([B]/c^{\ominus})^b}$ 用 Q 代替,并将(5-10)或(5-12)分别代入这两式,得

$$\Delta_r G_m = -RT\ln K^{\ominus} + RT\ln Q = RT\ln \frac{Q}{K^{\ominus}} \quad (5\text{-}13)$$

(5-13)式叫**化学反应等温式**。它表示任意状态时的 $\Delta_r G_m$ 与标态时的 $\Delta_r G_m^{\ominus}$ 和某时刻反应商 Q 的关系。因为一定温度时 $K^{\ominus}$ 为常数,所以化学反应等温方程式实际上表示在一定温度下,反应自由能变化 $\Delta_r G_m$ 与某时刻参加反应的各物质的分压或浓度的关系,可以用来判断该时刻反应进行的方向。

$Q < K^{\ominus}$, $\Delta_r G_m < 0$ 正反应自发进行
$Q = K^{\ominus}$, $\Delta_r G_m = 0$ 反应处于平衡状态
$Q > K^{\ominus}$, $\Delta_r G_m > 0$ 逆反应自发进行

化学反应等温式还可用来定性判断反应进行的限度。

虽然反应商 Q 是任意的,其数值取决于反应中起始时物质的分压或浓度,但对于实际反应来说 Q 特别是 $\ln Q$ 不会很大。因此,反应自由能变化 $\Delta_r G_m$ 的正、负号主要与 $\Delta_r G_m^{\ominus}$ 有关,即当 $\Delta_r G_m^{\ominus}$ 的绝对值较大时,$\Delta_r G_m$ 的正、负号主要由 $\Delta_r G_m^{\ominus}$ 决定,此时用 $\Delta_r G_m^{\ominus}$ 估计反应进行的限度是可行的。一般来说,$\Delta_r G_m^{\ominus} > 40 \text{ kJ·mol}^{-1}$ 时,反应进行的限度很小,反应不能自发进

行；$\Delta_r G_m^\ominus < -40 \text{ kJ} \cdot \text{mol}^{-1}$ 时，反应进行的限度大，能自发进行；$-40 \text{ kJ} \cdot \text{mol}^{-1} < \Delta_r G_m^\ominus < 40 \text{ kJ} \cdot \text{mol}^{-1}$ 时，则要结合反应条件判断反应进行的方向和估计反应进行的限度。

[**例 5-5**] 25℃时，将三种气体 NO，Br_2，NOBr 放入同一容器中，气体混合瞬间其分压分别为

$$p_{NO} = 16.16 \text{ kPa}, \quad p_{Br_2} = 10.1 \text{ kPa}, \quad p_{NOBr} = 80.8 \text{ kPa}$$

试判断三种气体开始混合时，下列反应进行的方向。

$$\text{NOBr (g)} \rightleftharpoons \text{NO (g)} + \frac{1}{2}\text{Br}_2\text{ (g)}$$

已知

$$\Delta_f G_m^\ominus(\text{NO (g)}) = 86.57 \text{ kJ} \cdot \text{mol}^{-1}$$
$$\Delta_f G_m^\ominus(\text{Br}_2\text{ (g)}) = 3.142 \text{ kJ} \cdot \text{mol}^{-1}$$
$$\Delta_f G_m^\ominus(\text{NOBr (g)}) = 82.42 \text{ kJ} \cdot \text{mol}^{-1}$$

解 该反应标准自由能变化为

$$\begin{aligned}\Delta_r G_m^\ominus &= \Delta_f G_m^\ominus(\text{NO (g)}) + \frac{1}{2}\Delta_f G_m^\ominus(\text{Br}_2\text{ (g)}) \\ &\quad - \Delta_f G_m^\ominus(\text{NOBr (g)}) \\ &= 86.57 + \frac{1}{2} \times 3.142 - 82.42 \\ &= 5.72 \text{ (kJ} \cdot \text{mol}^{-1})\end{aligned}$$

气体混合瞬间的反应商为

$$Q = \frac{\left(\dfrac{p_{NO}}{p^\ominus}\right)\left(\dfrac{p_{Br_2}}{p^\ominus}\right)^{\frac{1}{2}}}{\left(\dfrac{p_{NOBr}}{p^\ominus}\right)} = \frac{\left(\dfrac{16.16}{100}\right)\left(\dfrac{10.1}{100}\right)^{\frac{1}{2}}}{\left(\dfrac{80.8}{100}\right)} = 0.064$$

根据化学反应等温式计算气体混合瞬间的自由能变化

$$\begin{aligned}\Delta_r G_m &= \Delta_r G_m^\ominus + RT\ln Q \\ &= 5.72 + 8.31 \times 10^{-3} \times 298.15 \ln 0.064 \\ &= 5.72 + 8.31 \times 10^{-3} \times 298.15 \times (-2.75)\end{aligned}$$

$$= -1.09 \, (\text{kJ} \cdot \text{mol}^{-1})$$

计算结果表明：$\Delta_r G_m < 0$，所以三种气体开始混合时，反应将自发向右进行，直至达到平衡。

5.3.2 计算反应物的理论转化率

化学反应达到平衡时反应物的转化率称为**理论转化率**。

$$\text{指定反应物理论转化率} = \frac{\text{平衡时已转化的指定反应物的量}}{\text{指定反应物起始总量}} \times 100\%$$

平衡常数和转化率都可反映反应进行的程度，但转化率与反应物的起始量有关，也可能随指定反应物的选择不同而不同，因此，转化率不能确切表示反应进行的程度。

[例 5-6] 合成氨转化工段将 CO 转化为 CO_2，其反应为

$$CO(g) + H_2O(g) \rightleftharpoons H_2(g) + CO_2(g)$$

已知 557℃ 时该反应的平衡常数 $K_c = 1$，CO，$H_2O(g)$ 的起始浓度分别为 $2 \, \text{mol} \cdot \text{dm}^{-3}$，$3 \, \text{mol} \cdot \text{dm}^{-3}$，求 CO 的理论转化率。

解 设平衡时，$[CO_2] = x \, \text{mol} \cdot \text{dm}^{-3}$，则其他物质的浓度为

$$CO(g) + H_2O(g) \rightleftharpoons H_2(g) + CO_2(g)$$

起始浓度 $\text{mol} \cdot \text{dm}^{-3}$	2	3	0	0
平衡浓度 $\text{mol} \cdot \text{dm}^{-3}$	$2-x$	$3-x$	x	x

$$K_c = \frac{[H_2][CO_2]}{[CO][H_2O]} = \frac{x \cdot x}{(2-x)(3-x)} = 1$$

解得 $x = 1.2$。

平衡时各物质的浓度为

$$[H_2] = [CO_2] = 1.2 \, \text{mol} \cdot \text{dm}^{-3}$$

$$[CO] = 0.8 \, \text{mol} \cdot \text{dm}^{-3}$$

$$[H_2O(g)] = 1.8 \, \text{mol} \cdot \text{dm}^{-3}$$

CO 的理论转化率为

$$\frac{1.2}{2} \times 100\% = 60\%$$

5.3.3 求反应体系中各组分的分量

应用平衡常数关系式可以求反应体系中各组分的分量,主要有三种情况,下面以 NO_2 与 N_2O_4 相互转化反应为例通过计算分别加以说明。

$$2NO_2(g) \rightleftharpoons N_2O_4(g)$$

1. 已知平衡时 NO_2 或 N_2O_4 的分量,求 N_2O_4 或 NO_2 的分量。

[例 5-7] 25℃时, NO_2 的平衡浓度为 $0.10 \text{ mol} \cdot \text{dm}^{-3}$,求 N_2O_4 的平衡浓度。已知 $K_p = 0.087 \text{ kPa}^{-1}$。

解 根据 K_p 与 K_c 的关系,得

$$K_c = \frac{[N_2O_4]}{[NO_2]^2} = K_p(RT)^{-\Delta n} = K_p RT$$

$$= (0.087 \text{ kPa}^{-1})(8.31 \text{ kPa} \cdot \text{dm}^3 \cdot \text{mol}^{-1} \cdot \text{K}^{-1})(298.15 \text{ K})$$

$$= 215.55 \text{ mol}^{-1} \cdot \text{dm}^3$$

$$[N_2O_4] = K_c[NO_2]^2$$

$$= (215.55 \text{ mol}^{-1} \cdot \text{dm}^3)(0.10 \text{ mol} \cdot \text{dm}^{-3})^2$$

$$= 21.6 \text{ mol} \cdot \text{dm}^{-3}$$

2. 已知 N_2O_4 的起始分量,求平衡时 NO_2,N_2O_4 的分量。

[例 5-8] 25℃时,在密闭容器中 N_2O_4 的起始分压 p_0 为 60.6 kPa,求平衡时 NO_2,N_2O_4 的分压 p_{NO_2},$p_{N_2O_4}$。

解 设平衡时 N_2O_4 分解了 x kPa,则

$$p_{N_2O_4} = (p_0 - x) \text{ kPa}$$

$$p_{NO_2} = 2x \text{ kPa}$$

于是

$$\frac{p_{N_2O_4}}{p_{NO_2}^2} = \frac{(p_0 - x)\,\text{kPa}}{(2x\,\text{kPa})^2} = K_p = 0.087\,\text{kPa}^{-1}$$

$$\frac{60.6 - x}{4x^2} = 0.087$$

$$0.348x^2 + x - 60.6 = 0$$

解得 $x = 11.84$。

平衡时

$$p_{NO_2} = 2x = 2 \times 11.84 = 23.68\,(\text{kPa})$$

$$p_{N_2O_4} = p_0 - x = 60.6 - 11.84 = 48.8\,(\text{kPa})$$

3. 已知平衡时 NO_2 和 N_2O_4 的总量，求它们的分量。

[例 5-9] 25℃时，N_2O_4-NO_2 平衡体系的总压为 80.8 kPa，求 NO_2，N_2O_4 的平衡分压 p_{NO_2}，$p_{N_2O_4}$。

解 平衡体系可以由单一的 N_2O_4，NO_2 或二者的混合物建立。为了方便，可以假设开始由压力为 p_0 kPa 的 N_2O_4 经分解后建立平衡，平衡时的总压为 p_T，并假设 N_2O_4 分解的量为 x kPa。于是

$$p_{N_2O_4} = (p_0 - x)\,\text{kPa}, \quad p_{NO_2} = 2x\,\text{kPa}$$

$$p_T = p_{N_2O_4} + p_{NO_2} = (p_0 - x)\,\text{kPa} + 2x\,\text{kPa}$$

$$= (p_0 + x)\,\text{kPa}$$

所以，$p_0 = (p_T - x)\,\text{kPa}$，

$$p_{N_2O_4} = p_0 - x = p_T - x - x = (p_T - 2x)\,\text{kPa}$$

$$K_p = \frac{p_{N_2O_4}}{p_{NO_2}^2} = 0.087$$

$$\frac{p_T - 2x}{(2x)^2} = 0.087$$

$$0.348x^2 + 2x - p_T = 0$$
$$0.348x^2 + 2x - 80.8 = 0$$

解得 $x = 12.62$。所以,
$$p_{N_2O_4} = p_T - 2x = 80.8 - 2 \times 12.62 = 55.56 \text{ (kPa)}$$
$$p_{NO_2} = 2x = 2 \times 12.62 = 25.24 \text{ (kPa)}$$

5.4 化学平衡移动

化学平衡是在一定条件下的暂时动态平衡,当条件改变时,化学平衡将从一个平衡态转变为另一个平衡态。研究化学平衡不仅要了解化学平衡的特点,知道化学反应进行的限度,计算化学平衡的有关问题,而且要创造条件使化学平衡向需要的方向移动,这在生产实际中是尤为重要的。化学平衡是反应体系特定的一种状态,而确定该状态的状态函数是浓度、压力和温度等,下面分别讨论它们对化学平衡的影响。

5.4.1 浓度或分压对化学平衡的影响

应用化学反应等温式可以解释浓度或分压对化学平衡的影响,即根据 $\dfrac{Q}{K^{\ominus}}$ 的比值可以判断化学平衡是否发生移动及其移动的方向。

为了使处理问题的过程简化,并考虑到实际中常使用实验平衡常数 K_p 或 K_c,我们可以将 $\dfrac{Q}{K^{\ominus}}$ 换成 $\dfrac{Q_p}{K_p}$ 或 $\dfrac{Q_c}{K_c}$,Q_p 称为**分压商**,Q_c 称为**浓度商**。对于气相反应 $Q_p = Q \cdot (p^{\ominus})^{\Delta n}$,因 $K_p = K^{\ominus} \cdot (p^{\ominus})^{\Delta n}$,故 $\dfrac{Q_p}{K_p} = \dfrac{Q}{K^{\ominus}}$。同样,对于溶液中的反应,$Q_c = Q \cdot (c^{\ominus})^{\Delta n}$,$K_c = K^{\ominus}(c^{\ominus})^{\Delta n}$,故 $\dfrac{Q_c}{K_c} = \dfrac{Q}{K^{\ominus}}$。根据气体反应 K_c 与

K_p 的关系及 Q_c 与 Q_p 的关系,不难看出,气体反应也有 $\dfrac{Q_c}{K_c} = \dfrac{Q}{K^{\ominus}}$ 的关系。因此,我们可以用 Q_p 与 K_p(或 Q_c 与 K_c)的比较来判断反应进行的方向,即

$Q_p < K_p$ (或 $Q_c < K_c$)   正反应自发进行
$Q_p = K_p$ (或 $Q_c = K_c$)   反应处于平衡状态
$Q_p > K_p$ (或 $Q_c > K_c$)   逆反应自发进行

例如,450℃时,合成氨反应的平衡常数 $K_p = 6.37 \times 10^{-7}$ kPa^{-2},分压变化将对化学平衡产生影响。

$$3H_2(g) + N_2(g) \rightleftharpoons 2NH_3(g)$$

若将三种气体以分压 $p_{H_2} = 1000 \text{ kPa}$,$p_{N_2} = 606 \text{ kPa}$ 和 $p_{NH_3} = 606 \text{ kPa}$ 混合,则分压商为

$$Q_p = \frac{p_{NH_3}^2}{p_{H_2}^3 p_{N_2}} = \frac{(606)^2}{(1000)^3 (606)} = 6.06 \times 10^{-7} \text{ (kPa}^{-2})$$

因为 $Q_p < K_p$,反应自发地向右进行,即化学平衡向增加 NH_3 的方向移动。当反应进行到一定程度后,$Q_p = K_p$,反应达到新的平衡。

若三种气体以分压 $p_{H_2} = 202 \text{ kPa}$,$p_{N_2} = 505 \text{ kPa}$ 和 $p_{NH_3} = 606 \text{ kPa}$ 混合,则分压商为

$$Q_p = \frac{p_{NH_3}^2}{p_{H_2}^3 p_{N_2}} = \frac{(606)^2}{(202)^3 (505)} = 8.82 \times 10^{-5} \text{ (kPa}^{-2})$$

因为 $Q_p > K_p$,反应自发地向左进行,即平衡向减少 NH_3 的方向移动,当反应进行到一定程度后,$Q_p = K_p$,反应又达到新的平衡。

5.4.2 总压对化学平衡的影响

总压变化对固相或液相反应的平衡几乎没有影响,因为压力

对固体或液体体积的影响极小。对于反应前后计量系数不变的气相反应，如反应

$$H_2(g) + I_2(g) \rightleftharpoons 2HI(g)$$

压力对其化学平衡无影响，因为总压变化对反应物和生成物的分压产生相同的影响，此时分压商不变，化学平衡不移动。对反应前后计量系数不同的气相反应，压力变化对其化学平衡产生影响。因为虽然总压变化对反应物和生成物的分压产生相同的影响，但分压商与生成物计量系数和反应物计量系数有关，反应前后计量系数不同，分压商将发生变化。例如，反应

$$3H_2(g) + N_2(g) \rightleftharpoons 2NH_3(g)$$

若在一定温度时，该反应各组分的平衡分压分别为 p_{H_2}，p_{N_2}，p_{NH_3}，则

$$K_p = \frac{p_{NH_3}^2}{p_{H_2}^3 p_{N_2}}$$

如果将平衡体系的总压增加到原来的两倍（将体积压缩为原来的 $\frac{1}{2}$），各组分的分压分别为 p'_{H_2}，p'_{N_2}，p'_{NH_3}，其分压均分别是原来相应分压的两倍，则

$$Q_p = \frac{(p'_{NH_3})^2}{(p'_{H_2})^3(p'_{N_2})} = \frac{(2p_{NH_3})^2}{(2p_{H_2})^3(2p_{N_2})} = \frac{1}{4} \frac{p_{NH_3}^2}{p_{H_2}^3 p_{N_2}} = \frac{1}{4} K_p$$

$$Q_p < K_p$$

反应将自发向右进行，化学平衡向生成 NH_3 的方向移动，当反应进行到一定的程度后，反应达到新的平衡。

[例 5-10] 在400℃时，将氢气和氮气按 $V_{H_2} : V_{N_2} = 3:1$ 的比例混合，加入催化剂使反应达到平衡，平衡时总压为 5 050 kPa，其 $K_p = 1.6 \times 10^{-8}$ kPa^{-2}，求平衡时 NH_3 在混合气体中所占的百分率。若将总压增加到 10 100 kPa，平衡时 NH_3 在混合气体中所占的百分率为多少？

解 反应方程式和平衡常数表示式为

$$3H_2(g) + N_2(g) \rightleftharpoons 2NH_3(g)$$

$$K_p = \frac{p_{NH_3}^2}{p_{H_2}^3 p_{N_2}}$$

因为混合气体中氢气和氮气的体积比与反应方程式中反应物的计量系数比相同,因此,平衡时氢气和氮气的体积比与反应方程式中两反应物的计量系数比相同,故有关系式

$$p_{H_2} = 3p_{N_2}$$

$$p_{H_2} + p_{N_2} + p_{NH_3} = p_{总} = 5050 \text{ kPa}$$

结合上面两个关系式,得

$$p_{NH_3} = p_{总} - 4p_{N_2} = 5050 - 4p_{N_2}$$

将平衡时各分压代入平衡常数表示式,得

$$K_p = \frac{(5050 - 4p_{N_2})^2}{(3p_{N_2})^3 p_{N_2}} = 1.6 \times 10^{-8} \text{ (kPa}^{-2})$$

解方程式得

$$p_{N_2} = 1070.6 \text{ kPa}$$

$$p_{NH_3} = 5050 - 4p_{N_2} = 5050 - 4 \times 1070.6$$
$$= 767.6 \text{ (kPa)}$$

平衡时,氨占的百分率为

$$\frac{767.6}{5050} \times 100\% = 15.2\%$$

当总压增加到 10 100 kPa 时,类似上面的计算,得

$$K_p = \frac{(10100 - 4p_{N_2})^2}{(3p_{N_2})^3 p_{N_2}} = 1.6 \times 10^{-8} \text{ (kPa}^2)$$

解方程式得

$$p_{N_2} = 1917.8 \text{ kPa}$$

$$p_{NH_3} = 10100 - 4p_{N_2} = 10100 - 4 \times 1917.8$$
$$= 2428.8 \text{ (kPa)}$$

平衡时，氨在混合气体中所占的百分率为

$$\frac{2428.8}{10100} \times 100\% = 20.04\%$$

计算结果表明：增加总压平衡向计算系数减小的方向移动。

对于气相反应应考虑"惰性气体"对化学平衡的影响。如合成氨中原料气循环使用一定的时间后可能含有"惰性气体"，需更换一些新的原料气。凡存在于体系中，但不参加化学反应的气体称为该反应的"惰性气体"。"惰性气体"的存在不影响平衡常数 K_p，但对反应前后计量系数不相等（$\Delta n \neq 0$）的反应，在保持体系温度和总压不变时，平衡将发生移动，可作如下推导证明：

对于气体反应

$$a\text{A}(g) + b\text{B}(g) \rightleftharpoons g\text{G}(g) + h\text{H}(g)$$

设 $x_i \left(= \dfrac{n_i}{n_\text{总}}\right)$ 为体系中 i 物质平衡时的摩尔分数，p 为总压，则

$$K_p = \frac{(x_G p)^g (x_H p)^h}{(x_A p)^a (x_B p)^b} = \frac{x_G^g x_H^h}{x_A^a x_B^b} p^{g+h-(a+b)}$$

$$= \frac{\left(\dfrac{n_G}{n_\text{总}}\right)^g \left(\dfrac{n_H}{n_\text{总}}\right)^h}{\left(\dfrac{n_A}{n_\text{总}}\right)^a \left(\dfrac{n_B}{n_\text{总}}\right)^b} p^{\Delta n} = \frac{n_G^g n_H^h}{n_A^a n_B^b} \left(\frac{p}{n_\text{总}}\right)^{\Delta n}$$

关系式中，K_p 是温度的函数，$\dfrac{p}{n_\text{总}}$ 与体系的总压和总物质的量有关。T 不变时，K_p 不变，"惰性气体"的存在将改变 $n_\text{总}$，当 p 不变时，$\dfrac{n_G^g n_H^h}{n_A^a n_B^b}$ 比值必然发生变化，因此，化学平衡发生移动。其结果是"惰性气体"的存在与降低总压的效果是等同的，对于计量系数减小的反应，平衡向反应物方向移动。

若在一定温度下充入"惰性气体"后,总压随之增加,而参加反应的各物质的分压不变,则平衡将不发生移动。

5.4.3 温度对化学平衡的影响

浓度、压力对化学平衡的影响是以温度不变作为前提,它们对化学平衡的影响不改变平衡常数。而温度对化学平衡的影响是由于改变平衡常数所致,因此,讨论温度对化学平衡的影响实际上是讨论温度对平衡常数的影响,而这种影响主要和反应的焓变 $\Delta_r H_m$ 有关。当温度改变时,$\Delta_r H_m$ 的正负号及其数值大小与化学平衡移动的方向和平衡常数改变的大小相关。

对于任一可逆反应,标准平衡常数 $K^\ominus$ 与标准吉布斯自由能 $\Delta_r G_m^\ominus$ 的关系是

$$-\Delta_r G_m^\ominus = RT\ln K^\ominus = 2.303RT\lg K^\ominus$$

$$\lg K^\ominus = -\frac{\Delta_r G_m^\ominus}{2.303RT}$$

将吉布斯-赫姆霍兹方程式 $\Delta_r G_m^\ominus = \Delta_r H_m^\ominus - T\Delta_r S_m^\ominus$ 代入上式,得

$$\lg K^\ominus = -\frac{\Delta_r H_m^\ominus - T\Delta_r S_m^\ominus}{2.303RT} = -\frac{\Delta_r H_m^\ominus}{2.303RT} + \frac{\Delta_r S_m^\ominus}{2.303R} \quad (5\text{-}14)$$

(5-14)式表明:假设 $\Delta_r H_m^\ominus$ 和 $\Delta_r S_m^\ominus$ 与温度无关,则对于放热反应($\Delta_r H_m^\ominus$ 为负值),平衡常数 $K^\ominus$ 随温度升高而减小;对于吸热反应($\Delta_r H_m^\ominus$ 为正值),平衡常数 $K^\ominus$ 随温度升高而增大,即升高温度平衡向吸热方向移动;降低温度平衡向放热方向移动。因此,$\Delta_r H_m^\ominus$ 的正负号将决定温度变化时化学平衡移动的方向。(5-14)式还表明:对于给定的温度变化,$\Delta_r H_m^\ominus$ 数值的大小将决定平衡常数 $K^\ominus$ 值变化的大小。

根据(5-14)式,作 $\lg K^\ominus$-$\frac{1}{T}$ 图得一条直线,其斜率为 $-\frac{\Delta_r H_m^\ominus}{2.303R}$,截距为 $\frac{\Delta_r S_m^\ominus}{2.303R}$,由此可求得 $\Delta_r H_m^\ominus$。下面具体求算

反应 $2NO_2(g) \rightleftharpoons N_2O_4(g)$ 的 $\Delta_r H_m^\ominus$。

该反应平衡常数 $K^\ominus$ 与温度 T 关系的数据列入表 5-3 中。

表 5-3　反应 $2NO_2(g) \rightleftharpoons N_2O_4(g)$ 平衡常数与温度关系

T/K	$\frac{1}{T} \times 10^3 / K^{-1}$	$K^\ominus$	$\lg K^\ominus$
282.2	3.45	33.2	1.52
293.2	3.41	13.1	1.12
298.2	3.35	8.79	0.944
306.2	3.27	4.77	0.679
325.2	3.08	1.26	0.100
333.2	3.00	0.751	-0.124
342.2	2.91	0.408	-0.389

根据数据作 $\lg K^\ominus$-$\frac{1}{T}$ 图，如图 5-2 所示。

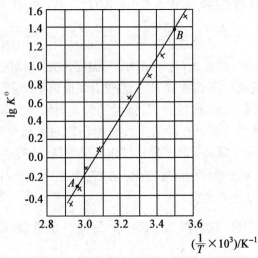

图 5-2　反应 $2NO_2(g) \rightleftharpoons N_2O_4(g)$ $\lg K^\ominus$-$\frac{1}{T}$ 图

为了求直线的斜率,在直线上任取两个相距较远的点(不取实验点),如 A 点、B 点,其坐标为 $A(2.94 \times 10^{-3}, -0.30)$,$B(3.50 \times 10^{-3}, 1.39)$,即可求得直线的斜率。

$$斜率 = \frac{y_2 - y_1}{x_2 - x_1} = \frac{1.39 - (-0.30)}{3.50 \times 10^{-3} - 2.94 \times 10^{-3}}$$

$$= 3.02 \times 10^3$$

根据(5-14)式,得

$$斜率 = -\frac{\Delta_r H_m^\ominus}{2.303R} = 3.02 \times 10^3$$

$$\Delta_r H_m^\ominus = -3.02 \times 10^3 \times 2.303 \times 8.314 \times 10^{-3}$$

$$= -57.82 \ (kJ \cdot mol^{-1})$$

将(5-14)式作一定的变换,可以得到另一个非常重要的关系式。

设 $K_1^\ominus, K_2^\ominus$ 分别为 T_1, T_2 时的标准平衡常数,则

① $$\lg K_1^\ominus = -\frac{\Delta_r H_m^\ominus}{2.303 R T_1} + \frac{\Delta_r S_m^\ominus}{2.303 R}$$

② $$\lg K_2^\ominus = -\frac{\Delta_r H_m^\ominus}{2.303 R T_2} + \frac{\Delta_r S_m^\ominus}{2.303 R}$$

将②式减①式,得

$$\lg \frac{K_2^\ominus}{K_1^\ominus} = -\frac{\Delta_r H_m^\ominus}{2.303 R} \left(\frac{1}{T_2} - \frac{1}{T_1} \right) \tag{5-15}$$

(5-15)式叫**范特霍夫方程式**。该式还可以写成另一种形式

$$\lg \frac{K_2^\ominus}{K_1^\ominus} = \frac{\Delta_r H_m^\ominus}{2.303 R} \frac{T_2 - T_1}{T_1 \cdot T_2} \tag{5-16}$$

假设已知某温度 T_1 时的平衡常数 $K_1^\ominus$,或者已知两个温度 T_1, T_2 时的平衡常数分别为 $K_1^\ominus, K_2^\ominus$,应用范特霍夫方程式可以计算另一指定温度 T_2 时的平衡常数 $K_2^\ominus$,或计算反应的焓变 $\Delta_r H_m^\ominus$,而不需用量热实验求 $\Delta_r H_m^\ominus$。

[**例 5-11**] 反应 $SO_3(g) \rightleftharpoons SO_2(g) + \frac{1}{2} O_2(g)$ 在 900 K 和

$1\,000\ K$ 的平衡常数 $K^{\ominus}$ 分别为 1.57×10^{-1} 和 5.13×10^{-1}，试求

① $\Delta_r G_m^{\ominus}(1000\ K)$ 和 $\Delta_r H_m^{\ominus}(1000\ K)$；

② $\Delta_r G_m^{\ominus}(1200\ K)$ 和平衡常数 $K^{\ominus}(1200\ K)$；

③ 计算 $\Delta_r H_m^{\ominus}(298\ K)$ 和 $\Delta_r G_m^{\ominus}(298\ K)$ 并与 $\Delta_r H_m^{\ominus}(1000\ K)$ 和 $\Delta_r G_m^{\ominus}(1000\ K)$ 相比较；

④ 根据计算结果说明在 $298\ K$ 和 $1\,200\ K$ 时反应进行的情况。

解 ① 根据 $\Delta_r G_m^{\ominus}$ 与 $K^{\ominus}$ 的关系求 $\Delta_r G_m^{\ominus}$。

$$\Delta_r G_m^{\ominus}(1000\ K) = -RT\ln K^{\ominus}(1000\ K)$$
$$= -8.314\times 10^{-3}\times 1000\ln(5.13\times 10^{-1})$$
$$= -8.314\times(-0.667)$$
$$= 5.55\ (kJ\cdot mol^{-1})$$

应用范特霍夫方程式求 $\Delta_r H_m^{\ominus}$。

$$\ln\frac{K^{\ominus}(1000\ K)}{K^{\ominus}(900\ K)} = \frac{\Delta_r H_m^{\ominus}}{R}\frac{T_2-T_1}{T_1\cdot T_2}$$

$$\ln\frac{5.13\times 10^{-1}}{1.57\times 10^{-1}} = \frac{\Delta_r H_m^{\ominus}}{8.314\times 10^{-3}}\frac{1\times 10^3-9\times 10^2}{9\times 10^2\times 1\times 10^3}$$

$$\ln 3.27 = \frac{100\ \Delta_r H_m^{\ominus}}{8.314\times 9\times 10^2}$$

$$\Delta_r H_m^{\ominus} = 8.314\times 9\times 1.184 = 88.6\ (kJ\cdot mol^{-1})$$

② 应用范特霍夫方程式求 $K^{\ominus}(1200\ K)$。

$$\ln\frac{K^{\ominus}(1200\ K)}{K^{\ominus}(1000\ K)} = \frac{\Delta_r H_m^{\ominus}}{R}\frac{T_2'-T_1}{T_1\cdot T_2'}$$

$$= \frac{88.6}{8.314\times 10^{-3}}\frac{1.2\times 10^3-10^3}{10^3\times 1.2\times 10^3}$$

$$= 1.776$$

$$\frac{K^{\ominus}(1200\ K)}{K^{\ominus}(1000\ K)} = e^{1.776} = 5.906$$

$$K^{\ominus}(1200\ K) = 5.906 K^{\ominus}(1000\ K)$$
$$= 5.906\times 5.13\times 10^{-1} = 3.03$$

根据 $\Delta_r G_m^\ominus$ 与 $K^\ominus$ 的关系求 $\Delta_r G_m^\ominus$。

$$\Delta_r G_m^\ominus (1200\ \text{K}) = -RT\ln K^\ominus (1200\ \text{K})$$
$$= -8.314 \times 10^{-3} \times 1.2 \times 10^3 \times \ln 3.03$$
$$= -11.1\ (\text{kJ} \cdot \text{mol}^{-1})$$

③ 应用标准生成焓 $\Delta_f H_m^\ominus$ 和标准生成自由能 $\Delta_f G_m^\ominus$ 计算 $\Delta_r H_m^\ominus$ 和 $\Delta_r G_m^\ominus$。

$$\Delta_r H_m^\ominus = \Delta_f H_m^\ominus(SO_2) - \Delta_f H_m^\ominus(SO_3)$$
$$= -296.8 - (-395.7) = 98.9\ (\text{kJ} \cdot \text{mol}^{-1})$$
$$\Delta_r G_m^\ominus = \Delta_f G_m^\ominus(SO_2) - \Delta_f G_m^\ominus(SO_3)$$
$$= -300.2 - (-371.1) = 70.9\ (\text{kJ} \cdot \text{mol}^{-1})$$

计算结果表明：温度从 298 K 上升到 1 000 K 时，$\Delta_r H_m^\ominus$ 降低 10.4%，而 $\Delta_r G_m^\ominus$ 降低 92.2%，因此，在 700 K 的温度范围内 $\Delta_r H_m^\ominus$ 的变化不是很大。

④ 根据以上计算结果可知：298 K 时 $\Delta_r G_m^\ominus$ 为正值，反应不能自发地向右进行；而 1 200 K 时 $\Delta_r G_m^\ominus$ 为负值，反应可以自发地向右进行。从焓和熵效应考虑，由于是吸热反应，低温时焓效应有利于反应物；反应产物的计量系数比反应物的计量系数大，熵效应对反应产物有利。298 K 时焓效应大于熵效应，反应不能自发地向右进行。1200 K 时，$T\Delta S$ 项将起主导作用，反应能自发地向右进行。

5.4.4 化学平衡移动原理及其在化工生产中的应用

上面根据化学反应等温式和范特霍夫方程式讨论了浓度(分压)、总压和温度对化学平衡的影响。早在 1888 年吕·查德里就提出了定性解释化学平衡移动的原理：假如改变确定平衡体系的任何一个条件，如浓度(分压)、总压或温度等，平衡将向减弱该改变条件的方向移动。吕·查德里原理是一个普遍规律，它适用于所有的动态平衡，其中包括化学平衡和物理平衡，不能用于非平衡体系。

化学平衡移动原理在化工生产中有着重要的实际意义。化工生产中的化学反应是在不断破坏化学平衡的状况下进行的，要求反应物的转化率尽可能高，化学平衡移动原理对提高转化率和确定反应条件具有指导意义。例如，硫酸生产中 SO_2 转化为 SO_3 的反应

$$2SO_2 + O_2 \rightleftharpoons 2SO_3 \qquad \Delta_r H_m^{\ominus} = -98.9 \text{ kJ} \cdot \text{mol}^{-1}$$

该反应为可逆放热反应，生成物的计量系数比反应物的计量系数小。根据化学平衡移动原理可知：降低温度和增加压力对提高 SO_3 的产率是有利的。实际情况是：温度对反应的影响很大，控制反应温度是极为关键的；至于压力，由于常压下操作已能达到较高的转化率，所以工业生产中不需采取加压措施。温度对平衡常数的影响、压力对 SO_2 转化率的影响分别列于表 5-4、表 5-5 中。

表 5-4　反应 $2SO_2 + O_2 \rightleftharpoons 2SO_3$ 不同温度的平衡常数

温度/K	673	698	723	748	773	793	823	843
平衡常数 K_p/KPa^{-1}	440	241	138	81.8	50.2	31.8	20.7	13.9

表 5-5　压力对反应 $2SO_2 + O_2 \rightleftharpoons 2SO_3$ 中 SO_2 转化率的影响

温度/K	压力/kPa					
	1.01×10^2	5.05×10^2	1.01×10^3	2.53×10^3	5.05×10^3	1.01×10^4
637	99.2%	99.6%	99.7%	99.9%	99.9%	99.9%
723	97.5%	98.9%	99.2%	99.5%	99.6%	99.7%
773	93.5%	96.9%	97.8%	98.6%	99.0%	99.3%
823	85.6%	92.9%	94.9%	96.7%	97.7%	98.3%

从表 5-5 可以看出：温度升高，SO_2 的转化率降低，压力对 SO_2 转化率的影响不大。但温度降低，反应速率慢，因此，生产中控制适当的温度，以 V_2O_5 作催化剂以提高反应速率。此外，为了提高 SO_2 的转化率，生产中还采取其他有效措施：

① 加大反应物中 O_2 的配比。SO_2 与 O_2 的计量系数之比为 2:1，但实际配比是 7% 的 SO_2 和 11% 的 O_2 作为原料气（其余约 80% 是"惰性气体" N_2），O_2 的过量有利于 SO_2 的转化。

② 二次转化，二次吸收。二次转化，二次吸收是指 SO_2 通过转化炉后（转化率可达 90%），进入吸收塔使 SO_3 被吸收，余下未转化的 SO_2 再进入转化炉，经二次转化的气体进入吸收塔吸收。最后 SO_2 的转化率可达 99.7%。

③ 多段催化，换热。由于是放热反应，为了控制反应温度，生产中采用多段催化氧化。通过多段催化、换热，使反应放出的热量不断散失，使温度控制在最适宜的温度 420~450℃。这不仅可以保证提高 SO_2 的转化率，而且还可充分利用热量。

习 题

5.1 已知下列反应的平衡常数：

$$HCN + H_2O \rightleftharpoons H_3O^+ + CN^- \qquad K_a = 4.9 \times 10^{-10}$$
$$NH_3 + H_2O \rightleftharpoons NH_4^+ + OH^- \qquad K_b = 1.78 \times 10^{-5}$$
$$H_2O + H_2O \rightleftharpoons H_3O^+ + OH^- \qquad K_w = 1.0 \times 10^{-14}$$

求下列反应的平衡常数：

$$NH_3 + HCN \rightleftharpoons NH_4^+ + CN^-$$

5.2 699 K 时，反应 $H_2(g) + I_2(g) \rightleftharpoons 2HI(g)$ 的平衡常数 K_c 为 55.3，若将 2.00 mol H_2 和 2.00 mol I_2 在 4.00 dm^3 的容器中反应，达到平衡时生成多少 HI？

5.3 反应 $CO(g) + H_2O(g) \rightleftharpoons H_2(g) + CO_2(g)$ 在密闭容器中建立平衡，749 K 时平衡常数 $K_c = 2.60$。试回答：

(1) 计算物质的量之比(H_2O/CO)为 1 时 CO 的理论转化率；

(2) 计算物质的量之比(H_2O/CO)为 3 时 CO 的理论转化率；

(3) 根据计算结果说明浓度对化学平衡移动的影响。

5.4 反应 $Fe_3O_4(s) + 4H_2(g) \rightleftharpoons 3Fe(s) + 4H_2O(g)$ 在一定温度下建立平衡,若用 0.80 mol H_2 与过量 Fe_3O_4 反应,平衡时生成 16.76 g Fe,求该反应的平衡常数 K_c, K_p。

5.5 HI 的分解反应为 $2HI(g) \rightleftharpoons H_2(g) + I_2(g)$,若开始有 1 mol HI,达到平衡时,24.4%的 HI 被分解。欲使分解百分率降低到 10%,试计算应向该平衡体系中加入多少 mol I_2?

5.6 在 308 K 和总压为 100 kPa 时,有 27.2%的 N_2O_4 分解为 NO_2 ($N_2O_4(g) \rightleftharpoons 2NO_2(g)$)。

(1) 计算 N_2O_4 分解反应的 $\Delta_r G_m^\ominus$。

(2) 计算 308 K、总压为 200 kPa 时,N_2O_4 的分解百分率。

(3) 根据计算结果说明压力对化学平衡移动的影响。

5.7 在 $N_2O_4(g) \rightleftharpoons 2NO_2(g)$ 的离解平衡中,N_2O_4 的密度为 D,平衡时混合气体的密度为 d,求压力为 p 时的平衡常数 K_p。

5.8 25℃ 时,要使反应 $KCl(s) + \frac{3}{2}O_2(g) \rightleftharpoons KClO_3(s)$ 能进行,需最小的分压 p_{O_2} 为多少?

5.9 已知反应 $SO_2(g) + \frac{1}{2}O_2(g) \rightleftharpoons SO_3(g)$。

(1) 根据 $\Delta_f G_m^\ominus$ 计算平衡常数 $K^\ominus$。

(2) 若将 $p_{SO_3} = 100$ kPa,$p_{SO_2} = 25$ kPa,$p_{O_2} = 25$ kPa 的三种气体放入一容器中,反应将向哪个方向进行?

5.10 已知平衡 $H_2O(l) \rightleftharpoons H_2O(g)$,水的蒸发热 $\Delta H_{蒸发}^\ominus = 40.66$ kJ·mol^{-1},沸点时(100℃)的蒸气压为 100 kPa,求 50℃ 时水的蒸气压。(假设蒸发热 $\Delta H_{蒸发}^\ominus$ 与温度无关)

5.11 已知反应 $NH_3 + H_2O \rightleftharpoons NH_4^+ + OH^-$ 在 0℃ 和 50℃ 时的 K_b 为 1.37×10^{-5} 和 1.89×10^{-5},试计算该反应的 $\Delta_r H_m^\ominus$。

5.12 反应 $\frac{1}{2}I_2(g) + \frac{1}{2}Br_2(g) \rightleftharpoons IBr(g)$,25℃ 时的平衡常数 $K^\ominus$ 为 20.5,$\Delta_r H_m^\ominus = -5.29$ kJ·mol^{-1},求 100℃ 时的平衡常数 $K^\ominus$。

5.13 已知下列数据:

$NiSO_4 \cdot 6H_2O(s)$	$\Delta_f G_m^\ominus = -2221.7$ kJ·mol^{-1}
$NiSO_4(s)$	$\Delta_f G_m^\ominus = -773.6$ kJ·mol^{-1}

$\quad\quad$ H$_2$O(g) $\quad\quad\quad\quad$ $\Delta_f G_m^\ominus = -228.4$ kJ·mol^{-1}

(1) 计算反应 NiSO$_4$·6H$_2$O(s) $\rightleftharpoons$ NiSO$_4$(s) + 6H$_2$O(g) 的平衡常数 $K^\ominus$。

(2) H$_2$O 在 NiSO$_4$·6H$_2$O(s) 上的平衡蒸气压为多少?

5.14 反应 Fe(s) + H$_2$O(g) $\rightleftharpoons$ FeO(s) + H$_2$(g) 在 700 K 时的 K_p 为 2.35,在该温度下将总压为 100 kPa 的等物质的量的 H$_2$O(g),H$_2$(g)的混合气体处理 FeO,FeO 是否被还原? 若混合气体的总压仍为 100 kPa,要使 FeO 不被还原,$p_{H_2O(g)}$ 不能小于多少?

5.15 影响平衡常数和平衡移动的因素有哪些? 请加以解释。

第 6 章 酸 碱 理 论

酸碱理论是无机化学研究的重要内容,它在科学实验和生产实际中有着广泛的应用。本章将在化学平衡的基础上用质子酸碱理论的观点讨论水溶液体系的酸碱平衡,其中包括溶剂水的自偶离解平衡。还将介绍几种近代的酸碱理论,以便对酸碱理论有较为全面的了解。

历史上曾提出了多种酸碱理论,不过有的只是对酸碱物质下了定义,并未就酸碱反应和酸碱理论作进一步的研究。在比较各种酸碱概念时,不是判断哪种酸碱理论更为"正确",而是考虑它们的适用范围。

6.1 质子酸碱理论

1887 年阿仑尼乌斯(Arrhenium)在电离学说的基础上提出酸碱定义:凡是在水中电离产生 H^+ 的物质叫酸,电离产生 OH^- 的物质叫碱,中和反应是 H^+ 和 OH^- 作用生成 H_2O 的反应。根据这种观点,酸是含有 H^+ 的化合物,碱是含有 OH^- 的化合物。阿仑尼乌斯酸碱理论又称为经典酸碱理论。

阿仑尼乌斯酸碱理论虽说是经典的,但对化学特别是酸碱理论的发展起了积极的作用,至今仍有广泛的应用。该理论以电离学说为基础,以水作为溶剂,存在一定的缺陷,其中主要表现在以下几个方面:

① 酸碱物质的局限性。按酸碱定义,那些在水中能产生

H^+ 或 OH^-，而本身不含 H^+ 或 OH^- 的物质不能归属酸碱物质，如 CO_2，NH_3 等；另外，定义中的酸碱物质只是化合物，而不包括离子，如 NH_4^+，Ac^- 等。

② 酸碱反应的局限性。按酸碱定义，酸碱反应局限于水溶液中，而非水溶剂、非溶剂体系中的 H^+ 传递反应不能归属于酸碱反应，如反应

$$NH_3 + HCl \xrightleftharpoons{\text{甲苯}} NH_4Cl$$

$$NH_3(g) + HCl(g) \Longleftrightarrow NH_4Cl(s)$$

③ 没有考虑溶剂对酸碱物质性质的影响。物质在水中具有酸碱性，但在非水溶剂中并不一定显酸碱性，如 HCl 在溶剂苯中不显酸性。即使是以水作溶剂，溶剂的作用也未充分反映出来，事实上 H^+ 和 OH^- 都是以水合离子的形式存在的，如 H_3O^+。

6.1.1 质子酸碱和酸碱强弱

1. 质子酸碱

1923 年丹麦物理化学家布朗斯特(Brasted)和英格兰化学家劳莱(Lowry)分别提出质子酸碱理论，所以质子酸碱理论又叫布朗斯特-劳莱酸碱理论。质子酸碱定义是：凡是能给出质子的物质是**酸**；凡是能接受质子的物质是**碱**。例如，HCl，HAc，HCO_3^-，NH_4^+，$Fe(H_2O)_6^{3+}$ 是酸，Cl^-，Ac^-，CO_3^{2-}，NH_3，$[Fe(H_2O)_5OH]^{2+}$ 是碱。根据质子酸碱定义，酸给出质子后变为碱，碱接受质子后变为酸，上面所列酸碱物质必然存在如下关系：

$$HCl \Longleftrightarrow H^+ + Cl^-$$

$$HAc \Longleftrightarrow H^+ + Ac^-$$

$$HCO_3^- \Longleftrightarrow H^+ + CO_3^{2-}$$

$$NH_4^+ \Longleftrightarrow H^+ + NH_3$$

$$Fe(H_2O)_6^{3+} \Longleftrightarrow H^+ + [Fe(H_2O)_5OH]^{2+}$$

可以通式表示为

$$酸_1 \rightleftharpoons H^+ + 碱_1$$

在质子酸碱理论中,把碱$_1$叫做酸$_1$的**共轭碱**,酸$_1$叫做碱$_1$的**共轭酸**。酸和碱互为共轭,并组成**共轭酸碱对**,彼此之间相差一个H^+,所以酸碱共轭统一在同一体系中H^+的传递。

质子酸碱物质可以是中性分子,也可以是存在于溶液中的正离子或负离子。例如

质子酸可以是:

分 子	HCl	HAc	H_2SO_4
正离子	NH_4^+	$Al(H_2O)_6^{3+}$	H_3O^+
负离子	HCO_3^-	HSO_4^-	$H_2PO_4^-$

质子碱可以是:

分 子	NH_3		
负离子	Ac^-	HPO_4^-	OH^-
正离子	$[Zn(H_2O)_3OH]^+$		

有些酸碱物质在不同共轭酸碱对中既可作酸,又可作碱,称为两性酸碱物质,例如

$$HCO_3^- \rightleftharpoons H^+ + CO_3^{2-}$$
$$HCO_3^- + H^+ \rightleftharpoons H_2CO_3$$

$$H_2O \begin{matrix} -H^+ \nearrow OH^- \\ \\ +H^+ \searrow H_3O^+ \end{matrix}$$

根据质子酸碱定义,共轭酸碱对中酸和碱仅差一个H^+,实际上H^+不能自由存在,在溶液中必然和溶剂碱或者溶质碱结合而进行酸碱反应。

$$酸_1 \rightleftharpoons H^+ + 碱_1$$
$$+) \quad 碱_2 + H^+ \rightleftharpoons 酸_2$$
$$\overline{\quad 酸_1 + 碱_2 \rightleftharpoons 酸_2 + 碱_1 \quad}$$

所以，酸碱反应是两个共轭酸碱对之间质子传递反应，质子传递的结果总是强酸与强碱反应生成弱碱和弱酸。根据 H^+ 在不同类型共轭酸碱对之间的传递，可以将酸碱反应分为不同的类型（限于水中的酸碱反应），并和经典酸碱理论的观点加以比较。见表 6-1。

表 6-1　　质子酸碱反应与经典酸碱反应的比较

质子酸碱反应	经典酸碱反应
$HCl + H_2O \rightleftharpoons H_3O^+ + Cl^-$	强酸在水中电离
$HAc + H_2O \rightleftharpoons H_3O^+ + Ac^-$	弱酸在水中电离
$NH_3 + H_2O \rightleftharpoons NH_4^+ + OH^-$	弱碱在水中电离
$HCO_3^- + H_2O \rightleftharpoons H_3O^+ + CO_3^{2-}$	酸式酸根在水中电离
$CO_3^- + H_2O \rightleftharpoons HCO_3^- + OH^-$	阴离子水解
$NH_4^+ + H_2O \rightleftharpoons H_3O^+ + NH_3$	阳离子水解
$Al(H_2O)_6^{3+} + H_2O \rightleftharpoons H_3O^+ + [Al(H_2O)_5OH]^{2+}$	金属阳离子水解

从上面的讨论可以看出：质子酸碱理论主要着眼于酸碱物质本身的性质，尽管酸碱物质和溶剂之间可以进行质子的传递，但定义本身与溶剂无关，H^+ 可以在气相以及惰性溶剂中的酸碱物质之间传递。质子酸碱理论扩大了酸碱物质和酸碱反应的范围。当然，那些不能给出或接受质子的物质不能叫酸碱物质，不能进行 H^+ 传递的反应不能归属于酸碱反应。

2. 质子酸碱强弱

任何酸 HA 在碱性溶剂 S 中存在如下平衡

$$HA + S \rightleftharpoons HS^+ + A^-$$

标准平衡常数表示式为

$$K^{\ominus} = \frac{\dfrac{c_{HS^+}}{c^{\ominus}} \cdot \dfrac{c_{A^-}}{c^{\ominus}}}{\dfrac{c_{HA}}{c^{\ominus}}}$$

由于 $\dfrac{c_i}{c^{\ominus}} = c_i$，上述关系式常简写为

$$K_a = \frac{c_{HS^+} c_{A^-}}{c_{HA}} \tag{6-1}$$

K_a 叫酸 HA 的酸常数。

同样，碱 B 在酸性溶剂 HS 中存在如下平衡

$$B + HS \rightleftharpoons HB^+ + S^-$$

$$K^{\ominus} = \frac{\dfrac{c_{HB^+}}{c^{\ominus}} \cdot \dfrac{c_{S^-}}{c^{\ominus}}}{\dfrac{c_B}{c^{\ominus}}}$$

$$K_b = \frac{c_{HB^+} c_{S^-}}{c_B} \tag{6-2}$$

K_b 叫碱 B 的碱常数。

从酸碱在溶剂中存在的平衡关系式可以看出：酸碱强弱不仅和酸给出 H^+ 或碱接受 H^+ 的能力有关，而且和溶剂碱接受 H^+ 或溶剂酸给出 H^+ 的能力有关。酸碱强弱是相对的，以酸(A_1)及其共轭碱(B_1)和溶剂碱(B_2)及其共轭酸(A_2)两个共轭酸碱对进行酸碱反应时质子传递的难易来衡量。

H_2O 是两性酸碱物质，存在两个共轭酸碱对：H_3O^+-H_2O，H_2O-OH^-，H_2O 作为酸给出 H^+ 和作为碱接受 H^+ 的能力是一定的，因此，不同酸碱物质在溶剂水中的相对强弱取决于共轭酸碱对 HA-A^-（如 HAc-Ac^-）或 B-HB^+（如 NH_3-NH_4^+）中给出 H^+ 或碱接受 H^+ 的能力，不过酸、碱的相对强弱常以共轭酸碱对中酸的酸常数 K_a 来表示，酸越强(K_a 值越大)，其共轭碱的碱性越弱

(K_b 值越小),反之亦然,而且 $K_a K_b = K_w$。可以证明如下:

$$HB + H_2O \rightleftharpoons H_3O^+ + B \qquad K_a = \frac{[H_3O^+][B]}{[HB^+]}$$

$$B + H_2O \rightleftharpoons HB^+ + OH^- \qquad K_b = \frac{[HB^+][OH^-]}{[B]}$$

$$K_a K_b = \frac{[H_3O^+][B]}{[HB^+]} \cdot \frac{[HB^+][OH^-]}{[B]}$$

$$= [H_3O^+][OH^-] = K_w \qquad (6-3)$$

例如,反应

$$NH_3 + H_2O \rightleftharpoons NH_4^+ + OH^-$$

NH_3 与 NH_4^+ 互为共轭,酸 NH_4^+ 的酸常数 $K_a = 5.6 \times 10^{-10}$,所以碱 NH_3 的碱常数 K_b 为

$$K_b = \frac{K_w}{K_a} = \frac{1.0 \times 10^{-14}}{5.6 \times 10^{-10}} = 1.78 \times 10^{-5}$$

水溶液中某些质子酸的 K_a 值列于表 6-2 中。

6.1.2 水的自偶电离和酸碱指示剂

1. 水的自偶电离

水既可以是质子酸又可以是质子碱,能自偶电离或发生自身的酸碱反应

$$H_2O + H_2O \rightleftharpoons H_3O^+ + OH^-$$

水的自偶电离趋势不大,其标准平衡常数表示式为

$$K^\ominus = [H_3O^+][OH^-] = K_w \qquad (6-4)$$

K_w 叫**水的离子积常数**,25℃时,$K_w = 1.0 \times 10^{-14}$。酸性溶液中 $[H_3O^+] > [OH^-]$,碱性溶液中 $[OH^-] > [H_3O^+]$,中性溶液中 $[H_3O^+] = [OH^-] = 10^{-7}$ mol·dm^{-3},无论何种溶液,其离子积 $[H_3O^+][OH^-] = K_w$。水的自偶电离反应是吸热的,25℃时,$\Delta_r H_m^\ominus = 57.2$ kJ·mol^{-1},根据范特霍夫方程式,有

表 6-2　　某些质子酸的 K_a 值（25℃）

共轭酸 HA	共轭碱 A^-	K_a	pK_a
HI	I^-	$\sim 10^{11}$	~ -11
HBr	Br^-	$\sim 10^9$	~ -9
$HClO_4$	ClO_4^-	$\sim 10^7$	~ -7
HCl	Cl^-	$\sim 10^3$	~ -3
H_2SO_4	HSO_4^-	$\sim 10^2$	~ -2
HNO_3	NO_3^-	~ 20	~ -1.3 *
最强酸　H_3O^+	H_2O　最弱碱↑	1	0.0
HIO_3	IO_3^-	1.6×10^{-1}	0.08
$H_2C_2O_4$	$HC_2O_4^-$	5.9×10^{-2}	1.23
H_2SO_3	HSO_3^-	1.54×10^{-2}	1.81
HSO_4^-	SO_4^{2-}	1.2×10^{-2}	1.92
H_3PO_4	$H_2PO_4^-$	7.52×10^{-3}	2.12
HNO_2	NO_2^-	4.6×10^{-4}	3.34
HF	F^-	3.5×10^{-4}	3.45
$HC_2O_4^-$	$C_2O_4^{2-}$	6.4×10^{-5}	4.19
HAc	Ac^-	1.76×10^{-5}	4.75
H_2CO_3	HCO_3^-	4.3×10^{-7}	6.37
HSO_3^-	SO_3^{2-}	1.02×10^{-7}	6.91
H_2S	HS^-	9.1×10^{-8}	7.04
$H_2PO_4^-$	HPO_4^{2-}	6.23×10^{-8}	7.21
NH_4^+	NH_3	5.6×10^{-10}	9.25
HCN	CN^-	4.93×10^{-10}	9.31
HCO_3^-	CO_3^{2-}	4.8×10^{-11}	10.32
HS^-	S^{2-}	1.1×10^{-12}	11.62
HPO_4^{2-}	PO_4^{3-}	2.2×10^{-13}	12.67
↓最弱酸　H_2O	OH^-　最强碱	1.0×10^{-14}	14.00

* 虚线以上的强酸在水中皆被拉平为 H_3O^+，其 K_a 值为理论值。

$$\ln\frac{K_{w_2}}{K_{w_1}} = \frac{\Delta_r H_m^\ominus}{R}\frac{T_2 - T_1}{T_2 T_1}$$

所以,在一定温度范围内 K_w 随温度升高而增大。见表 6-3。

表 6-3　　　　　不同温度时水的离子积常数

$t/℃$	0	10	20	25	30	40	50	60
K_w	1.14×10^{-15}	2.92×10^{-15}	6.81×10^{-15}	1.0×10^{-14}	1.47×10^{-14}	2.92×10^{-14}	5.47×10^{-14}	9.61×10^{-14}

为了方便起见,当 $[H_3O^+]$ 不大时,常用 pH 表示溶液的酸度,pH 等于 $[H_3O^+]$ 的负对数,即

$$pH = -\lg[H_3O^+]$$

如果 $[H_3O^+] > 1\ mol\cdot dm^{-3}$,则 pH 为负值,应用起来反而不便。在实际应用中还可以将这种负对数关系推广到 $[OH^-]$ 或其他的平衡常数如 K_w, K_a,得到相应的 pOH,pK_w,pK_a。并有关系式

$$pH + pOH = pK_w \tag{6-5}$$

2. 酸碱指示剂

借助于颜色的变化来指示溶液酸碱度的物质叫**酸碱指示剂**。酸碱指示剂一般为有机弱酸或有机弱碱,其分子和离子呈现不同的颜色,而分子或离子的浓度与溶液的酸碱度有关。若指示剂以 HIn 表示,则在溶液中存在如下平衡

$$HIn + H_2O \rightleftharpoons H_3O^+ + In^-$$

　　酸色　　　　　　　　碱色

$$K_i = \frac{[H_3O^+][In^-]}{[HIn]}$$

$$\frac{[In^-]}{[HIn]} = \frac{K_i}{[H_3O^+]}$$

在一定温度下,对于指定的酸碱指示剂 K_i 为常数,所以[碱色物]与[酸色物]的比值取决于[H_3O^+]。例如,甲基橙的 K_i 为 4.18×10^{-4},即 $pK_i = 3.38$,当[H_3O^+] = K_i 时(即 pH = 3.38),[HIn] = [In$^-$],溶液显酸色(红色)和碱色(黄色)的混合色,即溶液呈橙色,pH = pK_i 时颜色的变化叫**指示剂的理论变色点**。

当 $\dfrac{[\text{HIn}]}{[\text{In}^-]} = 10$ 时,显酸色,此时[H_3O^+] = $10K_i$,即 pH = $pK_i - 1$;

当 $\dfrac{[\text{HIn}]}{[\text{In}^-]} = \dfrac{1}{10}$ 时,显碱色,此时[H_3O^+] = $\dfrac{1}{10}K_i$,即 pH = $pK_i + 1$,

所以指示剂变色的 pH 范围是

$$pH = pK_i \pm 1$$

即指示剂的变色范围一般跨及两个 pH 单位。

实际上许多指示剂变色的 pH 范围并不符合 $pK_i \pm 1$ 规则,这种理论与实际的差异是由许多因素如指示剂的浓度、溶液的温度、肉眼有限的辨色能力等的影响所致。由于黄色在红色中不如红色在黄色中明显,因此,甲基橙的变色范围在 pH 小的一侧要窄一些,其 pH 变色范围小于两个 pH 单位(3.1~4.4)。见表 6-4。

表 6-4　　　　　几种常用酸碱指示剂

酸碱指示剂	pH变色范围	颜色	
		酸色	碱色
甲基橙	3.1~4.4	红	黄
甲基红	4.2~6.3	红	黄
溴百里酚蓝	6.0~7.6	黄	蓝
酚酞	8.2~10	无色	红

由于各种酸碱指示剂的 K_i 值不同,其变色范围不同,K_i 值越小,则变色范围的 pH 值越大,如酚酞的 $K_i = 3.9 \times 10^{-10}$,即 $pK_i = 9.4$,酚酞的 pH 变色范围为 8.2(酸色,无色) ~ 10.0(碱色,红色)。

6.1.3 酸碱在水中的质子传递反应

酸碱在水中的质子传递反应主要包括酸、碱与水之间的质子传递反应和酸、碱之间的质子传递反应,而前者又可分为几种情况,下面分别加以讨论。

1. 分子型强酸、强碱与水之间的质子传递反应——**拉平效应**

酸碱强弱不仅和酸碱物质本身的性质有关,而且和溶剂的性质有关,但由于溶剂对强酸、强碱产生拉平效应,致使强酸、强碱在该溶剂被拉平。在两性溶剂中,溶剂阳离子是最强的酸,溶剂阴离子是最强碱,即使溶解比溶剂阳离子更强的酸,或者溶解比溶剂阴离子更强的碱,酸的强度或碱的强度将被溶剂阳离子或溶剂阴离子拉平,这种现象称为**溶剂的拉平效应**。对于溶剂水而言,任何强酸被拉平为 H_3O^+,即强酸在水中以 H_3O^+ 形式存在;任何强碱被拉平为 OH^-,即强碱在水中以 OH^- 形式存在。例如,强酸、强碱与水反应

$$HClO_4 + H_2O \Longrightarrow H_3O^+ + ClO_4^-$$

$$HNO_3 + H_2O \Longrightarrow H_3O^+ + NO_3^-$$

$$O^{2-} + H_2O \Longrightarrow OH^- + OH^-$$

$$NH_2^- + H_2O \Longrightarrow OH^- + NH_3$$

拉平效应可用简单的数学处理说明。

任何酸 HA 在水中存在如下平衡

$$HA + H_2O \Longrightarrow H_3O^+ + A^-$$

酸 HA 的强度可用 HA 的酸常数 K_{HA} 或溶剂水共轭酸 H_3O^+ 的酸常数 $K_{H_3O^+}$ 表示

$$HA \rightleftharpoons H^+ + A^- \qquad K_{HA} = \frac{a_{H^+} a_{A^-}}{a_{HA}}$$

$$H_3O^+ \rightleftharpoons H^+ + H_2O \qquad K_{H_3O^+} = \frac{a_{H^+} a_{H_2O}}{a_{H_3O^+}}$$

于是有关系式

$$a_{H^+} = \frac{K_{HA} a_{HA}}{a_{A^-}} = K_{H_3O^+} a_{H_3O^+} \quad (H_2O \text{ 的活度为 } 1) \quad (6\text{-}6)$$

设 HA 的起始浓度为 c，并用浓度 c 代替活度 a。因为 $c_{A^-} = c_{H_3O^+}$，所以 $c = c_{HA} + c_{A^-} = c_{HA} + c_{H_3O^+}$。将(6-6)式平方得

$$c_{H^+}^2 = \frac{K_{HA} K_{H_3O^+} c_{HA} c_{H_3O^+}}{c_{A^-}} = K_{HA} K_{H_3O^+} c_{HA}$$

$$= K_{HA} K_{H_3O^+} (c - c_{H_3O^+})$$

$$= K_{HA} K_{H_3O^+} c - K_{HA} K_{H_3O^+} c_{H_3O^+}$$

$$= K_{HA} K_{H_3O^+} c - K_{HA} c_{H^+}$$

于是得一元二次方程

$$c_{H^+}^2 + K_{HA} c_{H^+} - K_{HA} K_{H_3O^+} c = 0$$

解方程得

$$c_{H^+} = \frac{-K_{HA} + (K_{HA}^2 + 4 K_{HA} K_{H_3O^+} c)^{\frac{1}{2}}}{2}$$

$$= \frac{K_{HA}}{2} \left[-1 + \left(1 + \frac{4 c K_{H_3O^+}}{K_{HA}}\right)^{\frac{1}{2}} \right]$$

弱酸在水中质子传递是不完全的，即 $\dfrac{K_{H_3O^+}}{K_{HA}} \gg 1$，方程的解可近似为

$$c_{H^+} = (K_{HA} K_{H_3O^+} c)^{\frac{1}{2}}$$

表明酸度与 K_{HA} 和浓度以及 $K_{H_3O^+}$ 有关,而 $K_{H_3O^+}$ 为定值(等于1),故酸度与 K_{HA} 和 c 有关。

强酸在水中质子传递是完全的,即 $\dfrac{K_{H_3O^+}}{K_{HA}} \ll 1$,根据 $(1+x)^{\frac{1}{2}} \approx 1+x$ (x 趋近于零),则方程的近似解为

$$c_{H^+} = cK_{H_3O^+}$$

酸度只和浓度 c 有关,即强酸在水中被拉平。

2. 分子型弱酸、弱碱与水分子之间质子传递反应

分子型弱酸、弱碱与水分子之间质子传递反应又称为弱酸、弱碱电离平衡。如反应

$$HAc + H_2O \rightleftharpoons H_3O^+ + Ac^-$$
$$NH_3 + H_2O \rightleftharpoons OH^- + NH_4^+$$

其平衡常数表示式为

$$\frac{[H_3O^+][Ac^-]}{[HAc]} = K_a = 1.76 \times 10^{-5} \tag{6-7}$$

$$\frac{[NH_4^+][OH^-]}{[NH_3]} = K_b = 1.77 \times 10^{-5} \tag{6-8}$$

(6-7)或(6-8)式有三个未知数,即平衡时离子浓度及酸和碱的浓度,为了进行有关的计算,必须作近似处理。

设 HAc 的起始浓度 c_0 为 $1 \text{ mol} \cdot \text{dm}^{-3}$,在此条件下,假设 H_3O^+ 完全由 HAc 与 H_2O 反应产生,忽略 H_2O 自电离形成的 H_3O^+,则

$$[H_3O^+] = [Ac^-]$$

由于平衡浓度 $[H_3O^+]$,$[Ac^-]$ 很小,可以假设平衡浓度 $[HAc]$ 与原始浓度 c_0 近似相等,即

$$[HAc] \approx c_0$$

(6-7)式可近似为

$$K_a = \frac{[H_3O^+][Ac^-]}{[HAc]} \approx \frac{[H_3O^+]^2}{c_0}$$

$$[H_3O^+] \approx (c_0 K_a)^{\frac{1}{2}} = (1 \times 1.76 \times 10^{-5})^{\frac{1}{2}} \qquad (6\text{-}9)$$
$$= 4.2 \times 10^{-3} \ (\text{mol} \cdot \text{dm}^{-3})$$

纯水自电离形成的 $[H_3O^+]$ 为 10^{-7} mol·dm^{-3},远比 4.2×10^{-3} mol·dm^{-3} 小,故第一个假设是合理的。$c_0 = 1$ mol·dm^{-3},$[H_3O^+] = [Ac^-] \approx 4.2 \times 10^{-3}$ mol·dm^{-3},比 c_0 小得多,所以第二个假设也是合理的。

假设 HAc 的起始浓度 c_0 为 1.0×10^{-4} mol·dm^{-3},若按上面类似处理,得

$$[H_3O^+] \approx (c_0 K_a)^{\frac{1}{2}} = (1.0 \times 10^{-4} \times 1.76 \times 10^{-5})^{\frac{1}{2}}$$
$$= 4.2 \times 10^{-5} \ (\text{mol} \cdot \text{dm}^{-3})$$

10^{-7} mol·dm^{-3} 比 4.2×10^{-5} mol·dm^{-3} 小得多,第一个假设仍可认为是合理的。但 $[H_3O^+]$ 与 c_0 接近,第二个假设不能成立,否则平衡时 $[HAc]$ 的误差可达 42%,由此计算 $[H_3O^+]$ 所产生的误差为 20% 左右,必须用精确公式进行有关计算。

$$K_a = \frac{[H_3O^+][Ac^-]}{[HAc]} = \frac{[H_3O^+]^2}{c_0 - [H_3O^+]} \qquad (6\text{-}10)$$
$$[H_3O^+]^2 + K_a[H_3O^+] - c_0 K_a = 0$$

解方程,得

$$[H_3O^+] = 3.4 \times 10^{-5} \ \text{mol} \cdot \text{dm}^{-3}$$

计算结果表明:对于任何一元弱酸,若电离度 $\alpha < 5\%$,即 $\dfrac{c}{K_a} \geqslant 400$,可用近似公式 (6-9) 式计算,否则用精确公式 (6-10) 式计算。

对于一元弱碱与 H_2O 之间质子传递反应,可以作类似处理。

K_a,K_b 代表一元弱酸、弱碱的酸、碱常数,α 为电离度,它们都表示一元弱酸、弱碱与 H_2O 之间质子传递的程度,其近似关系是(c 不是很小,α 不太大)

$$\alpha = \left(\frac{K_a}{c}\right)^{\frac{1}{2}}$$

$$\alpha = \left(\frac{K_b}{c}\right)^{\frac{1}{2}}$$

和其他平衡常数一样,温度对 K_a,K_b 有影响,但由于弱酸、弱碱与 H_2O 之间质子传递反应的热效应不大,故其影响不是很大。如反应

$$HAc + H_2O \rightleftharpoons H_3O^+ + Ac^- \qquad \Delta_r H_m^\ominus = 1.25 \text{ kJ·mol}^{-1}$$

由于影响因素复杂,温度对 K_a 的影响并非线性关系。见表 6-5。

表 6-5　　　　　温度对 K_a 的影响

$t/\degree C$	0	10	20	30	40	50	60
$K_a/10^{-5}$	1.675	1.729	1.753	1.750	1.703	1.639	1.542

浓度对电离度 α 有影响,浓度越稀其电离度越大。在弱酸、弱碱溶液中加入含有相同离子的强电解质,将使电离度降低,这种现象叫**同离子效应**。若加入不同离子的强电解质,将使电离度增大,这种效应叫**盐效应**。

K_a(或 K_b)和 α 都表示弱酸(或弱碱)的强度,但对不同弱酸(或弱碱)进行比较时应注意条件,以 K_a(或 K_b)作比较应该是温度相同(对于多元弱酸(或弱碱)比较 K_{a_1}(或 K_{b_1})),用 α 作比较应该是浓度相同。

[**例 6-1**]　计算 0.10 mol·dm^{-3} HAc 溶液中 $[H_3O^+]$,$[Ac^-]$,$[HAc]$,$[OH^-]$ 的浓度及电离度 α 和 pH 值。

解　　$K_a = \dfrac{[H_3O^+][Ac^-]}{[HAc]} = 1.76 \times 10^{-5}$

应用近似公式求算,得

$$[H_3O^+] = (c_0 K_a)^{\frac{1}{2}} = (0.10 \times 1.76 \times 10^{-5})^{\frac{1}{2}}$$
$$= 1.33 \times 10^{-3} \text{ (mol} \cdot \text{dm}^{-3})$$
$$[Ac^-] = [H_3O^+] = 1.33 \times 10^{-3} \text{ mol} \cdot \text{dm}^{-3}$$
$$[OH^-] = \frac{K_w}{[H_3O^+]} = \frac{1.0 \times 10^{-14}}{1.33 \times 10^{-3}}$$
$$= 7.5 \times 10^{-12} \text{ (mol} \cdot \text{dm}^{-3})$$
$$\alpha = \frac{[H_3O^+]}{c} = \frac{1.33 \times 10^{-3}}{0.10}$$
$$= 1.33 \times 10^{-2} = 1.33\%$$
$$pH = -\lg[H_3O^+] = -\lg(1.33 \times 10^{-3})$$
$$= 2.87$$

3. 分子型多元弱酸与水分子之间质子传递反应

分子型多元弱酸与水分子之间存在多级质子传递反应，又称多级电离，例如，二元弱酸

$$H_2A + H_2O \rightleftharpoons H_3O^+ + HA^- \quad K_{a_1} = \frac{[H_3O^+][HA^-]}{[H_2A]} \quad (6-11)$$

$$HA^- + H_2O \rightleftharpoons H_3O^+ + A^{2-} \quad K_{a_2} = \frac{[H_3O^+][A^{2-}]}{[HA^-]} \quad (6-12)$$

总反应为

$$H_2A + 2H_2O \rightleftharpoons 2H_3O^+ + A^{2-}$$

$$K_a = \frac{[H_3O^+]^2[A^{2-}]}{[H_2A]} = \frac{[H_3O^+][HA^-]}{[H_2A]} \cdot \frac{[H_3O^+][A^{2-}]}{[HA^-]}$$
$$= K_{a_1} K_{a_2} \quad (6-13)$$

应该注意的是：(6-13)式表明平衡体系中 H_3O^+，A^{2-}，H_2A 的浓度要符合平衡常数关系式，并不表示一个 H_2A 分子产生两个 H_3O^+ 和一个 A^{2-}，即 H_3O^+ 的浓度不是 A^{2-} 浓度的两倍。

根据平衡常数关系式进行有关精确计算是相当麻烦的，但若酸的原始浓度 c_0 不是很小，K_{a_1} 与 K_{a_2} 值相差 10^2 以上（一般相差

10^5），可近似计算。

[例 6-2] 计算 CO_2 饱和溶液中 HCO_3^-，CO_3^{2-}，H_3O^+ 的浓度（饱和 CO_2 溶液中 $[H_2CO_3] = 0.034 \text{ mol} \cdot \text{dm}^{-3}$，实为 CO_2(aq) 和 H_2CO_3 的浓度之和）。

解 H_2CO_3 与 H_2O 之间质子传递反应分两步进行，可分别作近似计算：

$$H_2CO_3 + H_2O \rightleftharpoons H_3O^+ + HCO_3^-$$

$$K_{a_1} = \frac{[H_3O^+][HCO_3^-]}{[H_2CO_3]} = 4.3 \times 10^{-7}$$

因为 $[H_3O^+] \approx [HCO_3^-]$，所以

$$[H_3O^+] = (c_0 K_{a_1})^{\frac{1}{2}} = (0.034 \times 4.3 \times 10^{-7})^{\frac{1}{2}}$$
$$= 1.2 \times 10^{-4} \text{ (mol} \cdot \text{dm}^{-3})$$

$$[HCO_3^-] = 1.2 \times 10^{-4} \text{ mol} \cdot \text{dm}^{-3}$$

$$HCO_3^- + H_2O \rightleftharpoons H_3O^+ + CO_3^{2-}$$

$$K_{a_2} = \frac{[H_3O^+][CO_3^{2-}]}{[HCO_3^-]} = 4.8 \times 10^{-11}$$

因为 $[H_3O^+] \approx [HCO_3^-]$，所以

$$[CO_3^{2-}] = K_{a_2} = 4.8 \times 10^{-11} \text{ mol} \cdot \text{dm}^{-3}$$

计算结果表明：$[CO_3^{2-}] = 4.8 \times 10^{-11} \text{ mol} \cdot \text{dm}^{-3} \ll 1.2 \times 10^{-4} \text{ mol} \cdot \text{dm}^{-3} = [HCO_3^-]$，故可忽略 HCO_3^- 电离对 HCO_3^- 和 H_3O^+ 浓度的影响。

4. 离子型酸碱与水分子之间质子传递反应

离子型酸、碱与水分子之间质子传递反应指弱酸离子（如 NH_4^+）、弱碱离子（如 Ac^-）、多元弱碱离子（如 CO_3^{2-}）、多元弱酸离子（如 $Al(H_2O)_6^{3+}$）以及既可作酸又可作碱的两性离子（如 HCO_3^-）与水分子之间质子传递反应。

（1）弱酸离子（如 NH_4^+）

NH_4^+ 与 H_2O 之间传递反应

$$NH_4^+ + H_2O \rightleftharpoons H_3O^+ + NH_3$$

$$K_a = \frac{[H_3O^+][NH_3]}{[NH_4^+]} = \frac{[H_3O^+][NH_3][OH^-]}{[NH_4^+][OH^-]} = \frac{K_w}{K_b} \quad (6\text{-}14)$$

按照一元弱酸处理，并以$\dfrac{K_w}{K_b}$代替K_a，得

$$[H_3O^+] = (c_0 K_a)^{\frac{1}{2}} = \left(c_0 \frac{K_w}{K_b}\right)^{\frac{1}{2}} \quad (6\text{-}15)$$

若NH_4^+的起始浓度为0.30 mol·dm^{-3}，则

$$[H_3O^+] = \left(c_0 \frac{K_w}{K_b}\right)^{\frac{1}{2}} = \left(0.30 \times \frac{1 \times 10^{-14}}{1.77 \times 10^{-5}}\right)^{\frac{1}{2}}$$
$$= 1.30 \times 10^{-5} \text{ (mol·dm}^{-3})$$

（2）弱碱离子（如Ac^-）

Ac^-与H_2O之间质子传递反应

$$Ac^- + H_2O \rightleftharpoons HAc + OH^-$$

$$K_b = \frac{[HAc][OH^-]}{[Ac^-]} = \frac{[HAc][OH^-][H_3O^+]}{[Ac^-][H_3O^+]} = \frac{K_w}{K_a} \quad (6\text{-}16)$$

按照一元弱碱处理，并以$\dfrac{K_w}{K_a}$代替K_b，得

$$[OH^-] = (c_0 K_b)^{\frac{1}{2}} = \left(c_0 \frac{K_w}{K_a}\right)^{\frac{1}{2}} \quad (6\text{-}17)$$

若Ac^-的起始浓度为0.10 mol·dm^{-3}，则

$$[OH^-] = \left(c_0 \frac{K_w}{K_a}\right)^{\frac{1}{2}} = \left(0.10 \times \frac{1 \times 10^{-14}}{1.76 \times 10^{-5}}\right)^{\frac{1}{2}}$$
$$= 7.54 \times 10^{-6} \text{ (mol·dm}^{-3})$$

（3）多元弱碱离子（如CO_3^{2-}）

CO_3^{2-}与H_2O之间质子传递反应是分步进行的。

第一步 $\quad CO_3^{2-} + H_2O \rightleftharpoons HCO_3^- + OH^-$

$$K_{b_1} = \frac{[\text{HCO}_3^-][\text{OH}^-]}{[\text{CO}_3^{2-}]} = \frac{[\text{HCO}_3^-][\text{OH}^-][\text{H}_3\text{O}^+]}{[\text{CO}_3^{2-}][\text{H}_3\text{O}^+]}$$

$$= \frac{K_w}{K_{a_2}} = \frac{1 \times 10^{-14}}{4.8 \times 10^{-11}} = 2.1 \times 10^{-4}$$

第二步 $\text{HCO}_3^- + \text{H}_2\text{O} \rightleftharpoons \text{H}_2\text{CO}_3 + \text{OH}^-$

$$K_{b_2} = \frac{[\text{H}_2\text{CO}_3][\text{OH}^-]}{[\text{HCO}_3^-]} = \frac{[\text{H}_2\text{CO}_3][\text{OH}^-][\text{H}_3\text{O}^+]}{[\text{HCO}_3^-][\text{H}_3\text{O}^+]}$$

$$= \frac{K_w}{K_{a_1}} = \frac{1 \times 10^{-14}}{4.3 \times 10^{-7}} = 2.3 \times 10^{-8}$$

因为 $K_{b_1} \gg K_{b_2}$，因此，溶液中 OH^- 可认为由第一步反应产生，而忽略第二步反应产生的 OH^-，溶液中 OH^- 浓度为

$$[\text{OH}^-] = (c_0 K_{b_1})^{\frac{1}{2}} = \left(c_0 \frac{K_w}{K_{a_2}}\right)^{\frac{1}{2}}$$

若 CO_3^{2-} 的起始浓度为 0.10 mol·dm^{-3}，则

$$[\text{OH}^-] = \left(c_0 \frac{K_w}{K_{a_2}}\right)^{\frac{1}{2}} = \left(0.1 \times \frac{1 \times 10^{-14}}{4.8 \times 10^{-11}}\right)^{\frac{1}{2}}$$

$$= 2.1 \times 10^{-5} \text{ (mol·dm}^{-3})$$

(4) 多元弱酸离子(如 $\text{Al}(\text{H}_2\text{O})_6$)

多元弱酸离子指高价水合金属阳离子 $\text{M}(\text{H}_2\text{O})_m^{n+}$，它们是典型的质子酸，与 H_2O 之间质子传递反应是分步进行的，主要存在如下质子传递反应

$$\text{M}(\text{H}_2\text{O})_m^{n+} + \text{H}_2\text{O} \rightleftharpoons [\text{M}(\text{H}_2\text{O})_{m-1}\text{OH}]^{(n-1)+} + \text{H}_3\text{O}^+$$

$$K_a = \frac{[[\text{M}(\text{H}_2\text{O})_{m-1}\text{OH}]^{(n-1)+}][\text{H}_3\text{O}^+]}{[\text{M}(\text{H}_2\text{O})_m^{n+}]} \quad (6\text{-}18)$$

其酸的强弱主要取决于金属离子 M^{n+} 的电荷、离子半径和价电子构型，另外，与水合离子的结构和水合数的多少也有关。离子的电荷越高、半径越小，其水合阳离子酸的酸性越强。几种较强水合离子酸的酸常数 K_a 分别是：$\text{M}(\text{H}_2\text{O})_6^{3+}$ ($\text{M}: \text{Fe}^{3+}, \text{Cr}^{3+},$

Al^{3+}) 6.3×10^{-3},1.2×10^{-4}, 1.1×10^{-5}。

水合金属阳离子与 H_2O 之间可以进行多级质子传递反应,如 $Al(H_2O)_6^{3+}$ 存在如下平衡

$$Al(H_2O)_6^{3+} + H_2O \rightleftharpoons [Al(H_2O)_5OH]^{2+} + H_3O^+$$

$$[Al(H_2O)_5OH]^{2+} + H_2O \rightleftharpoons [Al(H_2O)_4(OH)_2]^+ + H_3O^+$$

...

另外,还可通过 OH^- 桥联形成多核配合物或不是由质子传递反应生成的其他物种,如以 O^{2-} 桥联形成的多核配合物 $[(H_2O)_5Al-O-Al(H_2O)_5]^{4+}$ 等,不过形成多核配合物的速率较慢。

(5) 两性离子(如 HCO_3^-)

两性离子既可作质子酸又可作质子碱与 H_2O 进行质子传递反应,如 HCO_3^-,

$$HCO_3^- + H_2O \rightleftharpoons H_3O^+ + CO_3^{2-}$$

$$K_{a_2} = \frac{[H_3O^+][CO_3^{2-}]}{[HCO_3^-]} = 4.8\times10^{-11}$$

$$HCO_3^- + H_2O \rightleftharpoons H_2CO_3 + OH^-$$

$$K_{b_2} = \frac{[H_2CO_3][OH^-]}{[HCO_3^-]} = 2.3\times10^{-8}$$

因为 $K_{b_2} > K_{a_2}$,所以溶液呈碱性。

由 HCO_3^- 与 H_2O 之间进行的质子传递反应可以看出:在 HCO_3^- 溶液中存在两个缓冲体系,即

H_2CO_3-HCO_3^- pH 接近于 pK_{a_1}

HCO_3^--CO_3^{2-} pH 接近于 pK_{a_2}

混合体系(HCO_3^- 溶液)的 pH 为 $pK_{a_1} + pK_{a_2}$ 的几何平均值,即

$$[H_3O^+] = (K_{a_1} \cdot K_{a_2})^{\frac{1}{2}} \tag{6-19}$$

[例 6-3] 求 $0.10\ mol\cdot dm^{-3}\ NaHCO_3$ 溶液的 pH。

解 $[H_3O^+] = (K_{a_1} \cdot K_{a_2})^{\frac{1}{2}}$

$\qquad\qquad\quad = (4.3 \times 10^{-7} \times 4.8 \times 10^{-11})^{\frac{1}{2}}$

$\qquad\qquad\quad = 4.5 \times 10^{-9} \ (\text{mol} \cdot \text{dm}^{-3})$

$\qquad \text{pH} = -\lg[H_3O^+] = -\lg(4.5 \times 10^{-9})$

$\qquad\qquad\ = 8.34$

以上讨论的是酸碱物质与水之间质子传递反应。另一类是溶质酸碱物质之间进行质子传递反应，如反应

$$HF + CN^- \rightleftharpoons HCN + F^-$$

$$K^\ominus = \frac{\dfrac{[HCN]}{c^\ominus}\dfrac{[F^-]}{c^\ominus}}{\dfrac{[HF]}{c^\ominus}\dfrac{[CN^-]}{c^\ominus}}$$

平衡常数 $K^\ominus$ 与 HF, HCN 的酸常数 K_a, K_a' 有关。

① $\qquad HF + H_2O \rightleftharpoons H_3O^+ + F^-$

$$K_a = \frac{[H_3O^+][F^-]}{[HF]} = 3.5 \times 10^{-4}$$

② $\qquad HCN + H_2O \rightleftharpoons H_3O^+ + CN^-$

$$K_a' = \frac{[H_3O^+][CN^-]}{[HCN]} = 4.93 \times 10^{-10}$$

①-②式即得上面的酸碱反应方程式，于是平衡常数 $K^\ominus$ 为

$$K^\ominus = \frac{K_a}{K_a'} = \frac{3.5 \times 10^{-4}}{4.93 \times 10^{-10}} = 7.1 \times 10^5$$

酸碱反应的结果，总是强的酸与强的碱反应生成弱的共轭碱与弱的共轭酸，反应进行的程度取决于酸、碱的相对强度。

6.2 缓冲溶液

含有弱酸及其共轭碱或弱碱及其共轭酸的溶液体系能缓解少量强酸、强碱的作用，而使溶液的酸度基本保持不变，这种溶液

叫**缓冲溶液**。缓冲溶液具有重要的意义和广泛的应用,人体血液中由于有多种缓冲溶液体系,而使血液的 pH 保持在 7.4 左右,pH 过高或过低都将导致疾病甚至死亡。海水表面缓冲的 pH 为 8.1~8.3,海水的许多化学性质由它的 pH 确定。在化学中,某些元素离子的分离、配合滴定、比色分析等都要求溶液的 pH 基本保持不变,必须在溶液中加相应的缓冲溶液。

6.2.1 缓冲原理

缓冲溶液包含有弱酸及其共轭碱或弱碱及其共轭酸,如 HAc-Ac$^-$,NH$_3$-NH$_4^+$,HCO$_3^-$-CO$_3^{2-}$ 等缓冲溶液体系。缓冲溶液体系中酸、碱物质的浓度较大(一般为 0.1~1 mol·dm^{-3}),而且彼此接近。下面以 HAc-Ac$^-$ 缓冲溶液体系为例说明缓冲原理。

根据 HAc 的电离,得

$$K_a = \frac{[H_3O^+][Ac^-]}{[HAc]}$$

$$[H_3O^+] = K_a \frac{[HAc]}{[Ac^-]} = K_a \frac{c_{HAc}}{c_{Ac^-}} = K_a \frac{n_{HAc}}{n_{Ac^-}} \qquad (6-20)$$

因此,[H$_3$O$^+$] 取决于 K_a 和 c_{HAc} 与 c_{Ac^-}(或 n_{HAc} 与 n_{Ac^-})的比值。当加入少量强酸时,c_{HAc} 略有增加,c_{Ac^-} 略有降低,但其比值几乎不变。当加入少量强碱时,c_{HAc} 略有降低,c_{Ac^-} 略有增加,但比值几乎不变。当稀释时,c_{HAc},c_{Ac^-} 以相同的比例减小,其比例不变。当然,如果过分稀释,由于 HAc 的电离度将发生很大的变化,溶液的 pH 也会发生一定的变化。

从上面的讨论可以看出:缓冲溶液的缓冲能力是有限的,当加入强酸的物质的量接近于 Ac$^-$ 的物质的量,或加入强碱的物质的量接近于 HAc 的物质的量时,缓冲溶液将失去缓冲作用。

缓冲溶液的缓冲作用,只能近似地保持溶液的酸度不变,实际上加入一定量的强酸、强碱后,溶液的 pH 将有微小的变化。因为强酸、强碱与缓冲体系中共轭酸碱的反应是非常完全的,必

然导致 $c_{酸}$ 与 $c_{碱}$ 的比值发生微小的变化。对于 HAc-Ac$^-$ 缓冲体系，加入少量强酸后，下列反应进行得非常完全。

$$Ac^- + H_3O^+ \rightleftharpoons HAc + H_2O$$

$$K^{\ominus} = \frac{[HAc]}{[Ac^-][H_3O^+]} = \frac{1}{K_a} = \frac{1}{1.76 \times 10^{-5}}$$

$$= 5.6 \times 10^4$$

同样，加入少量强碱后，下列反应也进行得非常完全。

$$HAc + OH^- \rightleftharpoons Ac^- + H_2O$$

$$K^{\ominus} = \frac{[Ac^-]}{[HAc][OH^-]} = \frac{[Ac^-][H_3O^+]}{[HAc]} \cdot \frac{1}{[H_3O^+][OH^-]}$$

$$= \frac{K_a}{K_w} = \frac{1.76 \times 10^{-5}}{1.0 \times 10^{-14}} = 1.76 \times 10^9$$

上面两个反应及其很大的平衡常数，正说明了缓冲溶液的作用原理，同时也表明 $c_{酸}$ 与 $c_{碱}$ 的比值将发生一定的改变。

[例 6-4] 已知 HAc-Ac$^-$ 缓冲溶液 10 cm^3，HAc，Ac$^-$ 的浓度皆为 1 mol·dm^{-3}，当加入 0.20 mol·dm^{-3} NaOH 溶液 0.50 cm^3 后，计算 pH 改变值。

解 根据(6-20)式，先求出未加 NaOH 时缓冲溶液的 pH：

$$K_a = \frac{[H_3O^+][Ac^-]}{[HAc]} = \frac{[H_3O^+](1.0)}{(1.0)}$$

$$= 1.76 \times 10^{-5}$$

$$[H_3O^+] = 1.76 \times 10^{-5} \text{ mol·dm}^{-3}$$

$$pH = -\lg[H_3O^+] = -\lg(1.76 \times 10^{-5})$$

$$= 4.75$$

由题意可知：加入 OH$^-$ 的物质的量为

$$0.50 \times 10^{-3} \times 0.20 = 1.0 \times 10^{-4} \text{ (mol)}$$

由 OH$^-$ 与 HAc 反应的方程式可知：HAc 将减少 1.0×10^{-4} mol，而 Ac$^-$ 增加 1.0×10^{-4} mol，加入 NaOH 后溶液中 HAc 和

Ac^- 的浓度分别为

$$[HAc] = \frac{9.9 \times 10^{-3} \text{ mol}}{10.5 \times 10^{-3} \text{ dm}^3} = 0.943 \text{ mol} \cdot \text{dm}^{-3}$$

$$[Ac^-] = \frac{10.1 \times 10^{-3} \text{ mol}}{10.5 \times 10^{-3} \text{ dm}^3} = 0.962 \text{ mol} \cdot \text{dm}^{-3}$$

将 $[HAc]$,$[Ac^-]$ 代入(6-20)式,得

$$[H_3O^+] = K_a \frac{[HAc]}{[Ac^-]} = 1.76 \times 10^{-5} \times \frac{0.943}{0.962}$$

$$= 1.72 \times 10^{-5} (\text{mol} \cdot \text{dm}^{-3})$$

$$\text{pH} = -\lg[H_3O^+] = -\lg(1.72 \times 10^{-5})$$

$$= 4.76$$

计算结果表明:pH 只改变了 0.01 个单位,pH 基本保持不变。

6.2.2 缓冲溶液 pH 范围

由于缓冲溶液中 $c_{酸}$ 与 $c_{碱}$ 的比值一般处在 0.1~1 之间,当比值接近于 1 时,其缓冲溶液最有效,即加入一定量的 H_3O^+ 或 OH^- 后缓冲溶液的 pH 改变最小。

根据(6-20)式可求算缓冲溶液的 pH 及其缓冲范围。

$$[H_3O^+] = K_a \frac{c_{酸}}{c_{碱}}$$

$$\text{pH} = pK_a - \lg \frac{c_{酸}}{c_{碱}}$$

$$\text{pH} = pK_a \pm 1 \tag{6-21}$$

同理可得

$$[OH^-] = K_b \frac{c_{碱}}{c_{酸}}$$

$$\text{pOH} = pK_b - \lg \frac{c_{碱}}{c_{酸}}$$

$$\text{pOH} = pK_b \pm 1 \tag{6-22}$$

对于 HAc-Ac$^-$ 缓冲体系,其缓冲 pH 的范围是 4.75 ± 1,对于 NH_3-NH_4^+ 缓冲体系,其缓冲 pH 的范围是 9.25 ± 1。

[**例 6-5**] 在生物工程中,某些微生物需要在 pH = 8.54 的条件下生长,若用 NH_3-NH_4^+ 缓冲体系,NH_3,NH_4^+ 物质的量的比值应为多少?

解 弱酸 NH_4^+ 的酸常数为 5.6×10^{-10},pK_a 为 9.24。

$$pH = pK_a - \lg\frac{c_{NH_4^+}}{c_{NH_3}}$$

$$\lg\frac{c_{NH_4^+}}{c_{NH_3}} = pK_a - pH$$

$$= 9.24 - 8.54 = 0.7$$

$$\frac{c_{NH_4^+}}{c_{NH_3}} = 5.01$$

$$\frac{c_{NH_3}}{c_{NH_4^+}} = \frac{1}{5.01} = 0.20$$

所以,NH_3 与 NH_4^+ 物质的量的比值为 0.20。

6.2.3 缓冲溶液的选择和配制

在选择和配制缓冲溶液时,首先考虑共轭酸碱对的 pK_a(或 pK_b)应等于或接近缓冲的 pH(或 pOH),然后根据具体情况调节 $c_{酸}$ 与 $c_{碱}$ 的比值,以达到预期的目的。配制好的缓冲溶液常需用 pH 计测定其 pH,通过加酸或碱调节,使 pH 达到一定的值。在配制缓冲溶液时,酸、碱的浓度一般为 $0.1\sim1$ mol·dm^{-3},有时浓度也可能较大,如配制滴定用的 NH_3-NH_4^+ 缓冲溶液,NH_3 的浓度可达 8.5 mol·dm^{-3}。在具体选择和配制缓冲溶液时,可查阅常用缓冲溶液及其 pH 范围表,如表 6-6。

表 6-6　　　　　常用缓冲溶液及其 pH 范围

缓 冲 溶 液	$V_{酸}/V_{碱}$	pH 缓冲范围
$0.1\ mol\cdot dm^{-3}$ HAc + $0.1\ mol\cdot dm^{-3}$ NaAc	1:16～16:1	5.85～3.52
$0.1\ mol\cdot dm^{-3}$ NH$_3$ + $0.1\ mol\cdot dm^{-3}$ NH$_4$Cl	1:16～16:1	8.05～10.93
$0.05\ mol\cdot dm^{-3}$ Na$_2$B$_4$O$_7$ + $0.1\ mol\cdot dm^{-3}$ HCl	5.24:9.75～10:0.0	7.62～9.62
$0.05\ mol\cdot dm^{-3}$ Na$_2$B$_4$O$_7$ + $0.1\ mol\cdot dm^{-3}$ NaOH	10:0.0～4.0:6.0	9.24～12.37
$0.1\ mol\cdot dm^{-3}$ KH$_2$PO$_4$ + $0.1\ mol\cdot dm^{-3}$ NaOH	50.0:5.7～50.0:46.8	6.0～8.0

缓冲溶液的配制也可通过计算确定，例如，配制 pH 为 4.6 的缓冲溶液。因为 HAc 的 pK_a 与 pH 接近，故可选择 HAc-Ac$^-$ 缓冲体系，为此，求出 c_{HAc} 与 c_{Ac^-} 的比值。

$$\lg \frac{c_{HAc}}{c_{Ac^-}} = pK_a - pH = 4.75 - 4.60 = 0.15$$

$$\frac{c_{HAc}}{c_{Ac^-}} = 1.4$$

配制缓冲溶液时，将 0.10 mol NaAc 和 0.14 mol HAc 溶解在一升水中即可，或者将 0.20 mol NaAc 和 0.28 mol HAc 溶解在一升水中。配制缓冲溶液时，酸和碱的绝对浓度并非重要，对 pH 起作用的是其比值，但绝对浓度影响缓冲溶液的缓冲能力。

在实际应用中，大多数缓冲溶液的配制是加 NaOH 到弱酸溶液，或加盐酸到弱碱溶液中配制而成。

6.3 非水溶剂酸碱

6.3.1 非水质子酸碱溶剂

质子酸碱理论不仅适用于水作为溶剂,而且适用于非水质子溶剂,**非水质子溶剂**是指除水以外的溶剂或几种溶剂的混合物。若溶解在给定质子溶剂中的物质为质子酸,则溶剂是质子碱,该溶剂称为**亲质子非水质子溶剂**,如液氨等。若溶解在质子溶剂中的物质呈现碱的性质,则溶剂是质子酸,该溶剂称为**疏质子非水质子溶剂**,如冰醋酸等。有些非水质子溶剂如醇类既能给出质子,又能接受质子,这样的溶剂称为**两性非水质子溶剂**。

和水一样,非水质子溶剂也存在自偶电离平衡,如

$$NH_3 + NH_3 \rightleftharpoons NH_4^+ + NH_2^-$$

$$HAc + HAc \rightleftharpoons H_2Ac^+ + Ac^-$$

由于非水质子溶剂给出或接受质子的能力不同,因此,和水相比较,酸、碱物质在非水质子溶剂的相对强度将发生变化。例如,液氨接受质子的能力比水强,在水中为弱酸的物质,在液氨中为强酸,如醋酸,并被拉平为在液氨中存在的最强酸 NH_4^+。

$$HAc + NH_3 \rightleftharpoons NH_4^+ + Ac^-$$

在水中为强碱的物质,在液氨中也产生拉平效应,如

$$H^- + NH_3 \rightleftharpoons NH_2^- + H_2$$

$$O^{2-} + NH_3 \rightleftharpoons NH_2^- + OH^-$$

醋酸接受质子的能力比水弱,因此,某些在水中为强酸的物质,如 H_2SO_4,在醋酸中为弱酸。

6.3.2 酸碱溶剂体系

为了说明在非水质子溶剂中的酸碱反应,1905 年弗兰克雷提出

酸碱溶剂体系概念。这种酸碱概念是假设溶剂发生不同程度的自偶电离，产生相应的特征阳离子和阴离子，如

$$2SO_2\,(l) \Longleftrightarrow SO^{2+} + SO_3^{2-}$$

因此，酸碱定义以溶剂作为基础。

酸碱定义是：酸是在溶剂中能溶解、并能增加溶剂特征阳离子的物质，这种特征阳离子可以是酸在溶剂中离解出来的，也可以是酸与溶剂发生反应而产生的；碱是在溶剂中能溶解、并能增加特征阴离子的物质，这种特征阴离子可以是碱在溶剂中离解出来的，也可以是碱与溶剂发生反应而产生的。中和是溶剂特征阳离子和特征阴离子作用生成溶剂分子的反应。某些酸碱溶剂体系列入表 6-7 中。

表 6-7　　某些酸碱溶剂体系

溶剂	溶剂自偶电离	酸	碱
NH_3	$2NH_3 \Longleftrightarrow NH_4^+ + NH_2^-$	NH_4Cl（电离为 NH_4^+ 和 Cl^-）	$NaNH_2$（电离为 Na^+ 和 NH_2^-）
HF	$2HF \Longleftrightarrow H_2F^+ + F^-$	SbF_5（$SbF_5 + 2HF \Longleftrightarrow H_2F^+ + SbF_6^-$）	NaF（电离为 Na^+ 和 F^-）
N_2O_4	$2N_2O_4 \Longleftrightarrow NO^+ + NO_3^-$	$NOCl$（离解为 NO^+ 和 Cl^-）	$AgNO_3$（电离为 Ag^+ 和 NO_3^-）
BrF_3	$2BrF_3 \Longleftrightarrow BrF_2^+ + BrF_4^-$	SbF_5（$SbF_5 + BrF_3 \Longleftrightarrow BrF_2^+ + SbF_6^-$）	AgF（$AgF + BrF_3 \Longleftrightarrow Ag^+ + BrF_4^-$）
$AsCl_3$	$2AsCl_3 \Longleftrightarrow AsCl_2^+ + AsCl_4^-$	$FeCl_3$（$FeCl_3 + AsCl_3 \Longleftrightarrow FeCl_4^- + AsCl_2^+$）	C_5H_5N（$C_5H_5N + 2AsCl_3 \Longleftrightarrow C_5H_5N \cdot AsCl_2^+ + AsCl_4^-$）

酸碱溶剂体系表明：物质的酸碱性及其强弱与溶剂有关，它

扩大了酸碱物质和酸碱反应的范围。这种酸碱论过分强调了溶剂的作用,即溶剂的自偶电离,而把酸碱物质的性质放在次要的地位。

6.3.3 超酸

许多溶液体系,它们的酸性比以水为溶剂的强酸的酸性大 $10^6 \sim 10^{10}$ 倍,这些体系叫超酸。有人把酸性比 100% H_2SO_4 强的酸叫超酸,但通常是把含有 SbF_5 或 $SbF_5 \cdot 3SO_3$ 的 HSO_3F 溶液体系称为超酸。

超酸是非水体系,不能用酸常数 K_a 或 pH 表示。

超酸的强度通常以酸度函数 H_0 表示。若选用合适的碱指示剂 B(一般为有色指示剂,如苦酰胺)作为质子碱,则

$$H^+ + B \rightleftharpoons HB^+$$

碱 B 与其共轭酸 HB^+ 之间质子转移程度,不仅和碱 B 的性质有关,而且和超酸的强度有关。酸度函数 H_0 定义为

$$H_0 = pK_{HB^+} - \lg \frac{c_{HB^+}}{c_B} \tag{6-23}$$

pK_{HB^+} 为 HB^+ 离解常数的负对数,比值 c_{HB^+}/c_B 可用分光光度计测定。可以粗略地把 H_0 视为在 pH = 0 以下的 pH 值。H_0 值越负,超酸的强度越大,如 H_2SO_4 的 H_0 为 -12,HSO_3F 的 H_0 为 -15.1,$SbF_5 \cdot 3SO_3$ 在 HSO_3F 中的 H_0 可达 -19.3。

HSO_3F 是很强的质子酸,能发生程度不大的自偶电离

$$2HSO_3F \rightleftharpoons H_2SO_3F^+ + SO_3F^-$$

根据质子酸碱理论和酸碱溶剂概念,物质溶于 HSO_3F 中能增加 $H_2SO_3F^+$ 离子浓度的是酸,该物质可以是质子给予体或者是能与 SO_3F^- 结合的物质。

$$HA + HSO_3F \rightleftharpoons H_2SO_3F^+ + A^-$$
$$MX + 2HSO_3F \rightleftharpoons H_2SO_3F^+ + [MX(SO_3F)]^-$$

碱是能溶于 HSO_3F 并能增加 SO_3F^- 离子浓度的物质，该物质可以是碱金属氟磺酸盐，或者是 H^+ 的接受体。

$$KSO_3F \stackrel{HSO_3F}{\rightleftharpoons} K^+ + SO_3F^-$$

$$B + HSO_3F \rightleftharpoons HB^+ + SO_3F^-$$

实际上，由于 HSO_3F 是非常强的质子酸，没有物质在 HSO_3F 中能给予 H^+，即作为质子酸。能增加 $H_2SO_3F^+$ 离子浓度的是那些能与 SO_3F^- 结合的物质，这些物质是某些特征的路易斯酸，其中最重要的是第五族元素高氧化态的氟化物，如 SbF_5。SbF_5 在 HSO_3F 中的反应为

$$SbF_5 + 2HSO_3F \rightleftharpoons H_2SO_3F^+ + [SbF_5(SO_3F)]^-$$

$$2SbF_5 + 2HSO_3F \rightleftharpoons H_2SO_3F^+ + [Sb_2F_{10}(SO_3F)]^-$$

从上面的讨论可以看出：超酸可分为质子超酸，如 H_2SO_4，HSO_3F 等和路易斯超酸，后者是由强的路易斯酸如 SbF_5，AsF_5 等溶于质子超酸溶剂(如 HSO_3F)而成。

超酸的酸性大，质子化能力强，在化学中得到广泛的应用。在超酸体系中可以生成在一般条件下难以形成或不稳定的阳离子，如正碳离子，卤素正离子等。例如，反应

$$H_3C-\underset{\underset{CH_3}{|}}{\overset{\overset{CH_3}{|}}{C}}-CH_3 + HSO_3F \rightleftharpoons \left[H_3C-\underset{\underset{CH_3}{|}}{\overset{\overset{CH_3}{|}}{C}}-CH_4\right]^+ + SO_3F^-$$

$$3I_2 + S_2O_6F_2 \stackrel{HSO_3F}{\rightleftharpoons} 2I_3^+ + 2SO_3F^-$$

对于某些在通常酸性介质中不能进行的有机合成在超酸中也得以实现。

6.4 路易斯酸碱

1923 年路易斯(Lewis)根据反应物分子在反应中价电子的重

新分配而提出酸碱定义，把酸碱反应与化学键联系起来。路易斯酸碱理论又叫酸碱电子论或广义酸碱理论。

1927年西奇维克把维尔纳的关于配位化合物的形成也归结于电子对的键合，这种键合是配位体提供电子对，中心体接受电子对而形成配位化合物。基于这种观点，路易斯酸碱可简单地定义为：碱是电子对的给予体，酸是电子对的接受体，酸碱反应生成配合物或加合物。

6.4.1 路易斯酸碱物质和反应

1．路易斯酸碱物质

（1）路易斯酸

路易斯酸可分为以下几种类型。

① 元素原子未达到八隅体的化合物，如 BF_3 等。

② 某些中心原子可以多于八隅体的化合物，其中主要是卤化物，如 SiF_4 等。

③ 具有能配位的稳定构型的金属阳离子，如 Fe^{3+}，Ag^+ 等。水合金属阳离子，特别是高价水合金属阳离子是很强的质子酸。

④ 某些含有复键酸中心的化合物（除碳—碳复键以外），酸中心可以转移自身的一对电子，同时接受碱提供的一对电子，如 CO_2。

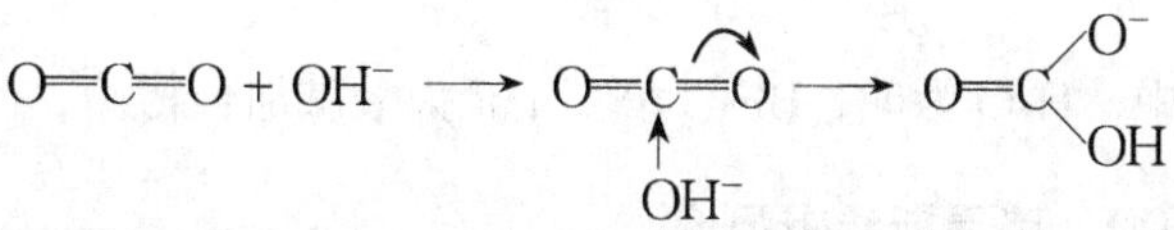

$$O=C=O + OH^- \longrightarrow O=C\overset{\frown}{-}O \longrightarrow O=C\overset{O^-}{\underset{OH}{<}}$$
$$\underset{OH^-}{|}$$

（2）路易斯碱

路易斯碱可分为三种主要类型。

① 能提供电子对的负离子，如 F^-，I^- 等。

② 能提供电子对的中性分子，如 H_2O，NH_3 等。

③ 含有碳—碳复键或共轭体系的化合物，如 C_2H_4，⌬ 等。

2. 路易斯酸碱反应

路易斯酸碱反应可以概括为以下几种类型。

(1) 酸碱加合反应。酸和碱反应生成酸碱加合物。如反应
$$NH_3 + BF_3 \rightleftharpoons F_3B \cdot NH_3$$
$$Ni + 4CO \rightleftharpoons Ni(CO)_4$$

(2) 取代反应。可分为酸取代反应,碱取代反应和协调取代反应。

① 酸取代反应 酸取代反应又称亲电子取代反应,一般是强酸取代酸碱加合物中的弱酸。如反应
$$CO_2 + 2H_2O \rightleftharpoons HCO_3^- + H_3O^+$$
该反应中,CO_2 为路易斯酸,H_2O 视为酸碱加合物。

② 碱取代反应 碱取代反应又称亲核取代反应,一般是强碱取代酸碱加合物中的弱碱。如反应
$$Ag(NH_3)_2^+ + 2S_2O_3^{2-} \rightleftharpoons Ag(S_2O_3)_2^{3-} + 2NH_3$$
该反应中,$S_2O_3^{2-}$ 为路易斯碱,$Ag(NH_3)_2^+$ 为酸碱加合物。

③ 协调取代反应 协调取代反应又称推-拉取代反应。如反应

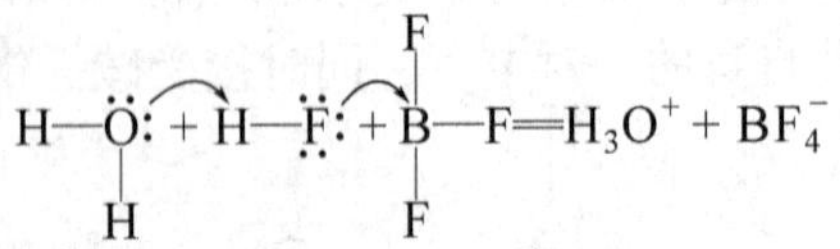

$$H-\ddot{\underset{H}{O}}: + H-\ddot{F}: + B-F = H_3O^+ + BF_4^-$$

该反应中,H_2O 为碱,BF_3 为酸,HF 为酸碱加合物。

6.4.2 路易斯酸碱强度

路易斯酸碱强度是指酸接受电子对或碱给予电子对的能力。但是,同一种路易斯酸或碱的强度可能由于与之结合的碱或酸的不同而不同。例如,若以 H^+ 作参比酸,碱性是 $NH_3 > F^-$,而以 Ca^{2+} 作参比酸时,碱性是 $F^- > NH_3$,因此,对于路易斯酸碱的强度没有统一的标度。

从热力学考虑,路易斯酸碱强度或生成加合物的稳定性,主要与生成加合物的焓变 $\Delta_r H_m^\ominus$ 有关,熵的影响不大,而对 $\Delta_r H_m^\ominus$ 的影响因素是多方面的。下面讨论影响路易斯酸碱强度的结构因素。

1. 电子效应

路易斯酸碱强度与酸中心或碱中心原子的电荷密度有关,而电子效应将影响电荷密度。电子效应包括 σ 诱导效应和 π 共轭效应。

(1) σ 诱导效应　下列路易斯酸碱强度的顺序为

路易斯酸强度:$Me_3B < BH_3 < BF_3$

路易斯碱强度:$Me_3N > NH_3 > NF_3$

显然,由于甲基 Me 是推电子基团,而 F 原子的电负性大,酸中心 B 原子的电荷密度按 Me_3B,BH_3,BF_3 的顺序降低,即正电荷按该顺序增大;而碱中心 N 原子的电荷密度按 Me_3N,NH_3,NF_3 的顺序降低,即负电荷按该顺序降低。因此,路易斯酸、碱强度分别按上述顺序增加、减小。

(2) π 共轭效应　π 共轭效应对路易斯酸碱强度的影响也是重要的。如 BX_3(X:F,Cl,Br,I)是路易斯酸,按照 σ 诱导效应,其酸的强度是 $BF_3 > BCl_3 > BBr_3 > BI_3$,但实际是 $BF_3 < BCl_3 \ll BBr_3 \sim BI_3$,这种现象与 π 共轭效应有关。在 BX_3 分子中,由于 F 是第二周期元素原子,与 B 形成 π 键的能力强。当 BX_3 形成酸碱加合物 BX_4^- 时,要破坏 BX_3 分子中的 π 键,分子的几何构型从平面三角形变为四面体。BX_3 分子中形成 π 键的程度越大,分子的"可折叠性"越小,分子的几何构型越难以从平面三角形变为四面体。所以,路易斯酸的强度呈现顺序 $BF_3 < BCl_3 \ll BBr_3 \sim BI_3$。

2. 空间效应

空间效应对离子平衡特别是当离子间仅差一个质子时影响不大,但对路易斯酸碱反应有明显的影响。空间效应可分为两种类型。

(1) 前-张力　前-张力产生于酸取代基与碱取代基空间位阻

而产生的范德华力。例如，当 NH_3 中的 H 被大的基团如正丙基 —CH_2—CH_2—CH_3 取代，BH_3 中的 H 被乙基 —CH_2—CH_3 取代，即三正丙胺$(CH_3CH_2CH_2)_3N$ 与三乙基硼$(CH_3CH_2)_3B$ 反应，生成的加合物由于很大的空间位阻范德华排斥而不稳。

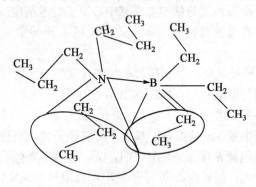

图 6-1　前-张力空间位阻范德华排斥示意图

又如吡啶 同三甲基硼 $B(CH_3)_3$ 反应的 $\Delta_r H_m^\ominus$：

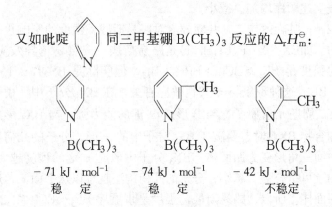

$-71\ kJ\cdot mol^{-1}$　　$-74\ kJ\cdot mol^{-1}$　　$-42\ kJ\cdot mol^{-1}$
　稳　定　　　　　稳　定　　　　　不稳定

（2）后-张力　后-张力产生于路易斯碱给予体原子轨道的方向性，如果分子中存在内排斥，将影响碱中心原子的杂化轨道类型。例如，三甲基胺 $(CH_3)_3N$，键角∠CNC 为 110.9°，N 原子可视为 sp^3 杂化。当甲基 —CH_3 被大的苯基取代，由于三苯胺 $(C_6H_5)_3N$ 分子中存在较大的内排斥，键角∠CNC 增大为 116°，

N 原子可视为以 sp^2 杂化,导致弧对电子中含有较多的 p 轨道成分。当取代基 R 特别大时,R_3N 分子为平面三角形,弧对电子完全为 p 轨道成分。而 p 电子难以有效与路易斯酸键合,使碱的强度降低。由于后-张力的影响而使路易斯碱的强度降低,其示意图如图 6-2 所示。

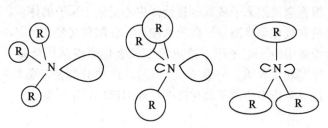

(a) 小取代基 R (b) 中等大小取代基 R (c) 大取代基 R

图 6-2 后-张力影响路易斯碱强度示意图

3. 反馈效应

若路易斯碱与酸形成 σ 键的同时,还能形成反馈 π 键,将使路易斯碱的碱性增强,酸碱加合物的稳定性增加。例如,以 BH_3 作参比酸,单从 σ 诱导效应考虑,Me_3N 的碱性比 Me_3P 强,但实际上是 Me_3P 的碱性比 Me_3N 强,这是由于 P 原子有空的 d 轨道,使 B—H 键合电子与 d 轨道之间形成反馈 π 键,导致 Me_3P 的碱性增强。

从上面的讨论可知:质子酸碱的强度是相对的,而路易斯酸碱强度尚无完整的标准,只是有一些经验式的或半定量的处理方法,软硬酸碱就是其中的一种。

6.5 软硬酸碱

20 世纪 60 年代初,为了说明路易斯酸碱强度,根据大量的实验事实,佩尔生(Pearson)提出软硬酸碱的观点,把酸碱分为软的、硬的和交界的。所谓酸碱的软硬是指软酸-软碱、硬酸-硬碱结合的特殊稳定性,并提出软硬酸碱原理。软硬酸碱是对路易斯酸碱强度经验式处理,其应用极为广泛,能解释许多与化学有关的事实和现象。

1. 软硬酸碱分类

根据金属阳离子或其他接受体中心受电子原子的体积、所带正电荷和极化率将路易斯酸分为硬酸、软酸和交界酸,同样,根据给予体中给予电子原子的电负性和极化率将路易斯碱分为硬碱、软碱和交界碱。见表6-8。当然,这种分类是非常粗糙的,因为没有考虑中心原子氧化态变化而引起的稳定性变化。

表 6-8　　　　　　　　路易斯酸碱分类

分　类	路易斯酸	分　类	路易斯碱
硬酸	H^+, Na^+, K^+, Mg^{2+}, Ca^{2+}, Al^{3+}, Cr^{3+}, Fe^{3+}, Mn^{2+}, Co^{3+}, BF_3, BCl_3, $AlCl_3$, SO_3, CO_2	硬碱	NH_3, RNH_2, N_2H_4, H_2O, OH^-, ClO_4^-, PO_4^{3-}, SO_4^{2-}, F^-, Cl^-, O^{2-}, CH_3COO^-, CO_3^{2-}, NO_3^-
软酸	Cu^+, Ag^+, Au^+, Hg^{2+}, CH_3Hg^+, BH_3, $GaCl_3$, I_2	软碱	H^-, C_2H_4, C_6H_6, CN^-, CO, SCN^-, R_3P, $S_2O_3^{2-}$, I^-
交界酸	Fe^{2+}, Co^{2+}, Ni^{2+}, Cu^{2+}, Zn^{2+}, Pb^{2+}, Sn^{2+}, SO_2, $B(CH_3)_3$	交界碱	C_5H_5N, N_3^-, N_2, NO_2^-, SO_3^-, NO_2, Br^-

应该指出的是:软硬酸碱的分类是相对的,它们之间不存在绝对的界线。即使是在同一种类别中,酸碱的软硬性也不是相等的,如碱金属阳离子属于硬酸,但相比之下,Li^+ 比 Cs^+ 硬。N在不同的路易斯碱中其软硬性不同,如 NH_3 是硬碱,而 C_5H_5N 属交界碱。

2. 软硬酸碱原理

佩尔生在软硬酸碱分类的基础上总结出软硬酸碱原理。软硬酸碱原理表明：软酸与软碱有亲合性，硬酸与硬碱有亲合性。从热力学观点考虑，软酸倾向于与软碱结合，硬酸倾向于与硬碱结合，交界酸与软、硬碱，交界碱与软、硬酸都能结合。从动力学观点考虑，软酸与软碱结合、硬酸与硬碱结合的反应速率快，软与硬结合反应速率慢，交界酸与软、硬碱结合，交界碱与软、硬酸结合反应速率适中。

软硬酸碱原理目前尚不能从理论上圆满解释，但可从几个方面去理解。当然，这只是定性的描述，尚无公认的标度预测软硬酸碱结合稳定性程度。

(1) 离子-共价作用　硬酸与硬碱以静电作用结合，软酸与软碱以共价键相结合，软-硬结合由于键合不匹配，其稳定性差。

(2) π 键的形成　硬-硬、软-软结合中可能含有 π 键。硬碱(如 O^{2-})中含有能形成 π 键的弧对电子，硬酸中含有低能空轨道(如把 $Cr(VI)$ 视为硬酸)，当硬-硬结合时，形成 σ 键的同时，还可能形成 π 配键，使 CrO_4^{2-} 稳定。

$$Cr \underset{\sigma}{\overset{\pi}{\rightleftarrows}} O$$

软酸含有较多的 p 电子或 d 电子，而软碱含有空的 $p\pi$ 或 π^* 轨道，当软-软结合时可能形成反馈 π 键，如 $Cr(CO)_6$。

$$Cr \underset{\sigma}{\overset{\pi}{\rightleftarrows}} CO$$

硬酸-软碱结合不能形成 π 键或反馈 π 键；软酸-硬碱结合 π 电子相互排斥，加合物不稳定。

(3) 电子相关效应　对于大的接受体与大的给予体结合，即软-软结合，由于加合物的诱导相互极化而产生很大的范德华力，从而增加加合物的稳定性。

(4) 量子力学处理　根据量子力学处理，酸碱加合物中有两种类型的相互作用,一种是静电作用,一种是共价作用。若以静电作用为主,有利于硬-硬结合,若以共价作用为主,有利于软-软结合,而软-硬结合不能确定是哪种制约为主,加合物的稳定性差。

3. 软硬酸碱原理的应用

软硬酸碱原理有着广泛的应用,下面以配位化合物的类聚效应和反类聚效应为例加以说明。

在混合配体配位化合物中,某些不同的配体可以同时与中心体配位形成稳定配合物。

当两可配体 SCN^- 和硬配体 L 与 M^{n+} 配位时,硬配位原子 N 倾向于与 M^{n+} 配位,如配合物 $[Co(NH_3)_5(NCS)]^{2+}$;软的配位原子 S 倾向于和软配体与 M^{n+} 配位,如配合物 $[Co(CN)_5(SCN)]^{3-}$。这种现象叫类聚效应或共生效应。当 SCN^- 和其他硬配体 L 与极化能力强的金属离子 M^{n+}(如 Pt^{2+},Pd^{2+},Ag^+,Hg^{2+} 等)同时配位时,如配合物 $Pd(NH_3)_2(SCN)_2$,硬配体如 NH_3 将使处于反位的 SCN^- 以 S 原子配位,这种现象叫**反类聚效应**或**反共生效应**。

$$\begin{array}{c} H_3N \diagdown \quad \diagup SCN \\ Pd \\ NCS \diagup \quad \diagdown NH_3 \end{array}$$

反类聚效应对平面四方形配合物是特征的,使八面体配合物不稳定,不适用于四面体配合物。

习 题

6.1 已知 298 K 时某一元弱酸 $0.010\ mol \cdot dm^{-3}$ 水溶液的 pH 为 4.0,求 K_a,α。

6.2 求 $0.0100\ mol \cdot dm^{-3}$ NaCN 溶液的 pH。

6.3 从下列分子或离子中选择共轭酸碱对:

H_3O^+,OH^-,H_2O,O^{2-},NH_4^+,NH_3,NH_2^-

$H_3SO_4^+$,H_2SO_4,HSO_4^-,SO_4^{2-},H_2S,HS^-,S^{2-}

6.4 试判断下列反应进行的方向,并用质子酸碱理论加以说明。

(1) $HAc + CO_3^{2-} \rightleftharpoons HCO_3^- + Ac^-$

(2) $HS^- + H_2PO_4^- \rightleftharpoons H_3PO_4 + S^{2-}$

(3) $HCN + S^{2-} \rightleftharpoons HS^- + CN^-$

6.5 已知反应 $H_2O + H_2O \rightleftharpoons H_3O^+ + OH^-$，试计算25℃时的平衡常数 $K^\ominus$。

6.6 高碘酸能以 HIO_4 和 H_5IO_6 存在，在水溶液中存在如下平衡：
$$H_4IO_6^- \rightleftharpoons IO_4^- + 2H_2O$$
已知其平衡常数为 40，$K_{a_1}(H_5IO_6) = 5.1 \times 10^{-4}$，试计算 $[H_3O^+] = 1$ mol·dm^{-3}，$[H_5IO_6] = 0.5$ mol·dm^{-3} 的水溶液中 $[IO_4^-]$ 的浓度。

6.7 将 0.06 mol NH_4Cl 和 0.02 mol NaOH 溶于水，使其体积为 250 cm^3，计算溶液中 NH_4^+ 和 OH^- 离子浓度。

6.8 某弱碱 MOH 的分子量为 125，25℃时，取 5.00 g 溶于 50 cm^3 水中，所得溶液的 pH 为 11.30，试计算 MOH 的碱常数 K_b。

6.9 计算下列缓冲溶液的缓冲 pH 范围。

(1) HCO_3^--CO_3^{2-} (2) $H_2PO_4^-$-HPO_4^{2-} (3) NH_4^+-NH_3

6.10 H_2CO_3 分解为 CO_2 和 H_2O，若从 100 cm^3 pH 为 3.3 的 H_2CO_3 溶液中完全赶掉 CO_2，问标态下，能收集多少升 CO_2？

6.11 人体中的 CO_2 在血液中以 H_2CO_3 和 HCO_3^- 存在，若血液的 pH 为 7.4，求血液中 $[HCO_3^-]$，$[H_2CO_3]$ 各占多少百分数？

6.12 血液中存在 H_2CO_3-HCO_3^- 缓冲溶液，其作用是除去乳酸 Hlac，试写出反应方程式，并求反应的平衡常数 K。$(K_a(Hlac) = 8.4 \times 10^{-4})$

6.13 已知 HBrO 的 K_a 为 2×10^{-9}，从有关实验中发现下列现象：

(1) 0.050 mol·dm^{-3} 的 HBrO 溶液不能使酚酞变色；

(2) 0.050 mol·dm^{-3} 的 NaBrO 溶液能使酚酞变为紫红色；

(3) 将 50 cm^3 0.050 mol·dm^{-3} HBrO 溶液和 30 cm^3 0.050 mol·dm^{-3} NaBrO 溶液混合，使酚酞变为粉红色。

试通过计算说明上述现象。

6.14 试回答下列问题：

(1) 指出下列路易斯碱碱性强弱顺序，简要说明原因。
$$NH^{2-}, NH_2^-, CH_3CN, NH_3$$

(2) 指出 HAc 在 NH_3(l) 中，KNO_3 在 N_2O_4(l) 中的酸碱性。

(3) 质子酸碱强弱是如何定义的？

6.15 简要评述近代酸碱理论。

第 7 章　沉淀-溶解平衡

固体电解质溶于水后，在水溶液中以水合离子的形式存在。当溶液达到饱和后，未溶解的固体与溶液中的水合离子之间将形成动态平衡，这种平衡可表示如下：

$$\text{固体电解质} \underset{\text{结晶或沉淀}}{\overset{\text{溶解}}{\rightleftharpoons}} \text{溶液中的水合离子}$$

这种平衡涉及固相和液相中的离子，是一种多相平衡。原则上应用化学平衡的原理也可以处理这一平衡过程。不过，对于溶解度较大的物质来说，溶液中离子的浓度与活度在数值上有相当大的差别，而且活度系数随离子强度的变化而变化。因此用平衡常数来处理溶解度较大的物质实际上意义不大。对于溶解度很小的物质来说，平衡中所涉及的离子浓度很小，在数值上可以近似看做与活度相等，而且还可以用其他惰性电解质来控制溶液中的离子强度，使活度系数基本不变，离子浓度在一定范围内发生变化时，其相互间仍能保持良好的定量关系。本章仅讨论难溶电解质在水中沉淀与溶解的平衡问题。

7.1　溶度积常数

绝对不溶于水的物质是不存在的，习惯上所谓的不溶于水的物质，只不过是在水中的溶解度极小而已。这种在水中溶解度极小的物质一般称为难溶物。那些在水中溶解度很小，而溶于水后电离生成水合离子的物质就是本章要讨论的难溶电解质。

$BaSO_4$，$CaCO_3$，$AgCl$ 等都是难溶电解质。

7.1.1 溶度积与溶解度

难溶电解质固体放入水中后，在水分子的作用下，会有一定程度的溶解，经过一定时间后溶液中的离子与固体难溶电解质之间建立起平衡。例如 $BaSO_4$ 在水中会建立起如下平衡：

$$BaSO_4(s) \rightleftharpoons Ba^{2+}(aq) + SO_4^{2-}(aq)$$

其平衡常数为

$$\lg K^\ominus = \frac{-\Delta G^\ominus}{2.303RT}, \quad K^\ominus = a(Ba^{2+}) \cdot a(SO_4^{2-})$$

式中 $a(Ba^{2+})$ 和 $a(SO_4^{2-})$ 分别为平衡时 Ba^{2+} 和 SO_4^{2-} 离子的活度。若按质量作用定律写浓度平衡常数表达式，上述平衡常数也可以写成

$$K_{sp} = [Ba^{2+}] \cdot [SO_4^{2-}]$$

$[Ba^{2+}]$ 和 $[SO_4^{2-}]$ 分别为平衡时 Ba^{2+} 和 SO_4^{2-} 离子的浓度。K_{sp} 称为硫酸钡的溶度积常数。由于硫酸钡在水中的溶解度很小，离子的浓度与活度在数值上基本相同，所以在一般情况下并不严格将 K_{sp} 与 $K^\ominus$ 加以区别。

对于组成为 A_mB_n 的难溶电解质来说，在水中的沉淀-溶解平衡为

$$A_mB_n(s) \rightleftharpoons mA^{n+}(aq) + nB^{m-}(aq) \quad (7-1)$$

其溶度积常数表达式为

$$K_{sp} = [A^{n+}]^m \cdot [B^{m-}]^n \quad (7-2)$$

因此，难溶电解质的**溶度积常数**等于其饱和溶液中各离子浓度幂的乘积。显然难溶电解质的溶解度越大，溶液中的水合离子的浓度越大，K_{sp} 的数值也就较大。当以饱和溶液中难溶电解质的物质的量浓度代表其溶解度时，同类型难溶电解质的 K_{sp} 越大，其溶解度也越大；K_{sp} 越小，其溶解度也越小。但对于不同类型的难溶电解质来说，由于溶度积表达式中离子浓度的幂指数不同，

往往不能直接用溶度积的大小来比较溶解度的大小。设 s 为难溶电解质在纯水中的溶解度（单位为 $mol \cdot dm^{-3}$），s 与 K_{sp} 有如下关系。

(1) AB 型难溶电解质 $BaSO_4$, $AgCl$, $BaCrO_4$ 等属于这种类型，这类难溶电解质的沉淀-溶解平衡为

$$AB(s) \rightleftharpoons A^{n+}(aq) + B^{n-}(aq)$$

平衡时，$[A^{n+}] = [B^{n-}] = s$，所以

$$K_{sp} = [A^{n+}] \cdot [B^{n-}] = s^2$$

因此

$$s = \sqrt{K_{sp}} \tag{7-3}$$

(2) A_2B 型或 AB_2 型难溶电解质 Ag_2CrO_4 和 $Mg(OH)_2$ 分别属于这两类难溶电解质。以 A_2B 型为例，其在水中的沉淀-溶解平衡为

$$A_2B(s) \rightleftharpoons 2A^+(aq) + B^{2-}(aq)$$

平衡时，$[A^+] = 2s$，$[B^{2-}] = s$，所以

$$K_{sp} = [A^+]^2 \cdot [B^{2-}] = (2s)^2 \cdot s = 4s^3$$

因此

$$s = \sqrt[3]{\frac{K_{sp}}{4}} \tag{7-4}$$

[例 7-1] 铬酸银 Ag_2CrO_4 和氯化银 $AgCl$ 在 25℃ 时的 K_{sp} 分别为 1.1×10^{-12} 和 1.8×10^{-10}，在此温度下，铬酸银和氯化银在纯水中的溶解度哪一个大？

解 这两种难溶电解质不是同一种类型，不能直接从溶度积的大小判断其溶解度的大小，须先计算出溶解度，然后进行比较。

铬酸银的溶解度

$$s(Ag_2CrO_4) = \sqrt[3]{\frac{K_{sp}}{4}} = \sqrt[3]{\frac{1.1 \times 10^{-12}}{4}}$$

$$= 6.5 \times 10^{-5} (mol \cdot dm^{-3})$$

氯化银的溶解度

$$s(\text{AgCl}) = \sqrt{K_{sp}} = \sqrt{1.8 \times 10^{-10}}$$
$$= 1.3 \times 10^{-5} \, (\text{mol} \cdot \text{dm}^{-3})$$

按计算的结果，铬酸银在纯水中的溶解度比氯化银的溶解度大。

值得注意的是，上面关于溶度积与溶解度关系的讨论是有前提的，即所讨论的难溶电解质应符合如下两个条件：

第一，难溶电解质溶于水的部分全部以简单的水合离子存在，即在水中不存在未电离的分子或离子对，也不存在未电离完全的中间离子状态。

第二，离子在水中不会发生任何化学反应，如水解、聚合、配位反应等。

实际上大多数难溶电解质并不完全符合这两个条件。有的物质溶于水的部分并不完全电离，如 $HgCl_2$ 在水溶液中既存在水合 Hg^{2+} 离子和水合 Cl^- 离子，也有未电离的 $HgCl_2$ 分子和未电离完全的 $HgCl^+$ 离子存在。像 $Fe(OH)_3$ 这样的难溶电解质在水中是分步电离的，溶液中除存在水合 Fe^{3+} 离子和 OH^- 离子外，还有 $Fe(OH)_2^+$ 和 $FeOH^{2+}$ 等离子存在。像碳酸根、磷酸根、硫离子等弱酸根离子，在水中会不同程度地发生质子化反应（水解反应），生成质子化阴离子甚至弱酸。有些金属离子，如 Fe^{3+}，Al^{3+}，Cr^{3+} 等，在水中很容易发生水解，生成羟基化阳离子甚至发生缩聚。所有这些都会使溶解度偏离上述关系，当这些副反应显著时，上述关系将完全不适用。本书假设所讨论的例子都基本符合上面两个条件，对于考虑副反应发生的情况，将在后续课程中学习。

7.1.2 溶度积规则

溶液中是否会有沉淀生成？某种物质在一定条件下能否沉淀完全？沉淀在什么条件下会发生溶解？研究沉淀反应首先要回答

这些问题。难溶电解质固体与溶液中的水合离子的平衡关系为

$$A_mB_n\,(s) \rightleftharpoons mA^{n+}\,(aq) + nB^{m-}\,(aq)$$

$$K_{sp} = [A^{n+}]^m \cdot [B^{m-}]^n$$

按照化学反应等温式,可以根据反应商 Q 与平衡常数 $K^{\ominus}$ 来判断反应进行的方向。对于难溶电解质来说,有关离子的浓度积 Q_c 与溶度积常数 K_{sp} 的关系同 Q 与 $K^{\ominus}$ 的关系类似,所以可用 Q_c 与 K_{sp} 进行比较来判断沉淀的生成或溶解。

$Q_c = \{c(A^{n+})\}^m \cdot \{c(B^{m-})\}^{n\,*} = K_{sp}$ 沉淀和溶解刚好达到平衡,溶液为饱和溶液。

$Q_c = \{c(A^{n+})\}^m \cdot \{c(B^{m-})\}^n > K_{sp}$ 溶液处于不稳定的过饱和状态,会有沉淀生成,随着沉淀的生成,溶液中离子浓度下降,直至 $Q_c = K_{sp}$ 时达到平衡。

$Q_c = \{c(A^{n+})\}^m \cdot \{c(B^{m-})\}^n < K_{sp}$ 溶液未达到饱和,若溶液中有沉淀存在,沉淀会发生溶解,随着沉淀的溶解,溶液中离子浓度增大,直至 $Q_c = K_{sp}$ 时达到平衡。若溶液中无沉淀存在,两种离子间无定量关系,离子浓度可在一定范围内任意变化。

上述判断沉淀生成和溶解的关系称为溶度积规则。现以碳酸钙沉淀的生成和溶解为例来加以说明。

在浓度为 $0.10\ \text{mol}\cdot\text{dm}^{-3}$ $CaCl_2$ 溶液中,加入少量 Na_2CO_3,使 Na_2CO_3 浓度为 $0.0010\ \text{mol}\cdot\text{dm}^{-3}$,此时

$$Q_c = c(Ca^{2+}) \cdot c(CO_3^{2-}) = 0.10 \times 0.0010 = 1.0 \times 10^{-4}$$

而 $CaCO_3$ 的 $K_{sp} = 8.7 \times 10^{-9}$,$Q_c > K_{sp}$。按溶度积规则,有 $CaCO_3$ 沉淀生成。反应完成后,$Q_c = K_{sp}$,溶液中的离子与生成的沉淀建立起平衡。如果此时再向溶液中滴几滴稀盐酸溶液,将会发生下列反应:

---

* 两种表示浓度的方法意义不同,[B] 表示处于平衡状态时物质 B 的浓度, $c(B)$ 表示物质 B 的浓度。

$$CO_3^{2-} + H^+ \rightleftharpoons HCO_3^-$$

$$HCO_3^- + H^+ \rightleftharpoons H_2CO_3 \longrightarrow H_2O + CO_2$$

这时溶液中的 CO_3^{2-} 离子浓度减小，使得 $Q_c < K_{sp}$，按溶度积规则，原先生成的沉淀就会发生溶解。若加入的盐酸很少时，沉淀仅部分溶解，直至 $Q_c = K_{sp}$ 时，沉淀的溶解停止。当加入的盐酸量足够多时，溶解出的 CO_3^{2-} 会继续转化为 HCO_3^- 或 CO_2，原先生成的 $CaCO_3$ 沉淀有可能全部溶解。

[例 7-2] 50.0 cm³ 含 Ba^{2+} 离子浓度为 0.010 mol·dm⁻³ 的溶液与 30.0 cm³ 浓度为 0.020 mol·dm⁻³ 的 Na_2SO_4 溶液混合，是否会产生 $BaSO_4$ 沉淀？反应后溶液中的 Ba^{2+} 浓度为多少？

解 混合溶液的总体积为 50.0 cm³ + 30.0 cm³ = 80.0 cm³，混合之初溶液中各离子的浓度为

$$c(Ba^{2+}) = \frac{0.010 \times 50.0}{80.0} = 0.00625 \ (mol \cdot dm^{-3})$$

$$c(SO_4^{2-}) = \frac{0.020 \times 30.0}{80.0} = 0.0075 \ (mol \cdot dm^{-3})$$

所以

$$Q_c = c(Ba^{2+}) \cdot c(SO_4^{2-}) = 0.00625 \times 0.0075 = 4.7 \times 10^{-5}$$

$$Q_c > K_{sp}(BaSO_4) = 1.1 \times 10^{-10}$$

应有 $BaSO_4$ 沉淀生成。设平衡时溶液中的 Ba^{2+} 离子浓度为 x mol·dm⁻³。则沉淀-溶解平衡关系如下：

	$BaSO_4$ (s) $\rightleftharpoons$	Ba^{2+} (aq) +	SO_4^{2-} (aq)
起始浓度 mol·dm⁻³		6.25×10^{-3}	7.5×10^{-3}
已沉淀的浓度 mol·dm⁻³		$6.25 \times 10^{-3} - x$	$6.25 \times 10^{-3} - x$
平衡浓度 mol·dm⁻³		x	$7.5 \times 10^{-3} - (6.25 \times 10^{-3} - x)$ $= 1.25 \times 10^{-3} + x$

所以

$$K_{sp}(BaSO_4) = [Ba^{2+}] \cdot [SO_4^{2-}]$$

$$= (1.25 \times 10^{-3} + x)x = 1.1 \times 10^{-10}$$

$K_{sp}(BaSO_4)$ 很小，x 的值相对于 1.25×10^{-3} 要小得多，故 $1.25 \times 10^{-3} + x \approx 1.25 \times 10^{-3}$。所以

$$x = \frac{1.1 \times 10^{-10}}{1.25 \times 10^{-3}} = 8.8 \times 10^{-8} \ (mol \cdot dm^{-3})$$

即达到平衡后，溶液中的 Ba^{2+} 离子浓度为 $8.8 \times 10^{-8} \ mol \cdot dm^{-3}$，沉淀得相当完全。

7.2 沉淀-溶解平衡的移动

7.2.1 同离子效应与盐效应

向难溶电解质的溶液中加入与其具有相同离子的可溶性强电解质时，溶液中难溶电解质与可溶性强电解质共同的那种离子的浓度显著增大，按照平衡移动原理，平衡将向生成沉淀的方向移动。其结果是难溶电解质的溶解度减小了。这种因加入含有共同离子的电解质而使难溶电解质的溶解度减小的现象称为**同离子效应**。

[例 7-3] 已知 Ag_2CrO_4 的 $K_{sp} = 1.1 \times 10^{-12}$，求 Ag_2CrO_4 分别在纯水中，$0.0010 \ mol \cdot dm^{-3} \ AgNO_3$ 和 $0.0010 \ mol \cdot dm^{-3} \ K_2CrO_4$ 溶液中的溶解度。

解 ① Ag_2CrO_4 是 A_2B 型难溶电解质，在纯水中的溶解度为

$$s = \sqrt[3]{\frac{K_{sp}}{4}} = \sqrt[3]{\frac{1.1 \times 10^{-12}}{4}} = 6.5 \times 10^{-5} \ (mol \cdot dm^{-3})$$

② Ag_2CrO_4 在 $0.0010 \ mol \cdot dm^{-3} \ AgNO_3$ 中的溶解度等于平衡时的 $[CrO_4^{2-}]$，Ag_2CrO_4 在 $AgNO_3$ 溶液中的平衡为

$$Ag_2CrO_4 \ (s) \rightleftharpoons 2Ag^+ \ (aq) + CrO_4^{2-} \ (aq)$$

平衡浓度/$mol \cdot dm^{-3}$ $0.0010 + 2s \approx 0.0010$ s

$$K_{sp} = [Ag^+]^2 \cdot [CrO_4^{2-}] = 0.0010^2 \cdot s = 1.1 \times 10^{-12}$$

所以

$$s = \frac{1.1 \times 10^{-12}}{0.0010^2} = 1.1 \times 10^{-6} \, (mol \cdot dm^{-3})$$

Ag_2CrO_4 在 $0.0010 \, mol \cdot dm^{-3}$ $AgNO_3$ 中的溶解度为 1.1×10^{-6} $mol \cdot dm^{-3}$,仅为纯水中溶解度的 $\frac{1}{59}$。

③ Ag_2CrO_4 在 $0.0010 \, mol \cdot dm^{-3}$ K_2CrO_4 中的溶解度等于平衡时 $[Ag^+]$ 的一半,Ag_2CrO_4 在 K_2CrO_4 溶液中的平衡为

$$Ag_2CrO_4(s) \rightleftharpoons 2Ag^+(aq) + CrO_4^{2-}(aq)$$

平衡浓度/$mol \cdot dm^{-3}$ $2s$ $s + 0.0010 \approx 0.0010$

$$K_{sp} = [Ag^+]^2 \cdot [CrO_4^{2-}] = (2s)^2 \times 0.0010 = 1.1 \times 10^{-12}$$

所以

$$s = \sqrt{\frac{1.1 \times 10^{-12}}{4 \times 0.0010}} = 1.7 \times 10^{-5} \, (mol \cdot dm^{-3})$$

Ag_2CrO_4 在 $0.0010 \, mol \cdot dm^{-3}$ K_2CrO_4 中的溶解度为 1.7×10^{-5} $mol \cdot dm^{-3}$,约为纯水中溶解度的 $\frac{1}{4}$。

同离子效应使难溶电解质的溶解度大为降低,当应用沉淀反应来分离溶液中的离子时,为了使离子沉淀完全,往往需要加入适当过量的沉淀剂。例如为了使 Ba^{2+} 离子尽可能完全地生成 $BaSO_4$ 沉淀,就不能仅按反应所需的量加入 Na_2SO_4,而应当加入适当过量的 Na_2SO_4,这样,在有过量的 Na_2SO_4 存在的条件下,因同离子效应,溶液中的 Ba^{2+} 离子就可以沉淀得非常完全。不过,这里所谓的完全,并不是要使溶液中的某种离子的浓度降低到零。按照化学平衡的观点,这实际上是达不到的。当溶液中的某种离子的浓度降低到小于 $10^{-5} \, mol \cdot dm^{-3}$ 时,按定性的要求就认为这种离子沉淀完全了。若按定量的要求,沉淀完全时该离子的浓度必须小于 $10^{-6} \, mol \cdot dm^{-3}$。

从溶液中分离出的沉淀物,常常夹带有各种杂质,要除去这些杂质得到纯净的沉淀,就必须对沉淀进行洗涤。沉淀在水中总有一定程度的溶解,当利用沉淀的量来对某种离子的含量进行测定时,在洗涤过程中沉淀的溶解将会对测定结果造成很大的误差。因此,在洗涤沉淀时,为防止沉淀的溶解损失,常常用含有与沉淀具有相同离子的电解质的稀溶液作洗涤剂对沉淀进行洗涤,而不是直接用水洗涤。例如,在洗涤 $BaSO_4$ 沉淀时,可用很稀的 $(NH_4)_2SO_4$ 溶液或很稀的 H_2SO_4 溶液洗涤,沉淀中存在的 $(NH_4)_2SO_4$ 或 H_2SO_4 经灼烧可挥发除去。

加入适当过量的沉淀剂可以使难溶电解质沉淀得更加完全,但沉淀剂的加入量并非越多越好,有时当沉淀剂过量太多时,沉淀反而会出现溶解现象。例如在 $AgNO_3$ 溶液中加入适量的稀盐酸会生成大量 $AgCl$ 白色沉淀。但如果再加入过量很多的浓盐酸,已生成的 $AgCl$ 沉淀就会发生溶解而变为配离子 $AgCl_2^-$。多数沉淀剂不一定能使沉淀转变为可溶性的配位化合物,但是加入太多的沉淀剂也会使沉淀的溶解度增大,即出现所谓盐效应,而达不到沉淀完全的目的。

人们从实验中发现,难溶电解质在不具有共同离子的强电解质溶液中的溶解度比在纯水中的溶解度要大一些。例如在 25℃ 时,$AgCl$ 在纯水中的溶解度为 1.25×10^{-5} mol·dm^{-3},而在 0.010 mol·dm^{-3} 的 KNO_3 溶液中的溶解度则为 1.43×10^{-5} mol·dm^{-3}。这种因有其他电解质的存在而使难溶电解质的溶解度增大的现象就称为**盐效应**。

按化学热力学的观点,对于难溶电解质 A_mB_n 的下列平衡来说:

$$A_mB_n(s) \rightleftharpoons mA^{n+}(aq) + nB^{m-}(aq)$$

以平衡浓度表示的 K_{sp} 并不是严格的常数,严格的常数应为

$$K^{\ominus} = \{a(A^{n+})\}^m \cdot \{a(B^{m-})\}^n$$

$$= \left\{\frac{\nu_+ [A^{n+}]}{c^\ominus}\right\}^m \cdot \left\{\frac{\nu_- [B^{m-}]}{c^\ominus}\right\}^n$$

一定温度下，当溶液中离子浓度增大时，离子间的相互牵制作用加强，活度系数 ν 变小，活度在数值上小于浓度且差距变大。在 $K^\ominus$ 不变的情况下，平衡时 $[A^{n+}]$ 和 $[B^{m-}]$ 必然会有所增大。因此在有其他电解质存在的情况下，难溶电解质的溶解度会有所增大。

在难溶电解质的溶液中只要有其他电解质的存在就会产生盐效应，这些电解质既可以是盐，也可以是酸或碱，既可以是与难溶电解质不具有共同离子的电解质，也可以是与难溶电解质具有共同离子的电解质。所以当向难溶电解质溶液中加入过量沉淀剂时，在产生同离子效应的同时也会产生盐效应。在沉淀剂过量不多的情况下，同离子效应是主要的。随着过量沉淀剂的增多，离子浓度不断增大，盐效应会越来越显著。当过量沉淀剂的浓度增大到一定程度后盐效应的作用超过同离子效应的作用。这时难溶电解质的溶解度不是变小，而是有所增大。因此使用过量太多的沉淀剂，并不能达到沉淀更完全的目的。

活度系数随电解质溶液的浓度而变，且计算起来相当麻烦，在实际工作中为了使实验数据保持一致，常用一种惰性电解质来维持溶液中的离子强度基本不变，从而可保持活度系数基本不变，以消除盐效应的影响。我们在手册中查阅溶度积数据时，常会发现一些物质的溶度积数据在不同的手册中有不同的值。这可能是因为不同作者在进行测定实验时所采用的离子强度不同所致。在离子强度不是很大的情况下，盐效应的影响一般不大。在以后的讨论中，将忽略盐效应的影响。

7.2.2 酸度对沉淀-溶解平衡的影响

许多沉淀的生成和溶解与酸度有着十分密切的关系，一些难溶电解质本身就是氢氧化物或弱酸，溶液中 OH^- 离子浓度或 H^+ 离子浓度与沉淀的生成当然有着直接的关系。另一些难溶电解质是弱酸盐，而弱酸根离子在水溶液中有发生水解结合质子的倾向，这种质子化反应与溶液的酸度直接相关，所以这类难溶电解质的沉淀-溶解平衡也与酸度有密切的关系。下面我们先以草酸钙和金属硫化物为例讨论酸度对弱酸盐沉淀的影响，然后讨论氢氧化物沉淀的生成与溶液酸度的关系。

草酸钙是一种二元弱酸的盐，在水中的溶解平衡为

$$CaC_2O_4 \text{ (s)} \rightleftharpoons Ca^{2+} \text{ (aq)} + C_2O_4^{2-} \text{ (aq)} \tag{7-5}$$

$$K_{sp}(CaC_2O_4) = [Ca^{2+}] \cdot [C_2O_4^{2-}]$$

而 $C_2O_4^{2-}$ 在水溶液中还存在下述平衡：

$$C_2O_4^{2-} \underset{-H^+}{\overset{+H^+}{\rightleftharpoons}} HC_2O_4^- \underset{-H^+}{\overset{+H^+}{\rightleftharpoons}} H_2C_2O_4 \tag{7-6}$$

即 CaC_2O_4 溶于水后，$C_2O_4^{2-}$ 离子可能存在的形式有三种：$C_2O_4^{2-}$，$HC_2O_4^-$，$H_2C_2O_4$。在水中，草酸钙的溶解度与 Ca^{2+} 离子的平衡浓度相等，Ca^{2+} 离子的平衡浓度并不一定等于 $C_2O_4^{2-}$ 离子的浓度，而是

$$[Ca^{2+}] = [C_2O_4^{2-}] + [HC_2O_4^-] + [H_2C_2O_4]$$

在酸性溶液中，平衡(7-6)移向右方，$C_2O_4^{2-}$ 离子的浓度在三种形式中所占的比例减小，CaC_2O_4 的溶解度增大。当酸度很大时，溶液中将主要是 $H_2C_2O_4$ 和 $HC_2O_4^-$，$C_2O_4^{2-}$ 离子的浓度极小，甚至不能形成草酸钙沉淀。也就是说草酸钙沉淀可以在强酸性溶液中溶解。如果降低溶液的酸度，平衡(7-6)移向左方，$C_2O_4^{2-}$ 离子所占的比例增大，CaC_2O_4 的溶解度减小。当 $HC_2O_4^-$ 和 $H_2C_2O_4$ 的浓度可以忽略不计时，CaC_2O_4 在溶液中的溶解度很小，实际上可以忽略其溶解的影响。在重量分析中用生成 CaC_2O_4 沉淀的方法测定 Ca^{2+} 含量时，要求沉淀时溶液的 pH＞4.0，否则 CaC_2O_4 沉淀的溶解会产生不可忽略的误差。

许多金属硫化物是难溶的，常用硫化物沉淀的生成或溶解来分离和鉴定金属离子。在硫化氢的水溶液中存在如下平衡：

$$H_2S + H_2O \rightleftharpoons H_3O^+ + HS^- \quad (7\text{-}7)$$

$$K_{a_1} = \frac{[H_3O^+][HS^-]}{[H_2S]} = 9.1 \times 10^{-8}$$

$$HS^- + H_2O \rightleftharpoons H_3O^+ + S^{2-} \quad (7\text{-}8)$$

$$K_{a_2} = \frac{[H_3O^+][S^{2-}]}{[HS^-]} = 1.1 \times 10^{-12}$$

由于这两个平衡是存在于同一溶液中，式中 $[H_3O^+]$ 和 $[HS^-]$ 在两个平衡中为相同的值，将(7-7)式与(7-8)式相加可得

$$H_2S + 2H_2O \rightleftharpoons 2H_3O^+ + S^{2-}$$

$$K = \frac{[H_3O^+]^2[S^{2-}]}{[H_2S]} = K_{a_1} \cdot K_{a_2}$$

室温下饱和 H_2S 溶液的浓度约为 $0.1 \text{ mol} \cdot \text{dm}^{-3}$，故可得

$$[S^{2-}] = \frac{0.1 K_{a_1} \cdot K_{a_2}}{[H_3O^+]^2} \quad \text{或} \quad [H_3O^+] = \sqrt{\frac{0.1 K_{a_1} \cdot K_{a_2}}{[S^{2-}]}}$$

这两个式子表示，在饱和 H_2S 溶液中，S^{2-} 的浓度与溶液中的 H_3O^+ 离子浓度的平方成反比。

[**例 7-4**] 已知25℃时 MnS 的 $K_{sp} = 2.5 \times 10^{-10}$，$Mn^{2+}$ 浓度为 $0.1 \text{ mol} \cdot \text{dm}^{-3}$，向溶液中通 H_2S 达到饱和，当溶液的 pH 值为多少时开始生成 MnS 沉淀？要使 Mn^{2+} 离子沉淀完全，溶液的 pH 值至少应为多少？

解 假设在反应过程中溶液的体积不变。当 MnS 开始沉淀时，溶液中的 S^{2-} 离子浓度应达到

$$[S^{2-}] = \frac{K_{sp}(MnS)}{[Mn^{2+}]} = \frac{2.5 \times 10^{-10}}{0.1} = 2.5 \times 10^{-9} \text{ (mol} \cdot \text{dm}^{-3})$$

此时溶液中 H_3O^+ 浓度最大只能为

$$[H_3O^+] = \sqrt{\frac{0.1 K_{a_1} \cdot K_{a_2}}{[S^{2-}]}} = \sqrt{\frac{0.1 \times 9.1 \times 10^{-8} \times 1.1 \times 10^{-12}}{2.5 \times 10^{-9}}}$$

$$= 2.0 \times 10^{-6} \text{ (mol} \cdot \text{dm}^{-3})$$

所以，MnS 开始沉淀时的 pH = $-\lg(2.0\times10^{-6}) = 5.70$。

当溶液中的 Mn^{2+} 离子浓度降低到 $10^{-5}\ mol\cdot dm^{-3}$ 以下时，可以认为 Mn^{2+} 离子已经沉淀完全，此时

$$[S^{2-}] = \frac{2.5\times10^{-10}}{10^{-5}} = 2.5\times10^{-5}\ (mol\cdot dm^{-3})$$

$$[H_3O^+] = \sqrt{\frac{0.1\times9.1\times10^{-8}\times1.1\times10^{-12}}{2.5\times10^{-5}}}$$
$$= 2.0\times10^{-8}\ (mol\cdot dm^{-3})$$

所以当 Mn^{2+} 离子沉淀完全时，pH $\geqslant -\lg(2.0\times10^{-8}) = 7.70$。

表 7-1 中列出了几种硫化物在饱和 H_2S 水溶液中开始沉淀和沉淀完全时的最大 H_3O^+ 离子浓度和最小 pH。由表中数据可见，K_{sp} 较大的硫化物在酸性较强的溶液中难以生成沉淀，而 K_{sp} 很小的硫化物即使在很浓的酸中也可以生成沉淀。反过来，从表中的数据也可以看出硫化物在非氧化性酸中的溶解情况。沉淀完全

表 7-1　一些金属硫化物沉淀时的 $[H_3O^+]$ 和 pH

硫化物	溶度积	开始沉淀 $[M^{n+}]=0.10\ mol\cdot dm^{-3}$		沉淀完全 $[M^{n+}]\leqslant 1.0\times10^{-5}\ mol\cdot dm^{-3}$	
		$[H_3O^+]/mol\cdot dm^{-3}$	pH	$[H_3O^+]/mol\cdot dm^{-3}$	pH
MnS	2.5×10^{-10}	2.0×10^{-6}	5.70	2.0×10^{-8}	7.70
FeS	6.3×10^{-18}	0.0126	1.90	1.26×10^{-4}	3.90
ZnS	2.5×10^{-22}	2.0		0.020	1.70
CdS	8×10^{-27}	(354)*		3.54	
PbS	8×10^{-28}	(1118)*		11.2	
CuS	6.3×10^{-36}	$(1.26\times10^7)*$		$(1.26\times10^5)*$	

* 按溶度积计算得出的数据，实际上是不可能达到的。

时的最小 pH（最大 H_3O^+ 离子浓度），也可看成是在 H_2S 处于饱和的情况下硫化物开始溶解的最大 pH（最小 H_3O^+ 离子浓度）。K_{sp} 较大的硫化物，如 MnS，FeS，ZnS 等在稀酸中就可以溶解，K_{sp} 稍小的硫化物如 CdS，PbS 在浓酸中可以溶解，而 K_{sp} 很小的硫化物如 CuS 则在很浓的非氧化性酸中也难以溶解。

大多数金属的氢氧化物是难溶电解质，金属氢氧化物沉淀的生成和溶解与溶液的酸度有着直接的关系。

[例 7-5] 溶液中 Fe^{3+} 离子浓度为 0.10 mol·dm^{-3}，试计算 $Fe(OH)_3$ 开始沉淀的最小 pH 和沉淀完全的最小 pH。

解 $K_{sp}(Fe(OH)_3) = [Fe^{3+}] \cdot [OH^-]^3 = 4.0 \times 10^{-38}$

当 $[Fe^{3+}] = 0.10 \text{ mol·dm}^{-3}$ 时，生成 $Fe(OH)_3$ 沉淀所需的最低 OH^- 浓度为

$$[OH^-] = \sqrt[3]{\frac{K_{sp}(Fe(OH)_3)}{[Fe^{3+}]}} = \sqrt[3]{\frac{4.0 \times 10^{-38}}{0.10}}$$
$$= 7.37 \times 10^{-13} \text{ (mol·dm}^{-3})$$

则开始生成 $Fe(OH)_3$ 沉淀时，

$$pH = pK_w + \lg(7.37 \times 10^{-13}) = 1.87$$

当 $[Fe^{3+}] \leqslant 1.0 \times 10^{-5} \text{ mol·dm}^{-3}$ 时，可认为 Fe^{3+} 已沉淀完全，沉淀完全时所需的最低 OH^- 浓度为

$$[OH^-] = \sqrt[3]{\frac{4.0 \times 10^{-38}}{1.0 \times 10^{-5}}} = 1.59 \times 10^{-11} \text{ (mol·dm}^{-3})$$

则 Fe^{3+} 沉淀完全时，

$$pH = pK_w + \lg(1.59 \times 10^{-11}) = 3.20$$

上述计算说明当溶液中 Fe^{3+} 离子浓度为 0.10 mol·dm^{-3} 时，溶液的 pH 达到 1.87 时即开始生成 $Fe(OH)_3$ 沉淀，而当 pH 达 3.20 时，溶液中的 Fe^{3+} 已沉淀完全。各种金属氢氧化物的 K_{sp} 大小不同，当金属离子浓度相同时不同金属氢氧化物开始生成沉淀和沉淀完全的 pH 也各不相同。当溶液中含有两种或两种以上

可以生成氢氧化物沉淀的金属离子时,通过控制溶液的 pH,可以对金属离子进行分离。随着溶液 pH 逐渐升高,K_{sp} 小的金属氢氧化物先沉淀出来,而 K_{sp} 大的氢氧化物仍以金属离子的形式存在于溶液中。例如工业上用 ZnO 与硫酸反应来生产硫酸锌,反应生成的硫酸锌溶液中常含有 Fe^{2+} 和 Fe^{3+} 等杂质离子。为了除去这些杂质,可以先用适当的氧化剂将 Fe^{2+} 氧化为 Fe^{3+},然后将溶液的 pH 调节到 5.0 左右,溶液中的 Fe(Ⅲ)以 $Fe(OH)_3$ 的形式析出,而 Zn^{2+} 则仍存在于溶液中,不会生成 $Zn(OH)_2$ 沉淀。表 7-2 列出了一些金属氢氧化物开始沉淀和沉淀完全时的 pH。

表 7-2　　一些金属氢氧化物沉淀的 pH

氢氧化物	K_{sp}	开始沉淀 $[M^{n+}]=$ 0.10 mol·dm^{-3}	沉淀完全 $[M^{n+}] \leqslant$ 1.0×10^{-5} mol·dm^{-3}
$Al(OH)_3$	1.3×10^{-33}	3.37	4.70
$Cd(OH)_2$	2.5×10^{-14}	7.70	9.70
$Co(OH)_2$	1.6×10^{-15}	7.10	9.10
$Cr(OH)_3$	6.3×10^{-31}	4.27	5.60
$Cu(OH)_2$	2.2×10^{-20}	4.67	6.67
$Fe(OH)_2$	8.0×10^{-16}	6.95	8.95
$Fe(OH)_3$	4.0×10^{-38}	1.87	3.20
$Mg(OH)_2$	1.8×10^{-11}	9.12	11.12
$Mn(OH)_2$	1.9×10^{-13}	8.14	10.14
$Ni(OH)_2$	2.0×10^{-15}	7.15	9.15
$Pb(OH)_2$	1.1×10^{-15}	7.04	9.04
$Sn(OH)_2$	1.4×10^{-28}	0.57	2.57
$Zn(OH)_2$	1.2×10^{-17}	6.04	8.04

图 7-1 是一些金属氢氧化物的溶解度与溶液 pH 的关系图,从图中更可以直观地看出金属氢氧化物沉淀的生成与溶液酸度的关系。

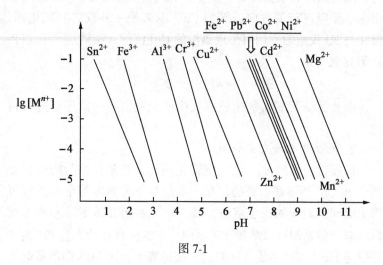

图 7-1

7.2.3 其他反应对沉淀-溶解平衡的影响

1. 氧化还原反应的影响

当难溶电解质的组成离子具有氧化性或还原性时,沉淀-溶解平衡会受到氧化还原反应的影响。CuS 沉淀不溶于浓盐酸而能溶解于浓硝酸中,是因为浓硝酸具有强氧化性,可以将具有还原性的 S^{2-} 氧化为 SO_4^{2-},从而使沉淀溶解:

$$3CuS + 8NO_3^- + 8H^+ = 3Cu^{2+} + 8NO + 3SO_4^{2-} + 4H_2O$$

氧化还原反应的发生,使难溶电解质的组成离子的氧化态发生变化,原来建立起的沉淀-溶解平衡遭到破坏,最终使沉淀转化为另外的物质。CuCl 为白色的沉淀,如果将含沉淀的水溶液放置于空气中,空气中的 O_2 可以将 Cu(Ⅰ)氧化为 Cu^{2+},随着氧化反应的进行沉淀渐渐溶解,最终变成 $CuCl_2$ 溶液,白色的

CuCl 沉淀也就不复存在了。

$$4CuCl + O_2 + 4H^+ \rightleftharpoons 4Cu^{2+} + 4Cl^- + 2H_2O$$

沉淀的形成也会改变一些物质的氧化还原性质,从而影响氧化还原反应进行的方向。例如 Cu^{2+} 本来是一种较弱的氧化剂,但在与 KI 反应时,因可形成难溶的 CuI 沉淀,结果 Cu^{2+} 可以将 I^- 氧化成 I_2:

$$2Cu^{2+} + 4I^- \rightleftharpoons 2CuI + I_2$$

涉及沉淀反应与氧化还原反应的问题,下一章还要进行讨论。

2. 配位化合物形成的影响

前面曾经提到过,AgCl 沉淀会因加入过量的浓盐酸生成配离子 $AgCl_2^-$ 而溶解。的确,在一定条件下许多难溶电解质都可因生成配位离子而发生溶解。HgS 沉淀甚至在浓 HNO_3 中也难以溶解,但是却可以溶解在王水中,王水中存在的大量 Cl^- 离子可以与 Hg^{2+} 离子形成 $[HgCl_4]^{2-}$ 配位离子,对 HgS 的溶解起了促进作用:

$$3HgS + 12Cl^- + 8H^+ + 2NO_3^- \rightleftharpoons 3[HgCl_4]^{2-} + 3S + 2NO + 4H_2O$$

不少金属氢氧化物沉淀可以溶解在过量的强碱溶液中,溶解所生成的离子是一种以羟基为配位体的配位化合物,例如:

$$Al(OH)_3 + OH^- \rightleftharpoons [Al(OH)_4]^-$$
$$Zn(OH)_2 + 2OH^- \rightleftharpoons [Zn(OH)_4]^{2-}$$
$$Cr(OH)_3 + OH^- \rightleftharpoons [Cr(OH)_4]^-$$

过量的沉淀剂常常可以与金属离子形成配位化合物,这种配位化合物的形成会使已经产生的沉淀发生溶解,所以对于那些能与过量的沉淀剂形成配位化合物的沉淀,尤其不能用过量太多的沉淀剂,而应尽可能在稀溶液中进行沉淀。

难溶电解质中的离子被其他离子或分子取代,形成可溶性的配位化合物也会使沉淀发生溶解。例如向 AgCl 沉淀中加入浓氨水，将会发生下述反应：

$$AgCl \rightleftharpoons Ag^+ + Cl^-$$
$$+$$
$$2NH_3$$
$$\updownarrow$$
$$[Ag(NH_3)_2]^+$$

由于形成$[Ag(NH_3)_2]^+$，平衡向右移动，当加入的氨水足够多时，AgCl可以完全溶解：

$$AgCl + 2NH_3 \rightleftharpoons [Ag(NH_3)_2]^+ + Cl^-$$

这一溶解过程涉及到两个平衡，一个是沉淀-溶解平衡，一个是配位平衡，其平衡常数是沉淀的溶度积K_{sp}和配离子的稳定常数$K_稳$的乘积。定性来说，配离子越稳定，即$K_稳$越大，沉淀的K_{sp}也越大时，沉淀就越容易溶解，反之则难以溶解。例如AgBr的K_{sp}比AgCl的K_{sp}小，难溶于氨水中，但可溶于$Na_2S_2O_3$溶液中生成更稳定的配离子$[Ag(S_2O_3)_2]^{3-}$。

7.3 分步沉淀与沉淀的转化

7.3.1 分步沉淀

溶液中常常有多种离子存在，当向溶液中加入某种沉淀剂时，有可能几种离子都能生成沉淀。这些沉淀可能先后生成，也可能同时生成。例如，溶液中含有浓度相近的Cl^-离子和I^-离子，当向其中逐滴加入$AgNO_3$溶液时，由于AgI的K_{sp}比AgCl的K_{sp}小得多，根据溶度积规则，加入的Ag^+离子浓度将首先满足生成AgI沉淀的条件，而先生成黄色的AgI沉淀。随着AgI沉淀的生成，溶液中I^-离子浓度下降，继续生成沉淀要求的Ag^+离子浓度增大，最后Ag^+离子浓度达到生成AgCl沉淀的条件，而开始生成白色的AgCl沉淀。这种在沉淀剂慢慢加入的条件下,不同沉淀分先后生成的现象就叫做**分步沉淀**。

[**例 7-6**] 溶液中 Ba^{2+} 离子浓度为 $0.10\ mol\cdot dm^{-3}$,Pb^{2+} 离子浓度为 $0.0010\ mol\cdot dm^{-3}$,向溶液中慢慢加入 Na_2SO_4。哪一种沉淀先生成?当第二种沉淀开始生成时,先生成沉淀的那种离子的剩余浓度为多少(不考虑 Na_2SO_4 溶液加入所引起的体积变化)?

解 开始生成 $BaSO_4$ 沉淀所需 SO_4^{2-} 离子的最低浓度

$$[SO_4^{2-}]_{BaSO_4} = \frac{K_{sp}(BaSO_4)}{[Ba^{2+}]} = \frac{1.1\times 10^{-10}}{0.10}$$

$$= 1.1\times 10^{-9}\ (mol\cdot dm^{-3})$$

开始生成 $PbSO_4$ 沉淀所需 SO_4^{2-} 离子的最低浓度

$$[SO_4^{2-}]_{PbSO_4} = \frac{K_{sp}(PbSO_4)}{[Pb^{2+}]} = \frac{1.6\times 10^{-8}}{0.0010}$$

$$= 1.6\times 10^{-5}\ (mol\cdot dm^{-3})$$

由于生成 $BaSO_4$ 沉淀所需 SO_4^{2-} 离子的最低浓度较小,而先得到满足,所以先生成 $BaSO_4$ 沉淀。在继续加入 Na_2SO_4 溶液的过程中,随着 $BaSO_4$ 不断沉淀出来,溶液中 Ba^{2+} 离子浓度不断下降,SO_4^{2-} 离子的浓度也就不断上升。当 SO_4^{2-} 离子的浓度达到 $1.6\times 10^{-5}\ mol\cdot dm^{-3}$ 时,同时满足 $PbSO_4$ 和 $BaSO_4$ 两种沉淀生成的条件,$PbSO_4$ 和 $BaSO_4$ 两种沉淀同时生成。但在 $PbSO_4$ 沉淀开始生成时,溶液中剩余的 Ba^{2+} 离子浓度为

$$[Ba^{2+}] = \frac{1.1\times 10^{-10}}{1.6\times 10^{-5}} = 6.9\times 10^{-6}\ (mol\cdot dm^{-3})$$

实际上在 $PbSO_4$ 开始沉淀时,溶液中所剩的 Ba^{2+} 离子浓度已不到原有 Ba^{2+} 离子浓度的万分之一,已经沉淀得相当完全了,后生成的 $PbSO_4$ 沉淀中基本不含有 $BaSO_4$ 沉淀了。

利用分步沉淀的方法可以对溶液中的混合离子进行分离。例如,利用难溶的金属氢氧化物在不同 pH 开始沉淀和沉淀完全的数据,我们可以通过控制溶液的 pH,使一些金属离子得到分离。

若溶液中含有浓度分别大约为 $0.1\ \text{mol}\cdot\text{dm}^{-3}$ 的 Fe^{3+},Cu^{2+},Mg^{2+} 时,由表 7-2 可见,$Fe(OH)_3$ 在 pH 为 1.87 时开始沉淀,而在 pH 为 3.2 时沉淀完全;$Cu(OH)_2$ 在 pH 为 4.67 时开始沉淀,pH 为 6.67 时沉淀完全;$Mg(OH)_2$ 在 pH 为 9.12 时开始沉淀。为了分离这三种离子,可先将溶液的 pH 控制在 4.0 左右沉淀出 $Fe(OH)_3$,并将其过滤除去,然后将 pH 升高到 7~8 沉淀出 $Cu(OH)_2$,溶液中就只剩下 Mg^{2+} 离子了。

7.3.2 沉淀的转化

在实践中有时需要将一种沉淀转化为另一种沉淀。例如,有的地区的水质永久硬度较高,锅炉中会形成主要含 $CaSO_4$ 的锅垢,这种锅垢不溶于酸中,不易除去。如果用 Na_2CO_3 进行处理就可以转化为 $CaCO_3$ 沉淀,清除起来就方便多了。用 Na_2CO_3 溶液处理 $CaSO_4$ 沉淀所发生的反应可以表示如下:

$$CaSO_4\ (s) \rightleftharpoons Ca^{2+}\ (aq) + SO_4^{2-}\ (aq)$$
$$+$$
$$Na_2CO_3 \longrightarrow CO_3^{2-}\ (aq) + 2Na^+\ (aq)$$
$$\Updownarrow$$
$$CaCO_3\ (s)$$

总的反应方程式为

$$CaSO_4\ (s) + CO_3^{2-}\ (aq) \rightleftharpoons CaCO_3\ (s) + SO_4^{2-}\ (aq)$$

该反应的平衡常数为

$$K = \frac{[SO_4^{2-}]}{[CO_3^{2-}]} = \frac{[Ca^{2+}]\cdot[SO_4^{2-}]}{[Ca^{2+}]\cdot[CO_3^{2-}]} = \frac{K_{sp}(CaSO_4)}{K_{sp}(CaCO_3)}$$

$$= \frac{9.1\times 10^{-6}}{2.8\times 10^{-9}} = 3.3\times 10^3$$

反应的平衡常数较大,转化反应可以顺利进行。但如果要将 $CaCO_3$ 沉淀转化为 $CaSO_4$,即要使上述反应逆向进行,其平衡常数

$$K' = \frac{1}{K} = 3.0\times 10^{-4}$$

显然反应进行的趋势较小,转化过程难以进行。一般来说,从溶解度较大的沉淀转化为溶解度较小的沉淀容易进行,两种沉淀的溶解度差别越大转化反应进行的趋势越大。反之从溶解度较小的沉淀转化为溶解度较大的沉淀则难以进行,两种沉淀的溶解度差别越大转化反应进行的趋势越小。当两种沉淀的溶解度差别不大时,两种沉淀可以相互转化,转化反应能否进行完全,则与所用的转化溶液的浓度有关。

[例 7-7] 将 0.10 mol CaC_2O_4 沉淀放入 1.0 dm^3 Na_2CO_3 溶液中,当 Na_2CO_3 溶液的最初浓度至少为多少时,CaC_2O_4 才可以完全转化为 $CaCO_3$ 沉淀?

解 转化反应为

$$CaC_2O_4 (s) + CO_3^{2-} (aq) \rightleftharpoons CaCO_3 (s) + C_2O_4^{2-} (aq)$$

$$K = \frac{[C_2O_4^{2-}]}{[CO_3^{2-}]} = \frac{K_{sp}(CaC_2O_4)}{K_{sp}(CaCO_3)} = \frac{4.0 \times 10^{-9}}{2.8 \times 10^{-9}} = 1.4$$

当 CaC_2O_4 完全转化为 $CaCO_3$ 时,溶液中 $[C_2O_4^{2-}]$ 应为 0.10 mol·dm^{-3}。所以

$$[CO_3^{2-}] = \frac{[C_2O_4^{2-}]}{K} = \frac{0.10}{1.4} = 0.071 \ (mol \cdot dm^{-3})$$

因转化反应中要消耗 0.10 mol·dm^{-3} CO_3^{2-},所以最初 Na_2CO_3 的浓度至少应为 0.10 + 0.071 = 0.17 mol·dm^{-3} 时 CaC_2O_4 才可以完全转化为 $CaCO_3$ 沉淀。

[例 7-8] 将 0.10 mol $BaSO_4$ 沉淀放入 1.0 dm^3 Na_2CO_3 溶液中,当 Na_2CO_3 溶液的最初浓度至少为多少时,$BaSO_4$ 才可以完全转化为 $BaCO_3$ 沉淀?

解 转化反应为

$$BaSO_4 (s) + CO_3^{2-} (aq) \rightleftharpoons BaCO_3 (s) + SO_4^{2-} (aq)$$

$$K = \frac{[SO_4^{2-}]}{[CO_3^{2-}]} = \frac{K_{sp}(BaSO_4)}{K_{sp}(BaCO_3)} = \frac{1.1 \times 10^{-10}}{5.1 \times 10^{-9}} = 0.022$$

当 $BaSO_4$ 完全转化为 $BaCO_3$ 时,溶液中 $[SO_4^{2-}]$ 应为 0.10 mol·dm^{-3}。

所以

$$[CO_3^{2-}] = \frac{[SO_4^{2-}]}{K} = \frac{0.10}{0.022} = 4.6 \ (mol \cdot dm^{-3})$$

因转化反应中要消耗 $0.10 \ mol \cdot dm^{-3} \ CO_3^{2-}$，所以最初 Na_2CO_3 的浓度至少应为 $0.10 + 4.6 = 5.6 \ mol \cdot dm^{-3}$ 时 $BaSO_4$ 才可以完全转化为 $BaCO_3$ 沉淀。

从上述两个例子可以看出，溶解度相差不大的沉淀虽然可以相互转化，但从溶解度小的沉淀向溶解度大的沉淀转化时，转化溶液的浓度必须过量很多，才能转化完全。如果两种沉淀的溶解度相差很大，则溶解度小的沉淀实际上不可能完全转化为溶解较大的沉淀。

习 题

7.1 比较下列各对物质在纯水中的溶解度大小：

Ag_2CrO_4 与 $BaCrO_4$　　$CaCO_3$ 与 CaF_2

$CaSO_4$ 与 BaF_2　　$PbSO_4$ 与 SrF_2

7.2 写出 AgCl 在纯水、$0.01 \ mol \cdot dm^{-3}$ NaCl 溶液、$0.01 \ mol \cdot dm^{-3}$ $CaCl_2$ 溶液、$0.01 \ mol \cdot dm^{-3}$ $NaNO_3$ 溶液、$0.1 \ mol \cdot dm^{-3}$ $NaNO_3$ 溶液中溶解度大小次序。

7.3 将 $30.0 \ cm^3 \ 0.10 \ mol \cdot dm^{-3}$ $CaCl_2$ 溶液与 $70.0 \ cm^3 \ 0.050 \ mol \cdot dm^{-3}$ Na_2SO_4 溶液混合，达到平衡后测得溶液中 SO_4^{2-} 离子浓度为 $6.5 \times 10^{-3} \ mol \cdot dm^{-3}$，求 $CaSO_4$ 的 K_{sp}。

7.4 利用 K_{sp} 和相关的酸常数或碱常数分别计算下列反应的平衡常数，并讨论反应进行的方向：

① $Mg(OH)_2 + 2NH_4^+ \Longleftrightarrow Mg^{2+} + 2NH_3 \cdot H_2O$

② $Cu^{2+} + H_2S + 2H_2O \Longleftrightarrow CuS + 2H_3O^+$

③ $Pb^{2+} + 2NH_3 \cdot H_2O \Longleftrightarrow Pb(OH)_2 + 2NH_4^+$

7.5 在 $1.0 \ dm^3$ 某浓度的盐酸溶液中刚好可以溶解完 $0.50 \ mol$ ZnS 沉淀，已知 H_2S 达到饱和时的浓度为 $0.10 \ mol \cdot dm^{-3}$，求溶解完之后，溶液中的 H_3O^+ 离子浓度。

7.6 溶液中含有 Zn^{2+} 离子和 Cd^{2+} 离子各 $0.010\ mol\cdot dm^{-3}$，向溶液中通入 H_2S 达到饱和，当保持溶液中的 H_3O^+ 离子浓度为多大时，才可以使 CdS 沉淀完全，而不生成 ZnS 沉淀？

7.7 溶液中 Cl^- 离子浓度为 $0.10\ mol\cdot dm^{-3}$，为了保证在逐滴加入 $AgNO_3$ 时，当 Cl^- 离子刚好沉淀完全的同时生成 Ag_2CrO_4 沉淀，溶液中 CrO_4^{2-} 离子浓度为多少？

7.8 $0.2\ mol\ CaC_2O_4$ 刚好可溶解在 $1\ dm^3$ 浓度为 c 的盐酸溶液中，试计算盐酸的浓度 c。

7.9 在 $1.0\ dm^3$ 溶液中，当 Na_2SO_4 浓度为多少时，才可以将 $0.20\ mol\ BaCO_3$ 完全转化为 $BaSO_4$ 沉淀？如果需要将 $0.20\ mol\ BaSO_4$ 完全转化为 $BaCO_3$，则需要 $1.0\ dm^3$ 多大浓度的 Na_2CO_3 溶液？

7.10 氯化亚锡很容易发生水解，配制其溶液时需将 $SnCl_2\cdot 2H_2O$ 晶体溶解在盐酸溶液中。假设 $SnCl_2$ 水解生成的是 $Sn(OH)_2$ 沉淀，若要配制浓度为 $0.20\ mol\cdot dm^{-3}$ 的 $SnCl_2$ 溶液，溶液中所含的盐酸浓度至少应为多少时，才不会有 $Sn(OH)_2$ 沉淀生成。

第8章 氧化还原反应与电化学

化学反应可以分为两大基本类型：一类是非氧化还原反应，如前面所讨论的酸碱反应和沉淀反应；另一类是氧化还原反应。氧化还原反应是涉及反应的物质中一些元素的氧化态发生变化的反应。本章以电极电势为核心介绍氧化还原反应的基本原理，并介绍电化学的一些基本知识。电化学所研究的内容与氧化还原反应密切相关，电化学的成果为氧化还原反应原理奠定了理论基础，因此，本章将这两部分内容放在一起进行讨论。

8.1 基本概念

8.1.1 氧化还原反应的特征

参与氧化还原反应的物质中，有些元素的氧化态要发生变化，而元素的氧化态是以氧化数表示的。下面首先介绍氧化数的概念。

氧化数是某元素一个原子的荷电数，这种荷电数由假设把每个键中的电子指定给电负性更大的原子而求得。例如，在 NaCl 中，Cl 元素的电负性比 Na 大，因此 Cl 的氧化数为 -1，Na 的氧化数为 $+1$。又如，在 HF 分子中，F 的电负性比 H 大，因此 F 的氧化数为 -1，H 的氧化数为 $+1$。

确定元素原子氧化数的规则是：① 在单质中元素的氧化数为零。例如，在 Cl_2，P_4 分子中，Cl 元素和 P 元素的氧化数都为零,因为在这些单质分子中,原子间成键电子对并不偏离某一个原子而靠近另一个原子。② 在正常氧化物中,氧的氧化数为 -2,如在 H_2O,CaO 等中氧的氧化数都为 -2。但在过氧化物(Na_2O_2)、超氧化物(KO_2)和 OF_2 中,氧的氧化数分别为 -1, $-\frac{1}{2}$ 和 $+2$。请注意,氧化数可以是分数或小数。③ 氢除了在活泼金属氢化物(如 NaH,CaH_2)中其氧化数为 -1 外,在一般氢化物中其氧化数为 $+1$。如在 H_2O,HCl 等中,H 的氧化数即为 $+1$。④ 在二元离子型化合物中,各元素的氧化数等于离子的电荷数。例如,$CaCl_2$ 由一个 Ca^{2+} 离子和两个 Cl^- 离子结合而成,因此 Ca 的氧化数为 $+2$,Cl 的氧化数为 -1。⑤ 分子或多原子离子的总电荷数等于各元素氧化数的代数和,中性分子的总电荷数为零。

根据上述原则,元素在某种状态下的氧化数便很容易求得。例如

P_4O_6: P 的氧化数 $=[0-(-2)\times 6]\div 4=+3$;

$Cr_2O_7^{2-}$: Cr 的氧化数 $=[-2-(-2)\times 7]\div 2=+6$;

Fe_3O_4: Fe 的氧化数 $=[0-(-2)\times 4]\div 3=+2\frac{2}{3}$;

$S_2O_3^{2-}$: S 的氧化数 $=[-2-(-2)\times 3]\div 2=+2$。

在 Fe_3O_4 中,实际上有 2 个 Fe 的氧化数为 $+3$,1 个 Fe 的氧化数为 $+2$,$+2\frac{2}{3}$ 是它们的平均氧化数。同样,在 $S_2O_3^{2-}$ 离子中,$+2$ 是 S 的平均氧化数,其中 1 个 S 的氧化数为 $+6$,另一个 S 的氧化数为 -2。

根据氧化数的概念,我们可以将氧化还原反应定义为:在反应前后元素的氧化数有变化的反应称为**氧化还原反应**。

例如,对于酸碱反应和沉淀反应:

$$NH_3 + H_2O \rightleftharpoons NH_4^+ + OH^-$$

$$Ag^+ + Cl^- \rightleftharpoons AgCl\downarrow$$

参加反应的各物质中各元素的氧化数在反应前后没有发生变化，因此这些反应不属于氧化还原反应。

对于下列反应：

$$\overset{0}{C} + \overset{0}{O_2} \rightleftharpoons \overset{+4\ -2}{CO_2}$$

$$\overset{0}{Zn} + \overset{+2}{Cu^{2+}} \rightleftharpoons \overset{0}{Cu} + \overset{+2}{Zn^{2+}}$$

在反应前后元素的氧化数发生了变化，这些反应就是氧化还原反应。

应该指出的是，在确定有过氧链的化合物中各元素的氧化数时，要写出化合物的结构式，例如，过氧化铬 CrO_5 和过二硫酸根的结构式分别为

它们中都存在着过氧链。在过氧链中氧的氧化数为 -1，因此上述两个化合物中 Cr 和 S 的氧化数均为 $+6$。如果将氧的氧化数都看做是 -2，则上面两个化合物中 Cr 和 S 的氧化数分别为 $+10$ 和 $+7$，这显然是与事实不符的。如反应

$$K_2Cr_2O_7 + 4H_2O_2 + H_2SO_4 \rightleftharpoons 2CrO_5 + K_2SO_4 + 5H_2O$$

本不属于氧化还原反应（实际上是一个过氧链转移的反应），但如果将 CrO_5 中 Cr 的氧化数定为 $+10$，那么上述反应就成为氧化还原反应了。又如

$$2Mn^{2+} + 5S_2O_8^{2-} + 8H_2O \xrightarrow{Ag^+} 2MnO_4^- + 10SO_4^{2-} + 16H^+$$

起氧化作用的是 $S_2O_8^{2-}$ 中的过氧链上的氧原子，其氧化数由 -1 变到 -2。但如果将 $S_2O_8^{2-}$ 中 S 的氧化数定为 $+7$，就会误认为 $S_2O_8^{2-}$ 中 S 起氧化作用了，其氧化数由 $+7$ 变到 $+6$。

根据氧化还原反应的定义，在氧化还原反应中，氧化数升高

的物质被氧化,是**还原剂**（如Zn,C）；氧化数降低的物质被还原,是**氧化剂**（如Cu^{2+},O_2）。可见,在一个氧化还原反应中,如果有元素的氧化数升高(氧化),则一定有元素的氧化数降低(还原)。如果氧化数的升高和降低都发生在同一化合物中,这种氧化还原反应称为**自氧化还原反应**,如

$$2K\overset{+5}{C}\overset{-2}{l}O_3 \xrightarrow[\triangle]{MnO_2} 2K\overset{-1}{C}l + 3\overset{0}{O}_2$$

如果氧化数的升、降都发生在同一物质中的同一元素上,则这种氧化还原反应称为**歧化反应**,例如

$$4K\overset{+5}{C}lO_3 \xrightarrow{\triangle} 3K\overset{+7}{C}lO_4 + K\overset{-1}{C}l$$

$$2H_2\overset{-1}{O}_2 == 2H_2\overset{-2}{O} + \overset{0}{O}_2$$

歧化反应是自氧化还原反应的一种特殊类型。

8.1.2 氧化还原电对

在一个氧化还原反应中,氧化剂与它的还原产物、还原剂与它的氧化产物组成电对,称为**氧化还原电对**。例如

$$Zn + Cu^{2+} \rightleftharpoons Cu + Zn^{2+}$$

其中存在如下两个氧化还原电对:

$$Cu^{2+} / Cu \qquad Zn^{2+} / Zn$$

（氧化剂）（还原产物） （氧化产物）（还原剂）

在氧化还原电对中,氧化数高的物质称为**氧化型物质**（如Cu^{2+},Zn^{2+}）,氧化数低的物质称为**还原型物质**（如Cu,Zn）。

在氧化还原电对中,存在如下共轭关系:

$$还原型 \rightleftharpoons 氧化型 + ne$$

例:

$$Zn \rightleftharpoons Zn^{2+} + 2e$$

$$Cu \rightleftharpoons Cu^{2+} + 2e$$

这种关系与质子H^+在共轭酸碱对中的交换相似。

氧化型物质与其共轭还原型物质或还原型物质与其共轭氧化型物质之间的关系,可用氧化还原半反应式来表示,例如

Zn^{2+}/Zn：　　　　$Zn^{2+} + 2e \rightleftharpoons Zn$

Cu^{2+}/Cu：　　　　$Cu^{2+} + 2e \rightleftharpoons Cu$

MnO_4^-/Mn^{2+}：　　$MnO_4^- + 8H^+ + 5e \rightleftharpoons Mn^{2+} + 4H_2O$

MnO_4^{2-}/MnO_2：　$MnO_4^{2-} + 2H_2O + 2e \rightleftharpoons MnO_2 + 4OH^-$

在后两个半反应式中,H^+ 和 OH^- 离子的氧化数在反应前后没有发生变化,通常作为反应介质。

如果氧化型物质的氧化能力越强,则其共轭还原型物质的还原能力越弱;同样,若还原型物质的还原能力越强,则其共轭氧化型物质的氧化能力越弱。例如,在 Zn^{2+}/Zn 电对中,Zn 是一个强还原剂,Zn^{2+} 则是一个弱的氧化剂。又如,在 MnO_4^-/Mn^{2+} 电对中,MnO_4^- 是一个强氧化剂,而 Mn^{2+} 的还原能力很弱。MnO_4^- 的氧化能力比 Zn^{2+} 强,而 Mn^{2+} 的还原能力比 Zn 弱。这也与共轭酸碱对中共轭酸碱的强弱关系相似。

而且,同一物质在不同的氧化还原电对中可以是氧化型,也可以是还原型。例如,Fe^{2+} 在 Fe^{2+}/Fe 电对中是氧化型物质,而在 Fe^{3+}/Fe^{2+} 电对中是还原型物质。

8.1.3　氧化还原反应方程式的配平

配平氧化还原反应方程式的方法很多,常用的是氧化数法和离子-电子法。氧化数法的原则是氧化剂氧化数降低的总数与还原剂氧化数升高的总数相等;离子-电子法的原则是氧化剂得电子的总数与还原剂失电子的总数相等。

有些较复杂的氧化还原反应,特别是有有机化合物参加的氧化还原反应,如

$Cu^{2+} + C_6H_{12}O_6 \longrightarrow Cu_2O\downarrow + C_6H_{12}O_7$　(在碱性介质中)

有些元素的氧化数较难确定,用氧化数法配平就有困难。对于这

一类反应，用离子-电子法来配平就比较方便，因为此法可以避免求氧化数的麻烦。氧化数法在中学已经学过，在此不再赘述，本课程只介绍离子-电子法。

[例 8-1] 配平：
$$FeCl_3 + SnCl_2 \longrightarrow FeCl_2 + SnCl_4$$

用离子-电子法配平的具体步骤是：

① 将反应物和产物以离子的形式写出：
$$Fe^{3+} + Sn^{2+} \longrightarrow Fe^{2+} + Sn^{4+}$$

只写氧化数发生了变化的物种。

② 由于任何一个氧化还原反应都是由两个共轭氧化还原电对组成的，因此可以将上式分成两个未配平的半反应式，一个代表氧化，一个代表还原：

氧化：$Sn^{2+} \longrightarrow Sn^{4+}$

还原：$Fe^{3+} \longrightarrow Fe^{2+}$

③ 加一定数目的电子并调整计量系数使半反应式两端的电荷数和原子数目都相等：

$$Sn^{2+} \rightleftharpoons Sn^{4+} + 2e$$
$$Fe^{3+} + e \rightleftharpoons Fe^{2+}$$

④ 根据氧化剂得电子总数与还原剂失电子总数相等的原则，将两个配平了的半反应式合并为一个配平的离子反应方程式：

$$\begin{array}{r} Sn^{2+} \rightleftharpoons Sn^{4+} + 2e \quad \times 1 \\ +) \quad Fe^{3+} + e \rightleftharpoons Fe^{2+} \quad \times 2 \\ \hline 2Fe^{3+} + Sn^{2+} \rightleftharpoons 2Fe^{2+} + Sn^{4+} \end{array}$$

如果在半反应式中反应物和产物的氧原子数目不同，可依照反应是在酸性介质或碱性介质中进行而在半反应式中加 H^+ 或 OH^- 离子，并利用水的电离平衡使半反应式两端的氧原子和氢原子数目相等,然后加相应数目的电子使两端的电荷数目相等。

[例 8-2] 配平:
$$KMnO_4 + K_2SO_3 \longrightarrow MnSO_4 + K_2SO_4 \quad (\text{在酸性介质中})$$

解 第一步: $MnO_4^- + SO_3^{2-} \longrightarrow Mn^{2+} + SO_4^{2-}$

第二步:氧化: $SO_3^{2-} \longrightarrow SO_4^{2-}$

还原: $MnO_4^- \longrightarrow Mn^{2+}$

第三步:在酸性介质中,半反应式里哪边的氧原子数目多,就在哪边加 H^+ 离子,其数目等于氧原子增加数的两倍,然后在另一边加相应数目的水分子:

氧化: $SO_3^{2-} + H_2O \longrightarrow SO_4^{2-} + 2H^+$

还原: $MnO_4^- + 8H^+ \longrightarrow Mn^{2+} + 4H_2O$

第四步:加一定数目的电子使半反应式两边的电荷数相等:
$$SO_3^{2-} + H_2O \rightleftharpoons SO_4^{2-} + 2H^+ + 2e$$
$$MnO_4^- + 8H^+ + 5e \rightleftharpoons Mn^{2+} + 4H_2O$$

第五步:合并:

$$\begin{array}{r|l} SO_3^{2-} + H_2O \rightleftharpoons SO_4^{2-} + 2H^+ + 2e & \times 5 \\ +)\quad MnO_4^- + 8H^+ + 5e \rightleftharpoons Mn^{2+} + 4H_2O & \times 2 \\ \hline \end{array}$$

$$2MnO_4^- + 5SO_3^{2-} + 6H^+ \rightleftharpoons 2Mn^{2+} + 5SO_4^{2-} + 3H_2O$$

[例 8-3] 配平:
$$CrO_2^- + H_2O_2 \longrightarrow CrO_4^{2-} + H_2O \quad (\text{在碱性介质中})$$

解 第一步: $CrO_2^- + H_2O_2 \longrightarrow CrO_4^{2-} + H_2O$

第二步:氧化: $CrO_2^- \longrightarrow CrO_4^{2-}$

还原: $H_2O_2 \longrightarrow H_2O$

第三步:在碱性介质中,半反应式哪边的氧原子数目少,就在哪边加 OH^- 离子,其数目等于氧原子减少数的两倍,然后在另一边加相应数目的水分子:

氧化: $CrO_2^- + 4OH^- \longrightarrow CrO_4^{2-} + 2H_2O$

还原：$H_2O_2 + H_2O \longrightarrow H_2O + 2OH^-$

即　　$H_2O_2 \longrightarrow 2OH^-$

第四步：加一定数目的电子使半反应式两边的电荷数相等：

$$CrO_2^- + 4OH^- \rightleftharpoons CrO_4^{2-} + 2H_2O + 3e$$

$$H_2O_2 + 2e \rightleftharpoons 2OH^-$$

第五步：合并：

$$CrO_2^- + 4OH^- \rightleftharpoons CrO_4^{2-} + 2H_2O + 3e \quad \times 2$$

$$+) \quad H_2O_2 + 2e \rightleftharpoons 2OH^- \quad \times 3$$

$$2CrO_2^- + 2OH^- + 3H_2O_2 \rightleftharpoons 2CrO_4^{2-} + 4H_2O$$

应该指出的是，如果某氧化还原反应是在酸性介质中进行的，配平时不应加 OH^- 离子；同样，若某氧化还原反应是在碱性介质中进行的，配平时不应加 H^+ 离子。对于例 8-3，若配平成：

$$2CrO_2^- + 3H_2O_2 \rightleftharpoons 2CrO_4^{2-} + 2H_2O + 2H^+$$

表面上看是配平了，但与事实不符。既然是在碱性介质中进行的反应，当然在反应式中不应该出现 H^+。而且，在酸性条件下，CrO_2^- 和 CrO_4^{2-} 都是不能存在的。

在碱性介质中，如果半反应式两边的氧原子数目相同而氢原子数目不同，则在氢原子数多的一方加相应数目的 OH^- 离子（注意：不能在 H 原子数少的一方加 H^+ 离子！），然后在另一方加相应数目的水分子。例如，配平下列半反应式：

$$Cr(OH)_4^- \longrightarrow CrO_4^{2-} \quad \text{（在碱性介质中）}$$

配平的半反应式是：

$$Cr(OH)_4^- + 4OH^- \rightleftharpoons CrO_4^{2-} + 4H_2O + 3e$$

[例 8-4]　配平：

$$Cu^{2+} + C_6H_{12}O_6 \longrightarrow Cu_2O \downarrow + C_6H_{12}O_7 \quad \text{（在碱性介质中）}$$

解

$$C_6H_{12}O_6 + 2OH^- \rightleftharpoons C_6H_{12}O_7 + H_2O + 2e$$
$$+)\quad 2Cu^{2+} + 2OH^- + 2e \rightleftharpoons Cu_2O\downarrow + H_2O$$
$$\overline{2Cu^{2+} + C_6H_{12}O_6 + 4OH^- \rightleftharpoons Cu_2O\downarrow + C_6H_{12}O_7 + 2H_2O}$$

综上所述，氧化数法既可配平分子反应方程式，也可配平离子反应方程式，是一种常用的配平方法。离子-电子法除了配平用氧化数法难以配平的反应方程式比较方便外，还可以通过学习离子-电子法来掌握书写半反应式的方法，而半反应式是电极反应的基本反应式。

8.2 电极电势

8.2.1 金属在其盐溶液中的行为

当我们把金属插入含有该金属盐的溶液中时（例如，将锌片插入 $ZnSO_4$ 水溶液中，或将铜片插入 $CuSO_4$ 水溶液中），外表上看来似乎不起什么变化，但是实际上却由于荷电粒子在两相（固相和液相）之间的转移而产生了一定的界面电位差，这种过程的微观机理颇为复杂，一般有两种情况：

（1）金属晶体中有金属离子和能够自由移动的电子存在，当把金属插入含有该金属离子的盐溶液中时，构成晶体的金属离子受到极性水分子的作用，有可能脱离金属晶格以水合离子的状态进入溶液，而把电子留在金属上。

（2）溶液中的金属离子也有可能从金属表面获得电子而沉积在金属表面。

荷电离子在两相间的转移倾向与金属的活泼性、溶液的浓度及温度等有关。由于静电引力的作用，这种金属离子在两相间的转移最终会达到平衡状态，即 $M \rightleftharpoons M^{n+} + ne$ 的正向速度和逆向速度相等。此时，也有两种情况：

如果金属愈活泼，其盐溶液愈稀，上述第(1)种倾向愈大，则金属在其盐溶液中行为的净结果是以正离子的形式进入溶液，而金属表面积累了过剩的电子而荷负电，溶液中的金属离子必将再被吸引而较多地分布在金属表面附近。于是，紧挨在两相之间的界面层就会形成一个双电层。因为双电层的电性相反，故两相间必产生电位差。双电层的电位差就是金属电极的电极电势。

金属愈不活泼，溶液愈浓，则第(2)种倾向愈大。在达到平衡时，金属在其盐溶液中行为的净结果是金属表面吸附了正离子，而靠近金属附近的溶液带负电，这样也产生了一个双电层。因此，金属和溶液之间也产生了电位差。

8.2.2 电极电势的测定

1. 原电池

原电池是利用自发氧化还原反应产生电流的装置，它使化学能转化为电能。例如反应

$$Zn + Cu^{2+} \rightleftharpoons Cu + Zn^{2+}$$

是一个自发的氧化还原反应。如果按图 8-1 所示，在两个烧杯中分别放入 $ZnSO_4$ 和 $CuSO_4$ 溶液，在盛 $ZnSO_4$ 溶液的烧杯中插入锌片，在盛 $CuSO_4$ 溶液的烧杯中插入铜片，把两个烧杯中的溶

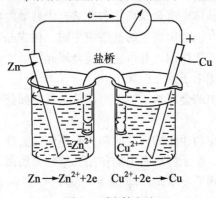

图 8-1 铜-锌电池

液用盐桥连接起来。盐桥是一个装满 KCl 饱和溶液冻胶的 U 形管。这时串联在 Cu 极和 Zn 极之间的检流计的指针就会向一方偏转，这说明导线中有电流通过，同时 Zn 片开始溶解而 Cu 片上有 Cu 沉积上去。上述产生电流的装置即为由锌电极（Zn-$ZnSO_4$）和铜电极（Cu-$CuSO_4$）组成的原电池，简称为 Cu-Zn 电池，也叫丹聂耳电池。

Cu-Zn 电池产生电流的原因是 Zn 失掉两个电子而形成 Zn^{2+} 离子：

$$Zn \rightleftharpoons Zn^{2+} + 2e$$

Zn^{2+} 离子进入溶液。Zn 极上过多的电子经过导线流向 Cu 极。在 Cu 极表面上，溶液中的 Cu^{2+} 离子获得电子后形成金属 Cu 析出：

$$Cu^{2+} + 2e \rightleftharpoons Cu$$

检流计的指针偏转告诉我们，电流由 Cu 极流向 Zn 极，或电子由 Zn 极流向 Cu 极。这说明，Zn 极是负极，发生的是氧化反应，向外电路输出电子；而 Cu 极为正极，发生的是还原反应，从外电路接受电子。

原电池的电动势表示电池正、负极之间的平衡电势差，即

$$E = \varphi_{正} - \varphi_{负}$$

式中 E 表示电池电动势，也可用 EMF, emf, ε 以及 ΔE 来表示；φ 表示电极电势。在 Cu-Zn 电池中

$$E = \varphi_{Cu^{2+}/Cu} - \varphi_{Zn^{2+}/Zn}$$

按照图 8-1 的装置，如果用普通电压表进行测量，因为普通电压表的内阻不够大而有电流通过，所以普通电压表读数并不等于电池的电动势。如果用高阻抗的晶体管伏特计或电位差计就可直接测出电池的电动势。

原电池的结构可以用简单的电池符号表示出来，以 Cu-Zn 电池为例，其电池符号为

$$(-)Zn(s) | ZnSO_4(1\ mol \cdot dm^{-3}) \| CuSO_4(1\ mol \cdot dm^{-3}) | Cu(s)(+)$$

电池符号的书写有如下规定：① 一般把负极写在左边，正极写在右边；② 以化学式表示电池中物质的组成，注明物质的状态，气体物质要注明压力，溶液要注明浓度（严格地讲应该用活度，若溶液的浓度很小，也可用体积摩尔浓度代替活度，将不会引起很大误差）；③ 符号"|"表示有一个界面，"∥"表示盐桥。

盐桥的作用是沟通两个半电池，使电池内部形成通路。以 Cu-Zn 电池为例，当电池反应发生后，在 Zn 半电池溶液中，由于 Zn^{2+} 离子增加，正电荷过剩；在 Cu 半电池溶液中，由于 Cu^{2+} 离子减少，SO_4^{2-} 离子相对增加，负电荷过剩。这样会阻碍电子从 Zn 极流向 Cu 极而使电流中断。通过盐桥，阴离子 SO_4^{2-} 和 Cl^- 向锌盐溶液移动，阳离子 K^+ 和 Zn^{2+} 向铜盐溶液移动，使锌盐溶液和铜盐溶液一直保持着电中性，因此，锌的溶解和铜的析出得以继续进行，电流得以继续流通。

2．标准氢电极

标准氢电极的构造如图 8-2 所示。

在铂片表面镀上一层多孔的铂黑，放入 H^+ 浓度为 1 mol·dm^{-3}（严格地说应该是 H^+ 活度为 1）的硫酸溶液中，不断地通入标准压力的纯氢气流，使铂黑上吸附的氢气达到饱和，这时 H_2 与溶液中的 H^+ 离子可达到如下平衡：

$$2H^+ + 2e \rightleftharpoons H_2$$

此时，产生在用标准压力的氢气所饱和了的铂片与 H^+ 离子浓度为 1 mol·dm^{-3} 的溶液间的电势差，就是标准氢电极的电极电势，并且规定标准氢电极的电极电势为零，即

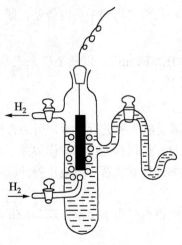

图 8-2　标准氢电极

$$\varphi^{\ominus}_{H^+/H_2} = 0$$

右上角的符号"⊖"代表标准态。

3. 标准电极电势的测定

标准状态下的电极电势即为**标准电极电势**,以 $\varphi^{\ominus}$ 表示。所谓标准状态,对气体物质来说是指其分压为标准压力(100 kPa);液体或固体物质的标准状态是指在标准压力下的纯净物;对溶液来说,是指在标准压力下溶质的浓度为 1 $mol \cdot dm^{-3}$(严格地说应是 $a=1$);温度为反应温度,通常使用的温度为 298.15 K。

电极电势的绝对值迄今仍无法测量,但是为了比较氧化剂或还原剂的相对强弱,用相对电势值也就够了,通常所说的某电极的电极电势就是相对电极电势。为了获得各种电极的电极电势,必须选用一个通用的标准电极,正如测量某山高多少米选用海洋的平均水面高度为零一样,测量电极电势时选用 $\varphi^{\ominus}_{H^+/H_2}=0$。当用标准氢电极与欲测电极组成电池后,测量该电池的电动势,即可得出欲测电极电势的相对数值。

例如,将标准锌电极和标准铜电极分别与标准氢电极组成原电池,电池符号分别为

$(-)Zn(s)|Zn^{2+}(1\ mol \cdot dm^{-3})\|H^+(1\ mol \cdot dm^{-3})|H_2(p^{\ominus}),Pt(+)$

$(-)Pt,H_2(p^{\ominus})|H^+(1\ mol \cdot dm^{-3})\|Cu^{2+}(1\ mol \cdot dm^{-3})|Cu(s)(+)$

通过实验可以分别测得上述两个电池的电动势为

第一个电池:$E^{\ominus}=0.763$ V

第二个电池:$E^{\ominus}=0.337$ V

因为 $E^{\ominus}=\varphi^{\ominus}_{正}-\varphi^{\ominus}_{负}$,$\varphi^{\ominus}_{H^+/H_2}=0$ V,所以可由锌氢电池的电动势求出锌电极的 $\varphi^{\ominus}$:

$$E^{\ominus}=\varphi^{\ominus}_{正}-\varphi^{\ominus}_{负}=\varphi^{\ominus}_{H^+/H_2}-\varphi^{\ominus}_{Zn^{2+}/Zn}$$

则 $\varphi^{\ominus}_{Zn^{2+}/Zn}=\varphi^{\ominus}_{H^+/H_2}-E^{\ominus}=0-0.763=-0.763$ (V)。

同样,也可由铜氢电池的电动势求出铜电极的 $\varphi^{\ominus}$:

$$E^\ominus = \varphi^\ominus_{\text{正}} - \varphi^\ominus_{\text{负}} = \varphi^\ominus_{\text{Cu}^{2+}/\text{Cu}} - \varphi^\ominus_{\text{H}^+/\text{H}_2}$$

则 $\varphi^\ominus_{\text{Cu}^{2+}/\text{Cu}} = E^\ominus + \varphi^\ominus_{\text{H}^+/\text{H}_2} = 0.337 + 0 = +0.337\ (\text{V})$。

实验测得的电池电动势都是正值，而电极电势则可以是正值，也可以是负值，电极电势的正、负值是相对于 $\varphi^\ominus_{\text{H}^+/\text{H}_2}$ 而言的。

综上所述，某一电极的标准电极电势 $\varphi^\ominus$ 即为该电极在标准状态下与标准氢电极所组成的电池的电动势，如果被测电极在原电池中为发生还原作用的正极，则 $\varphi^\ominus$ 为正值，如 $\varphi^\ominus_{\text{Cu}^{2+}/\text{Cu}}$ 即为正值；若被测电极在原电池中为发生氧化作用的负极，则 $\varphi^\ominus$ 就为负值，如 $\varphi^\ominus_{\text{Zn}^{2+}/\text{Zn}}$ 即为负值。用类似的方法，我们还可以测定各种电极的电势。对某些与水剧烈反应而不能直接测定的电极，如 Na^+/Na，F_2/F^- 等电极，以及有些不能直接组成能测出其电动势的原电池的电极，这些电极的电极电势 $\varphi^\ominus$ 可以通过热力学数据用间接的方法来计算，或通过已知的电极电势来求算未知的电极电势（参见本章后面的内容）。附录Ⅲ列出了一些电极在水溶液中的标准电极电势。

为了能正确使用标准电极电势表，应注意以下几个问题：

① 标准电极电势表中 $\varphi^\ominus$ 值的大小，可以用来判断电对中氧化型物质的氧化能力和还原型物质的还原能力的相对强弱。$\varphi^\ominus$ 值越大，表示在标准状态时该电对中氧化型物质的氧化能力越强，或其共轭还原型物质的还原能力越弱。相反，$\varphi^\ominus$ 值越小，表明电对中还原型物质的还原能力越强，或其共轭氧化型物质的氧化能力越弱。如 Cu^{2+} 离子的氧化能力比 Zn^{2+} 离子强，而还原能力是 Zn 比 Cu 强。

② 有的书刊中把电极反应写成氧化半反应，如 $\text{Zn} \rightleftharpoons \text{Zn}^{2+} + 2e$，其中 $\varphi^\ominus = +0.763\ \text{V}$。也有的书刊中 $\varphi^\ominus$ 值随电极反应写法不同而不同，如

$$\text{Zn}^{2+} + 2e \rightleftharpoons \text{Zn} \qquad \varphi^\ominus = -0.763\ \text{V} \qquad \text{还原电势}$$

$$Zn \rightleftharpoons Zn^{2+} + 2e \qquad \varphi^{\ominus} = +0.763 \text{ V} \qquad 氧化电势$$

这些表示方法各有利弊，目前还不很统一，在阅读有关参考书时，应注意该书的具体规定。

在本书中，电极电势的正、负号与该电极和标准氢电极组成原电池时的实际极性是一致的，因此它完全取决于实验，而不随电极反应书写的次序而改变。例如，对于 Zn^{2+}/Zn 电极，无论电极反应按 $Zn^{2+} + 2e \rightleftharpoons Zn$ 方向进行还是按 $Zn \rightleftharpoons Zn^{2+} + 2e$ 方向进行，$\varphi^{\ominus}_{Zn^{2+}/Zn}$ 值总是 -0.763 V。

③ $\varphi^{\ominus}$ 值的大小是衡量氧化剂氧化能力或还原剂还原能力强弱的标度，是体系的强度性质，取决于物质的本性，而与物质的量的多少无关，即不具有加和性。如

$$Cl_2 + 2e \rightleftharpoons 2Cl^- \qquad \varphi^{\ominus} = 1.358 \text{ V}$$

$$\frac{1}{2}Cl_2 + e \rightleftharpoons Cl^- \qquad \varphi^{\ominus} = 1.358 \text{ V}$$

④ 同一物质在不同的电对中，可以是氧化型，也可以是还原型。例如，在电对 Fe^{3+}/Fe^{2+} 中 Fe^{2+} 离子是还原型，而在电对 Fe^{2+}/Fe 中，Fe^{2+} 离子为氧化型。判断 MnO_4^- 在标准状态下能否氧化 Fe^{2+} 离子时，应查 $\varphi^{\ominus}_{Fe^{3+}/Fe^{2+}}$，而不应查 $\varphi^{\ominus}_{Fe^{2+}/Fe}$。

⑤ 注意溶液的酸、碱介质。什么时候查酸表(酸性溶液)，什么时候查碱表(碱性溶液)，有几条规则可循：A. 在电极反应中，H^+ 离子无论在反应物中还是在产物中出现，皆查酸表(一)；OH^- 离子无论在反应物中还是在产物中出现，皆查碱表(二)。例如，当判断在碱性介质中 H_2O_2 能否氧化 $Cr(OH)_4^-$ 时，应查 $\varphi^{\ominus}_{HO_2^-/OH^-} = 0.878$ V，而不应查 $\varphi^{\ominus}_{H_2O_2/H_2O} = 1.776$ V。B. 在电极反应中，没有 H^+ 或 OH^- 离子出现时，可以从物质存在的状态来考虑。例如，$Fe^{3+} + e \rightleftharpoons Fe^{2+}$，查酸表，因为 Fe^{3+}，Fe^{2+} 只能在酸性介质中存在。金属与它的阳离子电对(如 Mn^{2+}/Mn，Sn^{2+}/Sn 等)查酸表。非金属与它的阴离子电对(如 Cl_2/Cl^- 等)查酸表，但 S/S^{2-} 查碱表。

⑥ $\varphi^{\ominus}$ 值是在标准状态时的水溶液中测出(或计算出)的,对非水溶液、高温、固相反应均不适用。

4. 常用的电极类型

电极是电池的基本组成部分,其类型较多,构造各异。常见的有以下 4 种类型的电极。

① 金属-金属离子电极

该电极是指将金属片(或棒)插入含有该种金属离子的溶液中所构成的一种电极。如 Zn^{2+}/Zn 电对所组成的电极,其电极反应为

$$Zn^{2+} + 2e \Longleftrightarrow Zn$$

电极符号为

$$Zn(s) | Zn^{2+}(a)$$

② 气体-离子电极

在这类电极中,气体与溶液中的离子成平衡体系,如氢电极 H^+/H_2,氯电极 Cl_2/Cl^- 等。这类电极的构成需要一个固体导体材料,该导体材料与所接触的气体和溶液都不发生反应,但能催化气体电极反应的进行。常用的导体材料为铂或石墨。氢电极和氯电极的电极反应分别为

$$2H^+ + 2e \Longleftrightarrow H_2 \qquad Cl_2 + 2e \Longleftrightarrow 2Cl^-$$

电极符号分别为

$$(Pt)H_2(p) | H^+(a) \qquad (Pt)Cl_2(p) | Cl^-(a)$$

③ 金属-金属难溶盐或氧化物-负离子电极

这类电极的构成为:将金属表面涂以该金属难溶盐(或氧化物),然后将其浸入与该盐具有相同阴离子的溶液中。例如,表面涂有 AgCl 的银丝插入 HCl 溶液中即构成该类电极,称为氯化银电极,其电极反应为

$$AgCl + e \Longleftrightarrow Ag + Cl^-$$

电极符号为

$$Ag(s)\text{-}AgCl(s) | Cl^-(a)$$

应该指出的是,氯化银电极与银电极(Ag^+/Ag)是不相同的,虽然从电极反应来看,两者都是 Ag^+ 离子和 Ag 之间的氧化还原。我们知道,在一定温度条件下,某电极的电极电势与溶液中相应离子的浓度有关。Ag^+/Ag 电对的电极电势随 Ag 丝所接触的溶液中 Ag^+ 离子浓度不同而变化。AgCl/Ag 电对的电极电势也与溶液中 Ag^+ 离子的浓度有关,但它却受控于溶液中 Cl^- 离子的浓度(参见本章 8.2.4 节),这是因为在有 AgCl 固体存在的溶液中,$[Ag^+][Cl^-] = K_{sp}(AgCl)$,因而 Ag^+ 离子浓度受 Cl^- 离子浓度的控制。

实验室中常用的甘汞电极也属此类电极,它的构成是在金属 Hg 的表面覆盖一层氯化亚汞(Hg_2Cl_2),然后注入氯化钾溶液,其电极反应为

$$\frac{1}{2}Hg_2Cl_2 + e \Longleftrightarrow Hg(l) + Cl^-$$

电极符号为

$$Hg(l)\text{-}Hg_2Cl_2(s)|Cl^-(a)$$

④ 氧化还原电极

将惰性导体材料(铂或石墨)放入一种由同一元素不同氧化态的两种离子所组成的溶液中,就构成了氧化还原电极。如 Pt 插入 Fe^{3+}, Fe^{2+} 离子的溶液中即构成了 Fe^{3+}/Fe^{2+} 电极,其电极反应为

$$Fe^{3+} + e \Longleftrightarrow Fe^{2+}$$

电极符号为

$$(Pt)|Fe^{3+}(a), Fe^{2+}(a)$$

又如 MnO_4^-/Mn^{2+} 电极,其电极反应为

$$MnO_4^- + 8H^+ + 5e \Longleftrightarrow Mn^{2+} + 4H_2O$$

电极符号为

$$(Pt)|MnO_4^-(a), Mn^{2+}(a), H^+(a)$$

8.2.3 电池电动势与氧化还原反应吉布斯自由能变化间的关系

1. E 与 ΔG 的关系

在热力学一章中我们已经知道，体系吉布斯自由能的减少，等于体系在等温等压条件下所做的最大有用功(非膨胀功)，即

$$(-\Delta G)_{T,p} = -W'$$

在原电池中，若非膨胀功只有电功(W_{elec})一种，那么就有

$$(-\Delta G)_{T,p} = -W_{elec}$$

因为

$$-W_{elec} = Q \cdot E$$

式中 Q 为电量，E 为电池电动势，而 1 mol 电子具有的电量 $Q = 96470$ C (库仑) $= 1$ F (法拉第)，在三位有效数字的计算中，1 F $= 96500$ C。因此，当原电池的两极分别有 n 摩尔电子流过时，则

$$-W_{elec} = nFE = -\Delta G \tag{8-1}$$

在标准状态时

$$-\Delta G^{\ominus} = nFE^{\ominus} \tag{8-2}$$

式中 $F = 96500$ C·mol^{-1}，称为法拉第常数。这是一个十分重要的关系式，它把热力学过程和原电池的反应联系起来了，对于下面讨论氧化还原平衡极为重要。

2. 电极电势的间接计算

前面介绍了标准电极电势的测定，但是，并不是所有的电极反应都能组成一个电动势真正能被直接测量的电池，那么它们的 $\varphi^{\ominus}$ 值可由 $\Delta G^{\ominus}$ 求算。

对于电池

$$\frac{1}{2}nH_2 + M^{n+} \rightleftharpoons M + nH^+$$

$-\Delta G^{\ominus} = nFE^{\ominus}$。由于 H_2 和 H^+ 的 $\Delta_f G_m^{\ominus} = 0$，$\varphi^{\ominus}_{H^+/H_2} = 0$，因此

$$-\Delta G^{\ominus} = nF\varphi^{\ominus}$$

式中 $\varphi^{\ominus}$ 为 M^{n+}/M 电对的标准电极电势。

[**例 8-5**] 根据有关 $\Delta G_f^{\ominus}$ 值求下列电极反应的标准电极电势：

$$IO_3^- + 6H^+ + 5e \rightleftharpoons \frac{1}{2}I_2 + 3H_2O$$

解 查表知：

$$IO_3^- + 6H^+ + 5e \rightleftharpoons \frac{1}{2}I_2 + 3H_2O$$

$\Delta G_f^{\ominus}/kJ \cdot mol^{-1}$　-128.03　　0　　　　　　0　-237.18

该电极反应的

$$\Delta G^{\ominus} = (-237.18) \times 3 - (-128.03)$$
$$= -583.51 \ (kJ \cdot mol^{-1})$$

因此

$$\varphi^{\ominus}_{IO_3^-/I_2} = -\frac{\Delta G^{\ominus}}{nF} = -\frac{-583.51}{5 \times 96500 \times 10^{-3}} = 1.20 \ (V)$$

[**例 8-6**] 已知

① $IO_3^- + 6H^+ + 6e \rightleftharpoons I^- + 3H_2O$　　$\varphi_1^{\ominus} = 1.09 \ V$

② $\frac{1}{2}I_2 + e \rightleftharpoons I^-$　　　　　　　　$\varphi_2^{\ominus} = 0.535 \ V$

求 ③ $IO_3^- + 6H^+ + 5e \rightleftharpoons \frac{1}{2}I_2 + 3H_2O$ 的 $\varphi_3^{\ominus} = \varphi^{\ominus}_{IO_3^-/I_2} = ?$

解 电极反应③ = 电极反应① − 电极反应②，那么是否 $\varphi_3^{\ominus} = \varphi_1^{\ominus} - \varphi_2^{\ominus}$，即

$$\varphi_3^{\ominus} = \varphi_1^{\ominus} - \varphi_2^{\ominus} = 1.09 - 0.535 = 0.555 \ (V)$$

呢？显然与例 8-5 的计算结果不同。这种计算方法的错误是因为电极电势是强度性质，不具有加和性，它必须与电量（nF）相乘后才能进行加和，因为 $-\Delta G^{\ominus} = nF\varphi^{\ominus}$，$\Delta G^{\ominus}$ 中的 $G^{\ominus}$ 是容量性质，具有加和性。如果要利用①式和②式的 $\varphi^{\ominus}$ 求 $\varphi^{\ominus}_{IO_3^-/I_2}$，就必须用 $\Delta G^{\ominus}$ 的关系式，即

$$\Delta G_3^{\ominus} = \Delta G_1^{\ominus} - \Delta G_2^{\ominus}$$
$$-n_3 F \varphi_3^{\ominus} = -n_1 F \varphi_1^{\ominus} - (-n_2 F \varphi_2^{\ominus})$$

$$\varphi_3^\ominus = \varphi_{IO_3^-/I_2}^\ominus = \frac{n_1\varphi_1^\ominus - n_2\varphi_2^\ominus}{n_1 - n_2}$$

$$= \frac{1.09 \times 6 - 0.535 \times 1}{6 - 1} = 1.20 \text{ (V)}$$

8.2.4 影响电极电势的因素

1. 能斯特(Nernst)方程

对于任意一个氧化还原反应

$$a\text{Ox}_1 + b\text{Re}_2 \rightleftharpoons c\text{Ox}_2 + d\text{Re}_1$$

式中 Ox 代表氧化态，Re 代表还原态。上述氧化还原反应由电对 Ox_1/Re_1 和电对 Ox_2/Re_2 所组成。根据化学反应等温式，有

$$\Delta G = \Delta G^\ominus + RT\ln\frac{[\text{Ox}_2]^c[\text{Re}_1]^d}{[\text{Ox}_1]^a[\text{Re}_2]^b}$$

将(8-1)式和(8-2)式代入上式得

$$-nFE = -nFE^\ominus + RT\ln\frac{[\text{Ox}_2]^c[\text{Re}_1]^d}{[\text{Ox}_1]^a[\text{Re}_2]^b}$$

将上式两边同除以 $-nF$，则上式变为

$$E = E^\ominus - \frac{RT}{nF}\ln\frac{[\text{Ox}_2]^c[\text{Re}_1]^d}{[\text{Ox}_1]^a[\text{Re}_2]^b} \qquad (8\text{-}3)$$

(8-3)式称为**电池反应的 Nernst 方程**。此方程表明上述氧化还原反应中有关物质在任意浓度时的电池电动势 E 与标准电池电动势 $E^\ominus$ 的关系。

将 $E = \varphi_\text{正} - \varphi_\text{负}$ 和 $E^\ominus = \varphi_\text{正}^\ominus - \varphi_\text{负}^\ominus$ 代入(8-3)式则可得到

$$\varphi_\text{正} - \varphi_\text{负} = \varphi_\text{正}^\ominus - \varphi_\text{负}^\ominus - \frac{RT}{nF}\ln\frac{[\text{Ox}_2]^c[\text{Re}_1]^d}{[\text{Ox}_1]^a[\text{Re}_2]^b}$$

$$= \varphi_\text{正}^\ominus - \frac{RT}{nF}\ln\frac{[\text{Re}_1]^d}{[\text{Ox}_1]^a} - \varphi_\text{负}^\ominus - \frac{RT}{nF}\ln\frac{[\text{Ox}_2]^c}{[\text{Re}_2]^b}$$

$$= \left(\varphi_\text{正}^\ominus + \frac{RT}{nF}\ln\frac{[\text{Ox}_1]^a}{[\text{Re}_1]^d}\right) - \left(\varphi_\text{负}^\ominus + \frac{RT}{nF}\ln\frac{[\text{Ox}_2]^c}{[\text{Re}_2]^b}\right)$$

由于 φ 的大小在温度一定时只与参加电极反应的物质本性和浓度有关，因此上式可分解为两个独立的部分：

$$\varphi_\text{正} = \varphi_\text{正}^\ominus + \frac{RT}{nF}\ln\frac{[\text{Ox}_1]^a}{[\text{Re}_1]^d}$$

$$\varphi_\text{负} = \varphi_\text{负}^\ominus + \frac{RT}{nF}\ln\frac{[\text{Ox}_2]^c}{[\text{Re}_2]^b}$$

由此可推广到更为普遍的情况，设电极反应为

$$m\text{Ox} + n\text{e} \rightleftharpoons q\text{Re}$$

则有

$$\varphi = \varphi^\ominus + \frac{RT}{nF}\ln\frac{[\text{Ox}]^m}{[\text{Re}]^q} \tag{8-4}$$

此式称为**电极反应的 Nernst 方程**。式中 n 为电极反应中电子的转移数。

若 $T = 298.15$ K，将自然对数换为常用对数，再将 $F = 96500$ C·mol^{-1} 和 $R = 8.314$ J·K^{-1}·mol^{-1} 代入(8-3)和(8-4)式，则(8-3)和(8-4)式可分别变为

$$E = E^\ominus - \frac{0.0592}{n}\lg\frac{[\text{Ox}_2]^c\,[\text{Re}_1]^d}{[\text{Ox}_1]^a\,[\text{Re}_2]^b} \quad * \tag{8-5}$$

$$\varphi = \varphi^\ominus + \frac{0.0592}{n}\lg\frac{[\text{Ox}]^m}{[\text{Re}]^q} \quad * \tag{8-6}$$

在应用 Nernst 方程时应该注意以下几点：

---

* 化学反应等温式为 $\Delta G = \Delta G^\ominus + RT\ln Q$，式中

$$Q = \frac{(c_\text{G}/c^\ominus)^g \cdot (c_\text{H}/c^\ominus)^h}{(c_\text{A}/c^\ominus)^a \cdot (c_\text{B}/c^\ominus)^b} \quad \text{或} \quad Q = \frac{(p_\text{G}/p^\ominus)^g \cdot (p_\text{H}/p^\ominus)^h}{(p_\text{A}/p^\ominus)^a \cdot (p_\text{B}/p^\ominus)^b}$$

Q 为无量纲的量，分式中各有关物质的浓度或分压都要除以标准浓度 $c^\ominus$ 或标准压力 $p^\ominus$。在引出 Nernst 方程时为了书写简化，省略了浓度除以 $c^\ominus$，或分压除以 $p^\ominus$。但读者在使用 Nernst 方程时，应记住方程式中的浓度符号实际是代表浓度与 $c^\ominus$ 的比值，分压符号是代表分压与 $p^\ominus$ 的比值，都是无单位的相对值。虽然这一相对值对于浓度来说数值不变，但对于分压来说，数值变化很大，所以要特别注意，在压力使用 SI 单位制时，一定要将分压之值除以标准压力 $p^\ominus$ 之后，再代入 Nernst 方程进行计算。

① Nernst 方程中 [Ox] 和 [Re] 并非专指氧化数有变化的物质的浓度,而是包括参加电极反应的所有物质的浓度,而且浓度的方次应等于它们在电极反应中的系数。如电极反应

$$MnO_4^- + 8H^+ + 5e \rightleftharpoons Mn^{2+} + 4H_2O$$

$$\varphi_{MnO_4^-/Mn^{2+}} = \varphi^{\ominus}_{MnO_4^-/Mn^{2+}} + \frac{0.0592}{5}\lg\frac{[MnO_4^-][H^+]^8}{[Mn^{2+}]}$$

② 纯固体、纯液体和 H_2O (l) 的浓度为常数,常认为是 1。如电极反应

$$I_2(s) + 2e \rightleftharpoons 2I^-$$

$$\varphi_{I_2/I^-} = \varphi^{\ominus}_{I_2/I^-} + \frac{0.0592}{2}\lg\frac{1}{[I^-]^2}$$

上例中 H_2O (l) 的浓度未写入 Nernst 方程。

③ 若电极反应中有气体参加,则气体用分压表示。如电极反应

$$O_2(g) + 4H^+ + 4e \rightleftharpoons 2H_2O(l)$$

$$\varphi_{O_2/H_2O} = \varphi^{\ominus}_{O_2/H_2O} + \frac{0.0592}{4}\lg(p_{O_2} \cdot [H^+]^4)$$

④ 注意 n 的取值。n 代表电极反应中电子的转移数。如,在 $H^+ + e \rightleftharpoons \frac{1}{2}H_2$ 中 $n=1$;在 $2H^+ + 2e \rightleftharpoons H_2$ 中 $n=2$。

从 Nernst 方程来看,电极电势的大小,不仅取决于电极的本质,而且还与物质的浓度、气体的分压以及温度有关。下面主要讨论在温度一定时,浓度和分压对电极电势的影响。

2. 浓度对电极电势的影响

(1) 氧化型物质或还原型物质本身浓度的改变对电极电势的影响

[例 8-7] 已知

$$Sn^{4+} + 2e \rightleftharpoons Sn^{2+} \qquad \varphi^{\ominus} = 0.151 \text{ V}$$

试求当 Sn^{4+} 和 Sn^{2+} 离子浓度分别为下列值时的 φ 值:

	1	2	3	4	5	6	7
$[Sn^{4+}]/mol \cdot dm^{-3}$	10^{-3}	10^{-2}	10^{-1}	1	1	1	1
$[Sn^{2+}]/mol \cdot dm^{-3}$	1	1	1	1	10^{-1}	10^{-2}	10^{-3}

解 对第一组：

$$\varphi = \varphi^{\ominus} + \frac{0.0592}{2}\lg\frac{[Sn^{4+}]}{[Sn^{2+}]}$$

$$= 0.151 + \frac{0.0592}{2}\lg\frac{10^{-3}}{1} = 0.062 \text{ (V)}$$

用 Nernst 方程也可求出其他组的 φ 值列表如下：

	1	2	3	4	5	6	7
$[Sn^{4+}]/mol \cdot dm^{-3}$	10^{-3}	10^{-2}	10^{-1}	1	1	1	1
$[Sn^{2+}]/mol \cdot dm^{-3}$	1	1	1	1	10^{-1}	10^{-2}	10^{-3}
φ/V	0.062	0.092	0.121	0.151	0.181	0.21	0.24

由上述计算结果可见，降低氧化型物质的浓度，电极电势减小；降低还原型物质的浓度，电极电势增大。

(2) 酸度对电极电势的影响

如果电极反应中包含有 H^+ 或 OH^- 离子，那么酸度将会对电极电势产生影响。

[例 8-8] 重铬酸钾是一种常用的氧化剂，已知

$$Cr_2O_7^{2-} + 14H^+ + 6e \rightleftharpoons 2Cr^{3+} + 7H_2O \qquad \varphi^{\ominus} = 1.232 \text{ V}$$

试计算当 $Cr_2O_7^{2-}$ 和 Cr^{3+} 离子浓度为 $1 \text{ mol} \cdot dm^{-3}$ 保持不变，而 H^+ 离子浓度分别为 $10^{-6}, 10^{-3} \text{ mol} \cdot dm^{-3}$ 时的 φ 值。

解 当 $[H^+] = 10^{-6} \text{ mol} \cdot dm^{-3}$ 时，

$$\varphi = \varphi^{\ominus} + \frac{0.0592}{6}\lg\frac{[Cr_2O_7^{2-}][H^+]^{14}}{[Cr^{3+}]^2}$$

$$= 1.232 + \frac{0.0592}{6}\lg[H^+]^{14}$$

$$= 1.232 + \frac{0.0592}{6}\lg[10^{-6}]^{14} = 0.405 \text{ (V)}$$

同样，当$[H^+] = 10^{-3}$ mol·dm^{-3}时，

$$\varphi = 1.232 + \frac{0.0592}{6}\lg(10^{-3})^{14} = 0.818 \text{ (V)}$$

可见，$Cr_2O_7^{2-}$的氧化能力随着酸度的降低而明显减弱。因此，当含氧酸及其盐或氧化物作氧化剂时，为了增强其氧化能力，常常是在较强的酸性溶液中使用。

凡是有H^+或OH^-离子参加的电极反应，除了氧化型物质或还原型物质本身的浓度变化对电极电势有影响外，酸度对电极电势也有影响，而且酸度的影响往往更大。正因为如此，在一般标准电极电势表中，常将标准电极电势的数据分为酸性表（即$[H^+] = 1$ mol·dm^{-3}）和碱性表（即$[OH^-] = 1$ mol·dm^{-3}），查表时务必注意。

(3) 难溶物的生成对电极电势的影响

在一个电极反应中，加入某种沉淀剂，使氧化型物质或还原型物质产生沉淀，这样就降低了氧化型物质或还原型物质的浓度，从而导致了电极电势的变化。

[例8-9] 已知电极反应

$$Ag^+ + e \rightleftharpoons Ag \qquad \varphi^{\ominus} = 0.799 \text{ V}$$

若往该体系中加入NaCl使产生AgCl沉淀，当达平衡时，使Cl^-离子的浓度为1 mol·dm^{-3}，求此时Ag^+/Ag电极的电极电势。

解 当Ag^+与Cl^-离子生成AgCl沉淀并达到平衡时，体系中Ag^+离子浓度受AgCl的K_{sp}和Cl^-离子浓度的控制。已知$[Cl^-] = 1$ mol·dm^{-3}，查得AgCl的$K_{sp} = 1.6 \times 10^{-10}$，因此

$$[Ag^+] = \frac{K_{sp}}{[Cl^-]} = \frac{1.6 \times 10^{-10}}{1} = 1.6 \times 10^{-10} \text{ (mol·dm}^{-3}\text{)}$$

$$\varphi_{Ag^+/Ag} = \varphi^{\ominus}_{Ag^+/Ag} + 0.0592 \lg 1.6 \times 10^{-10} = 0.221 \text{ (V)}$$

该计算结果也是电极$AgCl(s) + e \rightleftharpoons Ag + Cl^-$的标准电极电势，

因为将 Ag 插在 Ag^+ 离子的溶液中所组成的电极 Ag^+/Ag，当加入 NaCl 而产生 AgCl 沉淀后形成了一种新的 AgCl/Ag 电极，而且电极中各物种都处于标准状态。

用同样的方法可以算出 $\varphi^{\ominus}_{AgBr/Ag}$ 和 $\varphi^{\ominus}_{AgI/Ag}$，现将这些电极对比如下：

	电　极	$\varphi^{\ominus}/V$
	$AgI(s) + e \rightleftharpoons Ag(s) + I^-$	-0.152
	$AgBr(s) + e \rightleftharpoons Ag(s) + Br^-$	0.071
	$AgCl(s) + e \rightleftharpoons Ag(s) + Cl^-$	0.221

↑减小 K_{sp}　　↑减小 $[Ag^+]$　　↑减小 $\varphi^{\ominus}$

由此可见，沉淀剂与氧化型物质作用生成沉淀，电极电势减小；相反，沉淀剂与还原型物质生成沉淀，电极电势增大。而且，沉淀物的溶度积越小，这种影响就越大。

(4) 配合物的生成对电极电势的影响

配合物的生成对电极电势也有影响。例如下列电池

$$(-)Zn(s)|Zn^{2+}(1\ mol\cdot dm^{-3})\|Cu^{2+}(1\ mol\cdot dm^{-3})|Cu(s)(+)$$

其电池电动势

$$E^{\ominus} = \varphi^{\ominus}_{Cu^{2+}/Cu} - \varphi^{\ominus}_{Zn^{2+}/Zn} = 0.337 - (-0.763) = 1.1\ (V)$$

如果往 Cu 电极的溶液中加入适量的氨水，此时电池电动势将会减小。在 Cu 电极的溶液中加入氨水后，Zn 电极的电极电势不变，仍为 -0.763 V，但电池电动势减小，说明加入的氨水与 Cu 电极中的 Cu^{2+} 离子作用生成了 $Cu(NH_3)_4^{2+}$ 配离子而使 Cu^{2+} 离子的浓度降低，从而导致 Cu^{2+}/Cu 电极的电极电势减小。可见，与沉淀的生成对电极电势的影响一样，配位体与氧化型物质生成配合物时，电极电势减小；配位体与还原型物质生成配合物时，电极电势增加。而且，生成的配合物越稳定，这种影响就越大。关于配合物的生成对电极电势的影响的具体计算将在第 11 章介绍。

8.3 电极电势的应用

如前所述,电极电势的大小,反映了电对中氧化型物质氧化能力或还原型物质还原能力的相对强弱。电极电势的数值越大,表明电对中氧化型物质的氧化能力越强,其共轭还原型物质的还原能力越弱;反之亦然。因此我们可以利用电极电势判断氧化剂氧化性或还原剂还原性的相对强弱。除此之外,下面再介绍一些电极电势的应用。

8.3.1 判断氧化还原反应进行的方向

我们已经知道,在恒温恒压下,不做有用功时,化学反应向吉布斯自由能减小的方向进行,即

$$\Delta G \begin{cases} <0 & \text{反应自发进行} \\ =0 & \text{反应达到平衡} \\ >0 & \text{反应不自发} \end{cases}$$

因为 $-\Delta G = nFE$,因此,我们可以用下列关系式来判断氧化还原反应进行的方向:

$$E \begin{cases} >0 & \text{反应自发进行} \\ =0 & \text{反应达到平衡} \\ <0 & \text{反应不自发} \end{cases} \tag{8-7}$$

在标准状态时,

$$E^{\ominus} \begin{cases} >0 & \text{反应自发进行} \\ =0 & \text{反应达到平衡} \\ <0 & \text{反应不自发} \end{cases} \tag{8-8}$$

[例 8-10] 在标准状态时,铜粉能否与 $FeCl_3$ 溶液作用?

解 查表可知:

$$Cu^{2+} + 2e \rightleftharpoons Cu \qquad \varphi^{\ominus} = 0.337 \text{ V}$$

$$Fe^{3+} + e \rightleftharpoons Fe^{2+} \qquad \varphi^{\ominus} = 0.771 \text{ V}$$

$$Fe^{3+} + 3e \rightleftharpoons Fe \qquad \varphi^{\ominus} = -0.037 \text{ V}$$

因为

$$E_1^{\ominus} = \varphi_{\text{正}}^{\ominus} - \varphi_{\text{负}}^{\ominus} = \varphi_{Fe^{3+}/Fe^{2+}}^{\ominus} - \varphi_{Cu^{2+}/Cu}^{\ominus} = 0.434 \text{ V} > 0$$

$$E_2^{\ominus} = \varphi_{\text{正}}^{\ominus} - \varphi_{\text{负}}^{\ominus} = \varphi_{Fe^{3+}/Fe}^{\ominus} - \varphi_{Cu^{2+}/Cu}^{\ominus} = -0.374 \text{ V} < 0$$

因此，在标准状态时，Cu 粉能与 $FeCl_3$ 溶液作用，但 Cu 粉只能将 Fe^{3+} 离子还原成 Fe^{2+} 离子而不能还原成 Fe，其反应方程式为

$$2Fe^{3+} + Cu \rightleftharpoons Cu^{2+} + 2Fe^{2+}$$

在印刷电路版的制造中，$FeCl_3$ 溶液可用作铜版腐蚀剂，把铜版上需要去掉的部分与 $FeCl_3$ 作用，使铜变成 $CuCl_2$ 而溶解。

由此可见，当两个电对发生氧化还原反应时，其反应方向是，较强的氧化剂（Fe^{3+}）与较强的还原剂（Cu）作用，生成较弱的还原剂（Fe^{2+}）和较弱的氧化剂（Cu^{2+}）。也就是说，电极电势较大的电对的氧化型物质与电极电势较小的电对的还原型物质作用，发生氧化还原反应。

上面所举的例子，是用标准电极电势来判断氧化还原反应进行的方向。但是，事实上化学反应经常是在非标态下进行的，而且反应过程中各物质的浓度（或分压）也会发生变化，因此，与用 $\Delta G^{\ominus}$ 值来判断反应进行的方向一样，用 $E^{\ominus}$ 来判断氧化还原反应进行的方向是受"标准状态"的限制。不过在大多数情况下，用标准电极电势来判断，结论仍然是正确的，因为大多数氧化还原反应如果组成原电池，其 $E^{\ominus}$ 都比较大，一般大于 0.2~0.4 V。在这种情况下，浓度的变化虽然会影响电极电势，但一般不会因为浓度的变化而导致电池电动势值改变正、负号。但是，对于一些电极电势相差不大的两个电对组成的氧化还原反应来说，浓度（或分压）的变化则有可能改变反应进行的方向。

例如，实验室中要制备少量的氯气，常用的方法之一是用 $K_2Cr_2O_7$ 与盐酸作用：

$$Cr_2O_7^{2-} + 6Cl^- + 14H^+ \rightleftharpoons 2Cr^{3+} + 3Cl_2 \uparrow + 7H_2O$$

$$\varphi^{\ominus}_{Cr_2O_7^{2-}/Cr^{3+}} = 1.232 \text{ V}$$

$$\varphi^{\ominus}_{Cl_2/Cl^-} = 1.358 \text{ V}$$

$$E^{\ominus} = \varphi^{\ominus}_{Cr_2O_7^{2-}/Cr^{3+}} - \varphi^{\ominus}_{Cl_2/Cl^-} = 1.232 - 1.358$$

$$= -0.126 \text{ (V)} < 0$$

因此，在标准状态下该反应不能自发进行。

用 $E^{\ominus}$ 判断的结果与实际反应方向发生矛盾的原因在于，该反应中各物质不是都处于标准状态。如果要判断氧化还原反应进行的方向，严格地说应该用 E 值。根据 Nernst 方程，浓度(或分压)变了，φ 值也要发生变化，对于 $E^{\ominus} < 0$ 的反应，如果有关两个电对的 $\varphi^{\ominus}$ 值相差不是太大，可借助于加大反应物的浓度来改变反应进行的方向。对于下列氧化还原反应

$$Ox_1 + Re_2 \rightleftharpoons Ox_2 + Re_1$$

$$E = E^{\ominus} - \frac{0.0592}{n} \lg \frac{[Ox_2][Re_1]}{[Ox_1][Re_2]}$$

Ox_1 为电对 Ox_1/Re_1 的氧化型，Re_2 为电对 Ox_2/Re_2 的还原型。增加反应物的浓度，即增加 Ox_1 的浓度，使正极 φ_{Ox_1/Re_1} 增大；增加 Re_2 的浓度，可使负极 φ_{Ox_2/Re_2} 减小。那么就有可能导致 $E = \varphi_{正} - \varphi_{负} > 0$，反应就能正向自发进行。

对于上面用 $K_2Cr_2O_7$ 与盐酸作用制备氯气的反应，用 $E^{\ominus}$ 判断该反应在标准状态下是不能自发进行的。但若用 1 mol·dm^{-3} 的 $K_2Cr_2O_7$ 与 10 mol·dm^{-3} 的盐酸作用，假设其他有关物质仍处于标准状态，由下面的计算可知，上述反应是可以自发进行的。

$$Cr_2O_7^{2-} + 14H^+ + 6e \rightleftharpoons 2Cr^{3+} + 7H_2O$$

$$\varphi_{Cr_2O_7^{2-}/Cr^{3+}} = \varphi^{\ominus}_{Cr_2O_7^{2-}/Cr^{3+}} + \frac{0.0592}{6} \lg \frac{[Cr_2O_7^{2-}][H^+]^{14}}{[Cr^{3+}]^2}$$

$$= 1.232 + \frac{0.0592}{6} \lg [H^+]^{14}$$

$$= 1.232 + \frac{0.0592}{6} \lg 10^{14} = 1.37 \text{ (V)}$$

$$Cl_2 + 2e \rightleftharpoons 2Cl^-$$

$$\varphi_{Cl_2/Cl^-} = \varphi^\ominus_{Cl_2/Cl^-} + \frac{0.0592}{2} \lg \frac{p_{Cl_2}}{[Cl^-]^2}$$

$$= 1.358 + \frac{0.0592}{2} \lg \frac{1}{10^2} = 1.30 \text{ (V)}$$

则

$$E = \varphi_{Cr_2O_7^{2-}/Cr^{3+}} - \varphi_{Cl_2/Cl^-} = 1.37 - 1.30 = 0.07 \text{ (V)} > 0$$

也可直接代入(8-5)式计算:

$$E = E^\ominus - \frac{0.0592}{6} \lg \frac{[Cr^{3+}]^2 \cdot p_{Cl_2}^3}{[Cr_2O_7^{2-}][Cl^-]^6[H^+]^{14}}$$

$$= E^\ominus - \frac{0.0592}{6} \lg \frac{1}{10^6 \times 10^{14}}$$

$$= -0.126 + 0.197 = 0.07 \text{ (V)} > 0$$

可见，当盐酸的浓度为 10 mol·dm^{-3}时，上述制备少量氯气的反应即可自发进行。

综上所述，在判断氧化还原反应进行的方向时，原则上应该用 E 作为判据。如果用 $E^\ominus$，要么是在指定的标准状态下，要么 $E^\ominus$ 值必须较大（一般用 $E^\ominus > 0.2 \sim 0.4$ V 作为粗略的参考数值）。而对于两个电对的 $\varphi^\ominus$ 值相差不太大的氧化还原反应，浓度的改变则有可能引起反应方向的改变。

8.3.2　选择合适的氧化剂或还原剂

我们能够利用电极电势判断氧化还原反应进行的方向，我们就可以利用电极电势来选择合适的氧化剂或还原剂。

[例 8-11]　在酸性介质中，钒元素有如下几种氧化态：

VO_2^+	VO^{2+}	V^{3+}	V^{2+}
（黄色）	（蓝色）	（绿色）	（紫色）

如果要在酸性介质中将 VO_2^+ 离子分别还原到 VO^{2+}，V^{3+}，V^{2+}，在常用的还原剂 Zn 粒、$SnCl_2$ 和 $FeCl_2$ 中分别选用哪一种还原剂较好？

解 将题中有关电对的电极电势查出后按由大到小的顺序排列如下：

$$VO_2^+ + 2H^+ + e \rightleftharpoons VO^{2+} + H_2O \qquad \varphi^\ominus = 0.991 \text{ V}$$
$$Fe^{3+} + e \rightleftharpoons Fe^{2+} \qquad \varphi^\ominus = 0.771 \text{ V}$$
$$VO^{2+} + 2H^+ + e \rightleftharpoons V^{3+} + H_2O \qquad \varphi^\ominus = 0.337 \text{ V}$$
$$Sn^{4+} + 2e \rightleftharpoons Sn^{2+} \qquad \varphi^\ominus = 0.151 \text{ V}$$
$$V^{3+} + e \rightleftharpoons V^{2+} \qquad \varphi^\ominus = -0.255 \text{ V}$$
$$Zn^{2+} + 2e \rightleftharpoons Zn \qquad \varphi^\ominus = -0.763 \text{ V}$$

由以上数据可以明显地看到，若要将 VO_2^+ 只还原到 VO^{2+}，应选用 $FeCl_2$ 作还原剂；若要将 VO_2^+ 只还原到 V^{3+}，则应选用 $SnCl_2$ 作还原剂；如果要将 VO_2^+ 还原到 V^{2+}，则应选用 Zn 粒作还原剂，$FeCl_2$ 和 $SnCl_2$ 都不能将 VO_2^+ 还原成 V^{2+} 离子。

8.3.3 判断氧化还原反应进行的程度

因为 $\Delta G^\ominus = -RT\ln K^\ominus$，$-\Delta G^\ominus = nFE^\ominus$，所以

$$RT\ln K^\ominus = nFE^\ominus$$

即

$$\ln K^\ominus = \frac{nF}{RT}E^\ominus = \frac{nF}{RT}(\varphi_\text{正}^\ominus - \varphi_\text{负}^\ominus) \qquad (8-9)$$

在 298 K 时，

$$\lg K^\ominus = \frac{nE^\ominus}{0.0592} = \frac{n(\varphi_\text{正}^\ominus - \varphi_\text{负}^\ominus)}{0.0592} \qquad (8-10)$$

由(8-10)式可知，由于一个反应进行的程度可由平衡常数 $K^\ominus$ 来衡量，而氧化还原反应的平衡常数 $K^\ominus$ 可由标准电极电势计算，因此可以用标准电极电势来判断氧化还原反应进行的程度。

[例 8-12] 求反应 $Cu^{2+} + Zn \rightleftharpoons Zn^{2+} + Cu$ 的平衡常数 $K^{\ominus}$。

解 $\varphi^{\ominus}_{Cu^{2+}/Cu} = 0.337$ V,$\varphi^{\ominus}_{Zn^{2+}/Zn} = -0.763$ V,则

$$\lg K^{\ominus} = \frac{n(\varphi^{\ominus}_{正} - \varphi^{\ominus}_{负})}{0.0592} = \frac{n(\varphi^{\ominus}_{Cu^{2+}/Cu} - \varphi^{\ominus}_{Zn^{2+}/Zn})}{0.0592}$$

$$= \frac{2[0.337 - (-0.763)]}{0.0592} = 37.225$$

解得 $K^{\ominus} = 1.7 \times 10^{37}$。

从计算结果来看,该反应的平衡常数 $K^{\ominus}$ 很大,表明该反应进行得十分完全。

一般地,对于一个化学反应来说,如果该反应的 $K^{\ominus}$ 值大于 10^6,就可以认为该反应进行得很完全。根据(8-10)式,当 $K^{\ominus} = 10^6$ 时,

若 $n = 1$,则 $E^{\ominus} = 0.36$ V;

若 $n = 2$,则 $E^{\ominus} = 0.18$ V;

若 $n = 3$,则 $E^{\ominus} = 0.12$ V。

因此,我们常用 $E^{\ominus}$ 值是否大于 $0.2 \sim 0.4$ V 来判断氧化还原反应能否自发进行,这很有实用意义。这一点我们在 8.3.1 节作了说明。

在使用(8-10)式时,首先应该注意,$E^{\ominus}$ 必须是标准状态的电极电势之差,不能用非标态下的电极电势之差来求 $K^{\ominus}$ 值;其次应注意式中 n 的取值,它表示一个给定的氧化还原反应方程式中电子的转移数;再次,用(8-10)式计算出的是标准平衡常数。

还应指出的是,$E^{\ominus}$ 可以用来判断氧化还原反应进行的程度,但不能说明反应速率。例如

$$5S_2O_8^{2-} + 2Mn^{2+} + 8H_2O \rightleftharpoons 2MnO_4^- + 10SO_4^{2-} + 16H^+$$

$$\varphi^{\ominus}_{S_2O_8^{2-}/SO_4^{2-}} = 2.01 \text{ V}, \quad \varphi^{\ominus}_{MnO_4^-/Mn^{2+}} = 1.51 \text{ V}$$

$$E^{\ominus} = 2.01 - 1.51 = 0.50 \text{ V} > 0$$

可见该反应可以自发进行,而且进行的程度很大。但是该反应的反应速率很慢,实验时要加 $AgNO_3$ 作催化剂,并加热。

8.3.4 判断氧化还原反应进行的顺序

在不考虑动力学因素的情况下,当一种氧化剂可以氧化同一体系中的几种还原剂时,一般首先氧化最强的那种还原剂,即首先氧化电极电势最小的那种还原剂。同样,同一体系中有一种还原剂和几种氧化剂时,还原剂首先还原最强的那种氧化剂。

[例 8-13] 在酸性介质中 $NaBiO_3$ 能将 Mn^{2+} 离子氧化成 MnO_4^- 离子,酸化时是用盐酸好还是用硝酸好?

解 有关电对的电极电势如下:

$$NO_3^- + 2H^+ + e \rightleftharpoons NO_2 + H_2O \qquad \varphi^\ominus = 0.80 \text{ V}$$

$$Cl_2 + 2e \rightleftharpoons 2Cl^- \qquad \varphi^\ominus = 1.358 \text{ V}$$

$$MnO_4^- + 8H^+ + 5e \rightleftharpoons Mn^{2+} + 4H_2O \qquad \varphi^\ominus = 1.51 \text{ V}$$

$$NaBiO_3(s) + 6H^+ + 2e \rightleftharpoons Bi^{3+} + Na^+ + 3H_2O \qquad \varphi^\ominus > 1.80 \text{ V}$$

可见,如果用盐酸酸化,体系中氧化剂为 $NaBiO_3$,还原剂有两个:Cl^- 和 Mn^{2+},在此种情况下,首先发生的反应会是

$$NaBiO_3 + 2Cl^- + 6H^+ \rightleftharpoons Na^+ + Bi^{3+} + Cl_2 \uparrow + 3H_2O$$

而不是发生 $NaBiO_3$ 氧化 Mn^{2+} 离子的反应。如果用硝酸酸化,则体系中还原剂只有 Mn^{2+} 一种,氧化剂有 $NaBiO_3$ 和 HNO_3 两种,从电极电势来看,只有 $NaBiO_3$ 能氧化 Mn^{2+} 离子而 HNO_3 则不能,因此在此情况下发生的反应是

$$5NaBiO_3 + 2Mn^{2+} + 14H^+ \rightleftharpoons 5Na^+ + 5Bi^{3+} + 2MnO_4^- + 7H_2O$$

因此应该用硝酸酸化。

8.3.5 求溶度积常数

由(8-10)式可知,利用标准电极电势可以求反应的平衡常数。如果我们能够将沉淀反应设计成原电池,并且知道组成该原

电池的两个电极的标准电极电势,就可由(8-10)式求出难溶物的溶度积常数。

[**例 8-14**] 求 AgCl 的 K_{sp}。

解 $AgCl(s) \rightleftharpoons Ag^+ + Cl^-$

将此反应设计成一个原电池,并查出两个有关电极的标准电极电势:

正极: $AgCl + e \rightleftharpoons Ag + Cl^-$ $\varphi^\ominus = 0.222$ V

负极: $Ag \rightleftharpoons Ag^+ + e$ $\varphi^\ominus = 0.799$ V

电池反应: $AgCl \rightleftharpoons Ag^+ + Cl^-$ $E^\ominus = -0.577$ V*

则

$$\lg K^\ominus = \frac{nE^\ominus}{0.0592} = \frac{1 \times (-0.577)}{0.0592}$$

解得 $K^\ominus = 1.7 \times 10^{-10}$,此处的 $K^\ominus$ 就是 AgCl 的 K_{sp}。

可根据浓度对电极电势和电池电动势的影响,设计原电池并测其电动势,根据电池电动势求出有关离子的浓度,进而计算难溶盐的 K_{sp}。例如,为了测定 $PbSO_4$ 的 K_{sp},可设计如下原电池:

$(-) Pb(s) | Pb^{2+}(x \text{ mol·dm}^{-3}) \| Sn^{2+}(1 \text{ mol·dm}^{-3}) | Sn(s)(+)$

在 Sn^{2+}/Sn 半电池中,Sn^{2+} 离子浓度为 1 mol·dm^{-3};在 Pb^{2+}/Pb 半电池中,Pb^{2+} 离子浓度由于加入过量的 SO_4^{2-} 离子使 $PbSO_4$ 沉淀析出而降低到很小的数值,最后将 SO_4^{2-} 离子浓度调整到 1 mol·dm^{-3}。经测定,该电池的电动势为 0.22 V。根据 Nernst 方程得

$$\varphi_\text{正} = \varphi^\ominus_{Sn^{2+}/Sn} + \frac{0.0592}{2} \lg [Sn^{2+}]$$

$$\varphi_\text{负} = \varphi^\ominus_{Pb^{2+}/Pb} + \frac{0.0592}{2} \lg [Pb^{2+}]$$

---

* 通常在讨论电化学问题时,电池电动势总是正值,在此处利用 $E^\ominus$ 来求电池反应的平衡常数,设 $E^\ominus$ 有正、负之分,这样处理问题就比较方便一些。

则

$$E = \varphi_{正} - \varphi_{负} = \varphi^{\ominus}_{Sn^{2+}/Sn} - \varphi^{\ominus}_{Pb^{2+}/Pb} + \frac{0.0592}{2}\lg\frac{[Sn^{2+}]}{[Pb^{2+}]}$$

而 $E = 0.22$ V, $\varphi^{\ominus}_{Sn^{2+}/Sn} = -0.14$ V, $\varphi^{\ominus}_{Pb^{2+}/Pb} = -0.13$ V, 代入上式, 则

$$0.22 = (-0.14) - (-0.13) + \frac{0.0592}{2}\lg\frac{1}{[Pb^{2+}]}$$

$$\lg[Pb^{2+}] = -\frac{(0.22+0.01)\times 2}{0.0592} = -7.78$$

所以

$$[Pb^{2+}] = 1.7\times 10^{-8} \text{ (mol·dm}^{-3})$$

从而

$$K_{sp}(PbSO_4) = [Pb^{2+}][SO_4^{2-}] = 1.7\times 10^{-8}\times 1$$
$$= 1.7\times 10^{-8}$$

对于 $[Pb^{2+}] = 1.7\times 10^{-8}$ mol·dm^{-3}, 一般分析方法无法直接测定, 但对于上述电池的电动势 $E = 0.22$ V 则是很容易测定的。因此, 许多难溶盐的 K_{sp} 就是用这种电化学方法测定的。

8.3.6 测定溶液的 pH

将一个未知 H^+ 离子浓度的氢电极与一个已知电极电势的电极组成原电池, 测定了电池电动势后, 即可求出该氢电极的电极电势, 然后利用 Nernst 方程求得 H^+ 离子浓度, 进而求出溶液的 pH。

例如, 将一个未知 H^+ 离子浓度的氢电极与标准氢电极可组成如下氢电极浓差电池:
$(-)\text{Pt},H_2(p^{\ominus})|H^+(x \text{ mol·dm}^{-3}) \| H^+(1 \text{ mol·dm}^{-3})|H_2(p^{\ominus}),\text{Pt}(+)$
若测得该电池的电动势为 0.246 V, 则

$$E = \varphi_{正} - \varphi_{负} = \varphi^{\ominus}_{H^+/H_2} - \varphi_{未知} = 0.246 \text{ V}$$

所以 $\varphi_{未知} = -0.246$ V, 代入 Nernst 方程,

$$\varphi_{未知} = \varphi_{H^+/H_2}^{\ominus} - \frac{0.0592}{2}\lg\frac{p_{H_2}}{[H^+]^2}$$

$$= 0 - \frac{0.0592}{2}\lg\frac{1}{[H^+]^2}$$

$$= 0.0592\lg[H^+] = -0.0592\text{pH}$$

$$= -0.246$$

所以 pH=4.16，此即为未知溶液的 pH。

上述电池的两个电极都是氢电极，其中负极为指示电极，用来指示未知溶液的 H^+ 离子浓度；正极为参比电极，用作测量指示电极的电极电势的参比标准。很显然，参比电极应该具有稳定的确定的电极电势值。标准氢电极是一种"理想"的参比电极，但制备时要求 H_2 的纯度很高，一般不易达到，而且铂黑电极容易中毒。因此一般不直接采用氢电极作为基准参比电极，而是采用易制备、使用方便、电极电势较稳定的甘汞电极作为二级标准的参比电极来测定指示电极的电极电势。

常用 pH 计的参比电极是饱和甘汞电极，如图 8-3 所示，由金属汞、氯化亚汞和饱和氯化钾溶液等构成，其电极反应为

$$Hg_2Cl_2 + 2e \rightleftharpoons 2Hg + 2Cl^-$$

饱和甘汞电极的电极电势不随溶液的 pH 变化而变化，只与 KCl 溶液的 Cl^- 离子浓度有关，在一定温度和浓度下为一定值，在 298 K 时为 0.24 V。

玻璃电极是常用的 H^+ 离子浓度指示电极，其结构如图 8-4 所示。玻璃电极是一种氢离子选择性电极。所谓离子选择性电极是指此类电极与溶液中的某些特定离子可进行选择性离子交换反应，而且这种过程服从电极的 Nernst 方程。玻璃电极的构成是在一支玻璃管下端焊接一个特殊质料的极薄的玻璃球泡，球泡内盛有一定 pH 的缓冲溶液，或用 0.1 $mol \cdot dm^{-3}$ HCl 溶液，溶液中浸入一根 Ag-AgCl 电极（称为内参比电极）。玻璃电极和待测溶液组成的电极为

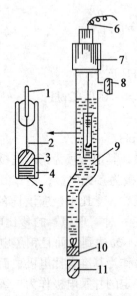
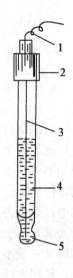

图 8-3 饱和甘汞电极
1. 导线 2. 铂丝 3. 汞
4. 甘汞 5. 多孔物质 6. 导线
7. 绝缘体 8. 橡皮帽
9. KCl 饱和溶液 10. 多孔物质
11. 橡皮帽

图 8-4 玻璃电极
1. 导线 2. 绝缘体
3. Ag-AgCl 电极
4. 缓冲溶液
5. 玻璃膜电极

$$\text{Ag-AgCl(s)} | \text{H}^+ (0.1 \text{ mol·dm}^{-3}) \overset{(玻璃膜)}{\vdots} 待测溶液 \text{H}^+ (x \text{ mol·dm}^{-3})$$

玻璃球泡对氢离子有敏感作用,当它浸入待测溶液内,待测溶液的氢离子与电极玻璃球泡表面水化层进行离子交换,玻璃球泡内层同样产生电极电势。由于内层 H^+ 离子浓度不变,而外层 H^+ 离子浓度在变化,因此,内外层的电势差也在变化,所以该电极的电势随待测溶液的 pH 值不同而改变:

$$\varphi_{玻} = \varphi_{玻}^{\ominus} + 0.0592 \lg [\text{H}^+] = \varphi_{玻}^{\ominus} - 0.0592 \text{ pH}$$

当玻璃电极与饱和甘汞电极组成原电池时,就能从测得的电池电动势 $E^{\ominus}$ 值求出溶液的 pH。该电池为

$(-)$Ag(s)-AgCl(s)$|$H$^+$(0.1 mol·dm^{-3})$\vdots$H$^+$(x mol·dm^{-3})
$\|$KCl(饱和)$|$Hg$_2$Cl$_2$(s)-Hg(s)(+)

其电池电动势在 298 K 时为

$$E = \varphi_{正} - \varphi_{负} = \varphi_{甘汞} - \varphi_{玻}$$
$$= 0.24 - \varphi_{玻}^{\ominus} + 0.0592\,\text{pH}$$

所以

$$\text{pH} = \frac{E + \varphi_{玻}^{\ominus} - 0.24}{0.0592}$$

其中,$\varphi_{玻}^{\ominus}$ 可以由测定一个已知 pH 的缓冲溶液的电动势求得。在实际应用时,是先用已知 pH 的标准缓冲溶液,在 pH 计上进行调整使 E 和 pH 的关系能满足上式,然后再来测定待测溶液的 pH,从 pH 计上直接读出该待测溶液的 pH,而不必算出 $\varphi_{玻}^{\ominus}$ 的具体数值。

改进玻璃薄膜的成分,可以制成 Na$^+$,K$^+$,Rb$^+$,Cs$^+$,Li$^+$,Tl$^+$,NH$_4^+$ 等一系列一价阳离子的选择性电极。

8.4 电势图解

8.4.1 元素电势图

同一元素常有多种氧化态存在,把其中任意两种氧化态组成的电对和该电对所对应的标准电极电势用图示的方式表示出来,这就是拉特默(Latimer)于 1952 年提出的**元素电势图**,又称为拉特默图,如图 8-5 所示。

在元素电势图中,一般是将氧化态由高到低排列(即氧化型

$$\varphi_A^\ominus \quad \overset{+1.508}{\overbrace{MnO_4^- \xrightarrow{+0.56} \underset{+1.69}{\underbrace{MnO_4^{2-} \xrightarrow{+2.26} MnO_2}} \xrightarrow{+0.95} \underset{+1.23}{\underbrace{Mn^{3+} \xrightarrow{+1.51} Mn^{2+}}}}} \xrightarrow{-1.18} Mn$$

$$\varphi_B^\ominus \quad ClO_4^- \xrightarrow{+0.36} ClO_3^- \xrightarrow{+0.33} \underset{+0.62}{\underbrace{ClO_2^- \xrightarrow{+0.66} \overset{+0.76}{\overbrace{ClO^- \xrightarrow{+0.40} Cl_2}}}} \xrightarrow{+1.36} Cl^-$$

图 8-5　元素电势图

在左边，还原型在右边，如图 8-5 所示），但有的是将氧化态按由低到高的顺序排列，两者的排列顺序恰好相反，因此在使用时应该加以注意。

另外，根据酸、碱介质不同又可分为两大类：$\varphi_A^\ominus$（A 表示酸性介质，$[H^+] = 1\ mol \cdot dm^{-3}$）和 $\varphi_B^\ominus$（B 表示碱性介质，$[OH^-] = 1\ mol \cdot dm^{-3}$）。在书写某一元素的元素电势图时，既可将全部氧化态列出，也可根据需要只列出其中的一部分。

元素电势图使人们比较清楚地看到同一元素各氧化态间氧化还原性的变化情况，利用元素电势图，可以考查元素各氧化态在水溶液中的化学行为，计算未知电对的电极电势。下面介绍几个方面的应用。

1. 计算未知电对的标准电极电势

如果已知两个或两个以上的相邻电对的标准电极电势，即可求算出另一些电对的标准电极电势。例如，某元素电势图为

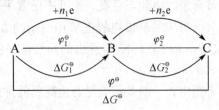

因为

$$\Delta G_1^\ominus = -n_1 F \varphi_1^\ominus, \quad \Delta G_2^\ominus = -n_2 F \varphi_2^\ominus, \quad \Delta G^\ominus = -nF\varphi^\ominus$$

而 $\Delta G^\ominus = \Delta G_1^\ominus + \Delta G_2^\ominus$,所以

$$-n_1 F \varphi_1^\ominus + (-n_2 F \varphi_2^\ominus) = -nF\varphi^\ominus$$

$$n\varphi^\ominus = n_1 \varphi_1^\ominus + n_2 \varphi_2^\ominus \tag{8-11}$$

(8-11) 式中,n_1, n_2, n 分别为相应电对的电子转移数,其中 $n = n_1 + n_2$,则(8-11)式可写成

$$\varphi^\ominus = \frac{n_1 \varphi_1^\ominus + n_2 \varphi_2^\ominus}{n_1 + n_2}$$

若有 i 个相邻电对,则

$$\varphi^\ominus = \frac{n_1 \varphi_1^\ominus + n_2 \varphi_2^\ominus + \cdots + n_i \varphi_i^\ominus}{n_1 + n_2 + \cdots + n_i} \tag{8-12}$$

[例 8-15] 已知

$$\varphi_B^\ominus$$

$$H_2PO_2^- \xrightarrow{-1.82} P_4 \xrightarrow{-0.87} PH_3$$

求:$\varphi_{H_2PO_2^-/PH_3}^\ominus = ?$

解 $\varphi_{H_2PO_2^-/PH_3}^\ominus = \dfrac{n_1 \varphi_{H_2PO_2^-/P_4}^\ominus + n_2 \varphi_{P_4/PH_3}^\ominus}{n_1 + n_2}$

$= \dfrac{1 \times (-1.82) + 3 \times (-0.87)}{1 + 3}$

$= -1.11 \text{ (V)}$

在应用(8-12)式时,应特别注意 $n_1, n_2, \cdots$ 的取值。如在上例中,应写出两个相邻电对的半反应式:

$$H_2PO_2^- + e \rightleftharpoons \frac{1}{4}P_4 + 2OH^-$$

$$\frac{1}{4}P_4 + 3H_2O + 3e \rightleftharpoons PH_3 + 3OH^-$$

而且在两个半反应式中中间氧化态的 P_4 的系数应一致,由此得

出电子转移数 $n_1=1$，$n_2=3$。另一个确定 n 值的方法是，n 等于电对中氧化态和还原态氧化数的改变值。例如，在电对 $H_2PO_2^-/P_4$ 中，$H_2PO_2^-$ 中 P 的氧化数为 +1，P_4 中 P 的氧化数为零，氧化数降低了 1，所以 $n_1=1$。而在电对 P_4/PH_3 中，P_4 中 P 的氧化数为零，PH_3 中 P 的氧化数为 -3，氧化数降低了 3，所以 $n_2=3$。

2. 判断能否发生歧化反应

由某元素不同氧化态的三种物质所组成的两个电对，按其氧化态由高到低排列如下：

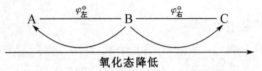

如果 B 能发生歧化反应，那么这两个电对所组成的电池电动势

$$E^\ominus = \varphi_{正}^\ominus - \varphi_{负}^\ominus = \varphi_{右}^\ominus - \varphi_{左}^\ominus > 0$$

即当 $\varphi_{右}^\ominus > \varphi_{左}^\ominus$ 时，B 可发生歧化反应。

根据这一原则，在图 8-5 所示的锰和氯的元素电势图中可以看到，在酸性介质中，MnO_4^{2-} 和 Mn^{3+} 离子可以发生歧化反应；在碱性介质中，ClO^- 和 Cl_2 可以发生歧化反应。其中 MnO_4^{2-} 和 Cl_2 发生歧化反应的反应方程式分别为

$$3MnO_4^{2-} + 4H^+ \rightleftharpoons 2MnO_4^- + MnO_2 + 2H_2O$$

$$Cl_2 + 2OH^- \rightleftharpoons ClO^- + Cl^- + H_2O$$

以 Cl_2 在碱液中的歧化反应为例，Cl_2 在 Cl_2/Cl^- 电对中作氧化剂，在 ClO^-/Cl_2 电对中作还原剂，因为 $\varphi_{Cl_2/Cl^-}^\ominus > \varphi_{ClO^-/Cl_2}^\ominus$，所以这个歧化反应得以进行。

如果 $\varphi_{右}^\ominus < \varphi_{左}^\ominus$，则 B 不能发生歧化反应，而歧化反应的逆反应却可自发进行。如

$$\varphi_A^\ominus$$
$$Fe^{3+} \xrightarrow{+0.77} Fe^{2+} \xrightarrow{-0.44} Fe$$

因为 $\varphi_{Fe^{3+}/Fe^{2+}}^\ominus > \varphi_{Fe^{2+}/Fe}^\ominus$，因此 Fe^{2+} 不能发生歧化反应，自发进行的反应应该是

$$2Fe^{3+} + Fe \rightleftharpoons 3Fe^{2+}$$

3. 判断氧化还原反应的产物

根据元素电势图，还可比较清楚地判断氧化还原反应的产物。

[例 8-16] 已知下列元素的电势图（$\varphi_A^\ominus$）：

$$MnO_4^- \xrightarrow{+1.68} MnO_2 \xrightarrow{+1.23} Mn^{2+}$$

$$IO_3^- \xrightarrow{+1.19} I_2 \xrightarrow{+0.54} I^-$$

当 $[H^+] = 1\ mol \cdot dm^{-3}$ 时，写出在下列条件下，高锰酸钾与碘化钾作用的反应方程式：

① 高锰酸钾过量；

② 碘化钾过量。

解 因为 $[H^+] = 1\ mol \cdot dm^{-3}$，则

① 高锰酸钾过量时，

$$2MnO_4^- + I^- + 2H^+ \rightleftharpoons 2MnO_2 + IO_3^- + H_2O$$

② 碘化钾过量时，

$$2MnO_4^- + 10I^- + 16H^+ \rightleftharpoons 2Mn^{2+} + 5I_2 + 8H_2O$$

$$I_2 + I^- \rightleftharpoons I_3^-$$

在这里应该注意，当 $KMnO_4$ 过量时，MnO_4^- 被 I^- 还原的产物不是 Mn^{2+} 离子，因为根据元素电势图，$\varphi_右^\ominus < \varphi_左^\ominus$，因此 Mn^{2+} 会与过量的 MnO_4^- 作用生成 MnO_2：

$$2MnO_4^- + 3Mn^{2+} + 2H_2O \rightleftharpoons 5MnO_2 + 4H^+$$

同样，当 KI 过量时，I^- 被 MnO_4^- 氧化的产物不是 IO_3^-，因为根据元素电势图，在此条件下 IO_3^- 会与过量的 I^- 发生如下反应：

$$IO_3^- + 5I^- + 6H^+ \rightleftharpoons 3I_2 + 3H_2O$$

8.4.2 氧化态-自由能图

同一元素不同氧化态之间的关系的另一种图解法是埃布斯沃思（Ebsworth）提出的**氧化态-自由能图**，如图 8-6 所示。他以某元素的各种半反应的吉布斯自由能（$\Delta G^{\ominus}$）对氧化态（n）作图，其半反应式为

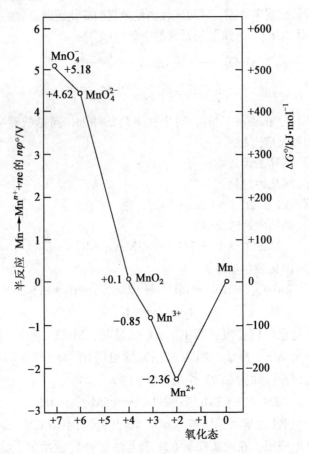

图 8-6　pH=0 时，锰的氧化态-自由能图

$$M \longrightarrow M^{n+} + ne$$

严格地说应当是

$$M + nH^+ \longrightarrow M^{n+} + \frac{1}{2}nH_2$$

以锰的氧化态-自由能图为例。

根据图 8-5 锰的元素电势图，按照 8.4.1 节所介绍的根据元素电势图求未知电对标准电极电势的方法，先算出锰的各种氧化态与锰单质组成电对的标准电极电势，如

$$\varphi^{\ominus}_{Mn^{3+}/Mn} = \frac{\varphi^{\ominus}_{Mn^{3+}/Mn^{2+}} + 2\varphi^{\ominus}_{Mn^{2+}/Mn}}{1+2}$$

$$= \frac{1.51 + 2 \times (-1.18)}{3} = -0.283 \text{ (V)}$$

将 Mn 单质与该氧化态组成的电对的标准电极电势乘以该氧化态的氧化数（即单质变为另一氧化态时得失电子数），如

$$n\varphi^{\ominus}_{Mn^{3+}/Mn} = 3 \times (-0.283) = -0.85 \text{ (V)}$$

然后求出相应半反应的 $\Delta G^{\ominus}$。如 Mn^{3+} 的

$$\Delta G^{\ominus} = nF\varphi^{\ominus}_{Mn^{3+}/Mn} = -0.85 \times 96.5$$

$$= -82 \text{ kJ} \cdot \text{mol}^{-1}$$

计算结果列于下表：

电对	Mn^{2+}/Mn	Mn^{3+}/Mn	MnO_2/Mn	MnO_4^{2-}/Mn	MnO_4^-/Mn
$\varphi^{\ominus}/V$	-1.18	-0.283	0.025	0.77	0.74
$n\varphi^{\ominus}/V$	-2.36	-0.85	0.1	4.62	5.18
$\Delta G^{\ominus}/kJ \cdot mol^{-1}$	-228	-82	9.65	445.8	500

以 $n\varphi^{\ominus}$ 为左边的纵坐标，以 $\Delta G^{\ominus}$ 为右边的纵坐标，以氧化态 (n) 为横坐标作图，即得锰的氧化态-自由能图，如图 8-6 所示。

氧化态-自由能图具有以下的性质：

① 从热力学的观点来说，某一氧化还原反应在等温、等压、不做其他功的条件下，反应朝着自由能减小的方向自发进行，直到 $\Delta G = 0$ 时反应达到平衡状态。对于某元素的各个氧化态质点来说，从图中处于较高位置的状态向较低位置的状态的变化能够自发地进行（因为吉布斯自由能降低），最稳定的氧化态质点处于图中曲线上的最低点。因此，从图 8-6 来看，Mn^{2+} 离子是最稳定的状态，其他各氧化态都可自发地形成 Mn^{2+} 离子。

② 连接任意两个氧化态质点的直线，其斜率就等于这两个氧化态所组成的电对的电极电势。如 Mn^{2+}-Mn 连线的斜率为 $-\dfrac{2.36}{2} = -1.18$，即 $\varphi^{\ominus}_{Mn^{2+}/Mn} = -1.18$ V；Mn^{3+}-Mn^{2+} 连线的斜率等于 $\dfrac{-0.85-(-2.36)}{1} = 1.51$，即 $\varphi^{\ominus}_{Mn^{3+}/Mn^{2+}} = 1.51$ V；MnO_2-Mn^{2+} 连线的斜率为 $\dfrac{0.1-(-2.36)}{2} = 1.23$，即 $\varphi^{\ominus}_{MnO_2/Mn^{2+}} = 1.23$ V，等等。

③ 如果某一个氧化态质点位于连接它的两个相邻氧化态质点的连线的上方，则该氧化态必然是热力学的不稳定状态，能发生歧化反应而转变成它的相邻的两个氧化态。

例如，MnO_4^{2-} 处于 MnO_4^- 与 MnO_2 连线的上方，因此 MnO_4^{2-} 不稳定而发生歧化反应：

$$3MnO_4^{2-} + 4H^+ =\!=\!= 2MnO_4^- + MnO_2 + 2H_2O$$

又如，Mn^{3+} 处在 MnO_2 与 Mn^{2+} 连线的上方，因此 Mn^{3+} 也发生歧化反应：

$$2Mn^{3+} + 2H_2O =\!=\!= MnO_2 + Mn^{2+} + 4H^+$$

相反，如果某氧化态质点处在与其相邻的两个氧化态的质点的连线之下，则该氧化态是稳定的，不发生歧化反应。例如，Mn^{2+} 处于 Mn^{3+} 与 Mn 的连线之下，MnO_2 处于 MnO_4^{2-} 与 Mn^{3+} 的连线之下，因此，Mn^{2+} 和 MnO_2 都不发生歧化反应。

8.4.3 φ-pH 图

在许多氧化还原反应中有 H^+ 或 OH^- 离子参加,因此这些氧化还原反应不仅与有关物质的浓度有关,而且还与溶液的 pH 有关。一个典型的例子是

$$H_3AsO_4 + 2I^- + 2H^+ \rightleftharpoons H_3AsO_3 + I_2 + H_2O$$

当 $[H_3AsO_4] = [H_3AsO_3] = [I^-] = [H^+] = 1 \text{ mol} \cdot \text{dm}^{-3}$ 时,则 $\varphi^\ominus_{H_3AsO_4/H_3AsO_3} = 0.56 \text{ V}$,$\varphi^\ominus_{I_2/I^-} = 0.535 \text{ V}$,电池电动势 $E^\ominus = 0.56 - 0.535 = 0.025 \text{ (V)} > 0$,反应从左向右自发进行。如果 $[H^+] = 10^{-8} \text{ mol} \cdot \text{dm}^{-3}$ 而其他物质的浓度仍为 $1 \text{ mol} \cdot \text{dm}^{-3}$ 时,$\varphi^\ominus_{I_2/I^-}$ 仍为 0.535 V,而 H_3AsO_4/H_3AsO_3 电对的电极电势却发生了变化:

$$H_3AsO_4 + 2H^+ + 2e \rightleftharpoons H_3AsO_3 + H_2O$$

$$\varphi_{H_3AsO_4/H_3AsO_3} = \varphi^\ominus_{H_3AsO_4/H_3AsO_3} + \frac{0.0592}{2} \lg \frac{[H_3AsO_4][H^+]^2}{[H_3AsO_3]}$$

$$= 0.56 + \frac{0.0592}{2} \lg (10^{-8})^2 = 0.088 \text{ (V)}$$

这时,电池电动势 $E = 0.088 - 0.535 = -0.447 \text{ (V)} < 0$,反应不能正向进行,而能逆向自发进行。

对于每个具体的氧化还原反应,pH 的影响可大可小,在实际运用中不是很方便。如果在一定温度条件下,其他物种的浓度(H^+ 和 OH^- 离子除外)或分压不变时,以电对的电极电势 φ 为纵坐标,溶液的 pH 为横坐标,作出 φ 随 pH 变化的关系图,称为 **φ-pH 图**。有了 φ-pH 图,就能解决在一定温度、不同 pH 条件下,氧化还原反应进行的方向问题。

根据电极反应不同,在 φ-pH 图中有三种类型的曲线:

(1) 电极反应中既有 H^+(或 OH^-)离子参加,又有电子的得失,如

$$2H^+ + 2e \rightleftharpoons H_2$$

$$\varphi_{H^+/H_2} = \varphi_{H^+/H_2}^{\ominus} + \frac{0.0592}{2}\lg\frac{[H^+]^2}{p_{H_2}}$$

$$= -\frac{0.0592}{2}\lg p_{H_2} - 0.0592\,\text{pH} \quad (8\text{-}13)$$

$$O_2 + 4H^+ + 4e \rightleftharpoons 2H_2O$$

$$\varphi_{O_2/H_2O} = \varphi_{O_2/H_2O}^{\ominus} + \frac{0.0592}{4}\lg(p_{O_2}\cdot[H^+]^4)$$

$$= 1.23 + \frac{0.0592}{4}\lg p_{O_2} - 0.0592\,\text{pH} \quad (8\text{-}14)$$

$$MnO_4^- + 8H^+ + 5e \rightleftharpoons Mn^{2+} + 4H_2O$$

$$\varphi_{MnO_4^-/Mn^{2+}} = \varphi_{MnO_4^-/Mn^{2+}}^{\ominus} + \frac{0.0592}{5}\lg\frac{[MnO_4^-][H^+]^8}{[Mn^{2+}]}$$

$$= 1.51 + \frac{0.0592}{5}\lg\frac{[MnO_4^-]}{[Mn^{2+}]} - 0.094\,\text{pH} \quad (8\text{-}15)$$

除了 H^+ 和 OH^- 离子外,若电对中其他物种都处于标准状态,则 (8-13),(8-14),(8-15)式可分别改写成:

$$\varphi_{H^+/H_2} = -0.0592\,\text{pH} \quad (8\text{-}16)$$

$$\varphi_{O_2/H_2O} = 1.23 - 0.0592\,\text{pH} \quad (8\text{-}17)$$

$$\varphi_{MnO_4^-/Mn^{2+}} = 1.51 - 0.094\,\text{pH} \quad (8\text{-}18)$$

可见,(8-16),(8-17),(8-18)式均为直线方程,截距为 $\varphi^{\ominus}$,斜率分别为 -0.0592,-0.0592,-0.094。

求出不同 pH 时的 φ 值,将 φ 对 pH 作图,即得 φ-pH 图,如图 8-7 所示。由图可见,这类 φ-pH 曲线均为斜线,其中 (8-16)式的 φ-pH 曲线称为氢线,即图中的ⓐ线;(8-17)式的 φ-pH 曲线称为氧线,即图中的ⓑ线。

(2) 电极反应中只有电子的得失,没有 H^+(或 OH^-)离子参加,如

$$F_2 + 2e \rightleftharpoons 2F^-$$

第8章 氧化还原反应与电化学

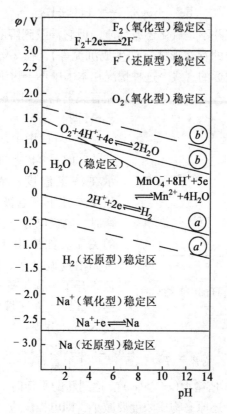

图 8-7 φ-pH 图

$$\varphi_{F_2/F^-} = \varphi^{\ominus}_{F_2/F^-} + \frac{0.0592}{2}\lg\frac{p_{F_2}}{[F^-]^2} = \varphi^{\ominus}_{F_2/F^-} = 2.87 \text{ V}$$

$$Na^+ + e \rightleftharpoons Na$$

$$\varphi_{Na^+/Na} = \varphi^{\ominus}_{Na^+/Na} + 0.0592\lg[Na^+] = \varphi^{\ominus}_{Na^+/Na} = -2.71 \text{ V}$$

这类电极反应的 φ-pH 曲线是平行于 pH 轴(横坐标轴)的直线,斜率为零。

(3) 反应中有 H^+(或 OH^-)离子参加,但没有电子的得失,如

$$Fe^{3+} + 3OH^- \rightleftharpoons Fe(OH)_3$$

虽然这类反应并不是氧化还原反应,但它涉及到溶液的 pH 的大小和电极产物的存在形式(如生成沉淀等),在 φ-pH 图中是一条垂直于横坐标的直线。这种情况在本书中不予讨论,请读者参阅有关资料,如 Fe-H$_2$O 体系的 φ-pH 图。

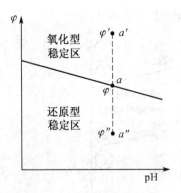

图 8-8 φ-pH 图中各物种的稳定区

在 φ-pH 图中,曲线上的每一点(如图 8-8 中的 a 点)都表示在一定温度、浓度、压强、酸度条件下,电极反应达到平衡时,电极电势 φ 与 pH 值之间的关系。如果由于某种原因,例如浓度改变了,使电极的 φ 值离开了平衡位置 a 点而偏高,落在直线上方区域的 a' 点,根据 Nernst 方程:

$$\varphi = \varphi^\ominus + \frac{0.0592}{n} \lg \frac{[氧化型]}{[还原型]}$$

可见,如果 φ 值增大($\varphi' > \varphi$),达到新的平衡时,氧化态物质浓度要增加,还原态物质浓度要减小,即电极反应

$$氧化型 + ne \rightleftharpoons 还原型$$

平衡向左移动,因此落在直线上方区域有利于氧化态的存在,称为氧化态的稳定区。

如果 φ 值减小,落在直线的下方区域 a'' 点时,由于 $\varphi'' < \varphi$,达到新的平衡时,氧化态浓度要减小,还原态浓度要增加,则电极反应的平衡向右移动,有利于还原态的存在,因此直线下方区域为还原态的稳定区。

据此,我们就可以理解图 8-7 中各物种的稳定区了。如在ⓑ线之上或ⓐ线之下,H$_2$O 不稳定,会被氧化放出 O$_2$ 或被还原放

出 H_2,而在ⓐ线和ⓑ线之间则是 H_2O 的稳定区。

有了上述有关 φ-pH 图的基本概念,我们就可以进一步讨论它的应用。φ-pH 图在许多方面有重要用途,本书只介绍它在判断氧化还原反应的方向和顺序方面的重要用途。

利用 φ-pH 图判断氧化还原反应进行的方向和顺序,要比 $\varphi^\ominus$ 来得直观,而且全面。它可以在不同浓度、酸度的条件下,确定反应进行的方向和顺序。从热力学的观点来说,根据电极电势高的氧化型物质与电极电势低的还原型物质易发生氧化还原反应的原则,在 φ-pH 图中,同一 pH 值时,位于上面一条线的氧化型物质(Ox_1)可以与位于下面一条线的还原型物质(Re_2)发生氧化还原反应,即

$$Ox_1 + Re_2 \rightleftharpoons Ox_2 + Re_1$$

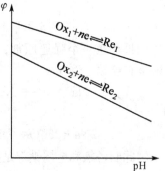

图 8-9 利用 φ-pH 图判断氧化还原反应进行的方向

如图 8-9 所示。如果两条直线之间的距离越大,则反应自发进行的趋势越大。因为在某一 pH 值时,两条 φ-pH 直线之间的距离就是两个电极所组成的电池的电动势 E,即 E 值越大(E 是正值),则 ΔG 越负($-\Delta G = nFE$),因此反应自发进行的趋势也就越大。如果在 φ-pH 图上同时存在几条线的话,根据上面所讲的原则,一般来说两线间距离相差最大者首先发生反应,然后依次进行。

由于一般的氧化还原反应多数是在水溶液中进行的,所以在讨论氧化剂或还原剂在水中的稳定性问题时,一方面要考虑氧化剂或还原剂本身的性质,另一方面还需考虑它们与水发生反应的可能性。

H_2O 可作氧化剂,与强还原剂作用时,可以被还原放出 H_2:

$$2H^+ + 2e \rightleftharpoons H_2 \qquad \varphi_{H^+/H_2} = -0.0592\text{ pH}$$

即图 8-8 中的 ⓐ 线。

H_2O 又可作还原剂,与强氧化剂作用时,可以被氧化放出 O_2:

$$O_2 + 4H^+ + 4e \rightleftharpoons 2H_2O \qquad \varphi_{O_2/H_2O} = 1.23 - 0.0592\text{ pH}$$

即图 8-8 中的 ⓑ 线。

从热力学的观点来讲,在水溶液中,如果存在一个强氧化剂,它的 φ-pH 曲线高于 ⓑ 线,它就可以把 H_2O 氧化。例如

$$F_2 + 2e \rightleftharpoons 2F^- \qquad \varphi^\ominus = 2.87\text{ V}$$

则

$$2F_2 + 2H_2O \rightleftharpoons 4HF + O_2\uparrow$$

如果存在一个强还原剂,它的 φ-pH 曲线低于 ⓐ 线,H_2O 就能被它还原。例如

$$Na^+ + e \rightleftharpoons Na \qquad \varphi^\ominus = -2.71\text{ V}$$

则

$$2Na + 2H_2O \rightleftharpoons 2Na^+ + 2OH^- + H_2\uparrow$$

因此制备氟和金属钠都是用熔盐电解法,而不能在水溶液中制备。

如果在水溶液中,氧化剂的 φ-pH 曲线低于 ⓑ 线,或还原剂的 φ-pH 曲线高于 ⓐ 线,则 H_2O 既不会被氧化,也不会被还原,这些氧化剂或还原剂也能稳定地存在于水溶液中而不会与 H_2O 发生氧化还原反应。例如氧化剂 $FeCl_3$($\varphi^\ominus_{Fe^{3+}/Fe^{2+}} = 0.771\text{ V}$)和还原剂 KI($\varphi^\ominus_{I_2/I^-} = 0.535\text{ V}$),它们在水溶液中都能稳定存在。换句话说,凡是 φ-pH 曲线落在 ⓐ 线和 ⓑ 线之间的氧化剂或还原剂都不会与水发生氧化还原反应,它们的水溶液将是稳定的。

现在考虑 MnO_4^- 在水溶液中的氧化能力:

$$MnO_4^- + 8H^+ + 5e \rightleftharpoons Mn^{2+} + 4H_2O \qquad \varphi^\ominus = 1.51\text{ V}$$

在一定 pH 范围内，该电对的 φ-pH 曲线落在ⓑ线的上方（如图 8-7 所示），因而从理论上判断，高锰酸钾在水溶液中是不稳定的，它将把 H_2O 氧化而放出氧气，本身被还原成 Mn^{2+} 离子。这样 $KMnO_4$ 似乎在水溶液中不能作为一种优良的氧化剂加以利用。但实际情况并非如此。实验证明，电对 $2H^+ + 2e \rightleftharpoons H_2$ 和 $O_2 + 4H^+ + 4e \rightleftharpoons 2H_2O$ 的实际 φ-pH 曲线与上述理论上求得的 φ-pH 曲线（即图 8-7 中的ⓐ线和ⓑ线）有所不同，它们都各自比理论 φ-pH 曲线偏离约 0.5 V（如图 8-7 中的虚线ⓐ线和ⓑ线），这意味着实际上水的稳定区要比理论求得的稳定区要大（一般认为是超电势所引起的）。水的实际稳定区(ⓐ线与ⓑ线之间)扩大了，电对 MnO_4^-/Mn^{2+} 的 φ-pH 曲线落在水的实际稳定区内，因此 $KMnO_4$ 可以稳定地存在于水溶液中。

对于歧化反应，我们也可利用 φ-pH 图一目了然地判断出在什么 pH 范围内发生的是歧化反应，什么 pH 范围内发生的是歧化反应的逆反应。例如

$$BrO_3^- + 5Br^- + 6H^+ \rightleftharpoons 3Br_2 + 3H_2O$$

该反应由以下两个氧化还原半反应组成：

$$BrO_3^- + 6H^+ + 5e \rightleftharpoons \frac{1}{2}Br_2 + 3H_2O \qquad \varphi^{\ominus} = 1.51 \text{ V}$$

$$Br_2 + 2e \rightleftharpoons 2Br^- \qquad \varphi^{\ominus} = 1.08 \text{ V}$$

这两个电对的 φ-pH 图如图 8-10 所示。

由图可见，这两条 φ-pH 曲线在 pH≈6 处相交于一点。这说明，当 pH<6 时，电对 BrO_3^-/Br_2 比电对 Br_2/Br^- 的 φ-pH 曲线高，即 $\varphi_{BrO_3^-/Br_2} > \varphi_{Br_2/Br^-}$，在这种情况下发生的反应是：

$$BrO_3^- + 5Br^- + 6H^+ \rightleftharpoons 3Br_2 + 3H_2O$$

当 pH>6 时，电对 Br_2/Br^- 比电对 BrO_3^-/Br_2 的 φ-pH 曲线高，即 $\varphi_{Br_2/Br^-} > \varphi_{BrO_3^-/Br_2}$，此时发生的反应是上述反应的逆反应，即 Br_2 的歧化反应：

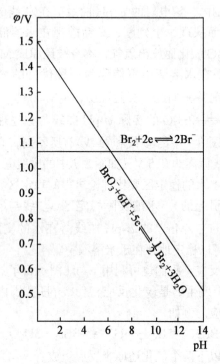

图 8-10　BrO_3^-/Br_3 和 Br_2/Br^- 的 φ-pH 图

$$3Br_2 + 6OH^- \rightleftharpoons BrO_3^- + 5Br^- + 3H_2O$$

综上所述，通过 φ-pH 图，我们可以对不同浓度、酸度条件下的氧化还原反应方向一目了然。因此，人们就可以通过控制溶液的 pH，来利用氧化还原反应为生产服务。在水法冶金和化工生产中常常用到它。

8.5　电化学的应用

前面我们已经讨论了电极电势及其应用的基本原理，对原电池的电动势及电池反应有了一定的了解。但前面几节的讨论都是针对平衡过程的，实际的电化学过程，并不是在理想的平衡状态下进行的，往往要涉及动力学的因素。这一节将简要介绍电解、化学电源、金属腐蚀的电化学原理。

8.5.1 电解

1. 电解的基本概念

在外加电流的作用下，使非自发的氧化还原反应进行的过程称为**电解**。电解广泛应用于有色金属的冶炼和精制、化学物质的制备、机械零件的加工制造中。电解过程是自发原电池的逆过程，是通过电池反应将电能转变为化学能的过程，实现这种转变的装置称为电解池或电解槽。在电解池中，直流电源与电池的两极相连，与电源正极相连的电极叫做阳极，与电源的负极相连的电极叫做阴极。电子从电源负极经导线流入电解池的阴极，同时电子又从电解池的阳极离去，经导线流回电源的正极。这样在阴极上有过剩的电子而在阳极上则缺少电子，电解液中的阳离子就会移向阴极，从阴极得到电子发生还原反应，而电解液中的阴离子就会移向阳极，在阳极上失去电子而发生氧化反应，或者阳极金属在阳极上失去电子氧化为金属离子进入电解液。在电解池的两极上物质得失电子的过程就称为放电。

电流在通过电解池时，要从电子导电转变为离子导电，并再从离子导电转变为电子导电。这两次转变都是通过化学反应实现的。通过电解池的电量与电解池两极上发生化学反应生成的物质的量有着直接的关系。早在 1834 年法拉第(M. Faraday)就通过实验归纳出了这一关系：当有 1 F 电量通过电解池时，在电解池的两极上分别生成相当于得失 1 mol 电子所还原或氧化的物质。例如，在相关的电解池中，当有 1 F 电量通过时，在阴极上可生成 1 mol Ag 或 $\frac{1}{2}$ mol H_2，在阳极上可生成 $\frac{1}{2}$ mol Cl_2 或 $\frac{1}{4}$ mol O_2。由于电子的电量为 $1.60217733 \times 10^{-19}$ C，1 mol 电子所具有

的电量为

$$1\ F = 1.60217733 \times 10^{-19}\ C \times 6.0221367 \times 10^{23}\ mol$$
$$= 9.6485309 \times 10^4\ C \cdot mol^{-1}$$

在精确度要求不高的计算中常取 96485 $C \cdot mol^{-1}$ 或 96500 $C \cdot mol^{-1}$。

2．分解电压与超电势

将两支金属铂电极分别与直流电源的正极和负极相连，并插入浓度为 1.0 $mol \cdot dm^{-3}$ 的 NaOH 溶液中，就构造了电解水的装置（图 8-11），通过变阻器调节两电极间的电压，并测定通过电解池的电流。当电压较小时，电解池中只有极小的电流通过。开始升高电压，电流并无明显增大。但当电压升至某一数值时，电流显著增大，且可看见两极上有气泡产生，在此电压之后电流随电压的升高而快速增大。电流随电压变化的曲线如图 8-12 所示。电解池中，电流开始随电压的升高而迅速增大，并且在两极上有电解产物生成时的最小电压称为**分解电压**。

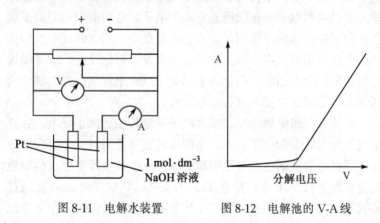

图 8-11　电解水装置　　图 8-12　电解池的 V-A 线

在上述电解池中，阳极放出氧气，阴极放出氢气，电极为氧气泡和氢气泡所覆盖，已成为氧电极和氢电极。这两个电极与电解液组成的原电池为

$(-)(Pt)H_2(g)|OH^-(aq)1.0\ mol\cdot dm^{-3}|O_2(g)(Pt)(+)$

该原电池在 25℃ 的标准状态下,两电极所涉及的半反应和电极电势为

正极　$O_2(g)+2H_2O+4e \Longrightarrow 4OH^-(aq)$　　$\varphi^\ominus=0.401\ V$

负极　$H_2(g)+2OH^- \Longrightarrow H_2O(aq)+2e$　　$\varphi^\ominus=-0.828\ V$

电池的标准电动势为

$$E^\ominus=0.401\ V-(-0.828\ V)=1.229\ V$$

该电池反应自发进行的方向为

$$2H_2(g)+O_2(g) \Longrightarrow 2H_2O$$

在电解池中外接电源的电压方向与上述原电池的电动势相反,为了使电解反应 $2H_2O \Longrightarrow 2H_2(g)+O_2(g)$ 得以向右进行,加在电解池上的电压至少必须等于原电池的电动势 1.229 V,即加在两极的电势分别是 0.401 V 和 -0.828 V,1.229 V 是在标准状态下电解水的理论分解电压,0.401 V 和 -0.828 V 是标准状态下阳极和阴极的平衡电势。按图 8-10 的装置测得的实际分解电压约为 1.7 V,要大于理论分解电压 1.229 V。

实际分解电压大于理论分解电压的原因主要与电极的超电势有关。当外加电压刚好等于两极的平衡电势时,整个系统处于平衡状态,电解反应系统的吉布斯自由能变为零。要使 O_2 和 H_2 顺利地从电极上析出,阳极的电极电势必须高于其平衡电势,阴极的电极电势必须低于其平衡电势。这种实际析出电势与电极的平衡电势之间的差值就称为**超电势**,以 η 表示。

超电势均为正值,阴极超电势($\eta_{阴}$)和阳极超电势($\eta_{阳}$)之和就是实际分解电压($E_{实}$)与理论分解电压($E_{理}$)之差的主要部分:

$$E_{实} \approx E_{理}+\eta_{阳}+\eta_{阴}$$

物质在电极上发生化学反应是一个比较复杂的过程,要涉及多个电化学步骤,包括离子扩散,得失电子,产物形成等,这些都是在偏离平衡状态下进行的,都会使物质的析出电势对平衡电势产生偏离而出现超电势。另外电极材料及其表面状态、电流密

度、反应温度等因素都对超电势有影响。

实践证明在阴极上析出金属的超电势一般都比较小,但在电极上析出气体时的超电势都相当大。气体在不同的电极材料上析出时,超电势的差别也很大。例如 H_2 在镀铂黑的 Pt 电极上析出时,超电势约为零,但在 Hg 电极和 Pb 电极上的超电势相当大,可达 1 V 左右。O_2 在 Pt 电极上的超电势相当大,而在 Ni 电极上析出的超电势却相当小。在同一电极材料上,随着电流密度的增大,超电势的值也会增大。

3. 电解池中的电极反应

在电解池的两极上接上直流电源,并逐渐加大两极间的电压,这样电解池中阳极电势不断升高,阴极电势不断下降。电解液中的阴离子向阳极迁移,阳离子向阴极迁移。当外加电压达到物质的分解电压时,电解反应就开始进行。对于各电极来说,只要电极电势达到相应物质的析出电势,这种物质就会在电极上放电,电解反应就可进行。如前所述电解池两极的析出电势可用如下式子表示:

$$\varphi_{阳} = \varphi'_{阳} + \eta_{阳}$$

$$\varphi_{阴} = \varphi'_{阴} - \eta_{阴}$$

式中 $\varphi_{阳}$,$\varphi_{阴}$ 分别是阳极和阴极上的析出电势,$\varphi'_{阳}$,$\varphi'_{阴}$ 是阳极和阴极的平衡电势,也就是前面各节所讨论的各种电对的电极电势。

在电解池的阴极上发生还原反应。金属离子可在阴极得电子被还原为金属,H^+ 离子被还原为 H_2。当电解液中同时存在几种阳离子时,析出电势较高的离子优先得电子被还原析出,析出电势较低的离子则后放电析出。各种金属离子的超电势一般都较小,可以近似地用平衡电势代替析出电势。例如,若溶液中含有 1.0 mol·dm^{-3} 的 Cu^{2+} 和 1.0 mol·dm^{-3} 的 Ag^+ 时,当阴极电势达 0.7996 V 时,阴极上就开始析出银,随着银的析出,Ag^+ 浓度减小,由 Nernst 方程可知,阴极的析出电势会逐渐降低,当阴极的析出电势下降至 0.3419 V 时,Cu 就开始析出了。此时 Ag 和 Cu 同时在阴极析出。但根据计算,此时溶液中 Ag^+ 离子浓度已下降到 1.86×10^{-8} $mol \cdot dm^{-3}$,即在 Cu 开始析出时,溶液中的 Ag^+ 已完全被还原为 Ag 了。

在水溶液中进行电解时,必须考虑 H^+ 放电析出氢气的问题。当用锌板作电极来电解硫酸锌溶液时,设溶液中 Zn^{2+} 的浓度为 2.0 $mol \cdot dm^{-3}$,溶液中 H^+ 离子浓度为 0.01 $mol \cdot dm^{-3}$,以 1000 $A \cdot m^{-2}$ 的电流密度进行电解。锌在锌板上析出的超电势很小,可以用平衡时的电极电势代替析出电势,即

$$\varphi_{Zn^{2+}/Zn} = \varphi^{\ominus}_{Zn^{2+}/Zn} + \frac{0.0592}{2}\lg[Zn^{2+}]$$
$$= -0.762 + \frac{0.0592}{2}\lg 2.0 = -0.753 \text{ (V)}$$

锌的析出电势为 -0.753 V。而氢气析出时的平衡电极电势为

$$\varphi_{H^+/H_2} = \varphi^{\ominus}_{H^+/H_2} + \frac{0.0592}{2}\lg \frac{[H^+]^2}{p_{H_2}/p^{\ominus}}$$

设 H_2 析出时的分压为 10^5 Pa,$p^{\ominus} = 10^5$ Pa,则

$$\varphi_{H^+/H_2} = 0 + \frac{0.0592}{2}\lg 0.01^2 = -0.118 \text{ (V)}$$

由于氢气在锌电极上析出的超电势较大,不可忽略。当电流密度为 1000 $A \cdot m^{-2}$ 时,超电势为 1.05 V,故氢气的析出电势为

$$\varphi_{H_2\text{析出}} = \varphi_{H^+/H_2} - \eta_{H_2}$$
$$= -0.118 - 1.05 = -1.168 \text{ (V)}$$

从计算可知锌的析出电势高于氢气的析出电势,故 Zn^{2+} 离子应优先于 H^+ 离子放电。即在以上的条件下,电解硫酸锌时,阴极产物是锌而基本不会放出氢气。

在电解池中阳极上发生氧化反应,析出电势低的离子将优先在阳极上放电被氧化。当阳极用惰性材料如 Pt、石墨等时,阴

离子Cl^-,Br^-,I^-及OH^-离子将被氧化为Cl_2,Br_2,I_2和O_2而放出,一般含氧酸根因析出电势很高,则不易在阳极上放电。例如用石墨作阳极电解饱和NaCl溶液,在电流密度为1000 A·m^{-2}时,Cl_2在石墨上析出的超电势为0.25 V,而O_2在石墨上析出的超电势为1.06 V,设溶液的pH为7,气体分压为标准压力,则O_2的析出电势为

$$\varphi_{O_2\text{析出}} = 0.401 + \frac{0.0592}{4}\lg\frac{1}{(10^{-7})^4} + 1.06$$
$$= 1.875 \text{ (V)}$$

饱和NaCl溶液中Cl^-浓度约为6 mol·dm^{-3},则Cl_2的析出电势为

$$\varphi_{Cl_2\text{析出}} = 1.36 + \frac{0.0592}{2}\lg\frac{1}{6^2} + 0.25 = 1.566 \text{ (V)}$$

可见Cl_2在石墨电极上的析出电势低于O_2在石墨电极上的析出电势。故用石墨电极电解饱和NaCl溶液时,阳极上放出Cl_2而不放出O_2。

当阳极材料为非惰性的金属时,则阳极金属被氧化为金属离子而进入电解液。金属氧化的超电势一般较小,且其电极电势一般较低,故不需要很高的电势就可将其氧化,许多有色金属的电解精炼就是以粗金属为阳极,在电解过程中发生阳极溶解,使金属以离子形式进入电解液中,而在阴极上析出很纯的金属。在阳极进行氧化溶解时,阳极中所含的金属杂质或其他杂质的析出电势若比电解提纯金属的析出电势高,则不被氧化而落入电解池中成为阳极泥,从而达到除去杂质的目的。

8.5.2 化学电源

化学电源是利用自发的化学反应通过电池来产生电能的电源。化学电源可以产生稳定的直流电,可靠性高,便于移动,有的可以做成很小的体积。在许多场所化学电源往往是其他电源所

无法替代的。原则上各种自发的氧化还原反应都可以在电池中进行而产生电能，但是商品的化学电源要求单位体积或单位质量发电量大、供电电压稳定、寿命长、可靠性高，而且还要求制造电池的原材料易得、价格低廉等，所以真正实用的商品化学电源的种类并不多。化学电源基本上可分为干电池、蓄电池、燃料电池三大类。

1. 干电池

干电池是人们日常生活中使用最广泛的一种电池，锌锰干电池和锌汞电池（纽扣电池）是两种最常用的干电池，图 8-13 是这两种干电池的结构示意图。

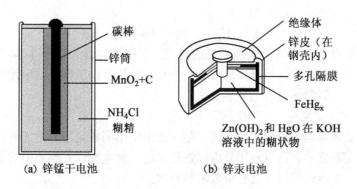

图 8-13　干电池的结构示意图

锌锰干电池的电池符号如下：

$$(-)Zn|ZnCl_2,NH_4Cl(糊状)|MnO_2(石墨)(+)$$

当电池放电时，负极的锌发生氧化反应

$$Zn(s) = Zn^{2+}(aq) + 2e$$

正极发生还原反应

$$2MnO_2(s) + 2NH_4^+(aq) + 2e = Mn_2O_3(s) + 2NH_3 + H_2O$$

生成的 NH_3 和 Zn^{2+} 结合成为 $Zn(NH_3)_4^{2+}$ 仍存在于电池中。放电时电池的总反应为

$$Zn + 2MnO_2 + 2NH_4^+ =\!=\!= Zn^{2+} + Mn_2O_3 + 2NH_3 + H_2O$$
$$Zn^{2+} + 4NH_3 =\!=\!= Zn(NH_3)_4^{2+}$$

锌锰干电池的电动势为 1.5 V，使用一段时间后电势有所降低，但基本保持稳定。当锌筒腐蚀穿后，电池就报废了。所以锌锰干电池是原电池也称为一次电池。锌汞电池也是一次电池，其电池符号为

$$(-)Zn(Hg)\,|\,KOH(糊状,含饱和 ZnO)\,|\,HgO(Hg)(+)$$

放电时的电极反应为

负极　$Zn(汞齐) + 2OH^-(aq) =\!=\!= ZnO(s) + H_2O + 2e$

正极　$HgO(s) + H_2O + 2e =\!=\!= Hg(l) + 2OH^-(aq)$

电池放电的总反应为

$$Zn(汞齐) + HgO(s) =\!=\!= ZnO(s) + Hg(l)$$

锌汞电池具有输出电压平稳的特点，其输出电压稳定于 1.34 V 左右。这种电池可以做成很小的体积，常用于助听器、袖珍计算器、心脏起搏器等小型装置中。

2. 蓄电池

蓄电池也称为二次电池，与一次电池不同的是当电池放电到一定程度后，可以利用外电源进行充电，使电池恢复到原来的状态。蓄电池可以反复充电放电数百次。

铅酸蓄电池是应用非常普遍的一种蓄电池，将铅粉泥填充于铅锑合金的栅格板中制成这种蓄电池的电极材料。用稀硫酸处理后，通电电解，阳极氧化为 PbO_2，阴极还原为海绵状铅。经干燥后前者为正极，后者为负极，正负电极交替排列固定在长方形的耐酸容器中，注入比重为 1.28，浓度为 37% 的硫酸溶液即组成铅酸蓄电池。放电时的电极反应为

正极　$PbO_2(s) + SO_4^{2-}(aq) + 4H^+(aq) + 2e$
$=\!=\!= PbSO_4(s) + 2H_2O(l)$

负极　$Pb(s) + SO_4^{2-}(aq) =\!=\!= PbSO_4(s) + 2e$

放电总反应为

$$PbO_2(s) + Pb(s) + 2SO_4^{2-}(aq) + 4H^+(aq)$$
$$= 2PbSO_4(s) + 2H_2O(l)$$

铅酸蓄电池的放电电压为 1.8~2.0 V。电池在放电过程中，正、负电极的表面逐步为 $PbSO_4$ 所覆盖，硫酸的浓度也慢慢降低。当正、负极活性物质的表面大部分为 $PbSO_4$ 所覆盖后，电池的电压将很快下降，此时就要向蓄电池充电了。

充电过程是一个电解过程，是将电能转变为化学能的过程。充电时将蓄电池的正极与充电电源的正极相连，成为电解池的阳极，蓄电池的负极与充电电源的负极相连，成为电解池的阴极，充电的电极反应为

正极（阳极） $PbSO_4(s) + 2H_2O(l)$
$$= PbO_2(s) + SO_4^{2-}(aq) + 4H^+(aq) + 2e$$
负极（阴极） $PbSO_4(s) + 2e = Pb(s) + SO_4^{2-}(aq)$

充电的总反应为

$$2PbSO_4(s) + 2H_2O(l)$$
$$= PbO_2(s) + Pb(s) + 2SO_4^{2-}(aq) + 4H^+(aq)$$

可见充电反应是放电反应的逆反应。充电过程中，电解液中 H_2SO_4 的浓度上升，当比重达到 1.28 时，就可以停止充电。这样的充放电过程可以反复进行 300~500 次。铅酸蓄电池性能可靠，价格低廉，广泛用于汽车和摩托车上，也可作为车站、码头上的运输车辆及常规潜艇中的动力能源。但这种蓄电池笨重，单位重量容量低。

常用的蓄电池还有以 KOH 为电解质的铁镍蓄电池、镉镍蓄电池、锌银蓄电池等。这些蓄电池比铅酸蓄电池轻小，价格也要高一些。为适应电动汽车的要求，容量高、寿命长的新型高能蓄电池正相继出现。

3. 燃料电池

燃料电池是把燃料输入电池进行氧化并直接将化学能转变为

电能的一种化学电源。将 H_2,CH_4,N_2H_4 等燃料不断地输入电池的负极作为活性物质,把 O_2 或空气输入正极作为氧化剂,燃料在电池中氧化生成 CO_2 和 H_2O 排出,并将化学能转化为电能输出。在燃料电池中,燃料不经过转换成热能和热能转变成机械能的过程,不受热机效率的限制,能量利用率比经热机转换发电要高得多,可达到 80% 以上。燃料电池的主要问题是如何使燃料离子化,以便进行电极反应。由于燃料都是共价分子,这就要求电极有催化剂的特性,能发生电催化作用,因此研制和筛选催化剂是燃料电池的关键问题之一。目前燃料电池的成本还很高,使用不很普遍,主要用于宇航等特殊场合。

氢氧燃料电池的结构如图 8-14 所示,电解质为 KOH 溶液,燃料为 H_2,氧化剂为 O_2,电极材料用多孔碳制成。负极材料中往往含有细粉状的铂或钯,正极材料中往往含有钴、银或金的氧化物。当氢气和氧气连续不断地从两极通入电池时,便可不断地产生电流。

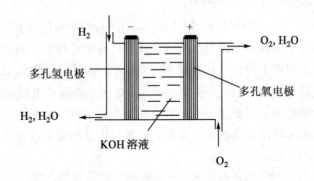

图 8-14 氢氧燃料电池示意图

氢氧燃料电池的电池符号为

$$(-)(C)H_2|KOH|O_2(C)(+)$$

电极反应为

正极　$2H_2 + 4OH^- \rightleftharpoons 4H_2O + 4e$

负极　$O_2 + 2H_2O + 4e \rightleftharpoons 4OH^-$

电池总反应为

$$2H_2 + O_2 \rightleftharpoons 2H_2O$$

氢氧燃料电池的产物为水,不会对环境产生污染。

8.5.3 金属的腐蚀与防护

金属的腐蚀是一种非常普遍的现象,人们花费很多劳力和金钱制得的金属材料及各种金属制品,会因腐蚀而白白地消耗掉,各种机器设备和建筑会因金属腐蚀而报废。全世界每年因金属腐蚀而损失巨额资金,用于防止金属腐蚀的花费也十分巨大。金属腐蚀是金属在周围环境中发生化学或电化学反应所引起的,研究金属的腐蚀现象及防护是应用电化学的重要课题之一。

1. 金属腐蚀的分类

根据金属腐蚀过程的基本特点,可以将金属的腐蚀分为化学腐蚀和电化学腐蚀两大类。

化学腐蚀　单纯由化学作用引起的腐蚀叫做**化学腐蚀**。其基本特点是金属与腐蚀介质直接发生化学反应生成相应的化合物,例如金属与干燥的气体(O_2,Cl_2,SO_2,H_2S等)直接反应生成氧化物、氯化物、硫化物等所发生的腐蚀。化学腐蚀受温度的影响很大,温度升高腐蚀速度大大加快。常温下钢铁在干燥的空气中基本不变,但在红热的条件下,很容易与空气中的氧气反应生成FeO,Fe_2O_3,Fe_3O_4等氧化物而发生腐蚀。枪炮在发射过程中,发射管会受到火药燃烧产生的气体的腐蚀。金属与非电解质接触所发生的腐蚀也是一种化学腐蚀,例如铅与CCl_4、$CHCl_3$、乙醇等接触所发生的腐蚀就是化学腐蚀。

电化学腐蚀　当金属与电解质溶液接触时,由电化学过程引起的腐蚀叫做**电化学腐蚀**。电化学腐蚀比化学腐蚀普遍得多,所产生的危害也更大。在潮湿的大气中各种钢铁制品和结构表面发生的腐蚀，船舶的外壳及码头的台架在海水中发生的腐蚀，地下管道在潮湿的土壤中所发生的腐蚀，金属制品在酸类、碱类、盐类溶液中所发生的腐蚀都属于电化学腐蚀。这些腐蚀过程的共同特点是金属与电解质溶液相接触，形成自发的电池而发生阳极氧化。下面我们以钢铁在潮湿空气中的腐蚀为例来介绍电化学腐蚀过程的原理。

在潮湿的酸性气氛中，钢铁的表面会有一层很薄的酸性水膜，Fe 与其所含的杂质碳粒等形成一种微电池，其腐蚀过程如图 8-15 所示。微电池的阴极发生还原反应：$2H^+ + 2e \longrightarrow H_2$，阳极发生氧化反应：$Fe \longrightarrow Fe^{2+} + 2e$，$Fe^{2+}$ 进一步与空气中的 O_2 和 H_2O 反应生成铁锈：

$$2Fe^{2+} + \frac{1}{2}O_2 + (2+x)H_2O \longrightarrow Fe_2O_3 \cdot xH_2O + 4H^+$$

由于在腐蚀过程中有 H_2 析出，所以这种腐蚀称为**析氢腐蚀**。析氢腐蚀常发生于钢铁厂的酸洗车间或其他酸雾较大的生产场所。在大多数情况下，空气基本上是中性或微酸性的，发生析氢腐蚀的可能性不大，而更有可能发生的是 O_2 在阴极还原，在这种情况下阴极发生的反应是

$$\frac{1}{2}O_2 + H_2O + 2e \longrightarrow 2OH^-$$

由于腐蚀过程中要吸收氧气，所以这种腐蚀称为**吸氧腐蚀**。实际上在潮湿的空气中所发生的腐蚀多为吸氧腐蚀，即使在酸性较强

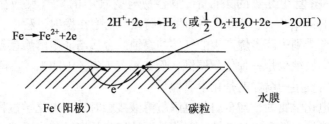

图 8-15　钢铁在湿空气中腐蚀示意图

的环境中，吸氧腐蚀也会发生。

上面介绍的腐蚀过程是因金属本身含有杂质形成腐蚀电池而发生的。金属材料中存在的杂质使材料具有不均匀性，这种不均匀性是形成腐蚀电池的条件。金属材料在形成合金、结晶时产生的晶体界面，或受到应力、焊接、铆接等都会在金属材料某些局部产生不均匀性，这种不均匀性都可在电解质溶液中形成腐蚀电池而引起腐蚀。

因与金属接触的电解质溶液浓度不同，而引起金属的不同部位间具有电势差，这也能形成腐蚀电池，这种腐蚀电池称为**浓差腐蚀电池**。最常见的浓差腐蚀为差异充气腐蚀。例如在钢铁表面有一滴水珠，其引起的腐蚀过程如图 8-16 所示。

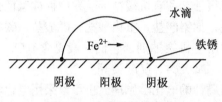

图 8-16 水滴引起的腐蚀

在水滴中央，O_2 的浓度小，在水滴的边缘 O_2 的浓度大，中央的电势低于边缘的电势，水滴中央为腐蚀电池的阳极，边缘为腐蚀电池的阴极，分别发生如下电极反应：

阳极 $Fe \longrightarrow Fe^{2+} + 2e$

阴极 $\frac{1}{2}O_2 + H_2O + 2e \longrightarrow 2OH^-$

阳极生成的 Fe^{2+} 向阴极扩散生成 $Fe(OH)_2$，并进一步氧化为铁锈 $Fe_2O_3 \cdot xH_2O$。

在电化学腐蚀中，由于形成腐蚀电池，腐蚀的速率大大加快，所以电化学腐蚀比化学腐蚀的危害更大。金属材料的不均匀性和腐蚀介质的不均匀性都可以构成腐蚀电池，这也是电化学腐蚀更容易发生的原因。

2. 金属腐蚀的防护

金属腐蚀具有极大的危害性，必须设法进行防护。防止金属腐蚀的最常用方法是在金属表面加上一层保护层，将易腐蚀的金属与腐蚀介质隔离开来。在金属表面涂上油漆或电镀上一层不易腐蚀的金属，既可以防腐又能增加金属制品的美感。有时也用化学方法对金属表面进行处理，使其预先生成一层致密的氧化物或其他化合物，从而形成一层保护膜，对金属能够起到一定的保护作用，如发蓝、磷化等处理方法。

有些金属设备必须长期与具有一定腐蚀作用的介质相接触，若在腐蚀介质中加入少量能减小腐蚀速度的物质——缓蚀剂，就能够起到防止腐蚀的作用，这种防腐的方法称为缓蚀剂法。缓蚀剂可分为无机缓蚀剂和有机缓蚀剂。在中性或碱性介质中主要采用无机缓蚀剂，如铬酸盐、重铬酸盐、磷酸盐、碳酸盐等。在酸性介质中则常用有机缓蚀剂，它们一般是含有 O,S,N 的有机化合物，如胺类、吡啶类、硫脲类等。

针对金属腐蚀的电化学原理，也可以采用电化学保护法来防止金属腐蚀。电化学保护法分为阴极保护法和阳极保护法。阴极保护法是使被保护的金属成为电池的阴极而不受腐蚀。一种方法是将被保护金属与一外加直流电源的负极相连成为阴极，以一不溶性导电材料(如石墨)与外加电源的正极相连成为阳极。此种方法称为外加电流保护法。另一种阴极保护法是用比被保护金属电极电势更低的金属与被保护金属相连(如用锌与钢铁相连)，并使这两种金属处于同一腐蚀介质中，则电极电势更低的金属成腐蚀电池的阳极，被保护金属成阴极，电极电势低的金属发生阳极溶解，而阴极金属得到保护。这种阴极保护法也称为牺牲阳极保护法。阳极保护法则是将被保护金属与外加直流电源的正极相连，通过外加电压使被保护金属的电势处于 φ-pH 图的钝化区，从而达到防止腐蚀的目的。采用阳极保护法必须特别小心，要确保被保护金属能形成致密的钝化膜，否则会引起加速腐蚀的严重后果。

习 题

8.1 用离子-电子法配平下列反应式:
(1) $MnO_4^- + I^- \longrightarrow MnO_2 + IO_3^-$ （酸性介质）
(2) $PbO_2 + Cl^- \longrightarrow Pb^{2+} + Cl_2$ （酸性介质）
(3) $HgS + NO_3^- + Cl^- \longrightarrow HgCl_4^{2-} + NO_2 + S$ （酸性介质）
(4) $MnO_2 + H_2O_2 \longrightarrow Mn^{2+} + O_2$ （酸性介质）
(5) $BrO_3^- + Br^- \longrightarrow Br_2$ （酸性介质）

8.2 用离子-电子法配平下列反应式:
(1) $CrO_4^{2-} + HSnO_2^- \longrightarrow HSnO_3^- + CrO_2^-$ （碱性介质）
(2) $NO_3^- + Zn \longrightarrow ZnO_2^{2-} + NH_3$ （碱性介质）
(3) $CuS + CN^- + OH^- \longrightarrow Cu(CN)_4^{3-} + NCO^- + S^{2-}$ （碱性介质）
(4) $Br_2 \longrightarrow BrO_3^- + Br^-$ （碱性介质）
(5) $Cr(OH)_4^- + HO_2^- \longrightarrow CrO_4^{2-} + OH^-$ （碱性介质）

8.3 利用 $\varphi^\ominus$ 值,判断下列反应能否进行。若能进行,请写出反应方程式。
(1) Fe^{2+} 能否使 Br_2 还原为 Br^-?
(2) Sn^{2+} 能否使 Fe^{2+} 还原为 Fe?
(3) 在酸性溶液中 $KMnO_4$ 能否氧化 H_2O_2?
(4) 在碱性溶液中 H_2O_2 能否氧化 $Cr(OH)_4^-$?
(5) Pb^{2+} 能否将 Sn^{4+} 还原为 Sn^{2+}?

8.4 根据标准电极电势,
(1) 选择一种合适的氧化剂,它能使 I^- 变成 I_2,但不能使 Br^- 变成 Br_2;
(2) 选择一种合适的氧化剂,它能使 Ni 变成 Ni^{2+},但不能使 Pb 变成 Pb^{2+};
(3) 选择一种合适的还原剂,它能使 VO_2^+ 变成 V^{3+},但不能使 VO_2^+ 变成 VO^{2+} 和 V^{2+};
(4) 选择一种合适的还原剂,它能使 Cr^{3+} 变成 Cr^{2+},但不能使 Cr^{3+} 变成 Cr。

8.5 根据下列元素电势图 ($\varphi_A^\ominus$):

$$Cu^{2+} \xrightarrow{0.15} Cu^+ \xrightarrow{0.52} Cu$$

$$Fe^{3+} \xrightarrow{0.77} Fe^{2+} \xrightarrow{-0.44} Fe$$

回答：

(1) 为什么"铁能腐蚀铜，铜能腐蚀铁"？写出有关反应方程式。

(2) 实验室如何保存 $FeCl_2$ 溶液？

8.6 如果溶液中 MnO_4^- 和 Mn^{2+} 离子浓度相等，请通过计算回答，在如下酸度时，$KMnO_4$ 能否氧化 I^- 和 Br^- 离子：

(1) pH=3 时　　　　(2) pH=6 时

8.7 已知电对：

$$H_3AsO_4 + 2H^+ + 2e \Longrightarrow H_3AsO_3 + H_2O \quad \varphi^\ominus = 0.559\ V$$

$$I_3^- + 2e \Longrightarrow 3I^- \quad \varphi^\ominus = 0.535\ V$$

算出下列反应的平衡常数：

$$H_3AsO_3 + I_3^- + H_2O \Longrightarrow H_3AsO_4 + 3I^- + 2H^+$$

(1) 如果溶液的 pH=7，反应朝什么方向进行？

(2) 如果溶液中的 $[H^+] = 6\ mol \cdot dm^{-3}$，反应朝什么方向进行？

8.8 写出下列各电池的电池反应式，并求算在 298 K 时的 E 和 ΔG 值，说明各反应是否能从左到右自发进行：

(1) $(-)Fe(s)|Fe^{2+}(1\ mol \cdot dm^{-3})\ \|\ Zn^{2+}(0.1\ mol \cdot dm^{-3})|Zn(s)(+)$

(2) $(-)Zn(s)|Zn^{2+}(0.0004\ mol \cdot dm^{-3})\ \|\ Cd^{2+}(0.2\ mol \cdot dm^{-3})|Cd(s)(+)$

(3) $(-)Pb(s)|Pb^{2+}(0.1\ mol \cdot dm^{-3})\ \|\ Ag^+(1\ mol \cdot dm^{-3})|Ag(s)(+)$

8.9 用电池符号表示下列电池反应，并求出 298 K 时的 E 和 ΔG 值，说明各反应能否从左到右自发进行：

(1) $\frac{1}{2}Cu(s) + \frac{1}{2}Cl_2(p^\ominus) \Longrightarrow \frac{1}{2}Cu^{2+}(0.1\ mol \cdot dm^{-3}) + Cl^-(1\ mol \cdot dm^{-3})$

(2) $Ni(s) + Sn^{2+}(0.10\ mol \cdot dm^{-3}) \Longrightarrow Sn(s) + Ni^{2+}(0.01\ mol \cdot dm^{-3})$

(3) $Cu(s) + 2H^+(0.01\ mol \cdot dm^{-3}) \Longrightarrow Cu^{2+}(0.1\ mol \cdot dm^{-3}) + H_2(p^\ominus)$

8.10 银能从 $1.0\ mol \cdot dm^{-3}$ HI（强酸）溶液置换出氢气，试通过计算加以说明，并计算该反应的平衡常数。

8.11 对于 298 K 时 Sn^{2+} 和 Pb^{2+} 与其对应金属平衡的溶液，在低离子强度的溶液中 $\frac{[Sn^{2+}]}{[Pb^{2+}]} = 2.98$，已知 $\varphi^\ominus_{Pb^{2+}/Pb} = -0.126\ V$，计算 $\varphi^\ominus_{Sn^{2+}/Sn}$。

8.12 已知：$S + 2e \Longrightarrow S^{2-}$，$\varphi^\ominus = -0.476\ V$，$H_2S$ 的 $K_{a1} = 9.1 \times 10^{-8}$，$K_{a2} = 1.1 \times 10^{-12}$，试计算电极 $S + 2H^+ + 2e \Longrightarrow H_2S$ 的标准电极电势。

8.13 已知下列反应在碱性介质中的 $\varphi^\ominus$：

$$CrO_4^{2-} + 4H_2O + 3e \Longleftrightarrow Cr(OH)_3 + 5OH^- \qquad \varphi^\ominus = -0.11 \text{ V}$$

$$Cu(NH_3)_2^+ + e \Longleftrightarrow Cu + 2NH_3 \qquad \varphi^\ominus = -0.10 \text{ V}$$

试计算用 H_2 分别还原 CrO_4^{2-} 和 $Cu(NH_3)_2^+$ 时的 $E^\ominus$, $\Delta G^\ominus$, $K^\ominus$。并说明这两个电对的 $\varphi^\ominus$ 虽然相近,但 CrO_4^{2-} 和 $Cu(NH_3)_2^+$ 分别与 H_2 反应的 $\Delta G^\ominus$ 和 $K^\ominus$ 却相差很大的原因。

8.14 下列反应组成原电池:(M 为金属)

$$M(s) + 2H^+(1 \text{ mol} \cdot dm^{-3}) \Longleftrightarrow M^{2+}(0.1 \text{ mol} \cdot dm^{-3}) + H_2(101325 \text{ Pa})$$

测得其电池电动势为 0.5000 V。

(1) 写出电池符号;

(2) 求电对 M^{2+}/M 的标准电极电势;

(3) 求该反应的平衡常数。

8.15 铁棒放在 $0.010 \text{ mol} \cdot dm^{-3}$ $FeSO_4$ 溶液中作为一个半电池,锰棒放入 $0.1 \text{ mol} \cdot dm^{-3}$ $MnSO_4$ 溶液中作为另一个半电池,用盐桥将两个半电池连接起来组成电池,试求:

(1) 该电池的电动势;

(2) 该电池的平衡常数;

(3) 如欲使电池电动势增加 0.02 V,哪一个溶液需要稀释?稀释到原体积的多少倍?

8.16 两个 H^+/H_2 半电池组成一个原电池,其电池电动势为 0.16 V,两个半电池中氢气的分压相等,其中一个半电池中溶液的 pH = 1.0,而且它是该原电池的正极,求另一个半电池中 H^+ 离子浓度。

8.17 写出电池反应 $2H_2O(l) \Longleftrightarrow 2H_2(g) + O_2(g)$ 的正极反应和负极反应,并求出该电池反应在 298 K 时的平衡常数。

8.18 已知:

$$Cu^{2+} + 2e \Longleftrightarrow Cu \qquad \varphi^\ominus = 0.34 \text{ V}$$

$$Cu^{2+} + e \Longleftrightarrow Cu^+ \qquad \varphi^\ominus = 0.15 \text{ V}$$

(1) 通过计算说明 Cu^+ 能否发生歧化反应;

(2) 计算反应 $Cu^{2+} + Cu \Longleftrightarrow 2Cu^+$ 的平衡常数;

(3) 若 $K_{sp}(CuCl(s)) = 1.2 \times 10^{-6}$,试计算下面反应的平衡常数:

$$Cu^{2+} + Cu + 2Cl^- \Longleftrightarrow 2CuCl(s)$$

8.19 已知电对 $Ag^+ + e \Longleftrightarrow Ag$ 的 $\varphi^\ominus = 0.799 \text{ V}$, $Ag_2C_2O_4$ 的 $K_{sp} =$

$3.5×10^{-11}$，计算下列电对的标准电极电势：
$$Ag_2C_2O_4(s) + 2e \rightleftharpoons 2Ag + C_2O_4^{2-}$$

8.20 已知下列电池
$(-)Ag(s)\text{-}AgCl(s)|Cl^-(0.010\ mol·dm^{-3})\parallel Ag^+(0.010\ mol·dm^{-3})|Ag(s)(+)$
的电池电动势为 0.34 V，求 AgCl(s) 的 K_{sp}。

8.21 已知：
$$PbSO_4 + 2e \rightleftharpoons Pb + SO_4^{2-} \qquad \varphi^{\ominus} = -0.359\ V$$
$$Pb^{2+} + 2e \rightleftharpoons Pb \qquad \varphi^{\ominus} = -0.126\ V$$

(1) 若将这两个电对组成原电池，写出其电池符号和电池反应式；
(2) 计算该原电池的 $E^{\ominus}$；
(3) 求 $PbSO_4$ 的溶度积 K_{sp}。

8.22 已知：

$$\varphi_B^{\ominus}$$

$$H_2PO_2^- \underset{\underline{\qquad -1.11 \qquad}}{\overset{-1.82}{\text{——}}} P_4 \text{——} PH_3$$

(1) 计算电极 $\frac{1}{4}P_4 + 3H_2O + 3e \rightleftharpoons PH_3 + 3OH^-$ 的 $\varphi^{\ominus}$；
(2) 判断 P_4 能否发生歧化反应。

8.23 当有电流通过电解池时，判断两电极上分别发生什么反应，并写出反应式。
(1) 以碳棒为阳极，铜为阴极，溶液为氯化铜；
(2) 以铜为电极，溶液为氯化铜；
(3) 以银为电极，溶液为盐酸。

8.24 工业上通过电解的方法来对粗铜进行精炼，电解液为硫酸铜溶液，粗铜为阳极，精铜为阴极。已知粗铜中可能含有杂质 Ag,Au,Fe,Ni,C 等，试分析这些杂质在电解过程中的行为。

8.25 有两根同时安装的地下自来水管道，一根在完全均匀的土质中通过，另一根通过的土质变化复杂，有的位置为粘土，有的位置为沙土，有的位置潮湿，有的位置干燥。试问这两根管道哪一根使用年限长一些？为什么？

第9章 原子的电子结构和周期律

物质由分子组成，分子由原子组成，了解原子结构，特别是认识原子的电子结构，对研究、认识分子以及物质的性质是必要的。不仅如此，认识原子的电子结构对了解物质的结构和性质的关系、揭示微观世界的本质和规律有着重要意义。

人们对原子等微观粒子的认识经历了从经典力学到旧量子论、从旧量子论到量子力学的过程。当然，人类对事物的认识在一定历史条件下是有限的，因此，对微观粒子的认识有待进一步深化。

经典力学描述宏观物体的运动，它以牛顿定律为中心内容。量子力学描述微观粒子的运动，它是建立在微观粒子运动的不连续性和统计性这两个基本特征的基础上，其依据是微观粒子具有波-粒二象性。以玻尔学说为代表的旧量子论，包含有经典力学和量子力学的某些观点，是半经典、半量子化的。尽管如此，玻尔学说对人类认识原子的电子结构以及量子力学的建立和发展仍具有重要意义。本章将先介绍玻尔学说，然后应用量子力学的基本原理和实验事实，定性地阐述原子的电子结构及有关的概念和规律。

9.1 氢原子光谱和玻尔学说

9.1.1 氢原子光谱

氢原子光谱实验如图 9-1 所示。当高纯低压氢气在高电压下放电时,氢分子离解为氢原子并激发而发光,光通过狭缝,经棱镜分光后得到不连续的谱线,即氢原子光谱。

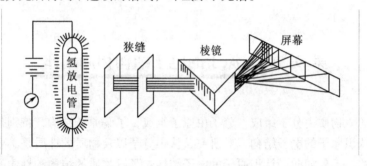

图 9-1　氢原子光谱实验示意图

1883 年瑞士物理学家巴尔麦在可见光区发现了 4 条谱线,称为巴尔麦线系。后来赖曼在紫外区、柏森等人在红外区相继发现氢原子光谱系。如图 9-2 所示。

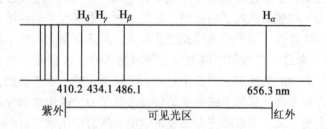

图 9-2　氢原子可见光区谱线

1910 年法国物理学家里德堡根据实验测得的氢光谱谱线波长提出能表示谱线波数的经验式

$$\bar{\nu} = \frac{1}{\lambda} = R_H \left(\frac{1}{n_1^2} - \frac{1}{n_2^2} \right) \tag{9-1}$$

式中 R_H 为里德堡常数,其值为 109 677.58 cm^{-1},n_1, n_2 为正整数,且 $n_2 > n_1$。在巴尔麦谱系中,$n_1 = 2$,$n_2 = 3, 4, 5, 6$,代

入上式即得巴尔麦线系中 4 条谱线的波数。

氢光谱的实验事实及经验式对氢光谱的归纳，难以用经典电磁理论和卢瑟福的原子模型解释，并且还存在尖锐的矛盾。根据经典电磁理论，绕核高速运动的电子与电磁振动相似，应伴随有电磁波的辐射，即不断以电磁波的形式发射出能量。这将产生两种必然结果：由于绕核运动的电子不断发射能量，电子的能量将逐渐减小，其运动的轨道半径也将逐渐减小，即电子将沿螺旋形轨道靠近原子核，最后坠落在原子核上，导致原子的毁灭，因此原子是不稳定的体系；由于绕核运动的电子连续放出能量，发射出电磁波的频率也应该是连续的，即氢原子光谱应是连续光谱。显然，这两种推论与事实不符。

9.1.2 玻尔学说

1. 玻尔学说

1913 年丹麦物理学家玻尔(Bohr)根据氢原子光谱实验事实、原子核模型以及普朗克量子论和爱因斯坦光子学说的启示，提出了氢原子的结构学说。

1910 年德国物理学家普朗克在研究黑体辐射时提出了辐射定律，即普朗克量子论。根据光的经典模型，光是一种由振动的电场和磁场组成的电磁波。黑体是一种理想的辐射体，它能吸收照射到其上的全部波长的电磁波，受热时又能辐射电磁波。黑体辐射研究表明：黑体辐射的频率 ν 与温度有关，温度升高，辐射频率 ν 分布的最大值向高频移动。这种规律对于一般的固体辐射也是如此，如加热金属棒时，温度不同，辐射的电磁波频率不同，随温度升高，将依次辐射出红色、橙黄色、白色和蓝白色的光。

黑体辐射用经典力学的观点是难以解释的，因为经典力学认为能量的吸收和发射是连续的。为了解释黑体辐射，普朗克提出假设：黑体的原子或分子辐射时，只能辐射频率为 ν、能量为

$h\nu$ 的电磁波，h 为一常数，后来称为普朗克常数，其值为 6.626×10^{-34} J·s。由频率为 ν 的电磁辐射而引起黑体能量的变化为 ΔE，$\Delta E = h\nu$，即黑体只能辐射能量为 $h\nu$ 整数倍的电磁波。黑体辐射的能量是量子化的，普朗克把这个微小的能量叫量子。黑体辐射电磁波的频率与黑体原子振动频率有关，而振动频率又与黑体受热温度有关，不同频率的分布比例遵循统计规律，这样就可以解释黑体辐射规律。

普朗克关于能量量子化的观点后来被应用到所有的微观体系。

最先认识到能量量子化观点重要性的是爱因斯坦，他将能量量子化概念应用于解释光电效应。光电效应是将电磁辐射作用于金属表面，金属中的电子从光束中吸收能量，而从金属表面逸出，逸出的电子称为光电子。光电效应研究表明：光电效应需要一定频率的光照射，否则不能产生光电子；光电子具有的动能随照射光的频率的增加而增大；增加光的强度不能改变光电子的能量，但可增加光电子的数目。爱因斯坦应用能量量子化的观点解释光电效应，并提出光子学说，认为光除了具有波动性外，还可视为由具有粒子实体特性的光量子组成，每个光电子的能量为 $h\nu$，后来人们把这些粒子实体叫光子。当频率为 ν 的光照射到金属表面时，光子与电子发生碰撞而传递能量，光子把能量传给电子，电子吸收的能量一部分用于克服金属对它的束缚，其余部分则转变为光电子的动能，这就可以解释光电效应。因此，光既具有波动性又具有粒子性，当光传播时，以波动性为主，而当它与其他物体作用时，则以粒子性为主。

为了解释氢原子光谱，玻尔提出关于氢原子结构的两个基本假定。

(1) 电子以确定的圆形轨道绕核运动，在这些圆形轨道上运动的电子是稳定的，并相应有一定的能量。每个轨道对应一个能级，在稳定轨道上运动的电子不辐射能量。当原子受激发后，电子从低能级激发到高能级,处于高能级的电子是不稳定的,必然跃迁到低能级,并放出能量,辐射电磁波,电磁波的能量 $h\nu$ 与跃迁前后两个能级的能量差有关。

$$E_a - E_b = h\nu$$

(2) 为了确定定态轨道,玻尔提出了量子化条件:电子运动的轨道角动量 mvr 必须等于 $n\dfrac{h}{2\pi}$,式中 m, v, r 分别为电子的质量、速度、轨道半径,h 为普朗克常数,$n = 1, 2, 3, \cdots$ 为正整数,称为玻尔量子数。显然,这一假定是根据经典力学和静电学的一般定律,并应用普朗克量子论提出的,具有很大的人为性,但它毕竟超出了当时的物理学理论范围。

根据玻尔假定和经典力学定律,可以计算电子运动定态轨道的半径和能量。

按照经典力学定律,电子在定态轨道运动的静电力和离心力相等,即

$$\frac{Ze^2}{4\pi\varepsilon_0 r^2} = \frac{mv^2}{r} \qquad (9\text{-}2)$$

式中 m, v 为电子的质量和速度,Z 为核电荷,r 为轨道半径,ε_0 为真空时介电常数。上式若以能量表示,则变为

$$\frac{Ze^2}{4\pi\varepsilon_0 r} = mv^2 \qquad (9\text{-}3)$$

根据玻尔的量子化条件,$mvr = n\dfrac{h}{2\pi}$,则 $v = \dfrac{nh}{2\pi mr}$,并代入上式,得

$$r = \frac{\varepsilon_0 n^2 h^2}{\pi m Z e^2} \qquad (9\text{-}4)$$

应用(9-4)式可求得电子在核外运动的不同轨道半径,如 $n = 1$ 时的第一玻尔半径是

$$r_0 = \frac{\varepsilon_0 h^2}{\pi m Z e^2}$$

$$= \frac{(8.854 \times 10^{-12} \text{ C}^2 \cdot \text{J}^{-1} \cdot \text{m}^{-1})(6.626 \times 10^{-34} \text{ J} \cdot \text{s})^2}{3.1416(9.109 \times 10^{-31} \text{ kg})(1.602 \times 10^{-19} \text{ C})^2}$$

$$= 52.92 \text{ pm } (a_0)$$

而其他允许的轨道半径为

$$r_n = \frac{\varepsilon_0 n^2 h^2}{\pi m Z e^2} = \frac{n^2}{Z} a_0 \tag{9-5}$$

电子在核外运动的总能量为动能和势能之和

$$E = T + V = \frac{1}{2} m v^2 - \frac{Z e^2}{4\pi \varepsilon_0 r} \tag{9-6}$$

将(9-3)式代入(9-6)式，得

$$E = \frac{1}{2} \frac{Z e^2}{4\pi \varepsilon_0 r} - \frac{Z e^2}{4\pi \varepsilon_0 r} = -\frac{1}{2} \frac{Z e^2}{4\pi \varepsilon_0 r} \tag{9-7}$$

将(9-4)式代入(9-7)式，得

$$E = -\frac{Z^2 e^4 m}{8 \varepsilon_0^2 n^2 h^2} \tag{9-8}$$

第一玻尔轨道能量为

$$E_1 = -\frac{Z^2 e^4 m}{8 \varepsilon_0^2 n^2 h^2}$$

$$= -\frac{(1.6 \times 10^{-19} \text{ C})^4 (9.109 \times 10^{-31} \text{ kg})}{8(8.854 \times 10^{-12} \text{ C}^2 \cdot \text{J}^{-1} \cdot \text{m}^{-1})^2 (6.626 \times 10^{-34} \text{ J} \cdot \text{s})^2}$$

$$= -2.18 \times 10^{-18} \text{ J}$$

对于一摩尔氢原子，能量为

$$E_1 = -2.18 \times 10^{-18} \times 6.02 \times 10^{23} = -1312 \text{ kJ} \cdot \text{mol}^{-1}$$

其他原子轨道的能量为

$$E_n = -\frac{Z^2 e^4 m N_A}{8 \varepsilon_0^2 h^2} \cdot \frac{1}{n^2} = -1312 \frac{1}{n^2} \text{ kJ} \cdot \text{mol}^{-1}$$

根据玻尔假定，可以计算氢光谱各谱系谱线的波长和频率。当电子从量子数为 n_a 的高能态跃迁到量子数为 n_b 的低能态时，辐射光的频率为

$$E_a - E_b = h\nu = -\frac{Z^2 e^4 m}{8\varepsilon_0^2 h^2}\left(\frac{1}{n_a^2} - \frac{1}{n_b^2}\right) \tag{9-9}$$

$$\nu = \frac{Z^2 e^4 m}{8\varepsilon_0^2 h^2}\left(\frac{1}{n_b^2} - \frac{1}{n_a^2}\right)$$

$$= 3.29 \times 10^{15} Z^2 \left(\frac{1}{n_b^2} - \frac{1}{n_a^2}\right) \text{ (s}^{-1}\text{)} \tag{9-10}$$

在巴尔麦线系中，$n_b = 2$，当 $n_a = 4$ 时，则跃迁时辐射光子的频率为

$$\nu = 3.29 \times 10^{15}\left(\frac{1}{2^2} - \frac{1}{4^2}\right) = 6.17 \times 10^{14} \text{ (s}^{-1}\text{)}$$

若以波数表示，得

$$\bar{\nu} = \frac{\nu}{c} = \frac{6.17 \times 10^{14} \text{ s}^{-1}}{3.00 \times 10^{10} \text{ cm} \cdot \text{s}^{-1}} = 20570 \text{ cm}^{-1}$$

氢原子其他线系谱线的频率或波数可以类似计算。

氢原子的能级和氢原子光谱谱线形成示意图如图 9-3 所示。

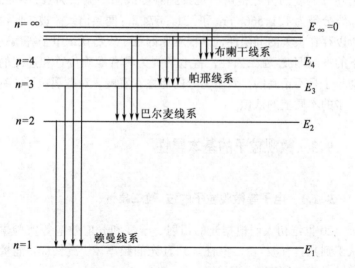

图 9-3　氢原子光谱各线系谱线产生示意图

2. 玻尔学说的意义

玻尔学说能圆满解释氢原子光谱、计算氢光谱各线系谱线的波长、频率以及里德堡常数，特别是提出能级的概念，并认为能级是量子化的（虽是人为的提出一个量子数）。玻尔学说对人们进一步认识原子结构和量子力学的发展有着积极的影响。但是，由于玻尔学说是应用经典力学的处理方法发展起来的，仍未摆脱经典力学的束缚，具有很大的局限性。从量子力学观点考虑，在玻尔的假定中，电子在核外绕核作圆形轨道运动的观点是不正确的，原子轨道能级的量子化条件不仅是人为的而且也是不完全的。在具体的计算中，玻尔假说应用的也是经典力学的有关定律和计算方法。另外，由于玻尔假说没有考虑电子的自旋运动，以及电子轨运动之间、轨运动和自旋运动之间的相互作用，因此，玻尔假说只能解释氢原子以及类氢离子（如 He^+, Li^{2+} 等）的光谱，不能解释多电子原子的光谱，也无法解释氢光谱的精细结构，如用高分辨度的分光镜可以观察到赖曼线系中波长为 121.6 nm 的谱线分裂为 121.5668 nm 和 121.5674 nm 两条谱线。玻尔假说之所以存在很大的局限性，其根本原因在于没有认识电子等微观粒子的本质即波-粒二象性，将电子视为具有准确位置和速度的运动粒子是不正确的。量子力学的建立和发展，对微观粒子才有进一步的本质上的认识。

9.2 微观粒子的基本属性

9.2.1 电子等微观粒子的波-粒二象性

20 世纪初人们根据光的衍射、干涉和光电效应等实验事实认识到光具有波-粒二象性。并且光的频率 ν、波长 λ、能量 E 和动量 P 之间存在如下关系

$$E = h\nu \tag{9-11}$$

$$P = \frac{h}{\lambda} \tag{9-12}$$

关系式表明:代表粒子性的 E, P 和代表波动性的 ν, λ 通过普朗克常数 h 定量地联系起来,关系式进一步揭示了光的本质。

在光的波-粒二象性的启发下,法国物理学家德布罗衣(Louis de Broglie)提出极为重要的观点,认为电子等微观粒子也具有波-粒二象性,并存在如下关系式

$$\lambda = \frac{h}{mv} = \frac{h}{P} \tag{9-13}$$

λ 为物质波的波长,m 为微观粒子的质量,v 为运动速度,P 为动量。

1927 年戴维逊(Davisson)和革末(Germer)用实验证实了德布罗衣的观点是正确的。他们观测到镍晶体对电子的衍射效应,如图 9-4 所示。

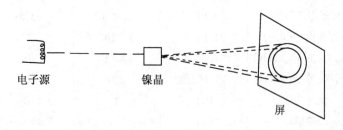

图 9-4 电子衍射示意图

对于低能电子(62 eV 左右),其波长为 120 pm,其大小与晶体中晶格间距离相近,故镍晶体可作为衍射光栅。后来人们还观测到中子、质子、氦原子和氢分子类似的衍射效应。电子显微镜以及用电子衍射和中子衍射测定分子结构都是对微观粒子波动性的具体应用。粒子性和波动性不是相互排斥的,而是一切物质的属性,只是对不同的物质其粒子性和波动性的主要方面不同。例如,运动速度为 $1.0 \times 10^6 \text{ m} \cdot \text{s}^{-1}$ 的电子和质量为 0.20 kg、速度

为 $20\ \mathrm{m\cdot s^{-1}}$ 的棒球，其物质波的波长分别为

$$\lambda = \frac{h}{P} = \frac{h}{mv} = \frac{6.626\times 10^{-34}\ \mathrm{J\cdot s}}{(9.11\times 10^{-31}\ \mathrm{kg})(1.0\times 10^{6}\ \mathrm{m\cdot s^{-1}})}$$
$$= 7.3\times 10^{-10}\ \mathrm{m} = 730\ \mathrm{pm}$$

$$\lambda = \frac{h}{mv} = \frac{6.626\times 10^{-34}\ \mathrm{J\cdot s}}{(0.20\ \mathrm{kg})(20\ \mathrm{m\cdot s^{-1}})} = 1.7\times 10^{-34}\ \mathrm{m}$$
$$= 1.7\times 10^{-22}\ \mathrm{pm}$$

计算结果表明：棒球运动的波长太小，不能用实验观测，宏观物体的波动性难以显现，而微观粒子显现出明显的波动性。表 9-1 列出由德布罗衣关系式计算得到的有关物质实体的波长。

表 9-1　　　　某些物质实体的波长

物质实体	质量/(m/kg)	速度/(v/m·s^{-1})	波长/(λ/pm)
气态电子(300 K)	9×10^{-31}	1×10^{5}	7 000
H 原子电子($n=1$)	9×10^{-31}	2.2×10^{6}	33.5
Xe 原子电子($n=1$)	9×10^{-31}	1×10^{8}	7
气态 He 原子(300 K)	7×10^{-27}	1×10^{3}	90
气态 Xe 原子(300 K)	2×10^{-25}	250	10
快速棒球	0.1	20	3×10^{-22}
慢速棒球	0.1	0.1	7×10^{-20}

由表 9-1 可见：物质实体的质量、速度越大，其波长越短，所以宏观物体的波动性难以觉察，它们主要表现为粒子性。

应该指出的是，电子等微观粒子的波-粒二象性，在某些实验条件下，粒子性明显，而在另一些条件下，波动性明显，但电子既不是粒子也不是波，用已建立或设想的模型难以描述。

9.2.2　测不准原理

电子等微观粒子具有波-粒二象性最重要的结果之一是由海

森堡(Heisenberg)提出的测不准原理。该原理指出：要同时准确地测定微观粒子的动量(或速度)和坐标(或位置)是不可能的。测不准关系式为

$$\Delta x \cdot \Delta P_x \geqslant h \quad \left(\text{或 } \Delta x \cdot \Delta P_x \geqslant \frac{h}{2\pi}\right) \tag{9-14}$$

式中 $\Delta x, \Delta P_x$ 分别为微观粒子在 x 方向位置和动量的不准确值，h 为普朗克常数。显然，若电子等微观粒子运动的位置越准确，则相应的动量越不准确，反之亦然。

测不准原理对一切物质实体都是适用的，只是由于宏观物体的波动性不明显，宏观物体运动的坐标和动量的不准确度在测定误差范围以内。所以，测不准原理对宏观物体实际不起作用，这从下面的计算结果可以说明。

设质量为 1 g、速度为 1 m·s^{-1} 的物体，其速度的不准确度为 0.01%，即速度的不准确度为

$$0.01\% \times 1 = 1.0 \times 10^{-4} \text{ m·s}^{-1}$$

则位置的不准确度为

$$\Delta x = \frac{h}{2\pi m \Delta v} = \frac{6.626 \times 10^{-34} \text{ J·s}}{2 \times 3.142(1 \times 10^{-3} \text{ kg})(1.0 \times 10^{-4} \text{ m·s}^{-1})}$$
$$= 1.05 \times 10^{-27} \text{ m}$$

其不准确度如此之小，显然在测定误差范围内。因此，对宏观物体可以用坐标(位置)和动量(速度)来描述其运动状态，二者可以准确测定。

如果将测不准原理应用于电子在原子中的运动，必然得出另一种截然不同的结果。

原子中，可以认为电子在 50 pm 范围内绕核运动，即电子运动位置的不准确度 Δx 为 50 pm，则动量的不准确度为

$$\Delta P_x = \frac{h}{2\pi \Delta x} = \frac{6.626 \times 10^{-34} \text{ J·s}}{2 \times 3.142(5 \times 10^{-11} \text{ m})}$$
$$= 2.1 \times 10^{-24} \text{ kg·m·s}^{-1}$$

相应的电子运动速度的不准确度为

$$\Delta v = \frac{\Delta P_x}{m} = \frac{2.1 \times 10^{-24} \text{ kg} \cdot \text{m} \cdot \text{s}^{-1}}{9.1 \times 10^{-31} \text{ kg}}$$
$$= 2.3 \times 10^6 \text{ m} \cdot \text{s}^{-1}$$

电子运动速度的不准确度如此之大，意味着电子运动的轨道是不存在的。玻尔假说中提出的原子轨道的观点与测不准原理是相矛盾的。测不准原理表明，不能用描述宏观物体运动的物理量，如位置和速度来描述微观粒子的运动。电子在核外的运动究竟如何描述，其运动遵循什么规律，这正是量子力学所要回答的问题。

9.3 核外电子运动状态及其运动规律

9.3.1 波函数

核外电子的运动状态以波函数 ψ 描述，这是量子力学的基本假设。核外电子的运动没有具体的轨道，通常所说的原子轨道，其真正的含义是指单电子波函数。波函数 ψ 不是任何类型的机械波或电磁波，而是具有统计意义的几率波，是描述核外电子运动状态的一种抽象的数学表示。因为电子是在原子空间绕核运动，因此，波函数 ψ 应是空间坐标的函数，即 $\psi(x,y,z)$。像电磁波的波幅一样，在空间某些区域 ψ 可能为正值，而在空间另一些区域 ψ 可能为负值。

为什么波函数 ψ 能描述电子的运动状态？这是因为要确定电子的运动状态，必须知道电子在该状态下的性质，如电子的能量、动量等力学量的数值，而这些与状态有关的力学量都要对波函数 ψ 进行运算才能得到，所以波函数 ψ 能描述核外电子的运动状态。波函数 ψ 虽为几率波，但并不代表电子在核外某处的几率，因此，从几率角度考虑，波函数 ψ 没有明确的物理意义。

在光的电磁波理论中，光在某处的强度与该处的电场或磁场

强度成正比,即

$$u \propto |E|^2 \quad \text{或} \quad u \propto |H|^2$$

同样,对于电子等微观粒子形成的几率波,其几率密度 ρ 也正比于 $|\psi|^2$,即

$$\rho \propto |\psi|^2 \tag{9-15}$$

所以,$|\psi|^2$ 代表电子在空间某处(单位体积)出现的几率即几率密度,这是德布罗衣物质波的统计意义,具有明确的物理意义。几率密度的分布常以电子云表示,它是电子在核外运动出现几率密度大小的形象化描述,如氢原子 1s 电子云示意图(图9-5)。$\psi^2 d\tau$ 代表电子在空间微体积 $d\tau$ 中出现的几率。

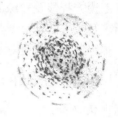

图 9-5　氢原子 1s 态电子云

9.3.2　微观粒子运动波动方程

1926年奥地利物理学家薛定谔(Schrödinger)在德布罗衣物质波的启发下,通过对力学和光学的分析,提出描述微观粒子运动的基本方程即薛定谔方程,它是量子力学的基本方程。

$$\frac{\partial^2 \psi}{\partial x^2} + \frac{\partial^2 \psi}{\partial y^2} + \frac{\partial^2 \psi}{\partial z^2} + \frac{8\pi^2 m}{h^2}(E - V) = 0 \tag{9-16}$$

式中 h 为普朗克常数,m 是微观粒子的质量,E 是微观粒子的总能量,V 是微观粒子的势能,x,y,z 是微观粒子的空间坐标。

薛定谔方程的意义是:质量为 m 的微观粒子在势能为 V 的势场中运动,描述此运动状态的波函数 ψ 应满足该方程。方程中每个解 ψ 代表一个运动状态,每个状态 ψ 相应有确定的能量 E。从方程式可以看出,式中既有代表微观粒子波动性的波函数 ψ,又有代表微观粒子粒子性的质量 m。因此,方程反映了微观粒子的波-粒二象性。

应该指出的是,薛定谔方程在形式上与波动微分方程相似,

但薛定谔方程不能推导和证明,是量子力学的基本假设,受到实践的检验并证明是正确的。薛定谔方程是二阶偏微分方程,解方程是把微观粒子在势场中的势能 V 代入,然后求得波函数 ψ 的合理解,从而求得与每个状态 ψ 相对应的能量 E。多电子原子中,势能 V 极为复杂,代入方程时,不能求得精确解。由于求解薛定谔方程涉及较深的数学知识,本课程不作讨论,下面主要介绍求解方程的途径及其得到的主要结果。

薛定谔方程只是对氢原子和类氢离子可求得精确解。由于单电子原子中的电子是在球形对称的势场中运动,势能 $V = -\dfrac{Ze^2}{r}$,若用直角坐标,$r = \sqrt{x^2 + y^2 + z^2}$,代入方程式中是很难求解的,为此将坐标变换为球坐标,如图 9-6 所示。取原子核为坐标系的原点 O,电子在空间某一位置 P 可由球坐标的 r, θ, φ 来确定,r 为 P 与原点 O 的距离,叫径向半径,θ 为 r 与 z 轴正方向的夹角,φ 为 r 在 xy 平面的投影与 x 轴正方向的夹角。球坐标与直角坐标的变换关系是

$$z = r\cos\theta$$
$$x = r\sin\theta\cos\varphi$$
$$y = r\sin\theta\sin\varphi$$
$$r^2 = x^2 + y^2 + z^2$$

根据坐标变换关系,波函数 ψ 变换为

$$\psi(x, y, z) \xrightarrow{\text{变换}} \psi(r, \theta, \varphi)$$

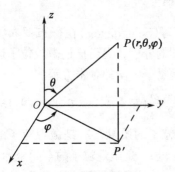

图 9-6　球坐标与直角坐标关系

为了便于求解薛定谔方程,同时使电子在原子中的运动状态形象化图示,将波函数分为三个函数的乘积。

$$\psi(r, \theta, \varphi) \rightarrow R(r)\Theta(\theta)\Phi(\varphi)$$

或写为两个函数的乘积,一个是径向函数 $R(r)$,它是径向 r 的函数,另一个为角度函数 $y(\theta, \varphi)$,它是坐标 θ, φ 的函数。这样

薛定谔方程就分离为 $R(r)$，$\Theta(\theta)$ 和 $\Phi(\varphi)$ 三个方程。

9.3.3 量子数

薛定谔方程有多个解，但只有某些解是合理的，这些合理解受量子数的限制。所谓量子数是指能使薛定谔方程具有合理解的常数。对于电子的轨运动，其运动状态由三个量子数确定，而每个量子数分别由解 $R(r)$，$\Theta(\theta)$ 和 $\Phi(\varphi)$ 方程而得。显然，这里所说量子数与玻尔人为提出的一个玻尔量子数 n 确定电子轨道运动有本质的不同。当然，ψ 与所说的电子轨运动的含义也有本质的不同，前者指的是电子的运动状态 $\psi(r,\theta,\varphi)$，而后者指电子具体的运动轨迹。

1. 主量子数 n

主量子数由解 $R(r)$ 方程而得。它描述原子中电子出现几率最大区域离核的距离，是决定轨道能量高低的主要因素，对于氢原子则是惟一的因素。即对于氢原子，凡是 n 值相同的原子轨道都具有相同的能量，其能量通式为

$$E_n = -\frac{1312}{n^2} \text{ kJ} \cdot \text{mol}^{-1}$$

该式虽说与玻尔计算的结果是一致的，但导出的出发点和方法是截然不同的。通常把 n 相同的电子称为同层电子，光谱学上用相应的符号代表 n 的取值。

n 的取值　1，2，3，4，5，…
电子层数　K，L，M，N，O，…

2. 轨道角动量量子数 l

轨道角动量量子数 l 由解 $\Theta(\theta)$ 方程而得。它确定电子在空间运动角度分布，描述电子云的形状，即电子运动几率密度在空间的分布形状。在多电子原子中，l 与原子轨道的能量有关。l 值受 n 值的限制，其取值从 0 到 $n-1$ 共 n 个，通常将同一层中 l 值相同的电子归属于同一亚层(分层或能级)，光谱学上用相应

的符号代表 l 的取值。

  l 的取值 0, 1, 2, 3, $\cdots$, $n-1$
  光谱符号 s, p, d, f, $\cdots$

3. 磁量子数 m

磁量子数 m 由解方程 $\Phi(\varphi)$ 而得。它描述原子轨道或电子云在空间的伸展方向。m 的取值受 l 的限制，l 值一定时，m 可取值为 $0, \pm 1, \pm 2, \cdots, \pm l$，即限制在 $-l$ 和 l 之间，共 $2l+1$ 个值。在外加磁场作用下，同一亚层中原子轨道的能量将发生分裂，这正说明同一亚层中原子轨道在空间的伸展方向不同。无外加磁场的作用，同一亚层原子轨道的能量是相同的。

原子中电子在核外绕核运动的运动状态由量子数 n, l, m 确定，所以，$\psi_{n,l,m}$ 是描述电子轨运动的波函数，在量子力学中把这种单电子波函数称为原子轨道。由于 l 的取值受 n 的限制，而 m 的取值又受 l 的限制，因此量子数 n, l, m 只可能按一定数目结合。量子数间的关系和轨道符号列入表 9-2。

表 9-2 **量子数的组合和原子轨道**

量子数			原子轨道
$n=1$	$l=0$	$m=0$	$1s$
$n=2$	$l=0$	$m=0$	$2s$
	$l=1$	$m=0$	$2p_z$
		$m=\pm 1$	$2p_x$, $2p_y$
$n=3$	$l=0$	$m=0$	$3s$
	$l=1$	$m=0$	$3p_z$
		$m=\pm 1$	$3p_x$, $3p_y$
	$l=2$	$m=0$	$3d_{z^2}$
		$m=\pm 1$	$3d_{xz}$, $3d_{yz}$
		$m=\pm 2$	$3d_{xy}$, $3d_{x^2-y^2}$

4．自旋角动量量子数 m_s

氢原子为单电子原子，$\psi_{n,l,m}$ 确定氢原子单电子波函数。但是，应用高分辨率光谱仪观察氢原子光谱时，发现一条谱线分裂为两条谱线。这种精细结构难以用电子的轨运动解释。1925 年乌伦贝克和哥德希密特提出电子自旋的假设以解释原子光谱的精细结构。认为电子绕核作轨运动的同时还有自旋，电子有两个自旋方向，所以自旋角动量量子数 m_s 可取 $+\frac{1}{2}$ 和 $-\frac{1}{2}$ 两个值。自旋方向不同的电子产生的磁场和绕核作轨运动产生的磁场之间的相互作用不同，从而引起同一原子轨道分裂为能量相近的两个能级，当电子跃迁时，可以得到相近的两条谱线。证明电子有自旋运动的实验如图 9-7 所示。

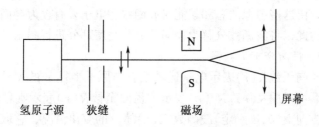

图 9-7　证明电子自旋运动实验示意图

将处于 s 态的氢原子束经狭缝和不均匀磁场后照射到屏上，实验发现氢原子束分裂并向两个方向偏转，结果在屏上出现两条分裂的谱线。由于 s 态轨道是球形对称的，其轨运动角动量为零，氢原子束在不均匀磁场中分裂，只可能是电子某种固有的运动产生的角动量有两种取向而形成的。

电子自旋在决定电子占据轨道的方式上起着重要的作用，当两个自旋方向相反的电子占据同一轨道时，它们也具有相反方向的角动量，因此，一个充满电子的轨道，其净的角动量为零。

应该指出的是，所谓自旋并不是电子绕轴自旋。自旋是基本粒子具有的一种固有的角动量，这种固有的角动量似乎是由电子自旋产生，但这不是真实的描述，而是一种假设，没有宏观力学量与之相对应。自旋是一种非经典效应，是一种尚未充分认识的固有运动。

9.3.4 波函数 ψ 和电子云 $|\psi|^2$ 的图像

为了进一步认识原子、分子结构，考查形成化学键时原子中电子运动状态的变化和电子云的重新分布，以及不同原子轨道在晶体场中的分裂情况，有必要讨论波函数 ψ 和电子云 $|\psi|^2$ 的图像。

$\psi_{n,l,m}$ 是空间坐标 r,θ,ψ 的函数，我们不可能用一种图像反映出波函数的全部性质，但我们可以从不同的角度作出 $\psi_{n,l,m}$ 的图像，由这些图像的总和就能对波函数和电子云有较为全面的了解。为此，将波函数分解为径向部分和角度部分进行图示。

1. 径向分布函数图

径向函数 $R(r)$ 表示电子运动状态与原子半径 r 的关系，这种关系可以用 $R(r),R^2(r)$ 表示。径向函数 $R(r)$ 表示在任意给定的方向上 (θ,φ 一定) 波函数 $R(r)$ 随 r 的变化情况，它取决于量子数 n 和 l，径向函数无明确的物理意义。$R^2(r)$ 叫**电子云径向密度函数**，表示电子距核为 r 的某处附近单位体积内电子出现的几率，但要指明特定的角度 θ 和 φ。为了能在距核 r 处找到电子出现的几率，而不涉及角度 θ 和 φ，特定义电子云径向分布函数 $r^2R^2(r)$。

为了简便起见，考虑氢原子 ns 电子。假设有一半径为 r（离核的距离）、厚度为 dr 的球壳，如图 9-8 所示，则球的表面积为 $4\pi r^2$，球壳的体积为 $4\pi r^2 dr$。

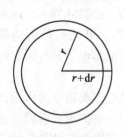

图 9-8 球壳薄层示意图

令 $4\pi r^2 R^2(r) = D(r)$（对于其他运动状态的电子，$D(r) = r^2 R^2(r)$），$D(r)$ 为 r 的函数，叫**电子云径向分布函数**，它代表电子在半径为 r、单位厚度为 dr 的球壳中出现的几率。$D(r)$-r 关系图称为**电子云径向分布函数图**，如图 9-9 所示。

由电子云径向分布函数图可知：当 r 接近于零时，$4\pi r^2 R^2(r)$

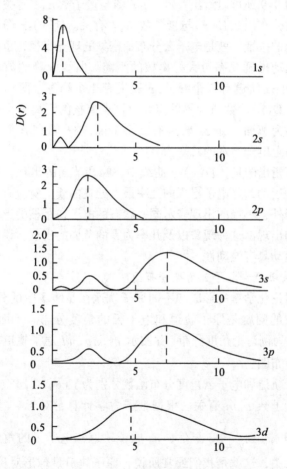

图 9-9　氢原子各种状态径向分布函数图

接近于零,即在接近核的附近,电子出现的几率近似为零;当 r 很大时,$4\pi r^2 R^2(r)$ 接近于零,电子出现的几率近似为零;当 r 为某一有限的值时,$4\pi r^2 R^2(r)$ 有一最大值,如对于 $1s$ 轨道,$r=a_0$(玻尔半径)时,$4\pi r^2 R^2(r)$ 有最大值,代表 $1s$ 电子在核外出现几率最大处离核的距离。

由图 9-9 还可以看出:$D(r)$-r 图与量子数 n,l 有关,即电子云径向分布函数 $D(r)$ 与量子数 n,l 有关。$D(r)$-r 图中,曲线最高峰的位置,就是电子云分布最密集的球壳半径,也是电子在核外运动出现几率最大处离核的距离。曲线中峰的数目等于 $n-l$,如 $3s$ 轨道有 3 个峰,$2p$ 轨道有 1 个峰等。两相邻峰之间有一个 $D(r)$ 函数值为零的点,以该点离核的距离为半径所作的球面称为节面。如 $3s$ 轨道有 2 个节面,$3p$ 轨道有 1 个节面等,节面上电子出现的几率为零。

应该指出的是,$D(r)$-r 曲线中,峰和节面的出现,表示电子在核外运动,除电子出现的几率最大处在曲线上对应有一个最大的高峰外,小峰的出现表示同一状态的电子在距核的近处有一定几率的出现,这种现象以及几率为零的节面的出现,说明实物微粒的运动具有波动性。

2. 波函数和电子云角度分布图

在讨论化学键的形成和不同原子轨道在晶体场中的分裂时,最为关注的问题是原子轨道和电子云的角度分布。下面以 ns,np_z 轨道为例讨论角度分布,并图示 ns,np,nd 原子轨道和电子云角度分布图。

原子轨道和电子云角度分布函数分别为 $Y(\theta,\varphi)$,$Y^2(\theta,\varphi)$,它们与量子数 l,m 有关。根据量子力学计算,对于 ns 原子轨道,$Y(\theta,\varphi)=\sqrt{\dfrac{1}{4\pi}}$,显然,$ns$ 原子轨道和电子云的角度分布与角度无关,这就是我们通常所说 s 原子轨道是球形对称的,s 电子在核外出现的几率是球形对称分布的。

np_z 原子轨道的角度分布函数 $Y(\theta,\varphi)$ 为 $\sqrt{\dfrac{3}{4\pi}}\cos\theta$，显然，其角度分布函数值与 θ 角有关。为了图示 np_z 轨道角度分布图，必须求出 $Y(\theta,\varphi)$ 随 θ 变化的函数值。$Y(\theta,\varphi)$ 值与 θ 角的关系列入表 9-3 中。

表 9-3　　　　$Y(\theta,\varphi)$ 值与 θ 角的关系

θ	0°	15°	30°	45°	60°	90°	120°	135°	150°	165°	180°
$\cos\theta$	1.0	0.97	0.87	0.71	0.50	0	-0.50	-0.71	-0.87	-0.97	-1.0
$Y(\theta,\varphi)$	0.489	0.474	0.425	0.347	0.245	0	-0.245	-0.347	-0.425	-0.474	-0.489

以坐标原点引出方向为 (θ,φ) 的直线，取其长度等于 $Y(\theta,\varphi)$ 值的线段(相对值)，连接所有线段的端点，得到在 xz 平面且被 xy 平面平分的两个半圆，然后绕 z 轴旋转 360°，即得 p_z 原子轨道的角度分布图，如图 9-10 所示。

由图可知：p_z 轨道角度分布图在 z 轴方向，函数 $Y(\theta,\varphi)$ 有最大的代数值，而在 xy 平面，$Y(\theta,\varphi)$ 的函数值为零。

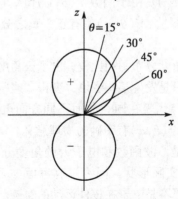

图 9-10　p_z 原子轨道角度分布图

原子轨道角度分布图表示在同一球面上不同方向函数 $Y(\theta,\varphi)$ 值的相对大小。正、负号表示 $Y(\theta,\varphi)$ 的正、负值，或原子轨道的对称性，这对讨论共价键的形成是非常重要的。

p_x,p_y 原子轨道角度分布图的形状与 p_z 相同，只是它们彼此间相差 $90°$。p_x 在 x 轴方向函数 $Y(\theta,\varphi)$ 有最大的代数值，p_y 在 y 轴方向函数 $Y(\theta,\varphi)$ 有最大的代数值。

$l=2$ 时，$m=0,\pm 1,\pm 2$，因此，d 轨道有 5 个，即 d_{xy}，d_{xz}，d_{yz}，$d_{x^2-y^2}$ 和 d_{z^2}，其中 d_{xy}，d_{xz}，d_{yz} 具有 4 个椭球，4 个椭球夹在对应的两个坐标轴之间且和坐标轴成 $45°$ 角。如 d_{xy} 位于 xy 平面，4 个椭球在 x,y 轴之间，函数 $Y(\theta,\varphi)$ 值在坐标轴正号或负号相同的象限为正值；在坐标轴正号或负号相异的象限为负值。$d_{x^2-y^2}$ 也有 4 个椭球，并位于 xy 平面，但函数 $Y(\theta,\varphi)$ 在 x 轴和 y 轴方向有最大的代数值，x 轴方向为正值，y 轴方向为负值。d_{z^2} 实为 $d_{z^2-y^2}$ 和 $d_{z^2-x^2}$ 组合而成，函数 $Y(\theta,\varphi)$ 在 z 轴方向有最大的正值，在 xy 平面有一个小环，其函数 $Y(\theta,\varphi)$ 值为负值。

将原子轨道角度分布函数 $Y(\theta,\varphi)$ 平方，即得相应电子云角度分布函数 $Y^2(\theta,\varphi)$。由于函数 $Y(\theta,\varphi)$ 值 $\leqslant 1$，故 $Y^2(\theta,\varphi)$ 值 $\leqslant Y(\theta,\varphi)$ 值。另外，$Y(\theta,\varphi)$ 值有正、负之分，而 $Y^2(\theta,\varphi)$ 皆为正值。

和原子轨道角度分布图相比较，电子云角度分布图的基本形状不发生变化，只是发生某些变形，变得"瘦"一些。从物理意义来看，$Y^2(\theta,\varphi)$ 代表在同一曲面不同方向电子几率密度的相对大小，因此，$Y^2(\theta,\varphi)$ 有明确的物理意义。

应该注意的是，波函数和电子云的角度分布不是波函数 ψ 和电子云 $|\psi|^2$ 的实际形状，因为没有考虑 ψ 和 $|\psi|^2$ 的径向部分。角度分布图更不是电子在核外运动的轨迹。

波函数和电子云角度分布图一并绘入图 9-11 中以资比较。

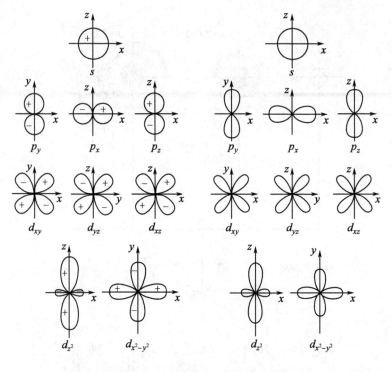

(a) 原子轨道角度分布　　(b) 电子云角度分布

图 9-11

3. 电子云空间分布图像

波函数平方 $\psi^2(r,\theta,\varphi)$ 是其径向部分 $R^2(r)$ 和角度部分 $Y^2(\theta,\varphi)$ 的乘积，电子云 $\psi^2(r,\theta,\varphi)$ 的空间分布图像则是电子云径向密度 $R^2(r)$ 图像和电子云角度分布 $Y^2(\theta,\varphi)$ 图像的总和。通常用小黑点的疏密程度表示空间各点附近单位体积内电子云几率密度的大小，即得电子云空间分布图，简称为**电子云图**。s,p,d 电子云空间分布图如图 9-12 所示。其中 s 电子云空间分布图示出 $\psi^2(r,\theta,\varphi)$ 为 $R^2_{ns}(r)$ 和 $Y^2_{ns}(\theta,\varphi)$ 的组合。

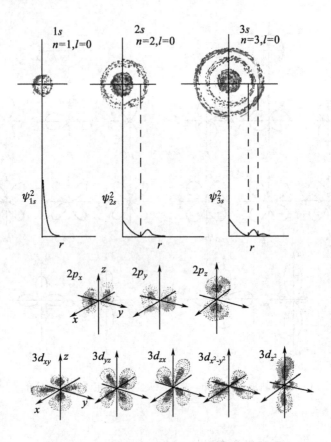

图 9-12　电子云空间分布图（三维图像剖面图）

9.4　原子核外电子排布和元素周期系

前面我们讨论的问题都是对氢原子而言，而周期表中除氢外都是多电子元素原子，因此，在讨论多电子原子原子核外电子排布之前，有必要先了解多电子原子中电子间的相互作用及其对原子轨道能的影响。

9.4.1 屏蔽效应和钻穿效应

1. 屏蔽效应

在多电子原子中,由于电子间的排斥作用而减小核对电子的吸引,从而引起有效核电荷降低,这种现象称为**屏蔽效应**。实际情况是:密集在原子核附近的内层电子对外层电子有较大的屏蔽作用,而外层电子对内层电子的屏蔽作用小,原子轨道伸展得越远,越易被电子云密集的电子所屏蔽。反映屏蔽效应的有效核电荷可表示为

$$Z^* = Z - \sigma$$

式中 Z 为原子的核电荷,Z^* 为有效核电荷,σ 为屏蔽常数。

1930 年斯莱脱(Slater)根据光谱结果分析和电子的平均行为,提出估量屏蔽效应大小的规则,也叫斯莱脱规则。虽说根据斯莱脱规则对有效核电荷的计算不是很精确,但可以用来了解和说明与原子参数有关的问题,如计算元素的电负性和离子半径等。

所谓斯莱脱规则是指为了计算屏蔽常数而总结出的规则。

① 按以下顺序将原子轨道分组:
$(1s)(2s,2p)(3s,3p)(3d)(4s,4p)(4d)(4f)(5s,5p)\cdots$
右边组的电子对左边组电子的屏蔽常数 $\sigma = 0$。

② $1s$ 轨道上 2 个电子之间的屏蔽常数 $\sigma = 0.30$。而其他各组同组内电子之间的屏蔽常数 $\sigma = 0.35$。

③ 主量子数为 $n-1$ 的各电子对 ns, np 电子的屏蔽常数 $\sigma = 0.85$。

④ 左边各组电子对 nd, nf 电子的屏蔽常数 $\sigma = 1$。

⑤ 主量子数等于或小于 $n-2$ 的电子对主量子数为 n 的电子的屏蔽常数 $\sigma = 1$。

原子中某个电子总的屏蔽常数 σ,等于该电子所受到的所有屏蔽作用的屏蔽常数 σ 之和。

【例 9-1】 计算 Si 原子中一个 $3p$ 电子受到的屏蔽作用和有效核电荷。

解 Si 原子的电子组态为 $1s^22s^22p^63s^23p^2$,一个 $3p$ 电子受到的屏蔽作用为

$$\sigma = 3\times 0.35 + 8\times 0.85 + 2\times 1.0 = 9.85$$

有效核电荷为

$$Z^* = Z - \sigma = 14 - 9.85 = 4.15$$

【例 9-2】 计算 Zn 原子一个 $4s$ 电子和 $3d$ 电子受到的屏蔽作用和有效核电荷。

解 Zn 原子的电子组态为 $1s^22s^22p^63s^23p^63d^{10}4s^2$,一个 $4s$ 电子受到的屏蔽作用和有效核电荷为

$$\sigma = 1\times 0.35 + 18\times 0.85 + 10\times 1.0 = 25.65$$

$$Z^* = Z - \sigma = 30 - 25.65 = 4.35$$

一个 $3d$ 电子受到的屏蔽作用和有效核电荷为

$$\sigma = 9\times 0.35 + 18\times 1.0 = 21.15$$

$$Z^* = Z - \sigma = 30 - 21.15 = 8.85$$

斯莱脱规则试图概括原子轨道的径向分布并使之定量化,例如,nd,nf 轨道比 ns,np 轨道扩散,所以 $n-1$ 层电子对 nd,nf 电子的屏蔽作用($\sigma=1$)比对 ns,np 电子的屏蔽作用($\sigma=0.85$)大。但另一方面,斯莱脱规则假设 $(n-1)s$,$(n-1)p$,$(n-1)d$ 和 $(n-1)f$ 电子对 ns,np 电子的屏蔽作用($\sigma=0.85$)是等同的,忽视了屏蔽电子的性质,这是不真实的。认为 ns,np 电子受到的屏蔽作用等同也是不准确的。屏蔽作用的大小既与屏蔽的电子有关,也与被屏蔽的电子有关。

2. 钻穿效应

在多电子原子中,每个电子既对其他电子起屏蔽作用(忽略外层电子对内层电子的屏蔽),也被其他电子所屏蔽,而决定二者大小的主要因素是电子在空间的几率分布。若电子在核附近出现的几率大,则电子的势能低,原子轨道能量低。电子云径向分

布函数图中出现不同的峰和节面,表明原子轨道是可以相互钻穿的。通常把外层电子向内穿过内层电子靠近原子核的现象叫**原子轨道的钻穿作用**或者叫**钻穿效应**。原子轨道钻穿作用的大小与原子轨道的量子数 n, l 有关,主量子数 n 相同,轨道角动量量子数 l 不同的原子轨道,其钻穿作用不同。例如,$3s$,$3p$,$3d$ 轨道电子云径向分布函数图如图 9-13 所示。

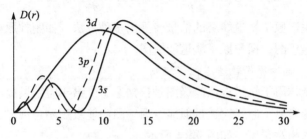

图 9-13 $3s$,$3p$,$3d$ 电子云径向分布函数

由图可以看出:$3p$ 轨道的第一个峰比 $3d$ 轨道的峰离核近,$3s$ 轨道的第一个峰又比 $3p$ 轨道的第一个峰离核近,表明原子轨道的钻穿作用是 $3s>3p>3d$。

屏蔽效应和钻穿效应是影响原子轨道能量的两个方面,但二者又有一定的关系,对于主量子数 n 相同的原子轨道,原子轨道的钻穿效应越大,则该原子轨道受到的屏蔽作用越小。

9.4.2 多电子原子的原子轨道能级

轨道能量是指中性原子失去所指轨道电子而其他电子仍处于最低能态时所需能量的负值。

对于氢原子单电子体系,若考虑电子的轨运动,原子轨道的能量包括该轨道电子的动能和受核吸引而产生的势能,原子轨道能量只和主量子数 n 有关。

$$E = -1312 \frac{1}{n^2} \text{ kJ·mol}^{-1}$$

对于多电子原子,若考虑电子的轨运动,原子轨道的能量包括该轨道电子的动能、电子受核吸引而产生的势能以及该电子与其他电子间的库仑排斥能。所以,原子轨道的能量除了与核电荷有关外,还与该电子运动状态有关,即与确定该轨道的主量子数 n 和轨道角动量量子数 l 有关。

$$E = -1312\frac{(Z-\sigma)^2}{n^2} = -1312\frac{Z^{*2}}{n^2} \text{ kJ} \cdot \text{mol}^{-1} \quad (9-17)$$

关于原子轨道能级的估量曾提出多种方法,如鲍林原子轨道近似能级图,柯登原子轨道能级图。

1. 鲍林原子轨道近似能级图

鲍林原子轨道近似能级图是根据原子光谱实验结果提出的经验式的多电子原子轨道近似能级图,图中能级顺序是指电子依次填充的相对顺序,如图9-14所示。

鲍林原子轨道近似能级图具有以下特点:

① 近似能级图中原子轨道的能级是按能量高低而不是按原

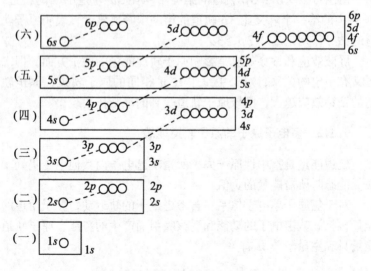

图 9-14 鲍林原子轨道近似能级图

子轨道离核远近顺序排列。能级图中,将能量相近的能级划为一组,称为能级组,共划分为7个能级组,各能级组的能量依次增加,每个能级组对应于周期表中一个周期。每个能级组中能填充的电子数对应于相应周期中元素的数目,因此,能级组的划分反映了元素周期系的本质。能级图中,相邻两个能级组之间的能量差较大,而同一能级组中各能级的能量差较小。

② 能级图中,对于氢原子,主量子数 n 相同的原子轨道的能量都是相同的。对于多电子原子,量子数 n, l 相同的原子轨道,其能量是相同的。同一原子中,n 相同、l 也相同的原子轨道称为**简并轨道**或**等价轨道**,简并轨道的数目称为**简并度**。3个 np 轨道、5个 nd 轨道、7个 nf 轨道分别为简并轨道,其简并度分别为3,5,7。

③ 能级图中,各原子轨道能级由量子数 n, l 决定,对于不同的原子,即使量子数 n, l 相同,其能级的能量也是不同的。量子数 l 相同的能级,主量子数 n 越大,能量越高。例如

$$E_{1s} < E_{2s} < E_{3s} < E_{4s}$$
$$E_{2p} < E_{3p} < E_{4p} < E_{5p}$$

显然,这与原子轨道离核的距离有关。

n 相同,l 不同的能级,其能量随 l 的增大而升高,例如

$$E_{4s} < E_{4p} < E_{4d} < E_{4f}$$

能级的这种变化,主要是由于量子数 l 影响了有效核电荷的大小。

量子数 n 和 l 同时变化时,能级变化受多种因素影响,出现"能级交错"。例如

$$E_{4s} < E_{3d} < E_{4p}$$
$$E_{6s} < E_{4f} < E_{5d} < E_{6p}$$

原子轨道能级图中,原子轨道能级的变化可以定性地用屏蔽效应和钻穿效应解释。例如,主量子数 n 相同,轨道角动量子数 l 不同时,随着 l 增大,其他电子对该电子的屏蔽作用增

大，原子轨道的能量升高，因此能级顺序为 $E_{4s} < E_{4p} < E_{4d} < E_{4f}$。而这又与原子轨道的钻穿效应有关，由电子云径向分布函数图可知：原子轨道的钻穿效应依 $4s, 4p, 4d, 4f$ 顺序减小。

2. 柯登原子轨道能级图

鲍林原子轨道近似能级图是指电子依次填充的能级顺序。若原子电离失去电子，是否也按此能级顺序？事实上，过渡元素原子 $(n-1)d$ 和 ns 能级高低发生了变化，即 $E_{3d} < E_{4s}$，过渡元素原子先失去价电子层中的 ns 电子，继而才可能失去 $(n-1)d$ 电子。柯登原子轨道能级图不仅可以表明这种关系，而且反映了原子轨道的能量和原子序数的关系。如图 9-15 所示。

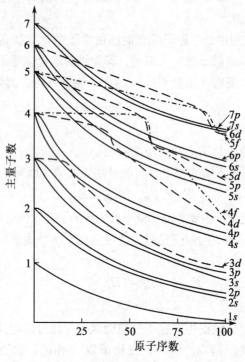

图 9-15 柯登原子轨道能级图

由图可以看出：① 对于氢原子，主量子数 n 相同的原子轨道的能量是相同的，即 $E_{ns}=E_{np}=E_{nd}=\cdots$，这与鲍林原子轨道近似能级图的结果是一致的；② 对于多电子原子，主量子数 n 和轨道角动量量子数 l 相同的原子轨道的能量随原子序数的增加而减低，如 Cl 原子的 $3s$ 轨道的能量大于 Br 原子的 $3s$ 轨道的能量；③ ns 和 $(n-1)d$ 轨道以及 $(n-1)d$ 和 $(n-2)f$ 轨道能量曲线中，在一定原子序数范围内能量发生交错变化。例如，$4s$ 和 $3d$ 轨道能量与原子序数的关系是：$Z=1\sim14$ 时，$E_{3d}<E_{4s}$，$Z=15\sim20$ 时，$E_{3d}>E_{4s}$，$Z\geqslant21$ 时，$E_{3d}<E_{4s}$。

9.4.3 原子核外电子排布

原子核外电子排布是指多电子原子中，多个电子所处的运动状态，或者叫原子的电子组态。

1. 原子核外电子排布规则

原子核外电子排布遵循三条规则。

(1) 泡利原理

1925 年泡利(Pauli)提出：在同一原子中不可能有 4 个量子数 n, l, m, m_s 完全相同的电子存在，或者说由 4 个量子数 n, l, m, m_s 确定的运动状态只能存在一个电子。例如，若两个电子分别处于 $2s, 2p$ 状态，即为 $2s^1, 2p^1$，量子数 l 不同，自旋量子数 m_s 可能相同，也可能不同。对于 $2p^2$ 电子，两个电子的磁量子数 m 不同。根据泡利原理和量子数的取值，可以计算出原子中主量子数为 n 的电子壳层可容纳最多的电子数为 $2n^2$。

泡利原理从相对论量子场导出，在非相对论量子力学中视为一个假设。

(2) 能量最低原理

能量最低原理：原子核外电子排布，在不违背泡利原理的前提下，应尽可能使原子体系的能量最低。因此，核外电子排布时，总是尽可能排布在能量低的轨道，这就决定了原子中的电子按原子轨道能级图中能级的高低顺序由低到高填充。

(3) 洪特规则

1925年洪特(Hund)根据原子光谱实验数据的总结而提出：电子在轨道角动量量子数 l 相同的轨道上排布时，应尽可能分占磁量子数 m 不同的轨道，且自旋平行。洪特规则实际上是泡利原理的推论，也是能量最低原理的要求。电子间存在两种重要的相互作用，一种是库仑作用，无论自旋方向如何，相互接近时都会增加库仑排斥，而使体系能量升高。另一种是只存在于自旋平行电子之间的相互排斥，而泡利原理绝对禁止自旋平行的电子相互接近，因此自旋平行的电子必须尽量远离，即分占不同的简并轨道。电子远离的结果，削弱了库仑排斥作用，从而降低原子体系的能量。例如，碳原子有6个电子，其电子排布为 $1s^22s^22p^2$，$2p^2$ 电子是以平行自旋方式分占两个 p 轨道，如 $p_x^1p_y^1$。由于三个 p 轨道是简并的，因此，两个电子分占任意两个 p 轨道都是等同的。碳原子的电子组态 $1s^22s^22p_z^2$（激发态）较电子组态 $1s^22s^22p_x^12p_y^1$（基态）的能量高 121 kJ·mol^{-1}，氮原子激发态电子组态 $1s^22s^22p_x^22p_y^1$ 比基态电子组态 $1s^22s^22p_x^12p_y^12p_z^1$ 的能量高 230 kJ·mol^{-1}。

作为洪特规则的特例，当等价轨道为全空、半满或全满时，这些状态下总的电子云的分布是球形对称的，原子体系的能量低，原子的电子排布是最稳定的。

全空　p^0　d^0　f^0
半满　p^3　d^5　f^7
全满　p^6　d^{10}　f^{14}

例如，Cr 的电子组态为 $1s^22s^22p^63s^23p^64s^13d^5$，而不是 $1s^22s^22p^63s^23p^64s^23d^4$。

2. 原子核外电子排布

根据泡利原理和鲍林原子轨道近似能级图，并考虑洪特规则，可以将基态原子的电子填充到原子轨道中，即得到基态原子

的电子排布,或者叫基态原子的电子组态。例如,O,Cl 基态原子的电子排布为

O: $1s^22s^22p^4$

Cl: $1s^22s^22p^63s^23p^5$

从原子的电子排布可以看出:O 原子的 $1s^2$ 为 He 原子的电子组态,Cl 原子的 $1s^22s^22p^6$ 为 Ne 原子的电子组态,为了方便起见,可分别用[He],[Ne]表示,其原子的电子排布可写为

O: [He] $2s^22p^4$

Cl: [Ne] $3s^23p^5$

在书写原子的电子排布时,要特别注意洪特规则的应用,如 Cu 的电子组态是[Ar] $4s^13d^{10}$,而不是[Ar] $4s^23d^9$。

3. 原子的电子结构和元素周期系

根据原子核外电子排布原则和原子光谱实验结果,可以得到各元素原子的电子层结构,如表 9-4。

元素原子电子排布呈现周期性变化,根据这种变化可将周期系分为 7 个周期、16 个族或 18 列。

第一周期只包括 H,He 两种元素,其电子组态为 $1s^{1\sim2}$。

第二周期包括从 Li 到 Ne 共 8 种元素,Li,Be 的电子组态为[He] $2s^{1\sim2}$,B 到 Ne 的电子组态为[He] $2s^22p^{1\sim6}$。

第三周期与第二周期相似,包括从 Na 到 Ar 共 8 种元素,Na,Mg 的电子组态为[Ne] $3s^{1\sim2}$,Al 到 Ar 的电子组态为[Ne] $3s^23p^{1\sim6}$。

第一、二、三周期元素中,电子依次排布在 s 和 p 轨道,包含的元素较少,称为短周期,第一周期又称为特短周期。

第四周期包括从 K 到 Kr 共 18 种元素。由鲍林原子轨道近似能级图可知:第四周期元素 $3d$ 和 $4s$ 轨道出现能级交错,即 $E_{3d} > E_{4s}$,K,Ca 的最后一个电子依次填充在 $4s$ 轨道,其电子组态为[Ar] $4s^{1\sim2}$。从 21 号元素 Sc 到 30 号元素 Zn,最后一个电子依次填充在 $3d$ 轨道,电子组态为[Ar] $4s^23d^{1\sim10}$。但 Cr,Cu

表 9-4　　　　周期系中元素原子电子结构

周期	原子序数	元素名称	元素符号	K	L		M			N				O				P			Q
				$1s$	$2s$	$2p$	$3s$	$3p$	$3d$	$4s$	$4p$	$4d$	$4f$	$5s$	$5p$	$5d$	$5f$	$6s$	$6p$	$6d$	$7s$
1	1	氢	H	1																	
	2	氦	He	2																	
2	3	锂	Li	2	1																
	4	铍	Be	2	2																
	5	硼	B	2	2	1															
	6	碳	C	2	2	2															
	7	氮	N	2	2	3															
	8	氧	O	2	2	4															
	9	氟	F	2	2	5															
	10	氖	Ne	2	2	6															
3	11	钠	Na	2	2	6	1														
	12	镁	Mg	2	2	6	2														
	13	铝	Al	2	2	6	2	1													
	14	硅	Si	2	2	6	2	2													
	15	磷	P	2	2	6	2	3													
	16	硫	S	2	2	6	2	4													
	17	氯	Cl	2	2	6	2	5													
	18	氩	Ar	2	2	6	2	6													
4	19	钾	K	2	2	6	2	6		1											
	20	钙	Ca	2	2	6	2	6		2											
	21	钪	Sc	2	2	6	2	6	1	2											
	22	钛	Ti	2	2	6	2	6	2	2											
	23	钒	V	2	2	6	2	6	3	2											
*24		铬	Cr	2	2	6	2	6	5	1											

续表

周期	原子序数	元素名称	元素符号	电子层															
				K	L		M			N				O				P			Q
				1s	2s	2p	3s	3p	3d	4s	4p	4d	4f	5s	5p	5d	5f	6s	6p	6d	7s
4	25	锰	Mn	2	2	6	2	6	5	2											
	26	铁	Fe	2	2	6	2	6	6	2											
	27	钴	Co	2	2	6	2	6	7	2											
	28	镍	Ni	2	2	6	2	6	8	2											
*	29	铜	Cu	2	2	6	2	6	10	1											
	30	锌	Zn	2	2	6	2	6	10	2											
	31	镓	Ga	2	2	6	2	6	10	2	1										
	32	锗	Ge	2	2	6	2	6	10	2	2										
	33	砷	As	2	2	6	2	6	10	2	3										
	34	硒	Se	2	2	6	2	6	10	2	4										
	35	溴	Br	2	2	6	2	6	10	2	5										
	36	氪	Kr	2	2	6	2	6	10	2	6										
5	37	铷	Rb	2	2	6	2	6	10	2	6			1							
	38	锶	Sr	2	2	6	2	6	10	2	6			2							
	39	钇	Y	2	2	6	2	6	10	2	6	1		2							
	40	锆	Zr	2	2	6	2	6	10	2	6	2		2							
*	41	铌	Nb	2	2	6	2	6	10	2	6	4		1							
*	42	钼	Mo	2	2	6	2	6	10	2	6	5		1							
	43	锝	Tc	2	2	6	2	6	10	2	6	5		2							
	44	钌	Ru	2	2	6	2	6	10	2	6	7		1							
*	45	铑	Rh	2	2	6	2	6	10	2	6	8		1							
*	46	钯	Pd	2	2	6	2	6	10	2	6	10									
*	47	银	Ag	2	2	6	2	6	10	2	6	10		1							
	48	镉	Cd	2	2	6	2	6	10	2	6	10		2							

续表

周期	原子序数	元素名称	元素符号	电子层																	
				K	L		M			N				O				P			Q
				1s	2s	2p	3s	3p	3d	4s	4p	4d	4f	5s	5p	5d	5f	6s	6p	6d	7s
5	49	铟	In	2	2	6	2	6	10	2	6	10		2	1						
	50	锡	Sn	2	2	6	2	6	10	2	6	10		2	2						
	51	锑	Sb	2	2	6	2	6	10	2	6	10		2	3						
	52	碲	Te	2	2	6	2	6	10	2	6	10		2	4						
	53	碘	I	2	2	6	2	6	10	2	6	10		2	5						
	54	氙	Xe	2	2	6	2	6	10	2	6	10		2	6						
6	55	铯	Cs	2	2	6	2	6	10	2	6	10		2	6			1			
	56	钡	Ba	2	2	6	2	6	10	2	6	10		2	6			2			
*	57	镧	La	2	2	6	2	6	10	2	6	10		2	6	1		2			
*	58	铈	Ce	2	2	6	2	6	10	2	6	10	1	2	6	1		2			
	59	镨	Pr	2	2	6	2	6	10	2	6	10	3	2	6			2			
	60	钕	Nd	2	2	6	2	6	10	2	6	10	4	2	6			2			
	61	钷	Pm	2	2	6	2	6	10	2	6	10	5	2	6			2			
	62	钐	Sm	2	2	6	2	6	10	2	6	10	6	2	6			2			
	63	铕	Eu	2	2	6	2	6	10	2	6	10	7	2	6			2			
	64	钆	Gd	2	2	6	2	6	10	2	6	10	7	2	6	1		2			
	65	铽	Tb	2	2	6	2	6	10	2	6	10	9	2	6			2			
	66	镝	Dy	2	2	6	2	6	10	2	6	10	10	2	6			2			
	67	钬	Ho	2	2	6	2	6	10	2	6	10	11	2	6			2			
	68	铒	Er	2	2	6	2	6	10	2	6	10	12	2	6			2			
	69	铥	Tm	2	2	6	2	6	10	2	6	10	13	2	6			2			
	70	镱	Yb	2	2	6	2	6	10	2	6	10	14	2	6			2			
	71	镥	Lu	2	2	6	2	6	10	2	6	10	14	2	6	1		2			

续表

周期	原子序数	元素名称	元素符号	K	L		M			N				O				P			Q
				$1s$	$2s$	$2p$	$3s$	$3p$	$3d$	$4s$	$4p$	$4d$	$4f$	$5s$	$5p$	$5d$	$5f$	$6s$	$6p$	$6d$	$7s$
*6	72	铪	Hf	2	2	6	2	6	10	2	6	10	14	2	6	2		2			
	73	钽	Ta	2	2	6	2	6	10	2	6	10	14	2	6	3		2			
	74	钨	W	2	2	6	2	6	10	2	6	10	14	2	6	4		2			
	75	铼	Re	2	2	6	2	6	10	2	6	10	14	2	6	5		2			
	76	锇	Os	2	2	6	2	6	10	2	6	10	14	2	6	6		2			
	77	铱	Ir	2	2	6	2	6	10	2	6	10	14	2	6	7		2			
	78	铂	Pt	2	2	6	2	6	10	2	6	10	14	2	6	9		1			
	79	金	Au	2	2	6	2	6	10	2	6	10	14	2	6	10		1			
	80	汞	Hg	2	2	6	2	6	10	2	6	10	14	2	6	10		2			
	81	铊	Tl	2	2	6	2	6	10	2	6	10	14	2	6	10		2	1		
	82	铅	Pb	2	2	6	2	6	10	2	6	10	14	2	6	10		2	2		
	83	铋	Bi	2	2	6	2	6	10	2	6	10	14	2	6	10		2	3		
	84	钋	Po	2	2	6	2	6	10	2	6	10	14	2	6	10		2	4		
	85	砹	At	2	2	6	2	6	10	2	6	10	14	2	6	10		2	5		
	86	氡	Rn	2	2	6	2	6	10	2	6	10	14	2	6	10		2	6		
7	87	钫	Fr	2	2	6	2	6	10	2	6	10	14	2	6	10		2	6		1
	88	镭	Ra	2	2	6	2	6	10	2	6	10	14	2	6	10		2	6		2
*	89	锕	Ac	2	2	6	2	6	10	2	6	10	14	2	6	10		2	6	1	2
*	90	钍	Th	2	2	6	2	6	10	2	6	10	14	2	6	10		2	6	2	2
*	91	镤	Pa	2	2	6	2	6	10	2	6	10	14	2	6	10	2	2	6	1	2
*	92	铀	U	2	2	6	2	6	10	2	6	10	14	2	6	10	3	2	6	1	2
*	93	镎	Np	2	2	6	2	6	10	2	6	10	14	2	6	10	5	2	6		2
	94	钚	Pu	2	2	6	2	6	10	2	6	10	14	2	6	10	6	2	6		2
	95	镅	Am	2	2	6	2	6	10	2	6	10	14	2	6	10	7	2	6		2

续表

周期	原子序数	元素名称	元素符号	电子层															
				K	L		M			N				O				P			Q
				$1s$	$2s$	$2p$	$3s$	$3p$	$3d$	$4s$	$4p$	$4d$	$4f$	$5s$	$5p$	$5d$	$5f$	$6s$	$6p$	$6d$	$7s$
*	96	锔	Cm	2	2	6	2	6	10	2	6	10	14	2	6	10	14	2	6	1	2
*	97	锫	Bk	2	2	6	2	6	10	2	6	10	14	2	6	10	14	2	6		2
	98	锎	Cf	2	2	6	2	6	10	2	6	10	14	2	6	10	14	2	6		2
	99	锿	Es	2	2	6	2	6	10	2	6	10	14	2	6	10	14	2	6		2
	100	镄	Fm	2	2	6	2	6	10	2	6	10	14	2	6	10	14	2	6		2
	101	钔	Md	2	2	6	2	6	10	2	6	10	14	2	6	10	14	2	6		2
	102	锘	No	2	2	6	2	6	10	2	6	10	14	2	6	10	14	2	6		2
	103	铹	Lr	2	2	6	2	6	10	2	6	10	14	2	6	10	14	2	6	1	2
7	104	𬬻	Rf	2	2	6	2	6	10	2	6	10	14	2	6	10	14	2	6	2	2
	105	𬭊	Db	2	2	6	2	6	10	2	6	10	14	2	6	10	14	2	6	3	2
	106	𬭳	Sg	2	2	6	2	6	10	2	6	10	14	2	6	10	14	2	6	4	2
	107	𬭛	Bh	2	2	6	2	6	10	2	6	10	14	2	6	10	14	2	6	5	2
	108	𬭶	Hs	2	2	6	2	6	10	2	6	10	14	2	6	10	14	2	6	6	2
	109	鿏	Mt	2	2	6	2	6	10	2	6	10	14	2	6	10	14	2	6	7	2
	110		Uun	2	2	6	2	6	10	2	6	10	14	2	6	10	14	2	6	9	1
	111		Uuu	2	2	6	2	6	10	2	6	10	14	2	6	10	14	2	6	10	1
	112		Uub	2	2	6	2	6	10	2	6	10	14	2	6	10	14	2	6	10	2

(表中单框中为 d 过渡元素,双框中为 f 过渡元素。原子序数 100 以上元素电子排布是预测的。* 元素电子排布不遵循简单规则。)

例外,电子组态分别为 $[Ar]4s^13d^5$,$[Ar]4s^13d^{10}$。从 31 号元素 Ga 到 36 号元素 Kr,最后一个电子依次填充在 $4p$ 轨道,电子组态为 $[Ar]4s^23d^{10}4p^{1\sim6}$。

第五周期与第四周期类似,包括从 37 号元素 Rb 到 54 号元素 Xe 共 18 种元素。其中 Rb,Sr 最后一个电子填充在 $5s$ 轨道，其电子组态为 $[Kr]5s^{1\sim2}$。从 39 号元素 Y 到 48 号元素 Cd 共 10 种元素，最后一个电子依次填充在 $4d$ 轨道，电子组态为 $[Kr]5s^24d^{1\sim10}$，但例外较多。例如，Nb 的电子组态为 $[Kr]5s^14d^4$，而不是 $[Kr]5s^24d^3$；Mo 为 $[Kr]5s^14d^5$，而不是 $[Kr]5s^24d^4$；Ru 为 $[Kr]5s^14d^7$，而不是 $[Kr]5s^24d^6$；Pd 为 $[Kr]5s^04d^{10}$，而不是 $[Kr]5s^24d^8$；Ag 为 $[Kr]5s^14d^{10}$，而不是 $[Kr]5s^24d^9$。其中 Mo,Pd,Ag 的电子组态由于 $4d$ 轨道处于半满或全满状态而较为稳定。其余元素由于 $4d$ 与 $5s$ 轨道能差小，$5s$ 轨道的电子容易激发到 $4d$ 轨道，使原子中平行自旋的电子将增加两个。例如，Nb 的电子组态若为 $[Kr]5s^24d^3$，其自旋平行的电子数为 3 个，而 $5s$ 轨道的一个电子激到 $4d$ 轨道，自旋平行的电子数为 5 个。根据泡利原理和洪特规则，原子中自旋平行的电子数增多，原子的能量降低。当然，只有当原子能量降低到足以补偿电子激发所需的能量时，电子才可从 $5s$ 轨道激发到 $4d$ 轨道。对于第四周期元素 V，由于 $4s$ 与 $3d$ 的能差大，增加自旋平行电子数而降低的原子的能量，小于电子从 $4s$ 轨道激发到 $3d$ 轨道所需的激发能，电子不能激发，其电子组态为 $[Ar]4s^23d^3$，而不是 $[Ar]4s^13d^4$。Cd 以后从 In 到 Xe，最后一个电子依次填充 $5p$ 轨道，其电子组态为 $[Ar]4d^{10}5s^25p^{1\sim6}$。

  第六周期包括 55 号元素 Cs 到 86 号元素 Rn 共 32 种元素。Cs,Ba 最后一个电子填充 $6s$ 轨道，其电子组态为 $[Xe]6s^{1\sim2}$。从 57 号元素 La 到 71 号元素 Lu 共 15 种元素，最后一个电子总的趋势是依次填充在 $4f$ 轨道，这些元素称为**镧系元素**，其电子组态为 $[Xe]4f^{0\sim14}5d^{0\sim2}6s^2$。从 72 号元素 Hf 到 80 号元素 Hg，最后一种电子依次填充 $5d$ 轨道，电子组态为 $[Xe]4f^{14}5d^{1\sim10}6s^2$。但也有例外，例如，Pt 的电子组态为 $[Xe]4f^{14}5d^96s^1$，而不是 $[Xe]4f^{14}5d^86s^2$；Au 的电子组态为 $[Xe]4f^{14}5d^{10}6s^1$，而不是 $[Xe]4f^{14}5d^96s^2$。由于受 $4f$ 电子的屏蔽作用，$6s$ 与 $5d$ 的能差

较大，$6s$ 电子难以激发到 $5d$ 轨道。例如，73 号元素 Ta 的电子组态为 $[Xe] 4f^{14}5d^36s^2$，而不是 $[Xe] 4f^{14}5d^46s^1$；71 号元素 W 的电子组态为 $[Xe] 4f^{14}5d^46s^2$，而不是 $[Xe] 4f^{14}5d^56s^1$。Hg 以后从 Tl 到 Rn 最后一个电子依次填充 $6p$ 轨道，其电子组态为 $[Xe] 4f^{14}5d^{10}6s^26p^{1\sim6}$。

第七周期从 87 号元素 Fr 开始，是未完周期，其电子排布与第六周期相似。Fr, Ra 最后一个电子填充 $7s$ 轨道，其电子组态为 $[Rn] 7s^{1\sim2}$。从 89 号元素 Ac 到 103 号元素 Lr 共 15 种元素，最后一个电子总的趋势是依次填充 $5f$ 轨道，这些元素称为**锕系元素**。从 103 号元素 Lr 开始，随原子序数的增加，增加的电子相应依次填充 $6d$ 轨道直至 $6d$ 轨道被充满，继而填充 $7s$ 轨道直至 $7s$ 轨道被充满。

元素原子核外电子排布是对气态基态原子而言，其根据主要来自于原子光谱，加之某些原子轨道的能差小，因此，少数元素原子的电子排布可能有差异。

4．价电子构型和元素周期表划分

多电子原子中，元素原子核外有多个电子，但是人们最为关注的是价电子。**价电子**是指在化学反应中可能参加成键的电子，或者说在化学反应中电子分布可能发生变化的电子。价电子一般是外层电子，以及次外层 d 电子和倒数第三层 f 电子。价电子的排布叫**价电子构型**或**价电子组态**。根据价电子构型的特点，可将周期表中的元素分为 5 个区，如表 9-5 所示。

s **区元素**：最后一个电子填充在 s 轨道上的元素称为 s 区元素。包括ⅠA，ⅡA 族碱金属、碱土金属元素，价电子构型为 $ns^{1\sim2}$。

p **区元素**：最后一个电子填充在 p 轨道上的元素称为 p 区元素。包括ⅢA～ⅦA 族和零族元素，除 H, He 外，价电子构型为 $ns^2np^{1\sim6}$。

d **区元素**：最后一个电子填充在 $(n-1)d$ 轨道上的元素称

表 9-5　　　　　　　周期表中元素分区

	IA																0
1		IIA										IIIA	IVA	VA	VIA	VIIA	
2																	
3			IIIB	IVB	VB	VIB	VIIB	VIII		IB	IIB						
4	s区													p区			
5					d区					ds区							
6																	
7																	

镧系	
锕系	f区

为 d 区元素。包括ⅢB～ⅦB族和Ⅷ族元素，价电子构型为 $(n-1)d^{1\sim9}ns^{1\sim2}$。$d$ 区元素又称 d 过渡元素，根据 d 过渡元素所处的不同周期，分别叫第一系列(四周期)、第二系列(五周期)、第三系列(六周期)过渡元素。

ds 区元素：最后一个电子填充在 $(n-1)d$ 轨道并达到 d^{10} 状态的元素，称为 ds 区元素。包括ⅠB,ⅡB族元素，价电子构型为 $(n-1)d^{10}ns^{1\sim2}$。

f 区元素：最后一个电子填充在 $(n-2)f$ 轨道上的元素称为 f 区元素。包括镧系和锕系元素，价电子构型为 $(n-2)f^{1\sim14}(n-1)d^{0\sim2}ns^2$。$f$ 区元素称为 f 过渡元素或内过渡元素。

5．原子的电子层结构和元素性质周期性变化

随原子序数增加，元素原子的电子层结构呈现周期性变化，元素的性质也呈周期性变化。这种变化是因为若把元素按原子序数递增的顺序排列成周期系时，尽管各个周期元素的种类数不完

全相同，但每个周期元素原子最外层电子数由 1 增加到 8（除第一周期外），即重复 ns^1 到 ns^2np^6 的变化，每一个周期元素都是从碱金属开始，以稀有气体元素结束。而每一次重复，表示一个旧周期元素的结束，一个新周期元素的开始。由于元素的性质主要由原子的电子层结构特别是价电子构型确定，因此，元素的性质也必然随原子序数的递增而呈周期性变化。

元素周期系各族的族数与该族元素原子的电子层结构也有一定的关系。对于主族元素，元素的价电子数等于该元素所处的族数。同一族元素，虽然不同元素所处的周期不同，但元素的价电子构型相同，所以元素的性质非常相似。对于 d 过渡元素，它的族数一般等于该元素的价电子数（Ⅷ族的后两列元素除外），例如，Cr 属于ⅥB族，其价电子构型为 $3d^54s^1$。对于 ds 区元素，它们的族数等于最外层电子数，即 ns 上的电子数，但价电子还有 $(n-1)d^{10}$ 电子，其性质与 s 区元素不同。f 区元素为镧系和锕系元素，由于这些元素的最外层和次外层的电子排布近乎相同，只是倒数第三层的电子排布不同，所以每个系中各元素的性质极为相似。

9.5 元素某些性质的周期性

由于原子的电子层结构具有周期性，因此，与电子层结构有关的元素的某些基本性质如原子半径、电离能、电子亲合能、电负性等必然呈现周期性，人们常将这些性质相应的物理量称为**原子参数**。原子参数可以用来预测和说明元素的某些化学性质及其与化学性质有关的变化规律。

9.5.1 原子半径及其在周期系中的变化

1. 原子半径

宏观物体常用其形状和大小来描述，而微观粒子如原子的形状是指电子在原子中的运动状态,而确定原子轨道的大小是困难的。电子在原子中的运动状态是无限伸展的,因此,关于原子半径可以有多种定义和数值。例如,通常所说氢原子半径有4种定义和数值,即氢分子 H_2 中氢原子的共价半径(37 pm)、玻尔半径(53 pm)、电子离核的平均半径(80 pm)、界面以内电子出现的几率达90%的界面半径(141 pm)。

从量子力学观点出发,原子半径是指电子在核外运动出现最大几率处离核的距离,但这种距离难以确定,不能用实验求得;而且任何元素的原子(除稀有气体元素外)总是键合在化合物分子或单质分子中(离子化合物中为离子半径),键合的原子轨道要发生一定的重叠,在不同分子中其重叠程度不同。显然,元素原子在不同共价分子中的原子半径是不同的,如 H_2 分子中,r_H = 37 pm,HCl 分子中,r_H = 28 pm,而且氢原子在共价分子中的半径必然与自由原子的半径不同。

为了确定和求得原子半径,根据原子在特定条件下的状态,将原子半径定义为共价半径、金属半径和范德华半径。

(1) 共价半径 同种元素的原子以共价单键结合,其原子核间距离的一半叫该元素的共价单键半径,简称为共价半径。如在金刚石中两个 C 原子间的核间距为 154 pm,因此,C 原子的共价半径为 77 pm。只要键合原子的电负性差值不大,形成的是共价单键,则原子共价半径的大小在其他共价分子中基本上为一定值。如在 CCl_4 分子中,C—Cl 的核间距为 176 pm,Cl 的共价半径为 100 pm,根据原子半径的加合性,得 C 原子的共价半径为 76 pm,与金刚石中 C 原子的共价半径基本相等。

若在共价型分子中,元素原子以复键键合,则原子半径为复键共价半径。例如,C 在乙烯 C_2H_4 中双键共价半径为 66 pm,在乙炔 C_2H_2 中叁键共价半径为 60 pm。

(2) 金属半径 若把金属晶体视为由球状不可压缩的金属原子堆积而成,并假设相邻两个金属原子相互接触,则其核间距的一半叫该金属原子的金属半径。如测得金属钠晶体中钠原子间的核间距 $d=372$ pm，则钠原子的金属半径 $r_{Na}=\dfrac{d}{2}=186$ pm。

在高温下，金属钠可变为双原子气态共价型分子，此时，钠的原子半径也可以共价半径表示。由于形成共价分子时，原子轨道发生一定的重叠，其共价半径较金属半径小，为 154 pm。对于同一金属原子，一般金属半径较其共价单键半径大 10%～15%。

(3) 范德华半径　在分子晶体中，分子间以范德华力作用而相互接触，相邻两分子间相互接触的两原子核间距离的一半，称为该原子的范德华半径。例如，Cl_2 晶体中，相邻两个分子间相互接触的两个 Cl 原子间的核间距为 360 pm，故 Cl 原子的范德华半径为 180 pm。由于范德华力比化学键弱得多，范德华半径比共价半径大得多，如 Cl 的共价单键半径仅为 100 pm。稀有气体在低温下形成单原子分子的分子晶体，原子间以范德华力相互作用，故稀有气体的原子半径为范德华半径，He、Ne、Ar、Kr、Xe 的范德华半径分别为 140，154，192，202，216 pm。

应用范德华半径以及共价半径和键角参数，可以预测分子的立体构型以及分子的大小和形状。

2．原子半径在周期系中的变化

(1) 原子半径在周期中的变化

在短周期中，从左到右原子半径逐渐减小。这是因为在同一周期中，随原子序数增加，电子依次填充在同一层价轨道，而同一层中电子间的相互屏蔽作用较小，所以，随着原子序数的增加，有效核电荷增加，核对电子的吸引增强，导致原子半径逐渐减小。稀有气体的原子半径是范德华半径，比共价半径大得多，所以稀有气体的原子半径比其左边元素的原子半径大。

在长周期中，由于除主族元素外，还包括 d 过渡元素，第六、七周期还包括 f 过渡元素，原子半径的变化较为复杂。对

于 d 过渡元素，随原子序数的增加，电子依次填充在次外层 d 轨道，而 $(n-1)d$ 轨道上的电子对外层电子的屏蔽作用比最外层中电子间的屏蔽作用大，所以，d 过渡元素从左到右增加的核电荷几乎被 $(n-1)d$ 电子所屏蔽，有效核电荷增加缓慢，原子半径收缩程度不大。当 d 轨道为全满时，由于 d^{10} 电子具有球形对称的电荷分布，对外层电子有较大的屏蔽作用，有效核电荷增加极小，原子半径相应增加。对于 f 过渡元素出现"镧系收缩"和"锕系收缩"现象。长周期中的 p 区元素，从左到右仍保持半径变小的趋势，到了稀有气体，原子半径又增大。

同一周期中，相邻元素原子半径减小的平均幅度大致为
$$非过渡元素(10\ pm) > d\ 过渡元素(5\ pm)$$
$$> f\ 过渡元素(1\ pm)$$

(2) 原子半径在族中的变化

同一族中原子半径总的变化趋势是：同一主族中，原子半径由上至下依次增大，这是因为同族元素原子由上至下电子层数逐渐增多，尽管核电荷依次增加，但由于内层电子对外层电子的屏蔽作用，有效核电荷增加使半径缩小的趋势不如因电子层数增加而使半径增大的趋势大。副族元素原子半径从上到下增加幅度小，特别是第二、第三过渡系列同族元素的原子半径由于"镧系收缩"的影响而非常接近。例如，Zr(145 pm)与 Hf(144 pm)相近，Mo(130 pm)与 W(130 pm)相等。

所谓"镧系收缩"是指镧系元素随原子序数增加，原子半径总的趋势是有所缩小（从镧到镥原子半径总共缩小 11 pm）。"镧系收缩"是因为镧系元素随原子序数增加，电子依次填充 $4f$ 轨道，$4f$ 电子对核的屏蔽作用较大，导致随原子序数增加，有效核电荷增加不大，原子半径收缩较小，所以镧系元素的原子半径非常接近。虽然每种镧系元素的原子半径收缩不大，但经过 14 次收缩，总的收缩量较大，对镧系元素后面的元素产生一定的影响。

周期表中元素原子半径列入表 9-6 中。

表 9-6　原子半径/pm

IA	IIA	IIIB	IVB	VB	VIB	VIIB	VIII	VIII	VIII	IB	IIB	IIIA	IVA	VA	VIA	VIIA	0
H 32																	He 93
Li 123	Be 89											B 82	C 77	N 70	O 66	F 64	Ne 112
Na 154	Mg 136											Al 118	Si 117	P 110	S 104	Cl 99	Ar 154
K 203	Ca 174	Sc 144	Ti 132	V 122	Cr 118	Mn 117	Fe 117	Co 116	Ni 115	Cu 117	Zn 125	Ga 126	Ge 122	As 121	Se 117	Br 114	Kr 169
Rb 216	Sr 191	Y 162	Zr 145	Nb 134	Mo 130	Tc 127	Ru 125	Rh 125	Pd 128	Ag 134	Cd 148	In 144	Sn 140	Sb 141	Te 137	I 133	Xe 190
Cs 235	Ba 198		Hf 144	Ta 134	W 130	Re 128	Os 126	Ir 127	Pt 130	Au 134	Hg 144	Tl 148	Pb 147	Bi 146	Po 146	At 145	Rn 22

镧系元素：

La	Ce	Pr	Nd	Pm	Sm	Eu	Gd	Tb	Dy	Ho	Er	Tm	Yb	Lu
169	165	164	164	163	162	185	162	161	160	158	158	158	170	158

9.5.2 电离能

基态气态原子失去一个电子变为气态一价正离子所吸收的能量称为该**元素原子的第一电离能**,以符号 I_1 表示。例如

$$\text{Na}(g) \longrightarrow \text{Na}^+(g) + e \qquad I_1 = 495 \text{ kJ} \cdot \text{mol}^{-1}$$

元素原子还可能相继失去第二个、第三个……电子,分别称为第二、第三……电离能,以符号 $I_2, I_3, \cdots$ 表示。电离能对说明元素的还原性和形成化学键的离子性是有用的。

表 9-7 列出了元素原子的第一电离能。图 9-16 表明元素原子第一电离能与原子序数的关系。

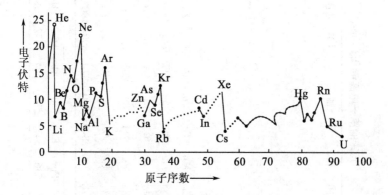

图 9-16 元素第一电离能周期性变化

综观元素原子第一电离能的变化,可以归纳出影响电离能的主要因素:原子的核电荷、原子半径和原子的电子组态,这些影响因素可以概括为三点。

① **基态原子中电子所处的能级** 周期系同一主族元素中,原子的价电子构型相同,从上到下随电子层数增加,价电子所处能级的能量增大,电子易于失去,第一电离能减小。例如,Li 原子的 I_1 大于 Na 原子的 I_1。

② **原子的价电子构型** 原子的价电子构型对电离能的影响,

表 9-7　元素的第一电离能/kJ·mol^{-1}

IA	IIA	IIIB	IVB	VB	VIB	VIIB	VIII			IB	IIB	IIIA	IVA	VA	VIA	VIIA	0
H 1312																	He 2372
Li 520	Be 900											B 801	C 1086	N 1402	O 1314	F 1681	Ne 2081
Na 496	Mg 738											Al 578	Si 787	P 1012	S 1000	Cl 1251	Ar 1521
K 419	Ca 590	Sc 631	Ti 658	V 650	Cr 653	Mn 717	Fe 759	Co 758	Ni 737	Cu 746	Zn 906	Ga 579	Ge 762	As 944	Se 941	Br 1140	Kr 1351
Rb 403	Sr 550	Y 616	Zr 660	Nb 664	Mo 685	Tc 702	Ru 711	Rh 720	Pd 805	Ag 731	Cd 868	In 558	Sn 709	Sb 832	Te 869	I 1008	Xe 1170
Cs 376	Ba 503	La 538	Hf 654	Ta 761	W 770	Re 760	Os 840	Ir 880	Pt 870	Au 890	Hg 1007	Tl 589	Pb 716	Bi 703	Po 812	At 912	Rn 1037

La	Ce	Pr	Nd	Pm	Sm	Eu	Gd	Tb	Dy	Ho	Er	Tm	Yb	Lu
538	528	523	530	536	547	547	592	564	572	581	589	597	603	524

主要是考虑洪特规则以及电子是否从 s 轨道向 p 轨道转变。周期系第二、第三短周期中,从左到右第一电离能的变化是曲折的,例如,第二周期元素中,Li 的第一电离能最小,Be 的价电子构型为 $2s^2$,处于稳定结构,第一电离能增大。B 的价电子构型为 $2s^22p^1$,电离的电子是处于比 s 轨道能量高的 p 轨道,易于失去,第一电离能比 Be 小。C 的价电子构型为 $2s^22p^2$,由于核电荷增加,第一电离能相应增大。N 的价电子构型为 $2s^22p^3$,p 轨道处于半满,是稳定构型,N 有较大的第一电离能。O 的价电子构型为 $2s^22p^4$,失去一个电子后变为 p^3 半满稳定构型,所以 O 的第一电离能又减小。F 的价电子构型为 $2s^22p^5$,核电荷增加使 F 的第一电离能增大。Ne 具有稳定的价电子构型 $2s^22p^6$,因此 Ne 有很高的电离能。

③ **过渡元素原子第一电离能变化幅度小** 过渡元素原子第一电离能变化幅度不大,对于 d 过渡元素,第一电离能为 720 ± 60 kJ·mol^{-1},对于 f 过渡元素,为 570 ± 30 kJ·mol^{-1},这从幅度变化不大但较为曲折的 I_1-Z 曲线可以看出。d 过渡元素原子第一电离能的变化与电子依次填充 $(n-1)d$ 轨道有关,$(n-1)d$ 电子对核的屏蔽作用较大,随原子序数的增加,有效核电荷增加不大,故第一电离能变化的幅度不大。

9.5.3 电子亲合能

基态气态原子得到一个电子变为一价负离子所放出的能量,称为该**元素原子的电子亲合能**,以符号 E 表示。例如,

$$F(g) + e \longrightarrow F^-(g) \quad \Delta_E H_m^\ominus = -322 \text{ kJ·mol}^{-1}$$

$$E = -\Delta_E H_m^\ominus = 322 \text{ kJ·mol}^{-1}$$

电子亲合能对说明元素的氧化性和化学键的离子性是有用的。

直接测量 $\Delta_E H_m^\ominus$ 是困难的,而间接方法不准确,因此元素电子亲合能的数据不全而且精确度差。表 9-8 列出了某些元素的电子亲合能。

表 9-8　元素的电子亲合能 / kJ·mol⁻¹

H 72.9																	He (−21)
Li 59.8	Be (−240)										B 23	C 122	N [−58, −800*, −1290**]	O 141, −780	F 322		Ne (−29)
Na 52.9	Mg (−230)										Al 44	Si 120	P 74	S 200.4, −590*	Cl 348.7		Ar (−35)
K 48.4	Ca (−156)	Ti (37.7)	V (90.4)	Cr 63	Fe (56.2)	Co (90.3)	Ni (123.1)	Cu 123	Zn (−87)		Ga 36	Ge 116	As 77	Se 195, −420*	Br 324.5		Kr (−39)
Rb 49.6				Mo 96					Cd (−58)		In 34	Sn 121	Sb 101	Te 190.1	I 295		Xe (−40)
Cs 45.5	Ba (−52)	Ta 80		W 15			Pt 205.3	Au 222.7			Tl 50	Pb 100	Bi	Po (180)	At (270)		Rn (−40)
Fr 44.0																	

未加括号的数据为实验值，加括号的数据为理论值，未带 * 的数据为第一电子亲合能，带 *、** 者分别为第二、第三电子亲合能。

电子亲合能在周期系中的变化主要有以下特点。

① 同一周期从左到右电子亲合能增大，同一族从上到下总的趋势是电子亲合能减小。但ⅥA，ⅦA族第二周期元素电子亲合能并非最大，电子亲合能最大的元素是第三周期元素 S 和 Cl。这种"反常"现象是由于第二周期元素 O，F 的原子半径特别小，而且价层有孤对电子，电子云密集程度大，元素原子较难接受电子，结合一个电子时放出能量较小，故电子亲合能小。

② ⅡA，ⅡB 族元素以及稀有气体的电子亲合能为负值。这是由于ⅡA族元素原子的价电子构型为 ns^2，ⅡB族元素原子的价电子构型为 $(n-1)d^{10}ns^2$，当结合一个电子时，电子要进入较高能级，要吸收能量，而不是放出能量。稀有气体原子的结构为稳定结构，难以结合电子。

③ 元素原子的第二电子亲合能为负值。O，S 的第一电子亲合能为正值，但第二电子亲合能为负值，表明 $O^-(g)$ 或 $S^-(g)$ 结合电子时要吸收能量。

$$O(g) + e \longrightarrow O^-(g) \quad \Delta_E H_m^\ominus = -141 \text{ kJ·mol}^{-1}$$
$$E_1 = -\Delta_E H_m^\ominus = 141 \text{ kJ·mol}^{-1}$$
$$O^-(g) + e \longrightarrow O^{2-}(g) \quad \Delta_E H_m^\ominus = 780 \text{ kJ·mol}^{-1}$$
$$E_2 = -\Delta_E H_m^\ominus = -780 \text{ kJ·mol}^{-1}$$
$$O(g) + 2e \longrightarrow O^{2-}(g) \quad E_1 + E_2 = 141 - 780 = -639 \text{ (kJ·mol}^{-1})$$

应该注意的是：电子亲合能是自由气态原子的属性，而当 O，S 形成相应的氧化物、硫化物时，由于有较大的晶格能，反应是放热的，即在离子型晶体中，O^{2-}，S^{2-} 易于形成并且是稳定的。

9.5.4 电负性

1932 年鲍林提出电负性概念，用来量度分子中原子吸引成键电子能力的相对大小，以符号 χ 表示。元素的电负性将随原子在化合物中氧化态的不同而不同。

鲍林根据键能和成键元素电负性关系，并假定电负性最大的

元素 F 的 $\chi = 4.0$，从而计算其他元素的电负性。若以 D 代表键能，则定义

$$\Delta D = D_{A-B} - [D_{A-A} \cdot D_{B-B}]^{\frac{1}{2}} \tag{9-18}$$

ΔD 是元素 A，B 电负性差值 $\Delta \chi$ 的函数，即

$$\chi_A - \chi_B = 0.102(\Delta D)^{\frac{1}{2}} \tag{9-19}$$

鲍林电负性值的精确度不大，而且键能难以测定和计算，但应用广泛。

电负性是相对值，比较元素电负性的大小，应综合考虑原子吸引电子的能力和抵抗失去电子的能力，前者与元素原子的电子亲合能相关，后者与元素原子的第一电离能相关。基于这种关系，1934 年密立根提出元素的电负性可用元素原子的电子亲合能 E 和第一电离能 I_1 之和来衡量。若 E 和 I_1 以 eV 为单位，则其关系式为

$$\chi = 0.18(E + I_1) \tag{9-20}$$

很明显，这种电负性标度是对孤立的基态原子而言的。由于电子亲合能数据不多，精确度差，密立根数据用得不多。

1958 年阿尔雷德-罗丘伍提出电负性标度。该标度是基于分子中原子核对共用电子的吸引力正比于 $\dfrac{Z^* e^2}{r^2}$，即电负性作为有效核电荷 Z^* 和共价半径 r 的函数。为了使计算的电负性与鲍林电负性数值尽可能相符，提出以下经验式：

$$\chi = 3590 \frac{Z^*}{r^2} + 0.744 \tag{9-21}$$

式中 r 以 pm 为单位，有效核电荷 Z^* 根据斯莱脱经验规则求算，常数数值是任意选择的，目的在于得到预期的电负性范围。例如，计算元素 Ge 的电负性：

Ge 的基态电子组态为
$$1s^2 2s^2 2p^6 3s^2 3p^6 3d^{10} 4s^2 4p^2$$

计算原子核对键合电子的吸引力时，应该考虑 Ge 的所有电子对核的屏蔽，故屏蔽常数 σ 为

$$\sigma = 4 \times 0.35 + 18 \times 0.85 + 10 \times 1.0 = 26.70$$

$Z^* = Z - \sigma = 32 - 26.70 = 5.30$，Ge 的共价半径 r 为 122 pm，故电负性为

$$\chi = \frac{3.59 \times 10^3 \times 5.3}{122^2} + 0.744 = 2.022$$

与鲍林标度的电负性 2.01 相近。

鲍林和阿尔雷德-罗丘伍电负性数据列于表 9-9 中。

习　题

9.1　简要评述玻尔学说。

9.2　假设电子在高压下运动速度为 $5.9 \times 10^7 \mathrm{m \cdot s^{-1}}$，计算电子波的波长。

9.3　基态 H 原子半径 a_0 为 53 pm，能量 E_1 为 -13.6 eV，求 Ne^{9+} 离子在基态时的半径、能量和电离能。

9.4　基态时，He 和 He^+ 中电子离核距离哪个远？为什么？

9.5　氧分子 O_2 的键能为 494 $kJ \cdot mol^{-1}$，试计算 O_2 吸收光子的波长在多少以下才能使其离解为氧原子。

9.6　什么叫量子数？描述原子中电子运动状态的 4 个量子数的物理意义是什么？

9.7　N 的价电子构型为 $2s^2 2p^3$，试用 4 个量子数分别表示每个电子的运动状态。

9.8　波函数、原子轨道、几率密度和电子云等概念有何区别和联系？

9.9　某元素的原子序数为 24，试回答：
(1) 写出原子的电子组态并指出价电子；
(2) 原子有多少层、多少亚层、多少成单电子？
(3) 该元素所处的周期和族。

9.10　写出下列元素的电子组态：
(1) 电子亲合能最大的元素；
(2) 电负性最大的元素；
(3) 第三周期含有两个成单电子的元素。

表 9-9 元素的电负性

																		H 2.2 2.20	He 3.2
H 2.2 2.20													B 2.04 2.01	C 2.55 2.50	N 3.04 3.07	O 3.44 3.50	F 3.98 4.20	Ne 5.1
Li 0.98 0.97	Be 1.57 1.47												Al 1.61 1.47	Si 1.90 1.74	P 2.19 2.06	S 2.58 2.44	Cl 3.16 2.83	Ar 3.3
Na 0.93 1.01	Mg 1.31 1.23																	
K 0.82 0.91	Ca 1.00 1.04	Sc 1.36 1.20	Ti 1.54 1.32	V 1.63 1.45	Cr 1.66(II) 1.56	Mn 1.55 1.6	Fe 1.83(II) 1.96(III) 1.64	Co 1.38(II) 1.70	Ni 1.91(II) 1.75	Cu 1.9(I) 2.0(II) 1.75	Zn 1.65 1.66	Ga 1.81 1.82	Ge 2.01 2.02	As 2.18 2.20	Se 2.55 2.48	Br 2.96 2.74	Kr 2.9 3.1
Rb 0.82 0.89	Sr 0.95 0.99	Y 1.22 1.1	Zr 1.33 1.22	Nb 1.6 1.23	Mo 2.16(II) 2.24(IV) 2.35(VI) 1.30	Te 1.9 1.36	Ru 2.2 1.42	Rh 2.28 1.45	Pd 2.20 1.35	Ag 1.93 1.42	Cd 1.69 1.46	In 1.78 1.49	Sn 1.8(II) 1.96(IV) 1.72	Sb 2.05 1.82	Te 2.1 2.01	I 2.66 2.21	Xe 2.6 2.4
Cs 0.79 0.86	Ba 0.89 0.97	La 1.10 ~1.27 1.08 ~1.14	Hf 1.3 1.23	Ta 1.5 1.33	W 2.36 1.40	Re 1.9 1.46	Os 2.2 1.52	Ir 2.20 1.55	Pt 2.28 1.44	Au 2.54 1.42	Hg 2.00 1.44	Tl 1.62(I) 2.04(III) 1.44	Pb 1.87(II) 2.33(IV) 1.55	Bi 2.02 1.67	Po 2.0 1.76	At 2.2 1.90	Rn

注:第一行数据是鲍林的电负性,第二行数据是阿尔雷德-罗丘伍的电负性数据。

9.11 下列各对原子中,哪种元素的第一电离能大?为什么?

S和P Mg和Al Cu和Zn Cs和Au He和Ne

9.12 已知某元素在Kr前,此元素原子失去3个电子后,它的轨道角动量量子数为2的轨道电子为半满,试推断该元素?

9.13 何谓屏蔽效应和钻穿效应?如何说明下列轨道能量高低顺序?

(1) $E_{1s} < E_{2s} < E_{3s} < E_{4s}$

(2) $E_{3s} < E_{3p} < E_{3d}$

(3) $E_{4s} < E_{3d}$

9.14 根据电子填充规则,指出下列各电子层的电子数有无错误,并说明原因。

元素	K	L	M	N	O	P
19	2	8	9			
22	2	10	8	2		
30	2	8	18	2		
33	2	8	20	3		
60	2	8	18	18	12	2

9.15 根据原子结构理论,预测:

(1) 第八周期将包括多少种元素?

(2) 电子开始填充5g轨道时,元素的原子序数为多少?

(3) 写出第114号元素的价电子构型。

第10章 化学键与分子结构

物质由分子组成，分子是参加化学反应的基本单元，物质的性质主要决定于分子的性质。研究化学键和分子结构，对了解物质的性质和化学反应具有重要意义。

分子的主要特征是分子的组成，分子中原子的键合作用以及分子结构。分子中原子间存在一种把原子结合成分子的相互作用力，这种相互作用力叫化学键。定位于两个原子间的化学键叫定域键，由多个原子共用电子形成的多中心键叫离域键。分子结构主要是研究分子的几何构型。

本章将在原子结构的基础上，讨论有关的化学键：离子键、共价键（包括路易斯结构式、价键法、杂化轨道、共振体、分子轨道、多中心键和价层电子对互斥）以及金属键。另外，对键参数、分子间作用力、氢键及其对物质性质的影响等有关问题也作简要介绍。

10.1 离 子 键

在为数众多的化合物中，有一类属于离子型化合物，如NaCl，CaO等。为了说明这类化合物的键合作用以及与性质的关系，提出离子键理论。

10.1.1 离子键的形成

20世纪初，德国化学家柯塞尔(Kossel)根据稀有气体具有稳定的电子结构和不活泼的事实提出离子键理论。电离能小的金属原子和电子亲合能大的非金属原子通过失去和得到电子达到稀有气体电子结构，形成相应的正离子和负离子，正离子和负离子以静电作用键合形成离子键。下面以 KF 为例讨论形成离子键时能量的变化。

基态气态 K 原子和 F 原子形成正离子和负离子时，其能量变化为

$$K(g) \longrightarrow K^+(g) + e \qquad \Delta_I H_m^{\ominus} = 419 \text{ kJ} \cdot \text{mol}^{-1}$$

$$F(g) + e \longrightarrow F^-(g) \qquad \Delta_E H_m^{\ominus} = -328 \text{ kJ} \cdot \text{mol}^{-1}$$

若 $K^+(g)$ 和 $F^-(g)$ 相互远离而无作用，则上述过程能量变化为

$$K(g) + F(g) \longrightarrow K^+(g) + F^-(g) \qquad \Delta E_\infty = 91 \text{ kJ} \cdot \text{mol}^{-1}$$

即当 K(g) 将电子转移给 $F^-(g)$ 时要吸收能量。即使是电离能最小的金属原子(如 Cs, $I_1 = 376 \text{ kJ} \cdot \text{mol}^{-1}$)和电子亲合能最大的非金属原子(如 Cl, $E = 349 \text{ kJ} \cdot \text{mol}^{-1}$)，当它们之间转移一个电子时也要吸收能量。因此，气态时，原子间转移电子形成正、负离子，若正、负离子相距很远而无相互作用，从能量考虑不是有效的。

但正、负离子彼此接近处于平衡距离时，将产生静电作用形成离子键而放出能量。

$$E = \frac{Z_1 Z_2 e^2}{4\pi\varepsilon_0 R_e} \qquad (10\text{-}1)$$

式中 R_e 为正、负离子间的平衡距离，$Z_1 e, Z_2 e$ 为正、负离子所带的电荷，ε_0 为真空的介电常数。对于 KF 离子键，其摩尔键能为

$$\begin{aligned}
E &= \frac{Z_1 Z_2 e^2 N_A}{4\pi\varepsilon_0 R_e} \\
&= \frac{1 \times (-1) \times (1.602 \times 10^{-19} \text{ C})^2 \times (6.02 \times 10^{23} \text{ mol}^{-1})}{4 \times 3.1416 \times (8.854 \times 10^{12} \text{ C}^2 \cdot \text{J}^{-1} \cdot \text{m}^{-1}) \times (2.17 \times 10^{-10} \text{ m})} \\
&= -640 \text{ kJ} \cdot \text{mol}^{-1}
\end{aligned}$$

计算结果表明：正、负离子以静电作用放出的能量(-640 kJ·mol^{-1})比原子转移电子吸收的能量(91 kJ·mol^{-1})大，因此，两个气态原子转移电子形成离子键是有效的。

断裂 KF 中的离子键，使其离解为中性原子所需的能量为

$$\Delta E_\mathrm{d} = -\frac{Z_1 Z_2 e^2 N_A}{4\pi\varepsilon_0 R_\mathrm{e}} - \Delta E_\infty = 640 - 91 = 549 \text{ kJ·mol}^{-1}$$

与实验测定值 498 kJ·mol^{-1} 相近。

KF 势能曲线如图 10-1。

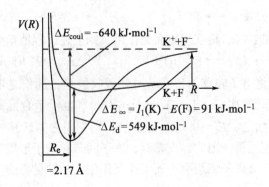

图 10-1　KF 势能曲线

由图可以看出：势能是核间距 R 的函数。在 R 较大时，由于电子云之间的排斥作用可以忽略，主要表现为正、负离子间的吸引，而静电能与 R 成反比，所以体系的能量随 R 的减小而降低。当正、负离子接近到平衡距离 R_e 时，吸引作用和排斥作用处于平衡，正、负离子在平衡位置振动而形成离子键，体系能量降低到最低。当正、负离子核间距 R 小于平衡距离 R_e 时，电子云之间的排斥作用明显增加，体系的能量随 R 的减小而急剧增大。

不考虑排斥力、范德华力和其他因素，由(10-1)式可以看出：离子键的强弱主要和元素的电负性和离子半径有关，电负性

差值越大，离子半径越小，其离子键越强。例如，LiF 离子键的键能计算值为 686 kJ·mol^{-1}（实验值为 755.2 kJ·mol^{-1}），LiF 离解为中性原子的离解能为 575.3 kJ·mol^{-1}。离子键与共价键之间没有绝对界线，即使是电负性最小的 Cs 与电负性最大的 F 形成的 CsF，其离子性只占 92%，仍有 8% 的共价性，表明原子轨道仍有部分重叠。又如，KF 离解为中性原子 K 和 F 的离解能，理论计算值(549 kJ·mol^{-1})与实验值(498 kJ·mol^{-1})有一定的差异，除计算中没有考虑离子间的排斥作用外，其主要原因是假设 KF 中化学键为纯的离子键，而忽略了共价成分。另外，计算中是假设离子电荷分布近似于点电荷，实际上 F^{-} 离子在 K^{+} 离子的作用下，电荷分布要发生一定的变化，不是完全对称的，离子键在一定程度上向共价键转化。

离子键的本质是静电相互作用，离子键的主要特征是没有方向性和饱和性。若把离子视为点电荷，其电荷分布是球形对称的，可以在空间各个方向施展其电性作用，即可以在空间任何方向与异电荷离子相互吸引。没有饱和性是指每一个离子可以同时与多个异电荷离子相互作用，而且这种相互作用可以在比较远的核间距离内显现出来。例如，NaCl 晶体中，每个 Na^{+} 离子周围有 6 个最邻近的 Cl^{-} 离子，每个 Cl^{-} 离子周围也有 6 个最邻近的 Na^{+} 离子，这说明离子并非只在某一方向与异电荷离子相互作用。一个 Na^{+} 离子(或 Cl^{-} 离子)周围有 6 个最邻近的 Cl^{-} 离子(或 Na^{+} 离子)，但这并不表明离子的电场已经饱和。离子的电场还可以和较远距离的异电荷离子相互作用，只是距离越远，相互作用越弱。至于为什么 NaCl 晶体中，一个 Na^{+}(或 Cl^{-})离子周围最邻近排列 6 个 Cl^{-}(或 Na^{+})离子，这由 NaCl 的晶体结构，正、负离子的相对大小和所带的电荷所决定。

10.1.2　离子的特征

离子型化合物的性质与离子键的强弱(或晶格能)有关，而离子键的强弱又与离子的电荷、离子构型和离子半径有关。

1. 离子的电荷和构型

离子的电荷等于原子失去或得到电子的数目。对于阳离子 M^{n+}，其 $n \leqslant 4$，对于阴离子 X^{m-}，其 $m \leqslant 4$，最为典型的是 -1，-2 价离子。

元素原子形成阳离子时，是失去价电子层中的价电子，由于原子的价电子构型不同，因此，相应阳离子的构型或组态可能不同，但可归纳为几种类型。

s 区元素　元素原子失去价电子层中的 $ns^{1\sim 2}$ 电子，形成 $M^{(1\sim 2)+}$ 离子，如 Na^+，Ca^{2+}，离子构型为 8 电子型（Li^+ 为 2 电子型）。

p 区元素　失去价电子层中的 p 电子，继而可能失去 s 电子，形成相应的阳离子。如 Sn 的电子组态为 $[Kr]\,4d^{10}5s^25p^2$，若形成 Sn^{2+} 离子，其电子组态为 $[Kr]\,4d^{10}5s^2$，离子构型为 $18+2$ 电子型，即离子的最外层为 2 个电子，次外层为 18 个电子；若形成 Sn^{4+} 离子（不是典型的），其电子组态为 $[Kr]\,4d^{10}$，离子构型为 18 电子型。

d 区元素　先失去价电子层中的 ns 电子，继而可能失去 $1\sim 2$ 个 $(n-1)d$ 电子，形成相应的阳离子。如 Fe 的电子组态为 $[Ar]\,3d^64s^2$，若形成 Fe^{2+} 离子，其电子组态为 $[Ar]\,3d^6$，离子构型为 $9\sim 17$ 电子型，又称为**不饱和电子型**；若形成 Fe^{3+} 离子，其电子组态为 $[Ar]\,3d^5$，离子构型也是不饱和电子型。

ds 区元素　对于 IB 族元素，先失去价电子层中的 ns 电子，继而可能失去 $1\sim 2$ 个 $(n-1)d$ 电子，形成相应的离子。如 Cu 的电子组态为 $[Ar]\,3d^{10}4s^1$，若形成 Cu^+ 离子，其电子组态为 $[Ar]\,3d^{10}$，离子构型为 18 电子型。若形成 Cu^{2+} 离子，其电子组态为 $[Ar]\,3d^9$，离子构型为不饱和电子型。对于 ⅡB 族元素，只能失去价电子层中的 ns 电子，形成 M^{2+} 离子，离子构型为 18 电子型。

f 区元素　失去价电子层中的 s 电子和 1~2 个 $(n-2)f$（或 $(n-1)d$）电子，形成 M^{3+} 或 M^{4+} 离子。

从上面的讨论可知：离子的构型可分为 5 种类型，这些构型的离子对应于周期表中不同区的元素。2 电子型离子为第二周期 s 区元素，如 Li^+，Be^{2+}。8 电子型离子为第三周期及其以后周期的 s 区元素和第三周期部分 p 区元素，如 Mg^{2+}，Al^{3+}。18 电子型离子为长周期中 ds 区元素和部分 p 区元素，如 Zn^{2+}，Sn^{4+}。18+2 电子型离子为长周期部分 p 区元素，如 Sn^{2+}，Pb^{2+}。不饱和电子型离子为 d 区元素，如 Fe^{3+}，Ni^{2+}。

非金属元素原子得到电子形成阴离子，其离子构型为稀有气体电子结构，如 H^-，X^-，O^{2-} 等。

2. 离子半径

离子半径是指离子中电子云的分布范围，而电子云可以无限伸展，因此，离子半径无法严格确定。为了求得离子半径，可以把离子视为硬球，并假设正、负离子彼此接触，处于一定的平衡距离，这个距离为核间距，以符号 d 表示，核间距可用 X-射线衍射测定。假设 d 等于正、负离子半径之和，即 $d = r_{正} + r_{负}$，若知道负离子的半径 $r_{负}$，即可求得正离子半径 $r_{正}$。

为了求离子半径，有人曾提出多种推算方法，但离子半径数据应用广泛的是哥西米德、鲍林和桑诺提出的离子半径。

1926 年哥西米德从圆球堆积的几何关系着眼，用光学方法算出 F^-，O^{-2} 的离子半径分别为 133 pm，132 pm，并以此推算出 80 多种其他离子的离子半径。其根据是离子半径正比于离子折射率 R 的立方根。由 X-衍射测得正、负离子的核间距 d，从而进行计算。例如，NaF 晶体中，测得 $d = 231$ pm，Na^+，F^- 离子的折射率分别为 0.5，2.5，于是

$$r_{Na^+} = \frac{\sqrt[3]{0.5}}{\sqrt[3]{0.5} + \sqrt[3]{2.5}} \times 231 = 85.2 \text{ pm}$$

1960 年鲍林根据离子半径与离子的有效核电荷成反比提出

了进行离子半径计算公式:

$$r = \frac{C_n}{Z - \sigma} \tag{10-2}$$

式中 Z 为核电荷，σ 为屏蔽常数，C_n 为与离子最外层的主量子数 n 有关的常数。用 X-射线衍射测得正、负离子的核间距 d，从而推算离子半径。实际上，鲍林首先推算出具有等电子的碱金属正离子和卤素负离子的离子半径，例如 KCl 中的离子半径。

K^+ 的电子组态为 $1s^22s^22p^63s^23p^6$，故屏蔽常数为

$$\sigma = 2 \times 1 + 8 \times 0.85 + 8 \times 0.35$$
$$= 11.6$$
$$Z^* = Z - \sigma = 19 - 11.6 = 7.4$$

Cl^- 的电子组态与 K^+ 相同，故屏蔽常数 σ 也相同。

$$Z^* = Z - \sigma = 17 - 11.6 = 5.4$$

X-射线衍射测得 $d = r_{K^+} + r_{Cl^-} = 314$ pm。于是可得联立方程组

$$\begin{cases} r_{K^+} + r_{Cl^-} = 314 \\ 7.4 r_{K^+} = 5.4 r_{Cl^-} \end{cases}$$

解得

$$r_{K^+} = \frac{5.4}{7.4 + 5.4} \times 314 = 132.5 \text{ pm}$$

$$r_{Cl^-} = \frac{7.4}{7.4 + 5.4} \times 314 = 181.5 \text{ pm}$$

鲍林应用这些单价离子半径再推算其他离子的离子半径。

1976 年桑诺等人用高分辨率的 X-射线衍射测得千余种氧化物和氟化物中正、负离子的核间距 d，以鲍林的 $r_{O^{2-}} = 140$ pm 和哥西米德的 $r_{F^-} = 133$ pm 为基准，并考虑离子在晶体中的配位数、几何构型和电子自旋对离子半径的影响，经过多次修正，提出一套较为完整的离子半径数据。哥西米德和鲍林离子半径列入表 10-1 中。

表 10-1　Goldschmidt 离子半径和 Pauling 离子半径

离子	r_G/pm	r_P/pm	离子	r_G/pm	r_P/pm	离子	r_G/pm	r_P/pm
H^-	154	208	Be^{2+}	34	31	Ga^{3+}	60	62
F^-	133	136	Mg^{2+}	78	65	In^{3+}	81	81
Cl^-	181	181	Ca^{2+}	106	99	Tl^{3+}	91	95
Br^-	196	195	Sr^{2+}	127	113	Fe^{3+}	53	—
I^-	220	216	Ba^{2+}	143	135	Cr^{3+}	53	—
			Ra^{2+}	—	140			
O^{2-}	132	140	Zn^{2+}	69	74	C^{4+}	15	15
S^{2-}	174	184	Cd^{2+}	103	97	Si^{4+}	38	41
Se^{2-}	191	198	Hg^{2+}	93	110	Ti^{4+}	60	68
Te^{2-}	211	221	Pb^{2+}	117	121	Zr^{4+}	77	80
			Mn^{2+}	91	80	Ce^{4+}	87	101
Li^+	78	60	Fe^{2+}	83	76	Ge^{4+}	54	53
Na^+	98	95	Co^{2+}	82	74	Sn^{4+}	71	71
K^+	133	133	Ni^{2+}	68	69	Pb^{4+}	81	84
Rb^+	149	148	Cu^{2+}	72				
Cs^+	165	169						
Cu^+	95	96	B^{3+}	2	20	As^{3+}	69	47
Ag^+	113	126	Al^{3+}	45	50	Sb^{3+}	90	—
Au^+	—	137	Sc^{3+}	68	81	Sb^{5+}		62
Tl^+	149	140	Y^{3+}	90	93	Bi^{3+}	120	—
NH_4^+	—	148	La^{3+}	104	115	Bi^{5+}	—	74

在查阅和应用离子半径数据时应注意以下问题：

① 离子半径有不同标度的数据，其数值有一定的差异，一般使用的是鲍林的离子半径数据。

② 鲍林的标度中，离子半径数据以配位数为 6 的 NaCl 型晶体为标准，若晶体的构型和配位数不同，离子半径要乘以相应

的系数加以校正,如配位数为12,8,4时,要分别乘以 1.12,1.03,0.94。

③ M^{3+} 离子半径(如 Al^{3+},Cr^{3+},Fe^{3+})是以金刚石型的氧化物求得。M^{4+} 离子半径(如 Si^{4+},Mn^{4+})是以金红石型氧化物求得。

④ M^{n+} 离子中,$n \geqslant 4$ 的离子半径是假想离子半径,如 Cl^{7+}(26 pm),Si^{4+}(50 pm)离子半径是假设 ClO_4^-,SiO_2 中的离子半径,实际上不存在 Cl^{7+},Si^{4+} 离子。

离子半径在周期系中呈现一定的变化规律。同族元素从上到下离子半径增大,同一周期的主族元素,从左到右随离子正电荷增加,离子半径减小,如 $r_{Na^+} > r_{Mg^{2+}} > r_{Al^{3+}}$。对于离子电荷相同的过渡元素,离子半径变化不大。还要考虑"镧系收缩"对离子半径的影响。

10.1.3 离子晶体

离子化合物主要以离子晶体存在。由于离子键没有方向性和饱和性,所以离子在晶体中趋向于最紧密堆积。为了降低晶体体系的能量,在最紧密堆积时,较小的正离子常处在负离子堆积的空隙中,正离子所选择的负离子空隙一般是既要有尽可能高配位数的负离子,又要使正负离子尽可能接触。综合这两种因素,离子晶体的堆积方式与正负离子半径比有关。对于组成为 AB 型的离子化合物,其晶体类型主要有以下几种。

1. NaCl 型晶体

当正负离子半径比 $r_+/r_- = 0.416 \sim 0.732$ 时,得 NaCl 型晶体。它的空隙形状(或晶胞形状)为立方体,所以叫面心立方晶格。对于 NaCl 晶体而言,晶体由 Na^+ 和 Cl^- 两种离子穿插排列而成。每个离子被 6 个最邻近异性离子配位,所以每个离子的配位数为 6。

2. CsCl 型晶体

当正负离子半径比 r_+/r_- 大于 0.732 时，得 CsCl 晶体。它的空隙形状(或晶胞形状)也是立方体，正负离子处于立方体中心和 8 个顶点，所以又叫简单立方晶格。整个晶体由正负离子穿插排列而成，每个离子被 8 个最邻近的异性离子配位，每个离子的配位数为 8。

3. ZnS 型晶体

当正负离子的半径比 r_+/r_- 小于 0.414 时，得 ZnS 型晶体。它的空隙形状(或晶胞形状)同样是立方体，也叫面心立方晶格。在立方体中，每个 S^{2-} 离子与最邻近的 4 个 Zn^{2+} 离子呈四面体结构，每个 Zn^{2+} 离子也与最邻近的 4 个 S^{2-} 离子呈四面体结构，所以配位数为 4。

三种晶型如图 10-2 所示。

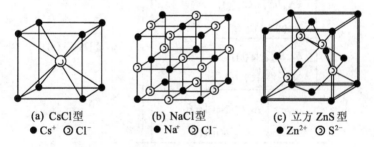

图 10-2 AB 型离子化合物的三种晶型结构

10.1.4 晶格能

离子晶体的稳定性以晶格能衡量。**晶格能** U 是指一摩尔离子晶体离解为自由气态离子所吸收的能量，或气态离子结合生成一摩尔离子晶体放出的能量。两个过程能量相同，符号相反，不过晶格能一般以正值表示。例如，下列离子晶体的晶格能为

$$M_mX_n(s) \longrightarrow mM^{n+}(g) + nX^{m-}(g) \quad \Delta_L H_m^\ominus = U \quad (10\text{-}3)$$

由于加热离子晶体得不到单个气态离子,正负离子以离子对的形式存在,所以晶格能不能由实验直接测定,只能由理论计算,或根据盖斯定理,将离子晶体以及组成晶体元素有关的热力学数据联系起来形成循环进行求算,这种循环常称为**玻恩**(Born)-**哈伯**(Haber)**循环**。下面以 NaCl 为例计算。

计算 NaCl 晶格能 U 的玻恩-哈伯循环如图 10-3 所示。

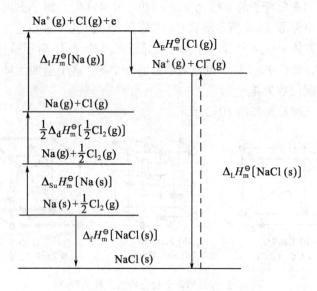

图 10-3 计算 NaCl 晶格能玻恩-哈伯循环图

在循环图中,$\Delta_{Su}H_m^\ominus$ 为 Na(s) 的升华焓,$\Delta_d H_m^\ominus$ 为 Cl_2(g) 的离解焓,$\Delta_I H_m^\ominus$ 为 Na(g) 的电离焓(电离能),$\Delta_E H_m^\ominus$ 为 Cl(g) 的电子亲合焓(电子亲合能的负值),$\Delta_f H_m^\ominus$ 为 NaCl(s) 的生成焓,$\Delta_L H_m^\ominus$ 为 NaCl(s) 晶格能对应的焓变。

根据盖斯定律,一个反应只要始态和终态相同,无论是一步或分步完成,其焓变是一样的。故有关系式

$$\Delta_f H_m^\ominus [\text{NaCl(s)}] = \Delta_{Su} H_m^\ominus [\text{Na(s)}] + \frac{1}{2}\Delta_d H_m^\ominus [\text{Cl}_2(\text{g})]$$
$$+ \Delta_I H_m^\ominus [\text{Na(g)}] + \Delta_E H_m^\ominus [\text{Cl(g)}]$$
$$+ \Delta_L H_m^\ominus [\text{NaCl(s)}]$$

$$\Delta_L H_m^\ominus [\text{NaCl(s)}] = \Delta_{Su} H_m^\ominus [\text{Na(s)}] + \frac{1}{2}\Delta_d H_m^\ominus [\text{Cl}_2(\text{g})]$$
$$+ \Delta_I H_m^\ominus [\text{Na(g)}] + \Delta_E H_m^\ominus [\text{Cl(g)}]$$
$$- \Delta_f H_m^\ominus [\text{NaCl(s)}]$$
$$= 107.3 + 121.7 + 495.8 - 348.7 + 411.2$$
$$= 787.3 \text{ kJ·mol}^{-1}$$

离子化合物的某些物理性质与晶格能大小有关，而晶格能大小主要和离子的电荷、离子半径和配位数有关。对于同种晶型离子晶体，晶格能与离子电荷成正比，与离子半径成反比。晶格能越大，离子晶体越稳定，与此有关的物理性质如熔点、硬度越高，热膨胀系数、压缩系数越小。例如，MgO，CaO 属于 NaCl 型晶体，其离子正、负电荷相同，但 Mg^{2+} 与 O^{2-} 的核间距(210 pm)小于 Ca^{2+} 与 O^{2-} 的核间距(240 pm)，因此，MgO 的晶格能 (3 791 kJ·mol^{-1}) 比 CaO 的晶格能 (3 401 kJ·mol^{-1}) 大，MgO 的熔点(2852℃)比 CaO 的熔点(2614℃)高。

晶格能在无机化学中的应用十分广泛，如在一定条件下可以计算玻恩-哈伯循环中的其他未知量，研究化合物的热稳定性，比较盐类的溶解度等。

10.2 经典路易斯学说

1916 年路易斯提出元素原子通过共用电子对达到稀有气体稳定结构而形成共价键，即路易斯八隅体规则。

为了表示共价键的形成，常写出路易斯结构式，对同一分子或离子，其路易斯结构式可以有多种形式，例如，NH_3 分子的路易斯结构式可表示为

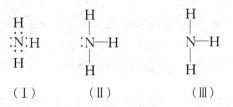

在三种路易斯结构式中，(Ⅰ)式较为繁琐，(Ⅱ)式与(Ⅲ)式的差别在于是否标明孤对电子。另外，对于定域非平面分子的路易斯结构式，如四面体 CH_4，常表示为

$$\begin{array}{c} H \quad \diagdown \quad H \\ C \\ H \diagup \quad H \end{array}$$

在写路易斯结构式时，常指出原子的形式电荷，例如，$H_3B \cdot NH_3$，ClO_4^- 的路易斯结构式为

$$H_3B^- - N^+H_3 \qquad O^- - Cl^{3+} - O^- \quad (O^-)_2$$

分子中原子的形式电荷等于元素原子在周期表中的族数减去该原子在分子中孤对电子数和键合电子数一半之和的差值。

$$(F \cdot C)_a = Z_a - (2n_L + n_\sigma + n_\pi) \qquad (10\text{-}4)$$

式中，$(F \cdot C)_a$ 代表分子中原子 a 的形式电荷，Z_a 为原子 a 在周期表中的族数，即价电子数，n_L, n_σ, n_π 分别为原子 a 的孤对电子的对数、σ 键和 π 键数。在计算形式电荷时，是假设分子中原子的电负性相等。形式电荷不是分子中原子的真实电荷，也不是原子在分子中的氧化数。形式电荷不仅可以用来判断非八隅体结构式中多余电子的位置，而且可以判断共振路易斯结构式的合理性。

氧化态或氧化数和形式电荷是无机化学中的基本概念，二者是有区别的。从应用来看，氧化数无明确的物理意义，主要是用于氧化还原反应方程式的配平,而形式电荷主要用于路易斯结构式的写法。从定义上来看,计算原子的形式电荷时是假设共享的电子对不发生偏移,而计算氧化数时是假设共享电子对偏移到电负性大的元素。例如,在化合物 CH_4,CH_3OH,$CHCl_3$,CCl_4 中,C 的氧化数分别为 -4,-2,$+2$,$+4$,而在这些化合物中,C 的形式电荷皆为零。氧化数和形式电荷都不是原子在分子中的真实电荷,不过对于共价型分子,形式电荷接近于原子所带的实际电荷,当化学键是离子键时,原子的氧化态等于原子的实际电荷。

路易斯关于共用电子对构成八隅体而形成共价键的学说,对一些简单的共价型分子是适用的,但存在很大的局限性。

① 不能说明共价键的本质和分子的几何构型。按照路易斯的观点,八隅体是形成共价键的必要条件,但并未说明其成键的本质。在路易斯结构式中,不能表明分子的几何构型。

② 不能解释非八隅体分子的形成,如 BF_3,PCl_5 分子等。在 BF_3 分子中,中心原子 B 有 3 个价电子,形成 3 个 B—F 单键,B 价层中的电子数为 6,不满八隅体。PCl_5 分子中,中心原子 P 的价电子数为 5,形成 5 个 P—Cl 单键,P 价层中的电子数为 10,超过八隅体。事实上 BF_3,PCl_5 分子能稳定存在。

③ 不能解释某些分子的性质。按路易斯学说,O_2 分子的路易斯结构式为 $:\ddot{O}=\ddot{O}:$,但实验测得 O_2 分子是顺磁性的,表明分子中有成单电子,显然路易斯结构式与事实不符。又如,SO_2 的路易斯结构式为

但实验测得分子中两个 S—O 键不仅等同,而且其键长介于单键和双键之间,这是路易斯学说所不能解释的。

10.3 共价键理论

共价化合物是为数众多、成键复杂的一类重要化合物。与离子键相比较，共价键的复杂性不仅表现在处理方法和所用到的数学知识，而且也表现在处理方法的多样性。现代化学键理论以量子力学为基础，但描述分子中电子运动的薛定谔方程极为复杂，严格求解困难，只能采用某些近似方法计算，于是形成了价键理论和分子轨道理论。不过这些处理方法不是互相矛盾的，只是从不同的角度对共价键加以处理。

下面分别讨论有关共价键的基本理论，讨论中着重于基本概念和处理结果，而不作过多的数学推导和计算。

10.3.1 价键理论

1927年海特勒-伦敦（Heitler-London）用量子力学方法处理 H_2 分子，并计算出两个 H 原子相互作用的能量，该能量是核间距的函数。用量子力学处理 H_2 分子，使共价键的本质得到了解释。鲍林和斯莱脱等人将量子力学对 H_2 分子的处理结果加以推广和发展，形成共价键价键理论，价键理论认为共价键的形成只限于相邻两个原子的键合原子轨道。

1. 量子力学处理 H_2 分子的结果

海特勒-伦敦用量子力学处理 H_2 分子，可以简单地概括为：若两个 H 原子相距很远而无相互作用，每个 H 原子的 $1s$ 轨道分别以 ψ_a, ψ_b 表示，并以(1),(2)代表 ψ_a, ψ_b 状态的电子，则描述此体系假想状态的波函数为

$$\psi_I = \psi_{a(1)} \cdot \psi_{b(2)} \tag{10-5}$$

因为两个 H 原子的 $1s$ 电子是不可区分的，因此，必然还有另一种状态

$$\psi_{\mathrm{II}} = \psi_{a(2)} \cdot \psi_{b(1)} \quad (10\text{-}6)$$

事实上两个 H 原子键合成键是要发生作用的，以两种假想状态 $\psi_{\mathrm{I}}, \psi_{\mathrm{II}}$ 的组合作为 H_2 分子中的波函数，这就是量子力学处理 H_2 分子的基本思想。

用量子力学处理 H_2 分子的结果之一是得到能量 E 和核间距 R 的关系，即 $E\text{-}R$ 曲线，如图 10-4 所示。

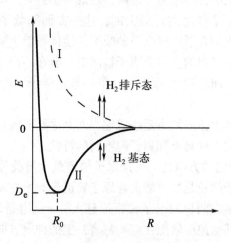

图 10-4 H_2 分子能量与核间距关系曲线

由图可以看出：当两个 H 原子彼此接近时，电子在分子中的运动出现两种状态。若两个 H 原子 1s 电子的自旋方向相同，则体系的能量比两个自由原子的能量高，当 R 很大时，体系的能量趋于自由氢原子的能量，这种状态叫排斥态或激发态，如曲线 Ⅰ。若两个 H 原子的 1s 电子的自旋方向相反，当两个 H 原子的核间距为 R_0（87 pm，实验值为 74 pm）时，$E\text{-}R$ 曲线有最低点，此时体系能量最低。当核间距大于或小于 R_0 时，体系能量都将上升，R 很大时，体系能量趋近于自由 H 原子的能量。这种状态称为吸引态或基态，表明共价键的形成。如曲线 Ⅱ。

2. 共价键的本质和特性

关于共价键的本质，可以从不同的角度去理解。共价键的本质可以理解为两个原子轨道的重叠，即两个原子轨道在最大重叠方向成键。若从电子配对观点考虑，则电子配对是形成共价键的必要条件，而配对的两个电子必须自旋方向相反，这是保里原理的要求，即在一个轨道中两个电子的自旋方向必须相反。共价键的本质也可从电性的角度去理解，形成共价键时，电子云的分布在两个键合原子核之间是最大的，这一方面降低了核之间的排斥，另一方面加强了核对电子的吸引，使体系能量降低。但这种电性作用不是经典的，因为原子核间电荷分布不是点电荷，而是负电荷区域，而且电子的几率分布是通过量子力学的处理求得的。

共价键是由原子轨道重叠成键，而且重叠要满足最大重叠原理，因此，共价键具有和离子键不同的特性。

① 共价键的方向性　根据原子轨道最大重叠原理，形成共价键时，原子间总是尽可能沿着原子轨道最大的方向成键，原子轨道重叠越多，两核间电子云密度越大。s 轨道是球形对称的，无方向性，其他原子轨道在空间都有一定的伸展方向，因此，形成共价键时，除 s 轨道间可以在任何方向最大重叠外，其他原子轨道只能沿一定方向最大重叠成键，例如，HCl 分子是由 H 原子 $1s$ 轨道和 Cl 原子 $2p$ 轨道（如 $2p_x$ 轨道）重叠成键。s 轨道与 p_x 轨道有多种重叠方式，如图 10-5 所示。

由图 10-5 可以看出：在三种重叠方式中，只有 s 轨道沿 p_x 轨道的对称轴（x 轴）方向接近才能发生最大重叠（如图 10-5 (a)），形成稳定的共价键。图 10-5 (b)中由于 s 轨道与 p_x 轨道 +，- 两部分有等同的重叠，其有效重叠为零，这种重叠是无效的。图 10-5 (c)中的重叠虽然是有效的，但当 H 原子和 Cl 原子的核间距一定时，这种重叠不是最大重叠。

由上面的讨论可知：共价键的方向性是原子轨道最大重叠的

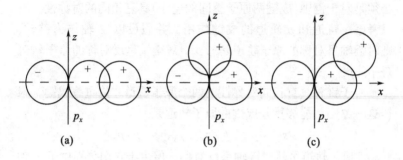

图 10-5　HCl 的 s-p_x 重叠示意图

必然结果。共价键的方向性使共价键之间有一定的键角,决定着分子的基本空间构型,而分子的空间构型又将影响分子的某些性质如极性等。

② 共价键的饱和性　共价键是由原子轨道重叠或电子配对而形成的,而每个原子能参与重叠的原子轨道或能提供未成对的电子数是一定的,所以在共价型分子中,每个原子成键的数目是一定的,这就是共价键的饱和性。例如,N 原子价轨道中有 3 个成单的 p 电子,其成键总数为 3,当形成 NH_3 时,N 原子以单键与 3 个 H 原子键合。

应该注意的是,上述情况不包括电子激发后成键或配位键的形成。例如,P 原子的价电子构型为 $3s^23p^3$,基态时只有 3 个成单电子,当单质磷参加反应时,P 原子价层中成对的 s 电子可以激发到 $3d$ 轨道,成为 5 个成单电子,分占 5 个 sp^3d 杂化轨道,分别与 5 个 Cl 原子的成单电子键合形成 PCl_5 分子。又如,NH_3 分子中 N 有一对孤对电子,可以与 H^+ 形成配位键生成 NH_4^+。激发成单电子的数目及形成配位键的数目都由原子能参与成键的轨道数决定,仍然具有饱和性。

3. 共价键的主要类型

根据原子轨道最大重叠原理,形成化学键时,两个原子轨道必须是对于键轴(成键两原子核间的连线)具有相同的对称性。若只考虑 s 轨道和 p 轨道的成键作用,并假设以 x 轴作为键轴,则对键轴呈对称的原子轨道是 s, p_x,对键轴呈反对称的原子轨道是 p_y, p_z。

对于键轴具有相同对称性的两个原子轨道才能重叠成键,根据这一原则,能够重叠成键的原子轨道是

$$s\text{-}s \quad s\text{-}p_x \quad p_x\text{-}p_x \quad p_y\text{-}p_y \quad p_z\text{-}p_z$$

p_z, p_y 原子轨道虽然对键轴呈反对称,但由于它们分别位于 z 轴和 y 轴,不能相互重叠成键。H_2, Cl_2, HCl, N_2 分子形成时原子轨道重叠如图 10-6 所示。

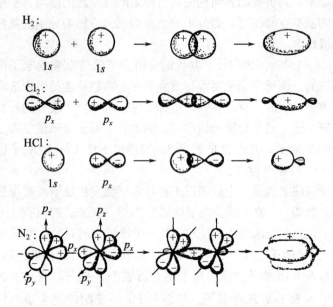

图 10-6 H_2, Cl_2, HCl, N_2 分子形成时原子轨道重叠示意图

由原子轨道重叠示意图可以看出:当键合原子沿键轴接近时,原子轨道沿键轴"头碰头"重叠,如图中 H_2 分子中的 s-s,

Cl_2 分子中的 p_x-p_x，HCl 分子中的 s-p_x 原子轨道的重叠，其重叠部分对键轴呈圆柱形对称，由此形成的共价键叫 σ 键。当键合原子沿键轴接近时，原子轨道沿键轴"平行"重叠，其重叠部分对通过键轴并垂直于重叠部分的平面呈反对称，该平面为节面，节面上的电子云为零，由此形成的键叫 π 键。例如，N_2 分子中，除了 p_x-p_x 重叠形成 σ 键外，还有两个由 p_y-p_y 和 p_z-p_z 重叠形成的 π 键，所以 N_2 分子具有三重键，由一个 σ 键和两个 π 键组成。

σ 键和 π 键是共价键的重要类型，其主要特征是：

① 成键原子轨道对键轴的对称性及其重叠方式不同，原子轨道重叠部分的对称性不同。

② 从价键理论考虑，共价单键为 σ 键，π 键只能和 σ 键一起存在，即 π 键只能存在于双键和叁键中。

③ σ 键比 π 键稳定，因为当两个成键原子的核间距一定时，原子轨道"头碰头"重叠比原子轨道"平行"重叠有效。

10.3.2 杂化轨道理论

杂化轨道理论是在价键理论的基础上发展起来的。价键理论虽能说明共价键的形成，但在说明某些多原子分子的形成和空间构型时却遇到困难。例如，CH_4 分子中，4 个 C—H 键是等同的，分子几何构型为正四面体，用价键理论是难以说明的。1931年鲍林等人提出的杂化轨道理论可以圆满地解释此现象。

1. 原子轨道的杂化和杂化轨道

从电子具有波动性，波可以叠加的量子力学原理出发，杂化轨道理论认为：在形成分子时，同一原子中能量相近（一般为同一能级组）、对称性匹配的原子轨道相互叠加形成一组新的轨道，原子轨道的相互叠加叫**原子轨道的杂化**，一组新的轨道叫**杂化轨道**。s 轨道和 p_x 轨道的杂化和形成的 sp 杂化轨道如图 10-7 所示。

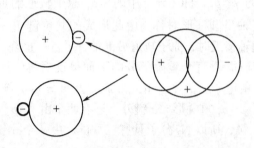

图 10-7　sp 杂化

从图中可以看出，s 轨道和 p 轨道（如 p_x）杂化以后，可以形成两个等同的杂化轨道，杂化轨道对键轴（x 轴）是对称的，所以杂化轨道形成的键为 σ 键。从原子轨道的角度分布来看，s 轨道是球形对称的，p_x 轨道在 x 方向有最大值，而两个杂化轨道也位于 x 轴方向，但其图形表现为一端特大而一端特小，这表明特大一端的电子云比 s 电子云和 p 电子云伸展得远，有利于共价键的形成。

2. 杂化轨道的主要类型及其分子构型

原子中能量相近、对称性匹配的 s,p,d 和 f 原子轨道都可以参加杂化，但对某些分子要作具体分析。例如，对于 AB_4 型的分子或离子，中心原子 A 参加杂化的原子轨道有 4 个，其中一个为呈球形对称的 s 轨道。从对称性考虑，另外 3 个轨道可以是 p_x, p_y, p_z 或 d_{xy}, d_{xz}, d_{yz}，具体以哪一组原子轨道参加杂化，则取决于中心原子 A 相应轨道能量的高低。如 CH_4 分子中，C 原子 3d 轨道的能量 E_{3d} 比 2p 轨道的能量 E_{2p} 大 962.3 kJ·mol^{-1}，所以，C 原子的 2s 和 2p 轨道参加杂化形成 sp^3 杂化轨道。而 MnO_4^- 离子中，Mn 原子的 E_{3d} 比 E_{4p} 能量低，所以，Mn 原子以 4s 和 3d 轨道参加杂化，形成 sd^3 杂化轨道。

分子的几何构型主要取决于分子中 σ 键形成的骨架，而杂

化轨道形成的键为 σ 键,所以,杂化轨道类型与分子的几何构型有关。下面讨论几种常见杂化轨道类型及其分子的几何构型。

(1) sp 杂化 由一个 s 轨道和一个 p 轨道叠加形成两个等性的 sp 杂化轨道,每个杂化轨道中含有 $\frac{1}{2}s$ 轨道和 $\frac{1}{2}p$ 轨道成分。sp 杂化轨道间的夹角为 $180°$,呈直线形,所以 sp 杂化轨道成键后,分子的几何构型为直线形。例如,气态 $BeCl_2$ 分子的形成可以描述为如下过程:

基态 Be 原子电子组态 $1s^22s^2$

$\xrightarrow{\text{激发}}$ 激发态 Be 原子电子组态 $1s^22s^12p^1$

$\xrightarrow{sp \text{ 杂化}}$ 2 个等性 sp 杂化轨道

$\xrightarrow{\text{成键}}$ 形成 2 个 σ 键

$BeCl_2$ 分子中 sp 杂化轨道及其分子构型如图 10-8 所示。

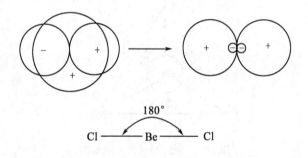

图 10-8 $BeCl_2$ 分子形成示意图

(2) sp^2 杂化 由 1 个 s 轨道和 2 个 p 轨道叠加形成 3 个等性 sp^2 杂化轨道,每个杂化轨道含 $\frac{1}{3}s$ 轨道和 $\frac{2}{3}p$ 轨道成分。杂化轨道间夹角为 $120°$,呈平面三角形,所以杂化轨道成键后,分子的几何构型为平面三角形。例如,BF_3 分子的形成:

基态 B 原子电子组态 $1s^22s^22p^1$

$\xrightarrow{\text{激发}}$ 激发态 B 原子电子组态 $1s^22s^12p^2$

$\xrightarrow{sp^2 \text{杂化}}$ 3 个等性 sp^2 杂化轨道

$\xrightarrow{\text{成键}}$ 形成 3 个 σ 键

BF_3 分子中 sp^2 杂化轨道及其分子几何构型如图 10-9 所示。

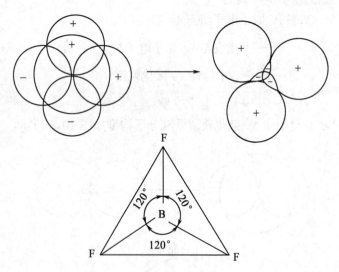

图 10-9　BF_3 分子形成示意图

(3) sp^3 杂化　由 1 个 s 轨道和 3 个 p 轨道叠加形成 4 个 sp^3 杂化轨道。根据每个杂化轨道中所含 s 轨道和 p 轨道成分是否相同，或杂化轨道中是否含有孤对电子，可分为等性杂化和不等性杂化。若杂化轨道中所含参加杂化的轨道成分相等或杂化轨道中无孤对电子，叫等性杂化。如 CH_4 分子中，每个杂化轨道含 $\frac{1}{4}s$ 轨道和 $\frac{3}{4}p$ 轨道成分，C 原子为 sp^3 等性杂化。否则叫不等性杂化,有孤对电子的杂化轨道含有较多 s 轨道成分,如 H_2O 分子中的 O,NH_3 分子中的 N 均为不等性 sp^3 杂化。等性 sp^3 杂化,杂化轨道间夹角为 109°28′,呈四面体形,所以杂化轨道成键后,分子的几何构型为四面体。不等性杂化轨道成键后,分子的几何构型视杂化轨道中孤对电子的对数而定,而且分子精确的键角需要通过实验测定。如 NH_3 分子为三角锥形,键角为 107°,H_2O 分子为角形(或称 V 形),键角为 104.5°。

CH_4 分子的形成可描述为

基态 C 原子电子组态 $1s^2 2s^2 2p^2$

$\xrightarrow{激发}$ 激发态 C 原子电子组态 $1s^2 2s^1 2p^3$

$\xrightarrow{sp^3 杂化}$ 4 个等性杂化轨道

$\xrightarrow{成键}$ 形成 4 个 σ 键

CH_4 分子的形成和几何构型如图 10-10 所示。

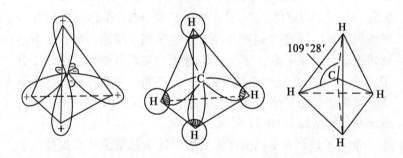

图 10-10 CH_4 分子形成示意图

NH_3 分子中的 N,H_2O 分子中的 O 为不等性 sp^3 杂化,轨道杂化前后,N 原子、O 原子基态和激发态的电子组态不变,即 N 原子为 $1s^2 2s^2 2p^3$,O 原子为 $1s^2 2s^2 2p^4$,但原子处于基态和激发态时其能量不同。NH_3,H_2O 分子形成示意图如图 10-11。

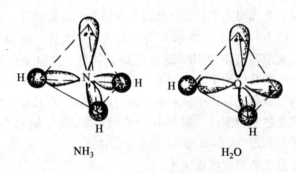

图 10-11　NH_3，H_2O 分子形成示意图

（4）sp^3d，sp^3d^2 杂化　sp^3d 和 sp^3d^2 杂化是常见的有 d 轨道参加杂化的两种杂化轨道类型。考虑原子轨道的对称性，sp^3d 杂化中，参加杂化的 d 轨道若为 d_{z^2}，则为三角双锥形；若参加杂化的 d 轨道为 $d_{x^2-y^2}$，则为四方锥形。sp^3d^2 杂化中，参加杂化的 d 轨道为 $d_{x^2-y^2}$，d_{z^2}，为八面体形。例如 PCl_5 分子中的 P 为 sp^3d（d_{z^2}）杂化，SF_6 分子中的 S 为 sp^3d^2 杂化。在 PCl_5 分子中，3 个 sp^3d 杂化轨道互成 120°位于同一平面，另外 2 个杂化轨道垂直于该平面，所以 PCl_5 分子为三角双锥形。在 SF_6 分子中，4 个 sp^3d^2 杂化轨道互成 90°位于同一平面，另外 2 个杂化轨道垂直于该平面，所以 SF_6 分子为正八面体形。PCl_5，SF_6 分子几何构型如图 10-12 所示。

关于 d 过渡元素原子在配合物中的杂化轨道将在配位化合物中讨论。

3．杂化轨道理论的基本要点

根据上面的讨论，可以对杂化轨道理论的基本要点归纳如下：

① 原子轨道杂化是在形成分子时发生的，激发态电子组态可能与基态原子的电子组态不同，参加杂化的原子轨道可以有 1 个或 2 个电子。在配位化合物中，中心体参加杂化的原子轨道无电子。

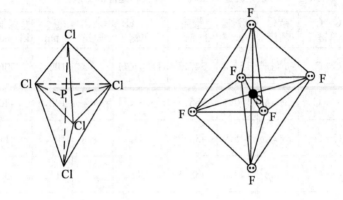

图 10-12　PCl_5，SF_6 分子的几何构型

② 杂化轨道的数目等于参加杂化的原子轨道数。一般可根据杂化轨道中有无孤对电子分为等性杂化和不等性杂化。

③ 杂化轨道对键轴是对称的，形成的键为 σ 键。不同杂化轨道类型对应于不同的分子几何构型。

④ 杂化轨道增加了原子轨道成键的键能。s 轨道是球形对称的，p 电子云在节面两侧对称分布，形成杂化轨道以后，电子云的分布发生变化，电子云密集于杂化轨道的一端，另一端则分布很少。杂化轨道以电子云大的一端与其他原子成键，即杂化轨道与其他原子轨道重叠时，其重叠部分增大，形成的化学键更为稳定。实际情况是：当原子核间距一定时，杂化轨道成键的键能大于纯 p 轨道，更大于 s 轨道。对于不同类型的杂化轨道，形成 σ 键的强度随杂化轨道中 s 轨道成分的增加而增大。sp 杂化轨道中，含有 $\frac{1}{2}s$ 和 $\frac{1}{2}p$ 轨道成分，sp^2 杂化轨道中，含有 $\frac{1}{3}s$ 和 $\frac{2}{3}p$ 轨道成分，sp^3 杂化轨道中，含有 $\frac{1}{4}s$ 和 $\frac{3}{4}p$ 轨道成分，因此形成 σ 键键能的大小顺序为 $sp > sp^2 > sp^3$，表 10-2 中所列数据即为例证。

表 10-2　杂化轨道中 s 成分对键长和键能的影响

C—C 单键	杂化轨道	键长 pm	键能 kJ·mol^{-1}	C—H 单键	杂化轨道	键长 pm	键能 kJ·mol^{-1}
—C—C—	sp^3-sp^3	154.4	347.2	HC≡CH	sp-s	106.1	506
—C=C—	sp^3-sp^2	150.1	386.4	H$_2$C=CH$_2$	sp^2-s	108.6	446
—C—C≡	sp^3-sp	145.9	430.9	CH$_4$	sp^3-s	109.3	411
=C—C=	sp^2-sp^2	148.3	435.1	CH	p-s	112	330
=C—C≡	sp^2-sp	146.2	—				
≡C—C≡	sp-sp	137.7	468.6				

应该指出的是，杂化轨道是根据量子力学叠加原理而进行的数学处理，不存在原子中电子的激发→原子轨道杂化→成键的过程。人为提出这种过程，只是描述，而不是本质。从原子轨道杂化的观点出发，分子中每个原子都可考虑为以一定杂化轨道成键，但通常只注重分子中心原子的轨道杂化。一般可根据中心原子价电子构型和形成 σ 键的情况预测其杂化轨道类型。如 COCl$_2$ 分子中，C 为中心原子，形成 3 个 σ 键，故可知 C 原子以 sp^2 杂化，分子为平面三角形。但对于价电子比价轨道多的原子，其杂化轨道类型有时难以确定。如 B(OCH$_3$)$_3$ 分子中，B 为中心原子，形成 3 个 σ 键，故 B 原子以 sp^2 杂化。但考虑 O 原子的杂化轨道类型是困难的，因为 O 原子的价轨道数为 4（1 个 $2s$ 和 3 个 $2p$），而价电子数为 6（$2s^2 2p^4$），难以判断 O 与 B 之间的键型，即是否有 π 键形成，故难以判断 O 原子的杂化轨道类型。在 AB$_5$ 型分子中，中心原子 A 以 sp^3d 杂化，由于难以确

定是 d_{z^2} 还是 $d_{x^2-y^2}$ 参加杂化，分子的几何构型有时也难以判断。

10.3.3 共振体

共振是 20 世纪 30 年代由鲍林提出的一种化学结构理论。某些分子或离子虽能以价键结构式描述，能写出路易斯结构式，但这些结构式不能解释其分子或离子的性质。

按价键理论处理 CO_2 分子，其结构式为 O═C═O，但这种结构不能说明 CO_2 分子的性质。如正常的 C═O 双键键长为 122 pm，理论计算 C 与 O 叁键键长为 110 pm，而实际上 CO_2 分子中 C 与 O 间的键长为 115 pm，介于双键和叁键之间。从能量考虑，C═O 双键键能为 732 kJ·mol^{-1}，因此，若 CO_2 分子的结构式为 O═C═O，则 CO_2 分子的标准生成焓应约为此值的两倍，即 1 464 kJ·mol^{-1}，实际上测得的生成焓为 1 602 kJ·mol^{-1}，其差值为 138 kJ·mol^{-1}，表明 CO_2 分子的真实结构比结构式 O═C═O 更为稳定。

所谓共振是指某些分子或离子的真实结构是两个或两个以上共振结构式的组合。每个共振体都不能代表分子或离子的真实结构，但每个分子或离子的真实结构又是客观存在的，只是难以用路易斯结构式表示。

根据共振学说，CO_2 分子可写出三种共振体。

$$:\ddot{O}═C═\ddot{O}: \quad (Ⅰ)$$

$$^{+}:O≡C-\ddot{\ddot{O}}:^{-} \quad (Ⅱ)$$

$$^{-}:\ddot{\ddot{O}}-C≡O:^{+} \quad (Ⅲ)$$

每个共振体都不能代表 CO_2 分子的真实结构，其真实结构是三个共振体的组合，难以用路易斯结构式表示。

共振体可用符号"⟷"分开，但不是共振平衡。如 SO_2 可以写出两种路易斯结构式，即两种共振体。

X-射线证明两个 S—O 键是等同的，偶极矩为 1.60 D。其真实结构是两种共振体的组合。

10.3.4 分子轨道理论

价键理论能说明共价键的形成，但有局限性，如价键理论认为形成共价键的电子只局限于共用电子对，缺乏对分子整体考虑。对于 H_2^+ 中的单电子键，O_2 为顺磁性分子等无法解释。

分子轨道理论是处理共价键的另一种方法，可以用来处理和说明价键理论所不能解释的问题。分子轨道理论着眼于分子的整体性，认为成键电子遍及整个分子。下面讨论分子轨道理论的基本要点及其对第二周期元素双原子分子的处理。

1. 分子轨道

分子中每个电子的运动可视为在原子核和分子中其余电子形成的势场中运动，其运动状态可用波函数 ψ 表示，ψ 叫分子轨道函数，简称为**分子轨道**。

2. 分子轨道由原子轨道线性组合而成

分子轨道由原子轨道线性组合而成。当两个原子轨道 ψ_a 和 ψ_b 组合成分子轨道时，由于波函数 ψ_a 和 ψ_b 的符号有正负之分，因此，ψ_a 和 ψ_b 有两种可能的组合方式，即两个波函数以相同符号或相反符号组合，从数学的意义讲叫原子轨道的线性组合。

$$\psi_{\text{I}} = \psi_a + \psi_b \tag{10-7}$$

$$\psi_{\text{II}} = \psi_a - \psi_b \tag{10-8}$$

若 ψ_a 和 ψ_b 为同核原子相同的原子轨道，则组合为分子轨道和分子轨道能级如图 10-13 所示。

从图 10-13 中可以看出：分子轨道 ψ_{II} 的能量比参与组合的原子轨道能量高，叫**反键分子轨道**，分子轨道 ψ_{I} 的能量比参与

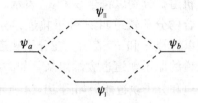

图 10-13 原子轨道 ψ_a, ψ_b 组合为分子轨道 ψ_I, ψ_II

组合的原子轨道能量低，叫**成键分子轨道**。

原子轨道组合为分子轨道时必须满足三条原则，也是成键三条原则。即原子轨道能量相近原则、最大重叠原则和对称性匹配原则。

原子轨道能量相近原则是指只有能量相近的原子轨道才能有效地组合为分子轨道。对于同核双原子分子，只要参与组合的原子轨道的量子数 n, l 相同，则其能量相同，但对于异核双原子分子，即使原子轨道的量子数 n, l 相同，其能量也不相同，必须考虑原子轨道能量是否相近。例如，HF 分子中，H 原子 $1s$ 轨道能量为 $-1\,312\ \mathrm{kJ\cdot mol^{-1}}$，F 原子 $2s$ 轨道能量为 $-3\,870\ \mathrm{kJ\cdot mol^{-1}}$，$2p$ 轨道能量为 $-1\,793\ \mathrm{kJ\cdot mol^{-1}}$，从能量的角度考虑，H 原子的 ψ_{1s} 与 F 原子的 ψ_{2p} 可以组合为分子轨道。

最大重叠原理是指当两个原子轨道组合为分子轨道时，原子轨道要发生重叠，重叠越大，成键分子轨道能量越低，有利于化学键的形成。原子轨道重叠的大小取决于原子核间距和重叠方向。

对称性匹配原则是指只有对称性相匹配的原子轨道才能组合为分子轨道。原子轨道的对称性是判断原子轨道能否组合为分子轨道的首要条件。

原子轨道的对称性不同，组合成分子轨道的对称性也不同。对键轴呈对称的原子轨道组合的分子轨道叫 σ 分子轨道，分为成键和反键分子轨道，分别以符号 σ 和 σ^* 表示。对键轴呈反对称的原子轨道组合的分子轨道叫 π 分子轨道，分为成键和反键分子轨道，分别以符号 π 和 π^* 表示。在分子轨道表示式中，常把组合为分子轨道的原子轨道也表示出来，如 σ_{2s}，π_{2p_y}。原子轨道组合为分子轨道和分子轨道能级如图 10-14 所示。

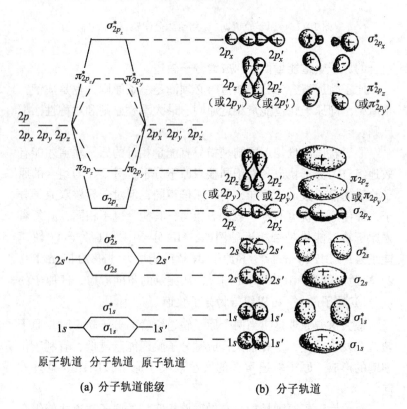

(a) 分子轨道能级　　　　(b) 分子轨道

图 10-14　分子轨道能级和分子轨道图

3. 第二周期元素同核双原子分子的分子轨道能级

分子轨道能级是指分子轨道中的电子在核和其他电子形成的

势场中运动具有的动能和势能之和。分子轨道能级可以从理论上计算,也可从实验特别是从分子的光电子光谱结果得到。分子轨道能级高低主要取决于组合物分子轨道的原子轨道能级和原子轨道的重叠程度。由于不同原子的同种类型原子轨道能量不同,因此,不同原子的原子轨道形成的同类型分子轨道能级不同。第二周期元素同核双原子分子的分子轨道能级相对高低如图 10-15 所示。

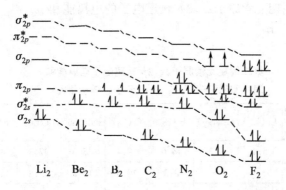

图 10-15　第二周期元素同核双原子分子的分子轨道能级示意图

由图 10-15 可以看出:对于 O_2,F_2 分子,分子轨道能级顺序为

$$\sigma_{1s} < \sigma_{1s}^* < \sigma_{2s} < \sigma_{2s}^* < \sigma_{2p_x} < \pi_{2p_y} = \pi_{2p_z} < \pi_{2p_y}^* = \pi_{2p_z}^* < \sigma_{2p_x}^*$$

对于 N_2,C_2,B_2 分子,其分子轨道能级顺序为

$$\sigma_{1s} < \sigma_{1s}^* < \sigma_{2s} < \sigma_{2s}^* < \pi_{2p_y} = \pi_{2p_z} < \sigma_{2p_x} < \pi_{2p_y}^* = \pi_{2p_z}^* < \sigma_{2p_x}^*$$

两种能级顺序的差异在于 $\pi_{2p_y}(\pi_{2p_z})$ 与 σ_{2p_x} 的能级位置。这种差异产生的原因是由于 σ_{2s} 和 σ_{2p_x} 具有相同的对称性,而对称性相同的分子轨道将相互作用,这种相互作用的大小与其分子轨道的能量有关。分子轨道能量又与组成分子轨道的原子轨道能量相关。第二周期元素原子 $2p$ 与 $2s$ 轨道能量差从 Li(约 200 kJ·mol^{-1})

到 F（约 2 500 kJ·mol^{-1}）依次增大。若 $2p$ 与 $2s$ 轨道能量差小，则相应的 σ_{2p_x} 与 σ_{2s} 的能差也小，两个分子轨道之间将产生较大的排斥作用，使 σ_{2p_x} 的能量上升，而使 σ_{2s} 的能量下降。另外，分子的核间距也有影响，一方面两个原子轨道重叠程度和核间距有关，另一方面对称的两个分子轨道作用能也与核间距有关。综合考虑并为分子光谱实验证明，分子轨道能级出现上述两种序列。

第二周期元素原子 $2s$，$2p$ 轨道电子的电离能和 σ_{2s}，σ_{2p_x} 能量列于表 10-3 中。

表 10-3　第二周期元素原子 $2s$，$2p$ 轨道电子电离能和同核双原子分子 σ_{2s}，σ_{2p_x} 分子轨道能量/eV

能量轨道 原子或分子	Li (Li$_2$)	Be (Be$_2$)	B (B$_2$)	C (C$_2$)	N (N$_2$)	O (O$_2$)	F (F$_2$)
$2s$	5.4	9.3	14.0	19.4	25.6	32.3	40.2
$2p$	—	—	8.3	10.6	13.2	15.8	18.6
σ_{2s}	(−4.93)	(−11.58)	(−18.43)	(−27.97)	(−39.51)	(−41.39)	(−44.27)
σ_{2p_x}	(2.93)	(1.51)	(0.23)	(−0.06)	(−11.84)	(−15.13)	(−14.85)

4. 电子在分子轨道中的排布原则

电子在分子轨道中的填充和电子在原子轨道中的填充一样，要遵循能量最低原则、泡利原理和洪特规则。这些原理和规则是指分子中电子依次填入能量低的分子轨道，每个分子轨道中最多只能填充两个电子且自旋方向相反，当电子填充到简并分子轨道时，应满足洪特规则。电子在分子中的排布叫分子的电子组态。

5. 分子轨道法的应用

用分子轨道法处理共价型分子，实际上是指根据电子在分子轨道中排布原则写出分子的电子组态，然后分析化学键的键型。在分析化学键键型时，要同时考虑成键分子轨道和反键分子轨道上的电子,若 σ_{1s} 和 σ_{1s}^*、σ_{2s} 和 σ_{2s}^* 都充满电子,由于成键分子轨道能量降低和反键分子轨道能量升高相互抵消,对分子的成键作用没有贡献,实际上能有效成键的是 σ_{2p_x}, π_{2p_y}, π_{2p_z} 轨道的电子,还要考虑 π^* 分子轨道上的电子对成键作用的影响。下面举例说明。

N_2 分子　N_2 分子的分子轨道式或分子的电子组态为
$$(\sigma_{1s})^2(\sigma_{1s}^*)^2(\sigma_{2s})^2(\sigma_{2s}^*)^2(\pi_{2p_y})^2(\pi_{2p_z})^2(\sigma_{2p_x})^2$$
能有效成键的是 $(\pi_{2p_y})^2$,$(\pi_{2p_z})^2$,$(\sigma_{2p_x})^2$ 电子,因此,其键型为 1 个 σ 键和 2 个 π 键,这和价键结构式 :N≡N: 完全一致。

O_2 分子　O_2 分子的分子轨道式或分子的电子组态为
$$(\sigma_{1s})^2(\sigma_{1s}^*)^2(\sigma_{2s})^2(\sigma_{2s}^*)^2(\sigma_{2p_x})^2(\pi_{2p_y})^2(\pi_{2p_z})^2(\pi_{2p_y}^*)^1(\pi_{2p_z}^*)^1$$
$(\sigma_{1s})^2$ 和 $(\sigma_{1s}^*)^2$、$(\sigma_{2s})^2$ 和 $(\sigma_{2s}^*)^2$ 相互抵消,对化学键无贡献。根据洪特规则,π^* 轨道上的两个电子分占简并轨道 ($\pi_{2p_y}^*$ 和 $\pi_{2p_z}^*$) 且自旋平行。所以 O_2 分子的键型为 1 个 σ 键,2 个三电子 π 键,其结构式为

$$:\overset{\cdot\cdot}{\underset{\cdot\cdot}{O}}\text{———}\overset{\cdot\cdot}{\underset{\cdot\cdot}{O}}: \quad\text{或}\quad :\overset{\cdot\cdot}{O}\,\vdots\,\overset{\cdot\cdot}{O}:$$

这和 O_2 分子的价键结构式 :Ö=Ö: 不同。

实验测得 O_2 分子是顺磁性的,表明 O_2 分子中有成单电子,$(\pi_{2p_y}^*)^1$,$(\pi_{2p_z}^*)^1$ 电子正好反映了这种特性。所以,O_2 分子的成键作用用分子轨道法处理是合适的。

CO 分子　分子轨道法也可应用于第二周期元素异核双原子分子或离子。CO 的分子轨道式或分子的电子组态为
$$(\sigma_{1s})^2(\sigma_{1s}^*)^2(\sigma_{2s})^2(\sigma_{2s}^*)^2(\pi_{2p_y})^2(\pi_{2p_z})^2(\sigma_{2p_x})^2$$
分子中有 1 个 σ 键和 2 个 π 键,其中 1 个为 π 配键。CO 分子的结构式为

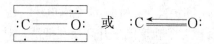

用分子轨道法处理能较好地解释 CO 分子的某些性质，如偶极矩小（$\mu = 0.112$ D），CO 分子能作为 π-酸配体等。

10.3.5 离域 π 键

离域 π 键是指某些分子或离子的键合作用不限于两个原子，而是属于多个原子，即若干电子活动于两个以上的原子区域，它以分子轨道理论作为基础。离域 π 键又叫非定域键或大 π 键，其分子叫共轭分子。

1. 离域 π 键形成条件

① 轨道产生最大程度重叠。参与形成离域 π 键的原子应处于同一平面，而且每个原子能提供相互平行的 p 轨道，这样 p 轨道能产生最大程度的重叠。

② 成键轨道电子数大于反键轨道电子数。总的 π 电子数小于参与形成离域 π 键 p 轨道数的 2 倍，这一条件保证成键轨道的电子数大于反键轨道的电子数。因为 n 个原子轨道可以组合为 n 个分子轨道，其中成键和反键轨道各占一半，若 π 电子数 $m = 2n$，则成键和反键轨道都充满电子，净的成键电子数为零，没有能量降低效应，不能形成离域 π 键。

2. 离域 π 键的类型

由 n 个原子提供 n 个 p 轨道和 m 个电子形成的离域 π 键记作 Π_n^m。根据 n 和 m 的大小关系，可将无机化学中常见的离域 π 键分为两种类型。

① 正常离域 π 键（$n = m$）。p 轨道和 π 电子数相等，无机共轭分子 NO_2 即为一例。在 NO_2 分子中，N 以 sp^2 杂化成键，分子为角型，N 和 2 个 O 各有 1 个相互平行的 p 轨道，并且各有 1 个 π 电子，形成的离域 π 键记作 Π_3^3，其结构式为

:Ö—N—Ö: Π_3^3

② 多电子离域 π 键（$m > n$）。p 轨道数少于 π 电子数，双键邻接含有孤对电子的 O、S、N、Cl 等原子，常形成这种类型离域 π 键，CO_2 分子即为一例。CO_2 分子中，C 以 sp 杂化与 2 个 O 形成 2 个 σ 键。C 原子 $2p_y$，$2p_z$ 分别与 2 个 O 原子的 $2p_y$，$2p_z$ 形成两个离域 π 键，记作 Π_3^4。其结构式为

:Ö—C—Ö: 2 个 Π_3^4

同样，CO_3^{2-} 离域 π 键为 Π_4^6，其结构式为

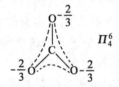

10.4 价层电子对互斥模型

价层电子对互斥是一种简单、方便预测非过渡元素共价型分子几何构型的方法，简写为 VSEPR 模型。应用 VSEPR 模型预测分子的几何构型，不需考虑原子轨道的杂化及键合作用，只要写出路易斯结构式即可。该模型 1940 年由西奇维克（Sidgwick）提出，20 世纪 60 年代初由吉来斯必（Gillespie）和尼霍姆（Nyholm）加以发展。

VSEPR 模型是建立在静电模型和大量分子几何构型事实的基础上。下面讨论价层电子对互斥模型的基本要点及其应用。

10.4.1 价层电子对互斥模型基本要点

在 AB_n 型分子中，中心原子 A 的价层视为球面，价层电子

对视为点电荷。价层电子对之间存在相互排斥,即价层中电子对的分布受静电排斥和保里不相容原理支配,使得价层中电子对趋向于尽可能相互远离,从而使体系能量降低。分子的几何构型总是处于电子对相互排斥最小的稳定结构。例如,BeH_2 分子中,中心原子 Be 价层中两对成键电子尽可能远离,使电子对间静电排斥最小。因此,这两对电子必须处于 Be 原子核两侧,其电子排布为

$$:\!-\!Be\!-\!:$$

BeH_2 分子的几何构型为直线形

$$H\!-\!Be\!-\!H$$

若 AB_n 型分子中,中心原子 A 的价层中有孤对电子,由于孤对电子主要受原子核 A 的作用,占有较大的体积,因此,中心原子价层中,孤对电子对分子几何构型的影响将不同于成键电子的影响。电子对间排斥作用大小顺序是

$$孤对电子\text{-}孤对电子 > 孤对电子\text{-}成键电子$$
$$> 成键电子\text{-}成键电子$$

例如,CH_4,NH_3,H_2O 分子中,中心原子 C,N,O 的价层中各有 4 对电子,但 C 无孤对电子,N 有 1 对孤对电子,O 有 2 对孤对电子,由于电子对间的排斥作用大小不一样,电子对在价层中的分布状态必然不同,故分子的几何构型分别为正四面体、三角锥形和角形(或 V 形),键角依次减小。CH_4,NH_3,H_2O 分子的几何构型如图 10-16 所示。

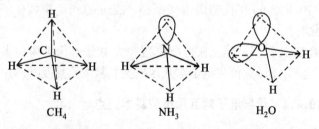

图 10-16 CH_4,NH_3,H_2O 分子的几何构型

若 AB_n 型分子中含有复键,将双键或叁键的键合电子视为一对成键电子。由于复键中电子数多,与其他电子间的排斥作用大,因此,复键的存在虽不影响分子的基本构型,但对键角有影响。例如,甲醛 CH_2O 分子中,C 与 O 以双键键合,C 原子价层中有 3 对成键电子,分子的几何构型为平面三角形,但含有双键的键角比单键间键角大。其结构式为

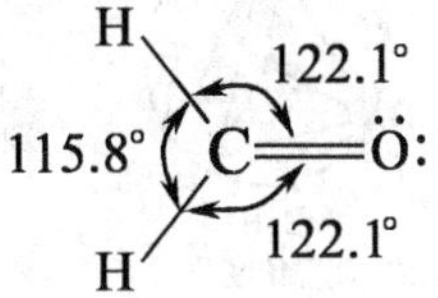

$$\begin{array}{c} H \\ 115.8° \quad C = \ddot{O}: \\ H \quad 122.1° \end{array}$$

对 AB_n 型分子,中心原子 A 价层电子对排布与分子几何构型关系如图 10-17 所示。

10.4.2 价层电子对数的确定

根据实践可以归纳确定价层电子对数的一般规律。

在 AB_n 型分子中,中心原子 A 价层电子对数等于成键电子对数和孤对电子对数(复键电子视为一对电子)之和。电子对数又等于中心原子 A 的价电子数和每个配位原子 B 提供的电子数之和的一半。若配位原子 B 为 H 或卤素原子 X,如 CH_4,CCl_4,则每个配位原子提供一个电子,中心原子 C 价层中有 4 对电子。若配位原子 B 为 O,S 原子,作为配位原子,与中心原子形成双键,如 CO_2,CS_2。由于双键只算一对电子,中心原子要提供 2 个电子成键,故可认为 O,S 原子不提供电子。

对于离子,中心原子 A 价层电子数应加上(阴离子)或减去(阳离子)与电荷相应的电子数。例如,PO_4^{3-},NH_4^+ 离子中,中心原子 P,N 价层电子数为 8 个,即 4 对电子。

若中心原子 A 价层中有成单电子,则按电子对处理。如

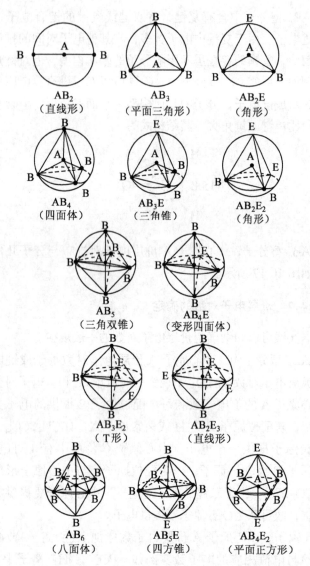

图 10-17 中心原子 A 价层电子对排布和分子的几何构型
(E：孤对电子)

NO_2 分子中,中心原子 N 价层有 5 个电子,则视为 3 对电子,其中 1 对为孤对电子,2 对为成键电子,故分子的几何构型为角形(或 V 型)。

10.4.3 价层电子对互斥模型的应用

应用价层电子对互斥模型判断分子或离子的几何构型,一般步骤是先写出路易斯结构式,并计算中心原子价层电子对数,将这些电子对按一定构型排列,考虑孤对电子和多重键电子较大的排斥作用修正键角,从而确定分子或离子的几何构型。

【例 10-1】 判断 ClF_3 分子的几何构型。

在 ClF_3 分子中,Cl 原子有 7 个价电子,每个 F 原子提供 1 个电子,Cl 原子价电子层共 10 个电子,即 5 对电子。这 5 对电子将分占三角双锥的 5 个顶点,其中 2 个顶点为孤对电子占据。若成键电子对占据的顶点标明 F 原子,则有三种可能的几何构型(图 10-18)。

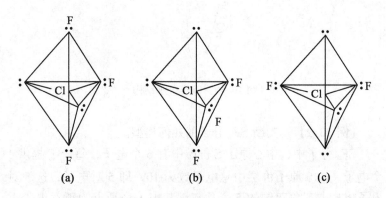

图 10-18 ClF_3 分子的三种可能构型

为了确定三种构型中哪一种是最稳定的,可以找出三种构型中与最小角度 90°有关的电子对之间排斥作用的大小,其结果是

90°角	孤-孤	孤-成	成-成
(a)	0	4	2
(b)	1	3	2
(c)	0	6	0

显然，构型 a 是最稳定的，ClF_3 分子的构型为 T 形，其实际结构型如图 10-19 所示。

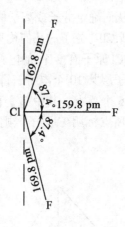

图 10-19　ClF_3 分子结构

【例 10-2】　判断 SF_4 分子的几何构型。

SF_4 分子中，中心原子 S 价层中有 6 个电子，每个 F 提供 1 个电子，故 S 原子价层中总电子数为 10，即 5 对电子，这 5 对电子将各占三角双锥的 5 个顶点，其中 1 个顶点为孤对电子占据。若成键电子对占据的顶点标明 F 原子，则有两种可能的几何构型（图 10-20）。

在两种构型中，与 90°角对应的电子对之间排斥作用是

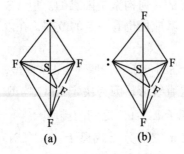

图 10-20 SF$_4$ 分子的两种可能构型

90°角	孤-孤	孤-成	成-成
(a)	0	3	3
(b)	0	2	4

显然,构型 b 是稳定的。SF$_4$ 分子的几何构型为变形四面体,其实际结构如图 10-21 所示。

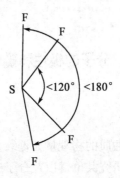

图 10-21 SF$_4$ 分子结构

价层电子对互斥模型是一种简单、直观、有效预测分子或离子几何构型的方法。如在上述两例中,要确定中心原子杂化轨道类型和判断其分子的几何构型是困难的。但 VSEPR 模型不是严格的化学键模型，其应用也有一定的范围，在以下情况下应用不是有效的。

① 具有强极性的分子。按照 VSEPR 模型，Li_2O 应为 V 型分子，但实际上是直线形，因为决定 Li_2O 构型的不是电子对之间的排斥，而是离子 Li^+-Li^+ 之间的排斥。

② 具有离域 π 键的分子或离子。$[C(CN)_3]^-$ 具有离域 π 键 Π_7^8，其构型不是三角锥形，而是平面三角形。

③ 某些含有惰性电子对的分子和离子。$SbCl_6^{3-}$，$BiCl_6^{3-}$ 离子中，中心原子 Sb,Bi 价层中各有 7 对电子，但其构型为八面体。这可能是由于 Cl 原子较大，其原子间的排斥超过孤对电子-成键电子对之间的排斥。

④ 过渡金属配合物。对于过渡金属配合物，应用时往往不是有效的，如 TiF_6^{3-} 配离子中，中心原子 Ti 价层有 5 对电子，而配离子构型为八面体。

⑤ 含有多中心的分子。如 H_2O_2 的几何构型不能用 VSEPR 模型判断。

10.5 键参数、分子的极性和磁性

10.5.1 键参数

用以说明共价键性质的物理量如键级、键能、键长、键角等叫**键参数**。键参数对研究共价键以及分子的性质是非常重要的。

1. 键级和键能

（1）键级　在分子轨道理论中，常以键级表示定域共价键的强弱，它是衡量化学键相对强度的参数。键级为成键轨道电子数与反键轨道电子数之差的一半，即

$$\text{键级} = \frac{\text{成键轨道电子数} - \text{反键轨道电子数}}{2}$$

一般说来，同一周期和同一区内元素形成的双原子分子，键级越大，则键越强。例如，N_2 分子的电子组态为

$$(\sigma_{1s})^2(\sigma_{1s}^*)^2(\sigma_{2s})^2(\sigma_{2s}^*)^2(\pi_{2p_y})^2(\pi_{2p_z})^2(\sigma_{2p_x})^2$$

所以键级 $=\dfrac{10-4}{2}=3$，说明 N_2 分子是相当稳定的。键级与价键理论中两个键合原子之间化学键的数目相对应。在离域 π 键中两相邻原子间的键级往往为小数，如 O_3 中两个键合氧原子之间的键级为 $1\dfrac{1}{2}$（1 个 σ 键和 $\dfrac{1}{2}\pi$ 键）。

(2) **键能** 在第三章中从热力学观点讨论了键焓。从微观结构考虑，键能可定义为：在绝对零度，1 摩尔处于基态的双原子分子 AB 断裂为基态 A 原子和 B 原子所需的能量称为 AB 的摩尔键能，也叫 AB 的键离解能 D_{A-B}。键能 E_{A-B} 不能由实验直接测得。

应该指出的是，键能和键焓都可表示化学键的强弱，只不过是分别从微观结构和宏观热力学考虑，其数值相差很小。如 H_2 分子在 0 K 时的离解能为 432.2 kJ·mol^{-1}，298 K 时为 434.4 kJ·mol^{-1}，而 298 K 时，H_2 分子的键焓为 436.9 kJ·mol^{-1}，这些数值都可表示 H_2 分子的键能。

对于多原子分子 AB_n，存在 n 个 A—B 键。

$$AB_n \longrightarrow A + nB \qquad nD_{A-B}$$

D_{A-B} 叫平均键能，它是各步离解能的平均值。例如，已知

$$CH_4 \longrightarrow CH_3 + H \qquad D_1 = 421 \text{ kJ·mol}^{-1}$$
$$CH_3 \longrightarrow CH_2 + H \qquad D_2 = 469.9 \text{ kJ·mol}^{-1}$$
$$CH_2 \longrightarrow CH + H \qquad D_3 = 415 \text{ kJ·mol}^{-1}$$
$$CH \longrightarrow C + H \qquad D_4 = 334.7 \text{ kJ·mol}^{-1}$$

则平均键能为

$$D_{\text{C-H}} = \frac{D_1 + D_2 + D_3 + D_4}{4}$$

$$= \frac{421 + 469.9 + 415 + 334.7}{4}$$

$$= 410.2 \,(\text{kJ} \cdot \text{mol}^{-1})$$

虽说平均键能是从特定分子求得的，但其数值可应用于其他分子，即可以不考虑一种化学键对另一种化学键的影响。例如，CH_2Cl_2 分子中有 2 个 C—H 键，2 个 C—Cl 键，故其总的键能等于 CH_4，CCl_4 分子中两倍平均键能 $E_{\text{C-H}}$，$E_{\text{C-Cl}}$ 之和。

2. 键长和键角

键长和键角是确定分子性质和几何构型的重要因素。键长、键角可以用量子力学方法近似计算，实际上对于复杂分子往往是通过光谱实验测定，对于晶体用 X-衍射实验测定。

(1) 键长　它是指两个成键原子原子核间的距离。两个原子间化学键的键长越短，其化学键越强。实验结果表明：在不同分子中，相同两原子间形成同种类型的化学键时，其键长相近，即共价键的键长有一定的守恒性。例如，Si—Cl 键的键长，在 SiH_3Cl 分子中为 200 pm，在 $SiHCl_3$ 分子中为 202 pm，近似相等。但是当成键原子的杂化轨道类型发生变化时，键长也会发生相应的变化。在 SiH_3Cl 和 $SiHCl_3$ 分子中，Si—Cl 键的键长之所以近似相等，是因为 Si 原子都是以 sp^3 杂化轨道成键。而在 C_2H_6 和 CH_3COOH 分子中，C—C 键键长分别为 154 pm 和 146 pm，这是因为在 C_2H_6 分子中 2 个 C 原子以 sp^3-sp^3 成键，而在 CH_3COOH 分子中，2 个 C 原子以 sp^3-sp^2 成键，成键原子杂化轨道类型不完全相同。

当然，如果键型发生变化，则键长发生变化。如复键的键长不等于单键键长。

共价键键长与成键原子的共价半径有一定关系。对于同核双原子分子如 Cl_2，其共价半径 r_{Cl} 等于共价键键长的一半。对于异

核分子如 $SnCl_4$，其共价单键键长 d_{Sn-Cl} (231 pm)小于两个原子共价半径之和($r_{Sn} + r_{Cl}$ = 141 + 99 = 240 pm)。产生这种差异的原因是由于共价半径是由同核双原子分子求得，而异核分子中元素的电负性不同，电负性的差异使两原子带有部分异性电荷而产生额外的吸引力，从而使键长缩短。

(2) 键角　分子中相邻两个化学键之间的夹角叫**键角**。例如，H_2O 分子中，2 个 O—H 键之间的夹角(常以符号∠HOH 表示)为 104.5°，这就决定了 H_2O 分子是 V 型结构。键角对决定分子的性质如极性等也有重要的影响。

10.5.2　分子的极性和磁性

1. 分子的极性

在共价键中，根据键的极性可将共价键分为非极性共价键和极性共价键。对于同核双原子分子或多原子分子如H_2, Cl_2, S_8, P_4等，由于键合元素的电负性相同，共用电子对不发生偏移，这种键叫**非极性共价键**。对于异核双原子或多原子分子如HCl, $SiCl_4$等，由于键合元素的电负性不同，共用电子对将发生偏移，这种键叫**极性共价键**。

在研究分子的性质时，不仅是着眼于化学键是否有极性，更重要的是讨论分子的极性。

对于共价型分子，若分子中正电荷中心和负电荷中心重合，这类分子叫**非极性分子**；若分子中正电荷中心和负电荷中心不重合，这类分子叫**极性分子**。由于分子是原子以特定的化学键键合而成，因此，键的极性和分子的极性必然存在一定的关系。

① 同核双原子或多原子分子，键无极性，其分子也无极性。
② 对于异核双原子分子，键的极性与分子的极性是一致的。
③ 对于异核多原子分子，键一定有极性，但分子是否有极性，取决于分子几何构型的对称性。例如，在BF_3, NF_3 分子中，B—F, N—F 是有极性的，但 BF_3 为平面三角形，分子几何构

型具有对称性而无极性,NF₃ 为三角锥形,N 原子有一对孤对电子,分子构型不具对称性而有极性。又如,SiF₄,SF₄ 分子中,Si—F,S—F 键是有极性的,但 SiF₄ 为正四面体,SF₄ 为变形四面体,S 原子有一对孤对电子,所以 SiF₄ 无极性,SF₄ 有极性。

分子极性大小用偶极矩 μ 衡量

$$\mu = q \cdot d \tag{10-9}$$

式中 d 为分子中正、负电荷中心的距离或叫偶极长,q 为正(或负)电荷中所带的电荷或者叫偶极电荷。

偶极矩为矢量,其方向是从正电荷指向负电荷。偶极矩 μ 可由实验测定,但 d,q 不能由实验测得。为了计算偶极矩 μ,可以假设偶极长 d 与键长相近,其数量级为 10^{-8} cm,偶极电荷 q 与电子的电荷相近,其数量级为 10^{-10} esu,在非 SI 制中,把 10^{-18} esu·cm 作为偶极矩的单位称为"德拜"以 D 表示,即 1 D=10^{-18} esu·cm(在SI制中,μ 的单位以 C·m 表示,1 D=3.336×10^{-30} C·m)。分子的偶极矩 μ 越大,其极性越强,如 μ_{H_2O}=1.84 D,μ_{NH_3}=1.47 D,H_2O 的极性比 NH_3 的极性强。

2 个键合原子间的键矩也是矢量,分子的偶极矩是各键矩的矢量加合。NH₃ 和 NF₃ 都是三角锥形,N 原子有一对孤对电子,但由于键矩的方向不同,导致两个分子的偶极矩相差很大(μ_{NH_3}=1.47 D,μ_{NF_3}=0.12 D)。这种差别的产生可示意如下:

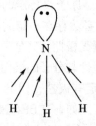 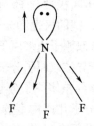

某些双原子分子的键长和偶极矩列于表 10-4 中。

表 10-4　　某些双原子分子的键长和偶极矩

分子	键长 pm	偶极矩 10^{-30} C·m	(D)
HF	92.2	6.095	(1.827)
HCl	128.4	3.700	(1.080)
HBr	142.4	2.762	(0.828)
HI	162.0	1.492	(0.448)
CO	113.1	0.374	(0.112)
NO	115.4	0.530	(0.159)

分子的偶极矩能够提供分子中的电荷分布，这对于讨论分子的某些性质是有意义的。

【例 10-3】 实验测得 HCl(g) 的偶极矩为 1.08 D，键长为 127 pm，计算 H 和 Cl 原子的电荷（以电子 e 的电荷为单位）。

解 $\mu = qd$，

$$q = \frac{\mu}{d} = \frac{(1.08\ \text{D})\left(\dfrac{3.34 \times 10^{-30}\ \text{C·m}}{1\ \text{D}}\right)}{(127\ \text{pm})\left(\dfrac{10^{-12}\ \text{m}}{1\ \text{pm}}\right)}$$

$$= 2.84 \times 10^{-20}\ \text{C}$$

以电子电荷为单位

$$q = (2.84 \times 10^{-20}\ \text{C})\left(\frac{1e}{1.60 \times 10^{-19}\ \text{C}}\right) = 0.178e$$

于是 HCl 分子中原子所带的电荷为

$$^{0.178(+)}\text{H—Cl}^{0.178(-)}$$

2. 分子的磁性

物质的磁性有顺磁和抗磁之分，而磁性又与组成该物质的分子(或离子)的磁性有关。任何物质的分子(或离子)若有一个或多个成单电子则该物质是顺磁的,若没有成单电子则是抗磁的。组成物质的分子若有成单电子,成单电子的轨运动和自旋运动将产生磁矩,其中自旋运动产生的磁矩是主要的。具有固有磁矩的分子(或离子)好似一个微观磁子,当把这种类似微观磁子的物质放在外磁场中时,固有磁矩的取向和外加磁场方向一致,使磁场强度增加,这种物质是顺磁性的。

若组成物质的分子(或离子)不存在成单电子,该物质不具有磁矩,但在外加磁场中可以产生非常弱的诱导磁矩,其方向和外加磁场方向相反,这种物质是抗磁性的。

物质磁性的大小常以磁矩 μ 表示,单位为波尔磁子(BM)。物质中完全由分子(或离子)中成单电子自旋所产生的磁矩,其大小可由下式计算

$$\mu = [n(n+2)]^{\frac{1}{2}} \qquad (10\text{-}10)$$

式中 n 为成单电子数。如 $CuSO_4 \cdot 5H_2O$ 中 Cu^{2+} 的电子组态为 $[Ar]d^9$,有一个成单电子,故其磁矩为

$$\mu = [1 \times (1+2)]^{\frac{1}{2}} = 1.732 \text{ BM}$$

但实验测得 $\mu = 1.95$ BM,比理论计算值略高,这种差异是由电子轨运动产生磁矩造成的。

另外,磁性的大小也可用磁化率表示。表征磁场对1摩尔物质磁化强度的影响叫摩尔磁化率,其单位为 cm^3/mol,物质的摩尔磁化率与组成该物质的分子(或离子)的成单电子数有关,如 O_2 的摩尔磁化率为 3.360×10^{-3} cm^3/mol,表明 O_2 分子有2个成单电子。

物质的磁性可用磁力天平进行测量。

10.6 金属晶体、金属键

周期表中大约3/4的元素为金属。金属有许多共同的性质,

如具有金属光泽以及良好的导电性、导热性和机械加工性能等,这些性质与金属晶体结构和金属键有关。

10.6.1 金属晶体

大约70%的金属是由金属原子紧密堆积而成的。所谓紧密堆积是指金属原子尽可能趋向于相互接近,使每个原子具有尽可能大的配位数。紧密堆积将降低体系的能量,晶体趋于稳定。

若把金属视为圆球,平面上等径圆球最紧密堆积层叫**密置层**,如图10-22所示。在密置层中,每个球与另外6个球接触,每3个球围成一个空隙,每个球周围有6个空隙。

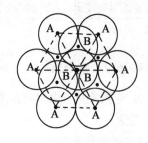

图10-22 金属原子的紧密堆积

对于金属晶体,人们更侧重于考虑紧密堆积方式,绝大多数金属单质晶体属于三种紧密堆积。

三种紧密堆积晶格及其特征分别见图10-23和表10-5。

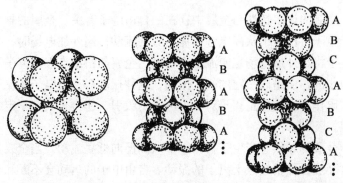

(a) 体心立方晶格　　(b) 六方紧堆晶格　　(c) 面心立方紧堆晶格

图10-23 三种金属晶格示意图

表 10-5　　　　　　　金属三种紧密堆积

名　称	晶系	晶格类型	配位数	空间利用率	实例
体心立方紧密堆积	立方	体心立方	8	68%	Na,K,Cr,Mn,Fe
六方紧密堆积	六方	六方	12	74%	Be,Mg,Zn,Cd,Ti
面心立方紧密堆积	立方	面心立方	12	74%	Ca,Ba,Cu,Ag,Pt

10.6.2　金属键

处理金属中的化学问题主要有两种理论，即自由电子理论和能带理论。

1. 自由电子理论

自由电子理论认为：自由电子和正离子组成的晶体格子之间的相互作用为金属键。金属元素原子核对其价电子的吸引很弱，价电子容易脱离原子核的束缚而成为自由电子，这些电子不再属于某一金属原子，而是在整个金属晶体中自由运动。金属原子失去价电子后形成的正离子好似浸没在自由电子的"海洋"中。如图 10-24 所示。

金属的许多特性与金属中存在的自由电子有关。金属的导电性产生于自由电子从高电势向低电势的流动，当外加电场时，自由电子将沿外加电场定向流动而导电。金属晶格结点上的离子不是静止的，而是以一定的幅度振动，这种振动对自由电子的流动起阻碍作用，加之正离子对自由电子的吸引，使得金属有一定的电阻。

金属的导热性产生于自由电子从高温向低温流动，当金属受热时会加强晶格结点上离子的振动。自由电子的运动会不断和离子碰撞而交换能量，使热能在金属晶体中传递。

自由电子能吸收可见光并随即放出，因此金属不透明并显金

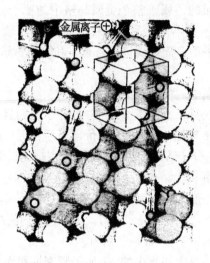

图 10-24 金属电子结构的"电子-海洋"模型示意图

属光泽。

金属紧密堆积结构允许在外力作用下层与层间的滑动,但不破坏金属键,因此,金属有良好的机械加工性能。

2. 能带理论

自由电子理论虽能说明金属许多物理性质,但不能说明所有的性质,例如,根据自由电子理论,金属键的强度应随价电子的增加而增大,从而使金属的熔点也相应升高,但第四周期ⅥB族元素 Cr 的熔点(1875℃)比ⅢB族元素 Sc 的熔点(1541℃)和Ⅷ族元素 Ni 的熔点(1455℃)都高,这是自由电子理论或"电子-海洋"模型难以解释的。

为了更好地解释金属的物理性质,提出了能带理论或叫"分子-轨道"模型。

能带理论建立在分子轨道理论基础上。能带理论认为:金属晶体中,金属原子的原子轨道能组成一系列分子轨道,分子轨道中的电子是离域的，属于整个金属晶格中的原子，形成金属键。金属键和离域 π 键不同，后者是由几个平行 p 轨道组成，离域 π 键限于同一平面，而金属键由若干 s 和 p 轨道组成，金属键可向立体伸展。

下面以金属 Na 为例加以讨论。

为了简便起见，首先考虑两个 Na 原子，而且只着眼于由价轨道形成的分子轨道。Na 原子的价电子组态是 $3s^1$，价轨道 $3s$ 将形成 σ_{3s} 和 σ_{3s}^* 分子轨道，2 个价电子将占据能量低的 σ_{3s} 轨道形成 Na_2 分子。事实上，钠蒸气中约有 17% 的 Na_2 分子。若有 3 个 Na 原子，则价轨道 $3s$ 将形成 3 个分子轨道，即 σ_{3s}，σ_{3s}^* 和 σ_{3s}-非键轨道。2 个电子充满 σ_{3s} 轨道，另一个电子占据 σ_{3s}-非键轨道，3 个电子属于 3 个 Na 原子所有。

金属钠晶体是由相当多的 Na 原子紧密堆积而成，因此，Na 原子的价轨道 $3s$ 将形成相当多的分子轨道，每个分子轨道具有相应的能量，可以认为形成了能带。若考虑 Na 原子所有原子轨道都形成分子轨道，则将产生不同的能带，即由 $1s$，$2s$，$2p$，$3s$ 原子轨道组成分子轨道所形成的能带。由充满电子的原子轨道形成的低能量能带叫满带，由未充满电子的价轨道形成的高能量能带叫导带，满带与导带之间的能量差叫禁带。Na 原子价轨道形成的导带中，有一半充满电子，另一半是空的，价电子未充满的导带形成稳定的金属键。在激发的情况下，电子可以从充满电子的导带向其空带运动，显然，金属的导电性与这种电子的运动有关。能带示意于图 10-25。

金属中相邻近的能带有时可以相互重叠，金属铍中 $2s$ 和 $2p$ 能带的重叠即为一例。Be 原子的价电子组态为 $2s^2$，由 $2s$ 形成的能带应该是充满电子的满带，似乎铍是一个非导体。但由于 $2s$ 能带和 $2p$ 能带的能量接近，可以发生重叠，如图 10-26 所示。充满电子的 $2s$ 满带的电子可以跃迁到空的 $2p$ 能带，所以铍仍是良导体。

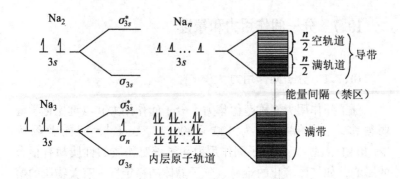

图 10-25　Na_2，Na_3，Na_n 分子轨道形成的能带示意图

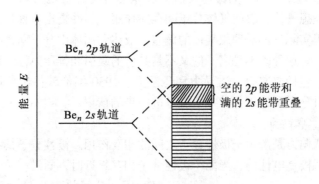

图 10-26　Be_n $2s$ 和 $2p$ 能带重叠示意图

由于金属晶体中半充满的导带的价电子是离域的，一般说来金属键很强，而且随价电子的增加而增强，如原子仅有一个价电子的金属钠，其熔点为 97.5℃，而原子有 6 个价电子的金属铬，其熔点为 1875℃。

金属键的强弱可用金属的原子化热衡量，金属原子化热是指 1 mol 金属变为气态原子时吸收的能量（即 298 K 时的汽化热）。一般说来，金属原子化热越大，该金属的硬度越大，熔点越高。

10.7 分子间作用力和氢键

10.7.1 分子间作用力

分子间作用力又称范德华力。分子间作用力和氢键比化学键弱得多，化学键键能为 $100\sim800$ kJ·mol^{-1}，而前者约为 $2\sim40$ kJ·mol^{-1}。但分子间作用力和氢键对物质的性质却有很大的影响，如气体液化的难易、分子晶体的稳定性，有关物质的熔点、沸点、溶解度等。

19 世纪后期，范德华在研究气体的行为时发现实际气体不同于理想气体，表明气体分子间存在作用力，并提出范德华方程以修正实际气体对理想气体的偏差。液体和固体中分子间也存在这种力。这种既不是离子的又不是共价的吸引和排斥力称为**范德华力**，包括取向力、诱导力和色散力。1930 年伦敦提出色散力后，对分子间作用力的本质有了进一步的认识。

1. 取向力

取向力是产生于极性分子之间的相互作用。极性分子具有偶极，偶极是电性的，当两个极性分子相互靠近时，同极相斥，异极相吸，分子将发生转动而取向（如图 10-27），取向的极性分子间以静电相互作用，从而使体系处于稳定状态。

室温下，取向力对固体和液体中分子的作用是明显的，特别是对强极性分子的化合物如 H_2O，NH_3 的凝聚起主要作用。在高温或气态时，由于分子热运动的结果，取向力将大大减弱。

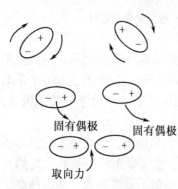

图 10-27 极性分子间相互作用

2. 诱导力

诱导力存在于极性分子和极性分子以及极性分子和非极性分子之间。当极性分子与非极性分子靠近时，由于极性分子对非极性分子的诱导作用，将使非极性分子的电子云发生变形，即电子云偏向极性分子的正极，导致非极性分子的正、负电荷中心不重合而产生偶极，这种偶极叫**诱导偶极**。诱导偶极与极性分子固有偶极的作用叫**诱导力**（如图10-28）。

极性分子与极性分子之间，由于永久偶极的相互诱导，也会产生诱导偶极，其结果是使极性分子的偶极矩增大。

诱导力与极性分子的偶极矩、被诱导分子的可极化性以及分子间的距离有关。由于大多数物质分子的可极化性不是很大，所以诱导力是很弱的。

3. 色散力

色散力产生于分子瞬时偶极的相互作用。从总的效果看，非极性分子的正、负电荷中心是重合的，但由于核外电子的运动和原子核的振动，在某一瞬间可能引起电子与核的相对位移，导致正、负电荷中心不重合，产生瞬时偶极。分子瞬时偶极的相互作用叫**色散力**（如图10-29）。

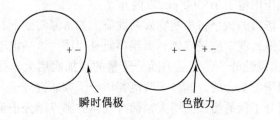

图10-29 非极性分子相互作用

色散力也存在于极性分子和非极性分子中。色散力主要与分子的变形性以及分子间的距离有关。

综上所述,范德华力可分为三种。在非极性分子间只有色散力;极性分子和非极性分子间存在诱导力和色散力;在极性分子间三种力皆存在。除了极性很大的分子间的取向力外,在三种作用力中,色散力是主要的。表 10-6 列出了分子间三种作用能大小。

表 10-6　　　　　　　　分子间三种作用能

分子	偶极矩 10^{-30} C·m (D)		取向能 kJ·mol^{-1}	诱导能 kJ·mol^{-1}	色散能 kJ·mol^{-1}	总作用能 kJ·mol^{-1}
Ar	0	(0)	0.00	0.00	8.50	8.50
CO	0.39	(0.112)	0.003	0.008	8.75	8.75
HI	1.40	(0.42)	0.025	0.113	25.87	26.0
HBr	2.67	(0.80)	0.69	0.502	21.94	23.13
HCl	3.60	(1.08)	3.31	1.00	16.85	21.14
NH$_3$	4.90	(1.47)	13.31	1.55	14.95	29.81
H$_2$O	6.17	(1.84)	36.39	1.93	9.00	47.32

范德华力的本质是静电的,因此,范德华力没有方向性和饱和性,但作用范围小(500 pm 以内)。

范德华力的大小将影响物质的性质。如常温常压下,氟、氯单质为气体,溴单质是液体,而碘单质是固体,这是由于卤素分子 X$_2$ 是非极性分子,色散力随分子量的增加而增大。稀有气体是由范德华力结合的,其分子叫范德华分子或非键分子。分子的离解能随分子量的增加而增大,稀有气体的沸点随分子量的增加而升高,有关数据列于表 10-7 中。

表 10-7　稀有气体凝聚相沸点和分子的离解能、半径

性　质 \ 稀有气体分子	氦	氖	氩	氪	氙
沸点/℃	−268.9	−246.0	−185.7	−107	−61.8
半径/pm	300	320	376	400	436
离解能/kJ·mol^{-1}	0	0.195	1.01	1.51	2.22

10.7.2　氢键

氢键是一种既可存在于分子间又可存在于分子内的作用力,其强度(约 20 kJ·mol^{-1})比化学键弱得多。

1. 氢键的形成

与电负性大的原子 X 结合的 H 原子(X—H)带有部分正电荷,能够与另一个电负性大的原子 Y (或 X)结合形成聚集体 X—H⋯Y (或 X—H⋯X),这种结合作用叫氢键。形成氢键的原子 X,Y 具有电负性大、半径小、有孤对电子等特性,因此,能形成特征氢键的原子是 F,O,N。X,Y 可以是相同元素的原子(如 O—H⋯O),也可以是不同元素的原子(如 N—H⋯O)。

氢键主要存在于液态(如水)和固态(如冰)物质中,但也可存在于气态物质(如 NH_3)中。晶体中,氢键可以以分离的离子存在,如 KHF_2 中的 HF_2^-,也可形成无限长键,如 $KHCO_3$ 中的 HCO_3^-。从氢键类型来看,可分为分子间氢键和分子内氢键。

分子内氢键除了必须具备形成氢键的必要条件外,还要具备特定的条件:形成平面环,环的大小以五原子或六原子环最为稳定,形成的环中没有任何扭曲。水分子间氢键和邻-硝基苯酚分子内氢键如图 10-30 所示。

从图 10-30 中可以看出:形成分子间氢键的原子在一直线上,而形成分子内氢键的原子不处在同一直线上,键角

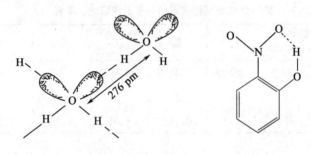

图 10-30 H₂O 分子间氢键和 邻-硝基苯酚 分子内氢键

∠O—H⋯O 一般为 150°左右。1 个 H₂O 分子与其他 H₂O 分子间最多可以形成 4 个氢键。在邻-硝基苯酚分子内氢键中,形成了处于同一平面的六原环。

氢键的强度可用氢键的键能衡量。氢键的键能是指 X—H⋯Y—R 离解为 X—H 和 Y—R 所需的能量。最强的氢键是 HF_2^- 离子中的氢键 [F—H⋯F]⁻,其数值为 150~250 kJ·mol⁻¹,但难以用实验测定。氢键的键长是指 X—H⋯Y 中 X 原子核与 Y 原子核之间的距离,它比范德华半径之和小,比共价半径之和大。表 10-8 列出几种常见氢键的键能和键长。

表 10-8 几种常见氢键的键能和键长

氢键	键能 kJ·mol⁻¹	键长 pm	化合物
F—H⋯F	28.0	255	(HF)$_n$
O—H⋯O	18.8	276	冰
N—H⋯F	20.9	268	NH₄F
N—H⋯O	16.2	286	CH₃CONHCH₃(在 CCl₄ 中)
N—H⋯N	5.4	338	NH₃

2. 氢键的本质和特征

关于氢键的本质曾提出不同的观点，而这些观点实际上与处理氢键的方法有关。概括起来主要有静电模型、价键法和分子轨道法，其中以静电模型最为简单。静电模型认为在氢键 X—H⋯Y 中由于共价键 X—H 共用电子对强烈偏向于 X 原子，H 原子带部分正电荷，而且半径小，带部分正电荷的 H 原子与另一个分子或分子内含有孤对电子并带部分负电荷的 Y 原子以静电作用形成氢键。静电模型可以定性解释氢键的强弱和几何形状，即氢键键能比化学键键能弱得多，氢键一般为直线形（如 F—H⋯F），但固态物质中的氢键或分子内的氢键可以是角形。

氢键具有方向性和饱和性。氢键的方向性是指当 Y 原子与 X—H 形成氢键时，要尽可能使氢键与 X—H 键轴在同一方向，或者氢键的方向与 Y 原子中孤对电子的对称轴相一致，这样可使 Y 原子中负电荷分布最大的部分接近 H 原子。氢键的饱和性是指 X—H 中的 H 只能与一个 Y 原子形成氢键，X 原子形成氢键也有限度，如一个 HF 分子最多可形成 2 个氢键，一个 H_2O 分子最多可形成 4 个氢键。

3. 氢键对化合物性质的影响

氢键的形成对物质的性质是有影响的。分子间形成氢键后，使分子缔合，分子间产生较强的结合力，导致其熔点、沸点升高。对于液体，它的介电常数和分子的偶极矩增大，粘度也增大。表 10-9 列出某些氢化物的沸点。

表 10-9　　Ⅵ，Ⅶ主族元素氢化物的沸点

氢化物	沸点/℃	氢化物	沸点/℃
HF	20	H_2O	100
HCl	-84	H_2S	-69.8
HBr	-67	H_2Se	-41.5
HI	-35	H_2Te	-1.8

H_2O 的介电常数大，分子的偶极矩大，这对水作为溶剂使盐的溶解度增加是很有意义的。

氢键的形成使硫酸、磷酸的粘度增加。

氢键的形成对液体和固体的电学性质也有影响。如在水溶液中，H_3O^+ 的电导率比其他一价离子的电导率大，25℃ 时，H_3O^+ 为 350~392 $ohm^{-1} \cdot cm^2 \cdot mol^{-1}$，而 M^+ 为 50~75 $ohm^{-1} \cdot cm^2 \cdot mol^{-1}$。

分子内氢键的形成，一般使物质的熔点、沸点降低，这是因为分子内氢键的形成将减少分子间氢键的生成。例如，能形成分子内氢键的邻-硝基苯酚 $O_2N-\underset{HO}{\bigcirc}$，沸点为 45°，而不能形成分子内氢键的间-硝基苯酚 $O_2N-\underset{OH}{\bigcirc}$ 和对-硝基苯酚 $O_2N-\bigcirc-OH$，其沸点分别为 96℃ 和 114℃。邻-硝基苯酚比间位、对位硝基苯酚更易溶于非极性溶剂。

10.7.3 离子极化

前面讨论了离子键和共价键，但离子键和共价键没有绝对的界线，而离子极化的结果正好消除了这种界线。所谓**离子极化**是把化合物视为离子化合物，离子在异性离子电场的作用下被诱导极化使电子云发生变形而偏离原来的球形分布，从而使离子化合物不同程度地向共价化合物转化。图 10-31 为离子极化示意图。

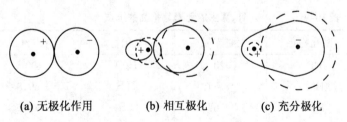

(a) 无极化作用　　(b) 相互极化　　(c) 充分极化

图 10-31　离子极化示意图

离子极化主要考虑阳离子的极化能力或极化作用和阴离子的可极化性或变形性。

1. 阳离子的极化能力

阳离子的极化能力是指阳离子对阴离子施加的电场强度,主要与阳离子的电荷、半径和电子组态有关。当离子的构型相同时,离子的电荷越高、半径越小,其极化能力越强。这是因为离子的场强与离子势 Z/r^2(Z 为离子的电荷数,r 为离子半径(pm))成正比。例如,离子的极化能力 $Mg^{2+}>Ba^{2+}$,$Al^{3+}>Mg^{2+}$。

当离子的电荷相同和半径相近(即离子势 Z/r^2 相近)时,离子极化能力与离子构型的关系是

18 电子型、18+2 电子型＞9~17 电子型＞8 电子型

这是因为我们所讲的离子所带的电荷是假设了每个电子对核的完全屏蔽,即屏蔽常数 $\sigma=1$。这种假设对过渡金属离子偏差较大,因为 d 电子对核的屏蔽作用较小。另外,对 18 电子型或 18+2 电子型阳离子,在阴离子极化作用下,将产生一定的变形。因此,当离子构型不同时,即使离子势相近,其性质差异很大。例如 Ca^{2+} 和 Hg^{2+} 的电荷相同,离子半径相近($r_{Ca^{2+}}=100$ pm,$r_{Hg^{2+}}=102$ pm),但 $CaCl_2$ 为离子化合物,而 $HgCl_2$ 为共价化合物,其熔点分别为 772℃ 和 276℃。

根据离子极化的观点,$SiCl_4$,PCl_5 可视为 Si^{4+},P^{5+} 离子对 Cl^- 的极化作用,使其变为共价型化合物。

2. 阴离子的可极化性

阴离子的可极化性是指在阳离子电场作用下阴离子电子云的变形性。主要取决于核对外层电子吸引程度和外层电子数。一般说来,阴离子的负电荷越高、半径越大,则可极化性越大。例如,可极化性:$I^->Cl^-$,$O^{2-}>F^-$。对于多原子阴离子(如 NO_3^-,ClO_4^-),其可极化性很小。

3. 相互极化作用

由于阳离子的可极化性不大，阴离子的极化作用不强，所以通常讨论离子间相互极化时，一般只考虑阳离子对阴离子的极化作用。但当阳离子的可极化性较大时，既要考虑阳离子对阴离子的极化作用，又要考虑阴离子对阳离子的极化作用，即将产生相互极化作用或附加极化作用，其结果是使极化作用增强。

阳离子的可极化性主要与离子构型和离子半径有关。18电子型和18+2电子型阳离子的可极化性大，如Hg^{2+}，Pb^{2+}离子，此时应考虑附加极化作用。若构型相同，则离子半径大，其可极化性大，如：Zn^{2+}，Cd^{2+}，Hg^{2+}的碘化物中，总的极化作用按$Zn^{2+} < Cd^{2+} < Hg^{2+}$的顺序增加。

4. 离子极化模型的应用

离子极化难以进行定量处理和计算，但能定性解释一些与化学有关的事实和现象，应用广泛，概括起来主要有以下几个方面：

① 对晶体结构的影响　影响离子晶体结构的主要因素是，晶体的化学组成，即晶体中的正、负离子及其离子半径比，离子的极化作用和可极化性。这些因素对晶体结构的影响，实际上是对晶体中离子配位数的影响，而配位数与离子的半径比有关。当离子间存在较强的极化作用时，离子键向共价键转化，原子轨道将发生一定程度的重叠，显然，仍以简单的离子半径之比来确定离子的配位数和晶体结构是不真实的。例如AgCl，AgBr，AgI三种离子晶体中，若按离子半径比计算，都属于NaCl型晶体，配位数为6。但实验测定表明，AgI为ZnS型晶体，配位数为4，这是离子极化作用的结果。表10-10列出了与卤化银晶型有关的数据。

② 对盐类热稳定性的影响　离子极化对某些盐类特别是碳酸盐、硝酸盐、硫酸盐、磷酸盐的热稳定性是有影响的。盐的热稳定性高，则分解温度高。

表 10-10　　离子极化对卤化银晶型的影响

晶型和参数	AgCl	AgBr	AgI
理论核间距/pm	307	321	342
实测核间距/pm	277	288	281
离子极化后差值/pm	30	33	61
理论 r^+/r^-	0.695	0.63	0.58
理论晶型	NaCl	NaCl	NaCl
实测晶型	NaCl	NaCl	ZnS
配位数	6	6	4

含氧酸盐由金属离子 M^{n+} 和含氧酸根组成,金属离子 M^{n+} 视为外加电场会对 O 原子产生极化作用,而 M^{n+} 的极化能力与其离子的半径和构型有关。离子的极化能力越强,相应含氧酸盐的热稳定越低,越易分解。例如,碱土金属碳酸盐分解的难易即为一例证。表 10-11 列出有关的数据。

表 10-11　　MCO_3 分解反应的 $\Delta_r H_m^\ominus$, $\Delta_r G_m^\ominus$ 和分解温度

$$(MCO_3 \stackrel{\triangle}{=\!=\!=} MO + CO_2)$$

碳酸盐	$\Delta_r H_m^\ominus$/kJ·mol^{-1}	$\Delta_r G_m^\ominus$/kJ·mol^{-1}	t/℃
$MgCO_3$	107.6	48.3	407
$CaCO_3$	178.3	130.4	895
$SrCO_3$	237.4	183.8	1182
$BaCO_3$	269.3	218.1	1535

③ 对盐类溶解度的影响　盐类在极性溶剂中的溶解度受多种因素的影响,其中主要考虑离子的水合焓 ΔH。水合焓 ΔH 是

指气态离子在水中水合所产生的热效应,曾提出水合焓 ΔH 为

$$\Delta H = -\frac{69500Z^2}{r_{有效}} \text{kJ} \cdot \text{mol}^{-1}$$

式中 Z 为离子的电荷,$r_{有效}$ = 离子半径 + 85 pm。离子极化作用的结果,将使离子半径发生变化。例如,卤化银在水中的溶解度是

$$AgF > AgCl > AgBr > AgI$$

习　题

10.1 NaCl(g)的核间距是 236 pm,NaCl(s)中 Na^+ 至 Cl^- 的最短距离为 281 pm,但在晶体中的结合能却比气相中作用能大,为什么?

10.2 NaF,MgO 为等电子体,都具有 NaCl 晶型,但 MgO 的硬度几乎是 NaF 的两倍,MgO 的熔点(2800℃)比 NaF(993℃)高得多,为什么?

10.3 写出下列分子或离子的路易斯结构式:

$$N_2F_2 \quad (CN)_2 \quad CO_3^{2-} \quad CH_3^-$$

10.4 H 原子的 $1s$ 轨道是球形对称的,无方向性,F 原子的 $2p$ 轨道可以在最大重叠方向成键,但 H_2 分子的键能(430.8 kJ·mol^{-1})却比 F_2 分子的键能(154.8 kJ·mol^{-1})大,为什么?

10.5 Cl_3P—O—$SbCl_5$ 分子中,键角∠POSb 为 165°,试指出 P,Sb,O 原子的杂化轨道类型。

10.6 试预测 $H_2C_2O_4$ 分子中大约的键角∠HOC,∠OCO。

10.7 指出下列分子或离子中中心原子杂化轨道类型、几何构型:

$$OF_2 \quad CH_3^- \quad CH_3^+ \quad BH_4^- \quad H_3O^+$$

10.8 写出 SCN^- 的共振体,并标明形式电荷。

10.9 无机苯$(NBH_2)_3$ 具有环状结构,写出共振体,说明 N,B 原子的成键情况。

10.10 试用价键法和分子轨道法说明 F_2 和 O_2 分子的结构,这两种方法的处理结果是否一致?

10.11 写出 O_2, O_2^+, O_2^- 分子或离子的分子轨道式,并比较它们的稳定性。

10.12 CO,N_2 的键能分别为 1070 kJ·mol^{-1},942 kJ·mol^{-1},是双原子分子中最高的,试说明原因。

10.13 试根据 VSEPR 预测下列分子或离子的几何构型：

I_3^- PCl_3F_2 $SnCl_6^{2-}$ XeF_4

10.14 试根据 VSEPR 预测 SF_4，IF_5 的几何构型，分析中心原子 S,I 的杂化轨道类型。

10.15 主族元素 AB_3 型分子有三种几何构型，试各举一例说明。每个分子中有多少孤电子对？分子是否有极性？

10.16 为什么气态双原子分子 Be_2 不稳定？而固体 Be 稳定，且具有金属特性？

10.17 CX_4 分子为四面体构型，其熔点是：CF_4 (90 K)，CCl_4 (250 K)，CBr_4 (350 K)，CI_4 (400 K)，试说明熔点的变化。

10.18 写出 H_3O^+，$H_5O_2^+$，$H_7O_3^+$，$H_9O_4^+$ 的结构。

10.19 判断下列各组分子间存在的分子间作用力和氢键情况：

苯和四氯化碳　　甲醇和水

气态二氧化碳　　气态溴化氢

第 11 章　配位化合物

配位化合物（Coordination Compound）简称配合物，旧称络合物（Complex Compound）* 或错合物，是现代无机化学的重要研究对象，它们广泛地存在于自然界。在水溶液中的金属离子实际上是以水合金属阳离子的形式存在的，如 $Al(H_2O)_6^{3+}$，$Fe(H_2O)_6^{3+}$，$Cu(H_2O)_4^{2+}$ 等等，它们也是配离子。配位化合物的种类繁多，应用范围极广。由于现代理论化学、计算机化学、量子力学以及现代计算技术和测量技术的发展，加速了配位化学的发展，并已形成一门独立的分支学科——配位化学，成为当今无机化学最活跃的研究领域之一。

本章将首先介绍配位化合物的基本概念，然后简单介绍配位化合物的化学键理论，以及配合物在溶液中的生成和解离平衡及配合物的热力学稳定性。

11.1　配位化合物的基本概念

11.1.1　配位化合物的定义

一些常见的简单化合物可以相互加合而形成复杂的分子间化合物，如

---

* 络合物的英文名称是复杂化合物的意思，因为最初这类化合物都由能独立存在的简单化合物进一步结合而成。

$$AgCl + 2NH_3 = [Ag(NH_3)_2]Cl$$
$$HgI_2 + 2KI = K_2[HgI_4]$$
$$K_2SO_4 + Al_2(SO_4)_3 + 24H_2O = K_2SO_4 \cdot Al_2(SO_4)_3 \cdot 24H_2O$$

如果把这些复杂的分子间化合物溶于水,那么 $K_2SO_4 \cdot Al_2(SO_4)_3 \cdot 24H_2O$ 便完全解离成简单的 $K^+(aq)$,$Al^{3+}(aq)$,$SO_4^{2-}(aq)$ 离子,其行为犹如简单的 K_2SO_4 与 $Al_2(SO_4)_3$ 的混合水溶液,诸如此类的分子间化合物被称为**复盐**。而 $[Ag(NH_3)_2]Cl$ 和 $K_2[HgI_4]$ 在其水溶液中则解离为简单的离子 $Cl^-(aq)$,$K^+(aq)$ 和复杂的离子 $Ag(NH_3)_2^+$,HgI_4^{2-}。这些复杂的离子在其水溶液中相对稳定地存在,如在 $Ag(NH_3)_2^+$ 的水溶液中加入 Cl^- 离子不会产生 AgCl 沉淀。HgI_4^{2-} 和 $Ag(NH_3)_2^+$ 等复杂离子都是用配位键结合而成的配离子,它们失去了原来组分的性质,在晶体及溶液中能相对稳定地存在。

根据 1980 年中国化学会颁布的《无机化学命名原则》,配位化合物定义为:**配位化合物**是由可以给出孤对电子或多个不定域电子的一定数目的离子或分子(称为配体)和具有接受孤对电子或多个不定域电子的空位的原子或离子(统称中心原子),按一定的组成和空间构型所形成的化合物。

根据这个定义,可以认为,由一个中心原子与几个配体以配位键结合而成一个配合单元(复杂离子或分子),凡是由配合单元组成的化合物就叫做配位化合物,带正电荷的配合单元称为配阳离子。例如,$Ag(NH_3)_2^+$ 配离子中,Ag^+ 离子具有空的价电子轨道 $5s$ 和 $5p$,是电子对的接受体,即是中心原子;NH_3 分子中 N 原子上有一对孤对电子,是电子对的给予体,即是配体。Ag^+ 离子与二个 NH_3 分子按一定的空间构型以配位键结合成 $Ag(NH_3)_2^+$ 配离子,整个配合物 $[Ag(NH_3)_2]Cl$ 是一个不带电荷的中性分子。带负电荷的配合单元称为配阴离子。例如 HgI_4^{2-} 配离子,其中 Hg^{2+} 离子具有空的价电子轨道 $6s$ 和 $6p$,是电子对的接受体,为中心原子;I^-离子有孤对电子,是电子对的给予体为配体。Hg^{2+}离子与四个I^-离子按一定的空间构型以配位键结合成HgI_4^{2-}配离子,整个配合物$K_2[HgI_4]$不带电荷显中性。不带电荷的配合单元本身就是配位化合物,如$Ni(CO)_4$、二茂铁等等。

如上所述,构成配位化合物的重要组成部分是中心原子和配位体。

11.1.2 配位化合物的组成

配位化合物的组成分为内界和外界,现以$[Cu(NH_3)_4]SO_4$为例:

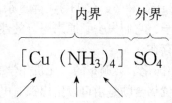

内界通常写在方括号内,其中包括中心原子和一定数目的配位体,是由中心原子与一定数目的配位体以配位键键合在一起所形成的配合单元。

1. 中心原子

中心原子又称为中心体,或称中央体、形成体。它可以是离子,也可以是原子。根据配位化合物的定义,中心体一定是具有接受孤对电子或多个不定域电子的空位的离子或原子。在$[Cu(NH_3)_4]SO_4$中,Cu^{2+}离子为中心体。

中心体多为金属(特别是过渡金属)阳离子,如$Fe(CN)_6^{3-}$中的Fe^{3+},$Cr(NH_3)_6^{3+}$中的Cr^{3+},PbI_4^{2-}中的Pb^{2+}等;有些中性原子甚至负氧化态的金属离子也可作中心体,如$Ni(CO)_4$中的Ni,$HCo(CO)_4$中的Co^-等;此外,少数高氧化态的非金属也可作中心体，如 SiF_6^{2-} 中的 $Si(IV)$，BF_4^- 中的 $B(III)$ 等。

2．配位体

配位体亦称配体，是配合物中提供孤对电子或多个非定域电子的分子或离子。其中直接与中心体键合的原子称为**配位原子**，例如，在 $[Cu(NH_3)_4]SO_4$ 中，NH_3 分子为配位体，其中由 N 原子提供孤对电子与中心体 Cu^{2+} 离子形成配位键，因此 N 为配位原子。配位原子一般集中在 p 区，如 H，F，Cl，Br，I，O，S，Se，N，P，As，C 等元素的原子。

只含有一个配位原子的配体叫做单价配体，如卤素负离子、NH_3、H_2O 等。

含有两个或两个以上配位原子并同时与一个中心体配位的配体称为多价配体。如乙二胺 $H_2NCH_2CH_2NH_2$（简写为 en）的两个 N 原子、草酸根（简写为 ox）的两个 O 原子，分别与一个金属离子同时配位，故二者均为双价配体，其配位情况可示意如下（箭头为配位键的指向）：

$$\begin{array}{cc} \overset{H_2\ H_2}{\underset{H_2N\ \ \ \ NH_2}{C-C}} & \overset{O\ \ \ \ O}{\underset{O^-\ \ \ \ O^-}{C-C}} \\ \searrow\ \swarrow & \searrow\ \swarrow \\ M^{n+} & M^{n+} \end{array}$$

这类多价配体能与中心体 M 形成环状结构，如同螃蟹的双螯钳住东西起螯合作用一样，故也叫螯合剂。

有些配体虽然也有多个配位原子，但在一定的条件下，仅有一个配位原子与合适的中心体优先配位，这类配体称为**多可配体**。例如：

  $-NO_2$　　N 为配位原子，称为硝基；
  $-ONO$　　O 为配位原子，称为亚硝酸根。

又如：

  $-SCN$　　S 为配位原子，称为硫氰根；

−NCS N 为配位原子，称为异硫氰根。
因此，NO_2^- 和 SCN^- 离子都是多可配体。

还有一类配体虽能提供两对或两对以上的孤对电子，但是不能同时与一个中心体配位形成环状结构的配合物，而只能与两个或两个以上的中心体配位，形成桥联多核配位化合物，此类配体称为**桥联配体**，如 OH^-，O^{2-}，X^- 等。如

$$\left[(H_2O)_4Fe \underset{\underset{H}{O}}{\overset{\overset{H}{O}}{\diamond}} Fe(OH_2)_4 \right]^{4+}$$

$[Fe_2(OH)_2(H_2O)_8]^{4+}$ 是 Fe^{3+} 离子水解的中间产物，是一个桥联多核配合物。在这个配合物中，OH^- 即为桥联配体。

配合物内界中的配体种类可以相同，也可以不同。前者为均配型配位化合物，如 $Cu(NH_3)_4^{2+}$，HgI_4^{2-} 配离子等；后者为混配型配位化合物，如 $PtCl_2(NH_3)_2$，$Pt(NH_3)_2(C_2O_4)$ 等。

配位体中多数是向中心体提供孤对电子，但有些没有孤对电子的不饱和烃，却能提供出若干个 π 键电子而与中心体配位形成金属有机化合物。例如，乙烯（C_2H_4）、环戊二烯离子（$C_5H_5^-$，俗称茂）、苯（C_6H_6）等，它们分别与不同金属形成相应的金属有机化合物：

蔡斯盐　　二茂铁　　二苯铬

一些常见的配位体列于表 11-1。

表 11-1　　　　　常见的配位体

名　称	简写	化　学　式	配位原子	价数
水		H_2O	O	1
氨		NH_3	N	1
羰基		CO	C	1
亚硝酰基		NO	N	1
吡啶	py	![吡啶结构]	N	1
卤素负离子		F^-, Cl^-, Br^-, I^-	F, Cl, Br, I	1
羟基		OH^-	O	1
氰根		CN^-	C	1
硫代硫酸根		$S_2O_3^{2-}$	S	1
硝基		$-NO_2^-$	N	1
亚硝酸根		$-ONO^-$	O	1
硫氰根		$-SCN^-$	S	1
异硫氰根		$-NCS^-$	N	1
乙二胺	en	$H_2N-CH_2-CH_2-NH_2$	N	2
草酸根	ox	$^-OOC-COO^-$	O	2
邻二氮菲	phen	(邻二氮菲结构)	N	2
乙二胺四乙酸根	EDTA	(EDTA结构)	N,O	6

3. 配位数

配合物中,与中心体直接配位的配位原子的数目称为**中心体的配位数**(Coordination Number,简写为 C.N.)。如果是单价配体,则中心体的配位数等于配体的总数,例如,$[Ag(NH_3)_2]^+$ 中 Ag^+ 的 C.N.$=2$,在 $[Cu(NH_3)_4]^{2+}$ 中,Cu^{2+} 的 C.N.$=4$;若是多价配体,则中心体的配位数等于配位原子的数目,如 $[Cu(en)_2]^{2+}$ 中,Cu^{2+} 的 C.N.$=2\times 2=4$,因为 en 是两价配体,每一个 en 有二个 N 原子直接与中心体 Cu^{2+} 配位。又如 $[Ca(EDTA)]^{2+}$ 中,Ca^{2+} 的 C.N.$=1\times 6=6$,因为 EDTA 为六价配体,每一个 EDTA 有两个 N 原子和四个 O 原子直接与中心体 Ca^{2+} 配位。

中心体的配位数可以达到 12,一般常见的为 2,4,6,8,也有 3,5,7,9,10,11,12。中心体的配位数的多少,与下列因素有关:

① 中心体元素所处的周期

第二周期的 Li(Ⅰ),Be(Ⅱ),B(Ⅲ)等离子的价电子层有四个空的价轨道($2s, 2p_x, 2p_y, 2p_z$),由于它们的能级相近,可组合成 sp, sp^2, sp^3 等三种类型的杂化轨道。但最常见的是配位数为 4 的 sp^3 杂化构型,如 $Be(OH)_4^{2-}, BF_4^-$ 等,其余两类较少。

第三周期的 Na(Ⅰ),Mg(Ⅱ),Al(Ⅲ),Si(Ⅳ),P(Ⅴ)等的价电子层有一个 $3s$、三个 $3p$ 轨道,可以组成 sp, sp^2, sp^3 三类杂化轨道。此外还有同属于一个主量子数的而能级较高的五个 $3d$ 轨道也是空的,因此,在一定条件下,$3s, 3p$ 轨道还可以与部分 $3d$ 轨道组合成 sp^3d, sp^3d^2 杂化轨道,配位数为 5 或 6。但是,$3d$ 轨道与 $3s, 3p$ 轨道的能量差别较大(分属两个不同的能级组),所以,对这一周期各元素正常氧化态的离子而言,s-p-d 杂化并不十分普遍,而较多的是 sp^3 杂化,例如 $Al(OH)_4^-$,SiF_6^{2-} 等。

第四、五、六周期的情况比较复杂,一般第四周期过渡元素的离子作中心体形成配合物时,配位数常见的是 4 和 6,而第

五、六周期元素的配位数可达到 8。

② 半径

中心体的半径越大,其周围可以容纳的配体越多,配位数越大。例如,Cd^{2+} 离子的半径大于 Zn^{2+} 离子半径,它们的氯配合物分别是 $CdCl_6^{4-}$ 和 $ZnCl_4^{2-}$。但是,中心离子的半径如果太大,反而会减弱它与配位体的结合而使中心体的配位数减小,如 $HgCl_4^{2-}$ 配离子。

配位体的半径越大,则中心离子周围容纳的配体越少,配位数就越小。例如,离子半径 $F^- < Cl^- < Br^-$,它们与 Al^{3+} 离子形成的配离子分别是 AlF_6^{3-},$AlCl_4^-$,$AlBr_4^-$。

③ 电荷

中心体的电荷越高,则吸引的配体数目越多,配位数就越大。例如,$PtCl_6^{2-}$ 与 $PtCl_4^{2-}$,$Cu(NH_3)_4^{2+}$ 与 $Cu(NH_3)_2^+$ 等。配位体的负电荷越高,则一方面增加了中心体对配体的引力,但另一方面也增加了配体之间的斥力,总的结果是使中心体的配位数减小。例如,$Zn(NH_3)_6^{2+}$,$Zn(CN)_4^{2-}$ 等。

④ 其他因素

外界条件如温度、浓度等对中心体的配位数也有影响。温度升高,常使配位数减小;配体(或配合剂)的浓度增大则有利于形成高配位数的配合物,例如

$$Fe^{3+} + nSCN^- \rightleftharpoons [Fe(NCS)_n]^{(3-n)+} \quad n = 1 - 6$$

其中,n 的大小取决于 SCN^- 离子的浓度,SCN^- 的浓度越大则 n 越大。

综上所述,配合物中心体的配位数除了依赖于中心体和配体的本性外,还与外界条件有关。在一定的外界条件下,某一中心离子常有其特征的配位数。表 11-2 列出了一些常见金属离子的配位数。

表 11-2　　　　　常见金属离子的配位数

离子	配位数	离子	配位数
Cu^+	2, 4	Cu^{2+}	4, 6
Ag^+	2	Zn^{2+}	4, 6
Au^+	2, 4	Al^{3+}	4, 6
Fe^{2+}	6	Cr^{3+}	6
Co^{2+}	4, 6	Fe^{3+}	6
Ni^{2+}	4, 6	Co^{3+}	6

4．配离子的电荷

配离子的电荷数等于中心体和配位体总电荷数的代数和。例如，在$[Co(NH_3)_5Cl]^{2+}$，$[Co(NH_3)_4Cl_2]^+$，$[Co(NH_3)_3Cl_3]^0$，$[Co(NH_3)_2Cl_4]^-$中，由于NH_3是中性分子，Cl^-离子带有一个负电荷，中心离子均为Co^{3+}离子，因此上述配合单元的电荷依次为$2+,1+,0,1-$。如果配体都是中性分子，则配离子的电荷数就等于中心离子的电荷数，例如$[Cr(NH_3)_6]^{3+}$。

11.1.3　配位化合物的类型

配位化合物的种类繁多，目前尚未建立严格的分类系统，只是按中心体与配体之间的键合情况大致分为以下几类。

1．简单配合物

中心体与单价配体键合形成的配合物称为简单配合物。如$K_2[PtCl_6]$，$[Cu(NH_3)_4]SO_4$，$Na_3[AlF_6]$等。另外，大量的水合物实际上是以H_2O为配体的简单配合物，如

$FeCl_3 \cdot 6H_2O$　　即$[Fe(H_2O)_6]Cl_3$

$CuSO_4 \cdot 5H_2O$　　即$[Cu(H_2O)_4]SO_4 \cdot H_2O$

2．螯合物

多价配体与中心体形成的具有环状结构的配合物称为**螯合物**

或**内配合物**。如

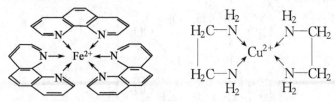

这类配合物中配位体与金属离子的结合犹如螃蟹的双螯钳住中心离子而构成环状结构。

螯合物的螯环以五原子环或六原子环最为稳定,因此,多价配体的两个配位原子之间最好相隔 2~3 个非配位原子,以便与中心体形成比较稳定的五原子环或六原子环的螯合物。

螯合物具有许多特殊性质。环状结构的配合物比具有相同配位原子的简单配合物的热力学稳定性要高得多。在空间因素的许可下,螯合物的环越多,其稳定性越高。此外,螯合物多具有特殊颜色,难溶于水,易溶于有机溶剂等特性,故常用于金属元素的分离和鉴定。如 phen 与 Fe^{2+} 生成橙红色螯合物用于鉴定 Fe^{2+},被称为亚铁试剂。

3. 多核配合物

由桥联配体与多个中心体形成的配合物称为**多核配合物**。作为桥基的一般是 OH^-,O^{2-},Cl^-,NH_2^-,NO_2^- 等,如多酸、多碱、多卤等都是多核配合物。

多酸:

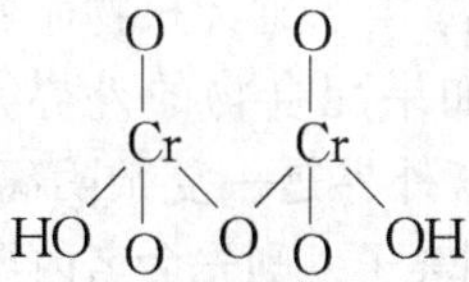

是由两个简单的 H_2CrO_4 缩合而成的,其中以氧桥连接两个中心 Cr 原子。成酸元素相同者为同多酸,如焦硫酸 $H_2S_2O_7$、重铬酸 $H_2Cr_2O_7$ 等。成酸元素不同者为杂多酸,如钼磷酸

$H_3[P(Mo_3O_{10})_4]$ 等。

多碱：

$$\left[\begin{array}{c} H_2O \ \ H \ \ OH_2 \\ H_2O \ \ \ \ O \ \ \ \ OH_2 \\ Fe \ \ \ \ Fe \\ H_2O \ \ H_2O \ \ OH_2 \ \ OH_2 \\ \ \ \ \ \ \ \ \ \ \ \ H \end{array}\right]^{4+}$$

为 $Fe(H_2O)_6^{3+}$ 离子水解的中间产物。

多卤：

$$\begin{array}{c} Cl \ \ \ \ Cl \ \ \ \ Cl \\ Al \ \ \ \ Al \\ Cl \ \ \ \ Cl \ \ \ \ Cl \end{array}$$

4．羰基配合物和不饱和烃配合物

羰基配合物是以羰基为配体与金属形成的一类配合物，如四羰基合镍 $Ni(CO)_4$；不饱和烃配合物是以不饱和烃与金属形成的金属配合物，如二茂铁 $(\eta^5 - C_5H_5)_2Fe$，其中 η^x 表示配体以 π 键结合到中心体上的 C 原子数。

11.1.4 配位化合物的命名

配位化合物组成较复杂，需按统一的规则命名。根据 1980 年中国化学会无机专业委员会制订的汉语命名原则，简要介绍如下。

整个配合物的命名，与普通无机物命名规则相同，即阴离子在前，阳离子列后。如果配合物的外界是一简单阴离子（如 Cl^-），便叫某化某；若外界是一复杂阴离子（如 SO_4^{2-}），便叫某酸某；若内界是配阴离子，则先命名内界，后命名外界，在内界与外界中间加一"酸"字。例如，

NaCl 氯化钠　　$[Co(NH_3)_6]Cl_3$ 三氯化六氨合钴(Ⅲ)

Na_2SO_4 硫酸钠　$[Cu(NH_3)_4]SO_4$ 硫酸四氨合铜(Ⅱ)

$K_2[PtCl_6]$　　六氯合铂(Ⅳ)酸钾

$[Cr(NH_3)_4Cl_2]Cl \cdot 2H_2O$　　二水一氯化二氯·四氨合铬(Ⅲ)

对于内界配位离子的命名次序为：

(配位体数)配位体"合"中心体(氧化数)

其中，配位体数用中文一、二、三、四等写在配位体前面；中心体的氧化数用罗马数字表示，写在中心体后的括号内；不同的配位体间用"·"隔开。例如，

$K[Co(NO_2)_4(NH_3)_2]$ 四硝基·二氨合钴(Ⅲ)酸钾

如果内界配离子含有两种以上的配位体，则配体列出的顺序按如下规定：

① 先列出离子配体的名称，后列出中性分子配体的名称，并遵循先简单、后复杂的原则。例如，

$K[PtNH_3Cl_3]$　　　　三氯·氨合铂(Ⅱ)酸钾

$[Co(N_3)(NH_3)_5]SO_4$　　硫酸叠氮·五氨合钴(Ⅲ)

$[Pt(NH_3)_2(NO_2)Cl]$　　氯·硝基·二氨合铂(Ⅱ)

② 无机配体在前，有机配体列后。例如，

cis-$[PtCl_2(Ph_3P)_2]$ 顺式二氯·二(三苯基磷)合铂(Ⅱ)

③ 同类配体的名称，按配位原子元素符号的英文字母顺序排列。例如，

$[Co(NH_3)_5H_2O]Cl_3$　　三氯化五氨·水合钴(Ⅲ)

④ 同类配体中若配位原子相同，则将含较少原子数的配体列前，较多原子数的配体列后。例如，

$[PtNO_2NH_3(NH_2OH)(py)]Cl$

氯化硝基·氨·羟胺·吡啶合铂(Ⅱ)

⑤ 若配位原子相同，配体中含原子数目也相同，则按在结构式中与配位原子相连的原子的元素符号的字母顺序排列。例如

$[PtNH_2NO_2(NH_3)_2]$　　氨基·硝基·二氨合铂(Ⅱ)

⑥ 配体化学式相同但配位原子不同（如—SCN，—NCS），则按配位原子元素符号的字母顺序排列。若配位原子尚不清楚，

则以配位个体的化学式中所列的顺序为准。

11.1.5 配位化合物的异构现象

化学式相同而结构不同的化合物称为**异构体**。在配合物和配离子中，这种异构现象相当普遍。异构现象有结构异构和空间异构两种基本形式。

1. 结构异构

其主要种类和实例列于表 11-3 中。

表 11-3　　　　结构异构的类型和实例

种　类	实　例	
(1) 电离异构	$[CoSO_4(NH_3)_5]Br$	(红色)
	$[CoBr(NH_3)_5]SO_4$	(紫色)
(2) 水合异构	$[Cr(H_2O)_6]Cl_3$	(紫色)
	$[Cr(H_2O)_5Cl]Cl_2 \cdot H_2O$	(亮绿色)
(3) 配位异构	$[Co(NH_3)_6][Cr(CN)_6]$	
	$[Cr(NH_3)_6][Co(CN)_6]$	
(4) 配体异构	$[Co(CH_2\text{—}CH\text{—}CH_3)_2Cl_2]^+$ 其中两个CH上分别连 NH_2 NH_2	
	$[Co(CH_2\text{—}CH_2\text{—}CH_2)_2Cl_2]^+$ 其中首末CH$_2$上分别连 NH_2 NH_2	
(5) 键合异构	$[(NH_3)_5Co\text{-}NO_2]Cl_2$	(黄棕色)
	$[(NH_3)_5Co\text{-}O\text{-}N\text{=}O]Cl_2$	(红色)

其中，前四类是由于离子在内外界分配不同，或配体本身异构，或配体在配位阴、阳离子间分配不同而形成的结构异构体，

它们的颜色和化学性质均不相同;最后一类是由于配体中不同的原子与中心体配位所形成的结构异构体。

2. 空间异构

空间异构主要有几何异构和旋光异构两类。它们是配合物立体化学的重要研究对象,因而将作较详细的讨论。

在配合物内界中,两种或多种配体在中心体周围因排列方式不同而产生的异构现象称为**空间异构**。本课程主要讨论几何异构。

(1) 几何异构

在配合物中,多种配体围绕中心体有不同配布而产生的几何异构体,最常见的是顺反异构体。从配位数为4开始就可能存在几何异构体,其中以配位数为4和6的配合物研究得最多。

配位数为4的配合物有四面体和平面正方形两种空间构型。四面体配合物中所有配体的位置彼此相邻,因此不存在顺反异构现象。平面正方形的 $[MA_2B_2]$ 型配合物可有顺式(同种配体处于相邻的位置)和反式(同种配体处于对角的位置)两种异构体。以 $[Pt(NH_3)_2Cl_2]$ 为例,其两种几何异构体的结构式如下:

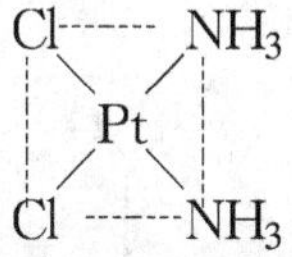

顺式 (cis-)(棕黄色) 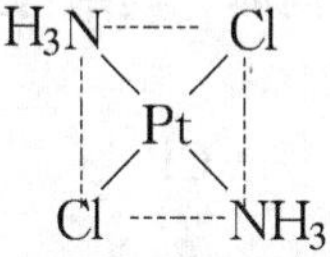   反式 (trans-)(淡黄色)

顺式异构体结构不对称,其偶极矩 $\mu \neq 0$,而反式异构体结构对称,其 $\mu = 0$。因此,通过偶极矩的测定可以区分它们。也可由其他实验证实。例如,cis-Pt(NH$_3$)$_2$Cl$_2$ 容易与多价配体 $C_2O_4^{2-}$ 发生反应生成配合物Pt(NH$_3$)$_2$(C$_2$O$_4$),由于 $C_2O_4^{2-}$ 离子只能占有平面正方形相邻的配位位置,因此可证实原来的 Pt(NH$_3$)$_2$Cl$_2$ 必定是顺式异构体。反式异构体与 $C_2O_4^{2-}$ 离子则形成不同的产物

$[Pt(NH_3)_2(C_2O_4)_2]^{2-}$，其中两个 $C_2O_4^{2-}$ 作为单价配体处于对位。由此也可看出平面正方形螯合物一般是顺式构型。顺式和反式$Pt(NH_3)_2Cl_2$在性质上最大的差异是，前者是一个很好的抗癌药物称为顺铂，而后者则不是。

配位数为6的混配型八面体配合物也存在顺、反异构体。如$[MA_2B_4]$型的$[Co(NH_3)_4Cl_2]^+$配离子有两种几何异构体，其结构式如下：

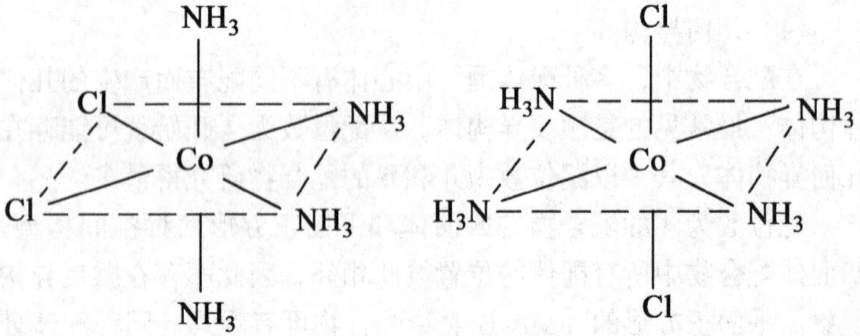

顺式　　　　　　　　　反式

$[MA_3B_3]$型八面体配合物如$[Ru(H_2O)_3Cl_3]$有面式和经式两种几何异构体，其结构式如下：

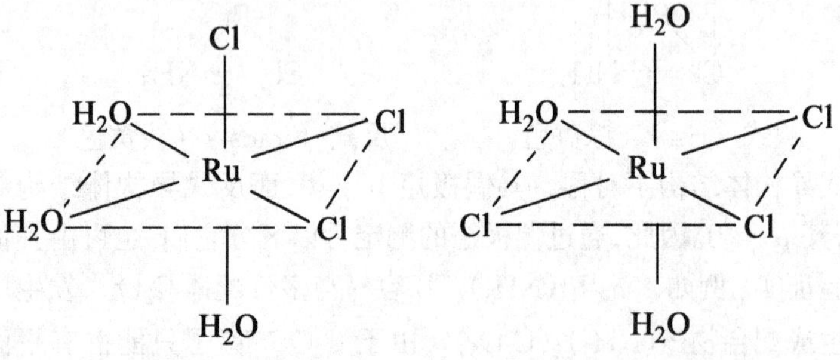

面式　　　　　　　　　经式

面式异构体的 3 个 Cl^- 和 3 个 H_2O 各占八面体的一个三角平面；经式异构体中 3 个 Cl^- 和 3 个 H_2O 都分别位于圆周线上。

现将配合物的内界组成与几何异构体的数量关系列于表 11-4。

表 11-4　配合物内界组成同几何异构体数量的关系 *

配合单元类型	几何异构体数目	实　　例
MA_4	1	$K_2[PtCl_4]$
MA_3B	1	$K[PtNH_3Cl_3]$
MA_2B_2	2	$[Pt(NH_3)_2Cl_2]$
MA_2BC	2	$[Pt(NH_3)_2NO_2Cl]$
$MABCD$	3	$[PtNH_3(Py)BrCl]$
MA_6	1	$K_2[PtCl_6]$
MA_5B	1	$K[PtNH_3Cl_5]$
MA_4B_2	2	$[Pt(NH_3)_2Cl_4]$
MA_3B_3	2	$[Pt(NH_3)_3Cl_3]Cl$
MA_4BC	2	$[Pt(NH_3)_4NO_2Cl]Cl_2$
MA_3B_2C	3	$[Pt(NH_3)_2(OH)Cl_3]$
$MA_2B_2C_2$	5	$[Pt(NH_3)_2(OH)_2Cl_2]$

* 表 11-4 中 A，B，C，D 分别代表中心体 M 的单价配体，为简便起见，省去了配离子的电荷，几何异构体数目包括其本体。

(2) 旋光异构

由于不同的配体在中心体周围的不同排列而产生的空间异构现象中,除了几何异构外,还包括旋光异构。旋光异构体是指两种异构体的对称关系类似于一个人的左手和右手,互成镜像关系。其结构特点是没有对称面,即不能把这个分子或离子"分割"成相同的两半。例如,$[Cr(NH_3)_2(H_2O)_2Br_2]^+$ 可有如下的多种异构体,但只有(Ⅴ)和(Ⅵ)互为旋光异构体。

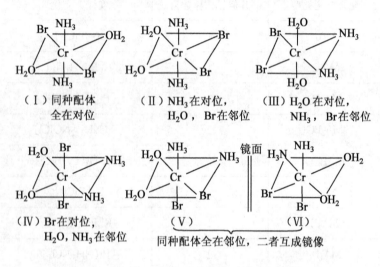

图 11-1 产生旋光异构体的结构示意图

* 图中略去了配离子的电荷

具有旋光异构的配位化合物对普通的化学试剂和一般的物理检查都不能表现出差别,但却可使平面偏振光发生方向相反的偏转,其中一种称为右旋(用符号 d 表示)旋光异构体,另一种称为左旋(用符号 l 表示)旋光异构体。事实上,动植物体内含有许多具有旋光活性的有机化合物,这类配合物对映体在生物体内的生理功能有极大的差异。

11.2 配位化合物的化学键理论

11.2.1 配位化合物化学键理论简介

配位化合物的化学键是指配合物中中心体与配位体之间的结合力,其理论旨在解释这种结合力的本质。

对配位化合物化学键理论的研究始于瑞士化学家维尔纳(A·Werner),他在大量实验事实基础上,于1892年提出了著名的配位理论。维尔纳认为,已独立稳定存在的化合物,还能进一步结合成新化合物,且有不同的物理和化学性质、不同的结构和立体构型。因为:① 各元素原子有两种化合价,一种是主价,一种是辅价;② 主价和辅价必须同时得到满足。主价只能由负离子满足,辅价则可由负离子或中性分子所饱和。当某一元素原子主价被满足以后,它还可以其辅价与其他负离子或中性分子结合成带电荷的配位离子或中性配位化合物;③ 辅价具有方向性。配位化合物都有一定的立体构型。维尔纳配位学说及其辅价概念,给配合物的存在、性质及其构型以合理的说明,并且奠定了配位化学的理论基础。但因当时历史条件限制,不可能说明辅价的本质。直至20世纪初电子被发现后,德国化学家科塞尔(W·Kossel)和美国化学家路易斯(G.N.Lewis)同时提出了价的电子理论,才赋予了价的现代意义。

1916年,科塞尔提出了一个假定:一种元素的原子在化学反应中,原子得、失电子数定为电价,失电子为正电价形成正离子,得电子为负电价形成负离子。正、负离子以静电引力结合形成离子键,亦称为电价键。

同年,路易斯也提出了一个假设:参加化学反应的两个或多个原子也可以采用共用电子对的方式相互结合,以完成其稳定的电子构型,这种结合力称为共价键。在共价键结合的化合物中,一个原子与其他原子共用的电子对数即为它们的原子价,称之为共价。在共价化合物中,构成共价键的电子对,既可由两个原子各提供一个电子,形成正常的共价键,也可由一个原子贡献一对电子而与另一个原子共享,形成配位键。

根据科塞尔的电价键理论和路易斯的共价键理论,维尔纳配位理论中的主价即常说的原子价(电价和共价),辅价即配合物的中心原子或离子与配位体相结合的配价,亦即中心原子或离子的配位数。

其后,科塞尔等人提出了配合物的静电理论。该理论认为,中心体和配体作为点电荷或点偶极,彼此靠静电作用形成配合物。他们用经典的库仑作用力公式对许多配合物的配位能进行了定量的计算,发现与实际情况能符合得相当好的固然很多,但不相符合的也不少。后来引入了离子和分子的极化的概念,弥补了单纯静电理论的一些缺陷,可以定性地解释或预料许多配合物的稳定性,说明中心离子的配位数,但仍不能解释像$Ni(CO)_4$这类配合物的形成,也不能说明配合物的磁学、光学性质。

1923年,牛津大学教授西奇维克(N.V.Sidgwick)把路易斯的八隅体推广到d过渡金属配合物,他认为,当d过渡金属元素的原子或离子与合适的配体形成共价配键时,金属原子力求足够数目的电子,以达到与其同周期稀有气体的电子组态,则此构型具有特殊的稳定性,即d过渡金属配合物的中心体的电子数和配体提供的电子数的总和等于同周期的稀有气体的电子数,称为有效原子序数规则。配布在配合物中心体周围的电子总数称为它的**有效原子序数**(**EAN**)。据此,假定一种d过渡金属配合物中心体的有效原子序数与其同周期稀有气体的电子数相同,便可推出它的配位数,进而确定该金属配合物的配位式。例如,

配位化合物	$[Co(NH_3)_6]^{3+}$	$[CdCl_4]^{2-}$	$[Ir(NH_3)_6]^{3+}$
中心体的电子数	24 (Co^{3+})	46 (Cd^{2+})	74 (Ir^{3+})
配体提供的电子数	12 ($6NH_3$)	8 ($4Cl^-$)	12 ($6NH_3$)
中心体的有效原子序数	36	54	86
同周期稀有气体的电子数	36 (Kr)	54 (Xe)	86 (Rn)

应该指出，有效原子序数规则并非一种普遍的规则，它把 d 过渡金属配合物的存在、稳定性归之于其中心体具有稀有气体的电子组态，因而仅有部分 d 过渡金属配合物的存在和稳定性严格符合此规则，而为数甚多的 d 过渡金属配合物并不遵循这一规则。尽管如此，此规则在 d 过渡金属有机金属化合物和羰基化合物中仍有实用价值，它有助于预言该类单核和多核配合物的存在及其可能的结构（参见本书11.3.2节）。

配位化合物的价键理论是1928年鲍林（L.Pauling）在杂化轨道理论的基础上发展起来的（该理论将在11.2.2节介绍）。由于该理论的概念十分明确，能解释配合物中心体的配位数、立体构型和磁性、大 π 键配合物的稳定性以及配合物的反应活性等，因此它仍然是配位化合物的重要化学键理论之一。但该理论也不能解释配合物的光学性质和同一过渡系列配合物的稳定性，仅是一个定性的理论。

晶体场理论源于1929年贝特（Bathe）发表的著名论文《晶体中谱项的分裂》。后来范弗里克（Van Vleck）将其用于解释配合物的磁性，获得了较好的结果。但在20世纪50年代以前，这一理论并未引起人们的重视。直到1953年运用该理论成功地解释了 $Ti(H_2O)_6^{3+}$ 的光谱特性和过渡金属配合物的其他性质后，才受到化学界的普遍重视。晶体场理论是一种改进的静电理论，在这个理论中，除了考虑中心体与配位体之间的静电吸引外，还着重考虑了配位体对作为中心离子的过渡金属离子的外层 d 轨道中电子的静电排斥作用,使中心离子原来 5 个简并的 d 轨道发生不同程度的分裂。这一理论较好地解释了配合物的磁性、颜色、立体构型以及其他一些热力学性质。但该理论仍从静电理论的观点出发,把配体视作点电荷或点偶极,没有考虑配体与中心离子间的轨道重叠,因而难免存在着局限(参见 11.2.3 节)。

20 世纪 50 年代发展起来的配体场理论,是晶体场理论和分子轨道理论相结合的产物。该理论不仅考虑中心离子与配体之间静电效应,同时也考虑到它们之间所生成共价键分子轨道的性质,因此能更为合理地说明配合物结构及其性质之间的关系。关于配合物的分子轨道理论和配体场理论将在后续课程中讨论,在此不赘述。本书只简单介绍配位化合物的价键理论和晶体场理论。

11.2.2 价键理论(Valence Bond Theory)

鲍林首先将分子结构的价键理论应用于配位化合物,后经补充修改,逐渐发展成现代的配位化合物的价键理论,其主要内容如下:

中心体(M 或 M^{n+})必须具有空的价电子轨道,在形成配合物时,这些能量相近的空的价电子轨道可以按多种方式进行杂化,组成一组等价的、具有不同空间构型的杂化轨道。配位单元的几何构型主要取决于中心体杂化轨道的类型。表 11-5 列出了杂化轨道类型与配合单元空间结构的关系。

配位体必须含有孤对电子或 π 键电子,如 $:\ddot{F}:^-$,$:NH_3$,$H_2\ddot{O}:$,$:C\equiv N:^-$,$:\ddot{S}-C\equiv N:^-$,$:\ddot{O}H^-$ 等。

中心体的每一条杂化轨道可以接受配体中配位原子的孤对电子(或 π 键电子),形成相应数目的 σ 配键,σ 配键的数目就是中心体的配位数。

表 11-5　　几种配离子空间立体构型

配离子	电子排布	杂化类型	几何构型	配位数
$Ag(NH_3)_2^+$ $Ag(CN)_2^-$ $Cu(NH_3)_2^+$		sp	直线型 (linear) 180°	2
$Cu(CN)_3^{2-}$		sp^2	平面三角型 (Planar triangle) 120°	3
$Zn(NH_3)_4^{2+}$ $Cd(CN)_4^{2-}$		sp^3	正四面体型 (tetrahedron) 109°	4
$Ni(CN)_4^{2-}$		dsp^2	四方型 (square planar) 90°	4
$Ni(CN)_5^{3-}$ $Fe(CO)_5$		dsp^3	三角双锥型 (trigonal bipyramid) 90°/120°	5
FeF_6^{3-} $Fe(CN)_6^{3-}$ $Cr(NH_3)_6^{3-}$		sp^3d^2 d^2sp^3 d^2sp^3	八面体 (octahedron) 90°	6

以配离子 FeF_6^{3-} 的形成为例,当 F^- 离子与 Fe^{3+} 离子接近时,Fe^{3+} 离子最外层的空轨道(1个 $4s$,3个 $4p$ 和 2个 $4d$ 轨道)杂化为 6 个等价的 sp^3d^2 杂化轨道,它们分别与 6 个含有孤对电子的 F^- 离子的 $2p$ 轨道相重叠而形成 6 个 σ 配键,形成稳定的 FeF_6^{3-} 配离子。可见形成的配位键从本质上说是共价性质的。上述过程可以用以下轨道图来表示:

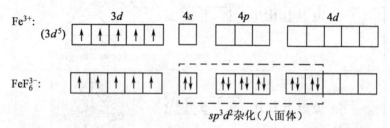

注意:6 个 sp^3d^2 杂化轨道中所有电子对都是由配体 F^- 离子提供的。

$Fe(CN)_6^{3-}$ 配离子的形成情况与 FeF_6^{3-} 有所不同,当 6 个 CN^- 离子靠近 Fe^{3+} 离子时,Fe^{3+} 离子中的 5 个 $3d$ 电子挤入到 3 个 $3d$ 轨道中,其余 2 个 $3d$ 空轨道与外层的 1 个 $4s$ 和 3 个 $4p$ 轨道组成 6 个 d^2sp^3 杂化轨道而与 6 个 CN^- 离子成键,形成八面体配离子,即

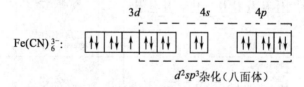

中心体凡采用外层的 ns,np,nd 轨道杂化形成的配合物称为**外轨型配合物**。像卤素、氧(如 H_2O 配体以氧为配位原子)等配位原子电负性较高,不易给出孤对电子,它们倾向于占据中心体的外轨,而对其内层 d 电子排布几乎没有影响,故内层 d 电子

尽可能分占每个$(n-1)d$轨道而自旋平行,因而未成对的电子数较多。如Fe^{3+}离子中未成对的电子数是5个,形成FeF_6^{3-}配离子后,其未成对的电子数仍是5个。这类配合物常具有顺磁性,未成对电子数越多,顺磁磁矩越高。根据磁学理论,物质磁性大小以磁矩μ表示,μ与未成对电子数(n)之间的近似关系是

$$\mu = \sqrt{n(n+2)}\mu_B$$

式中μ_B为玻尔磁子,是磁矩单位。

中心体动用内层$(n-1)d$轨道参加杂化所形成的配合物称为**内轨型配合物**。如前所述的$Fe(CN)_6^{3-}$即为内轨型配合物。像C(如CN^-配体以C配位)、N(如—NO_2配体以N配位)等配位原子电负性较低而容易给出孤对电子,它们在靠近中心体时对中心体内层$(n-1)d$电子影响较大,使$(n-1)d$电子发生重排,电子挤入少数$(n-1)d$轨道而空出部分$(n-1)d$轨道参与杂化形成配合物,因此形成配合物后未成对的电子数目减少而磁性降低,甚至变为反磁性物质。如$Fe(CN)_6^{3-}$配离子中未成对的电子数目只有1个;而在配离子$Ni(CN)_4^{2-}$中,中心体Ni^{2+}离子以dsp^2杂化,Ni^{2+}离子的8个$3d$电子在4个$3d$轨道中配对,空下1个$3d$轨道与1个$4s$和2个$4p$轨道杂化,形成的$Ni(CN)_4^{2-}$配离子没有成单电子而呈反磁性。应该指出,形成内轨型配合物时,有的时候要违反洪特规则使原来未成对的电子强行在$(n-1)d$轨道中配对,为了克服电子间的斥力,在同一轨道中电子配对所需要的能量称为**电子成对能**(用P表示)。所以形成内轨型配合物的条件是中心体与配体之间成键放出的总能量在克服电子成对能后仍比形成外轨型配合物的总键能大时,方能形成内轨型配合物。

由于$(n-1)d$轨道的能量比nd轨道低,因此对同一个中心体而言,一般所形成的内轨型配合物比外轨型配合物稳定。

1948年,Pauling对化合物的稳定性方面提出了"**电中性原**

理"。该原理指出:"在形成一个稳定的分子或配离子时,其电子结构是竭力设法使每个原子的净电荷基本上等于零 (即在 -1 到 +1 的范围内)"。例如 $Co(NH_3)_6^{3+}$ 配离子,如果 Co-N 键是极端的离子键,将使 Co^{3+} 带有全部 3 个单位正电荷;如果是极端的共价键,将使 Co^{3+} 共得到 6 个电子而带 3 个单位负电荷,造成大量的负电荷在中心金属原子上积累,这在电负性的概念上是不可能的,因而这样的极端共价键也不稳定。事实上,以配位键形成配离子时,键总是有部分离子性,或者说配位键是极性共价键。也就是说,电子对不是均等地在 Co 和 N 之间共用,而是更强烈地被 N 所吸引。这样就阻止了负电荷在 Co 原子上的大量积累,并保持着 N 比 Co 有较大的电负性,同时体现了电中性原理对稳定性的要求。实验证明,在 +2 和 +3 氧化态的过渡金属离子的配合物中,金属元素是接近电中性的。

零价甚至 -1 价金属的配合物同样符合电中性原理的要求。在中心体与配位体形成 σ 配键时,在合适的条件下 (中心体的电荷低、d 电子多;配体中配位原子的电负性小,有与中心体的 d 轨道对称性相同、能量相近的空轨道),还可以形成所谓的**反馈 π 键**:

$$M \underset{\sigma \text{ 配键}}{\overset{\text{反馈 } \pi \text{ 键}}{\rightleftharpoons}} L$$

从而增加了配合物的稳定性。下面以 $Ni(CO)_4$ 为例来说明。

Ni:基态时的价电子组态为 $3d^8 4s^2$。在配位体 CO 的影响下,2 个 $4s$ 电子进入 $3d$ 轨道,以 1 个 $4s$ 轨道和 3 个 $4p$ 轨道组成 4 个等价的 sp^3 杂化轨道分别接受 4 个 CO 分子中 C 原子上的孤对电子形成 4 个 σ 配键,其 5 个 $3d$ 轨道上都有孤对电子。

CO:分子轨道表达式为

CO $[KK(\sigma_{2s})^2(\sigma_{2s}^*)^2(\pi_{2p_y})^2(\pi_{2p_z})^2(\sigma_{2p_x})^2(\pi_{2p_y}^*)^0(\pi_{2p_z}^*)^0]$

可见有空的 π_{2p}^* 轨道。

CO 空的反键轨道 $\pi_{2p_z}^*$ 与中心原子 Ni 的填充电子的 $3d_{xz}$ 轨道有相同的对称性,可按如下方式重叠形成反馈 π 键(图 11-2):

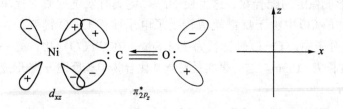

图 11-2　金属羰基化合物中反馈 π 键的形成

可见，在形成 $Ni(CO)_4$ 时，CO 以 C 原子与 Ni 原子相连，Ni—C—O 在一直线上。一方面，CO 有孤对电子授予中心体 Ni 原子空的 sp^3 杂化轨道，形成 σ 配键；另一方面，CO 又有空的 π^* 轨道可以和 Ni 的 $3d$ 轨道重叠形成 π 键，这种 π 键由 Ni 单方面提供电子对，称为反馈 π 键，如图 11-3 所示。

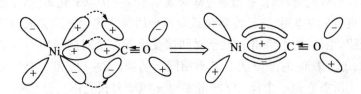

图 11-3　$Ni(CO)_4$ 中 σ 配键和反馈 π 键的形成情况

CO 是弱的 σ 给予体，而且 Ni 的氧化态为零，不像阳离子那样可以接纳较多的配体负电荷，所以，如果 C—Ni 之间只生成通常的 σ 配键的话，不可能形成稳定的配合物。

反馈 π 键的形成可以减少由于生成 σ 配键引起的 Ni 上过多的负电荷，同时，由于 Ni 电子转移到 CO 的 π^* 轨道而导致 Ni 有效核电荷增加，更有利于 σ 配键的形成。反过来，σ 配键的加强使 Ni 上积聚起更多的负电荷，也促使了反馈 π 键的形成。σ 配键和反馈 π 键这两类成键作用的相互配合和相互促进常称为"**协同效应**"，其成键效应比两种键各自独立作用时强得多。因此可以形成稳定的配合物，这就使 Ni—C 键具有双键性质而比单键短，而 CO 中由于反键轨道接受了电子而使 C—O 键变长：在 CO 分子中，C—O 键键长为 112.8pm；在 $Ni(CO)_4$ 中，C—O 键键长为 115pm。这一事实是对羰基化合物中有反馈 π 键形成的佐证。

能形成反馈 π 键的 π 接受体，除 CO 外，尚有 CN^-，—NO_2，NO、N_2，R_3P(膦)，R_3As(胂)，C_2H_4 等，它们不是有空的 $π^*$ 轨道就是有空的 p 或 d 轨道，可以接受过渡金属反馈的 $dπ$ 电子。一般来说，金属离子的电荷越低，d 电子数越多(易将 d 电子反馈给配体)、配位原子的电负性越小(易给出电子对形成 $σ$ 配键，同时也有空的 $π^*$ 轨道或空的 p,d 轨道可接受中心体反馈的电子对)，则越有利于反馈 π 键的形成。基于上述理由，这些 π 接受体在形成配合物时，有稳定过渡金属的不常见的低氧化态(如零甚至负价)的作用。这已由零价或负价金属羰基化合物的合成得到证明。当然，由于给出 $σ$ 电子对和接受反馈电子对的能力不尽相同，这些配体的配位能力也不相同。例如，CN^- 已有 1 个负电荷，所以它是一个比 CO 弱得多的 π 电子对接受体(但 CN^- 与金属离子形成 $σ$ 配键的能力却比 CO 强)。因此，CN^- 以与稍高价(+2,+3)的金属离子配合为特征，但也与零价金属形成像 $[Ni(CN)_4]^{4-}$ 这样的配离子。

与上面的 π 接受体能稳定金属的低氧化态相反，O^{2-}，OH^-，F^- 等配位时，能稳定金属的高氧化态。因为只有电负性很大、吸力电子能力很强的元素如氟、氧等，才能与金属结合使其保持在高氧化态（高的形式电荷），而不会让电子从这些非金属原子上完全转移以致使金属被还原或非金属被氧化，从而使配合物瓦解。

配位化合物的价键理论简单明了，能说明配合单元的空间构型（与杂化轨道的类型相对应）、配位数（$σ$ 配键数）、稳定性（内轨型配合物较稳定)、某些配离子的磁性($\mu = \sqrt{n(n+2)}\mu_B$)等等。其缺点是该理论是一个定性的理论,不能定量或半定量地说明配位化合物的性质;不能解释配合物的颜色(吸收光谱);对磁矩的说明也有一定的局限性;对于有些配位化合物的形成也不能说明。例如,在解释八面体型配离子$Co(CN)_6^{4-}$的不稳定性时,价键理论认为它是一种内轨型配合物,有一个未成对的$3d$电子分布在较高能级的轨道上,因此这个电子易于失去而使配离子被氧化成$Co(CN)_6^{3-}$。这一推测与实验事实非常吻合。但是,平面四方形的配离子$Cu(NH_3)_4^{2+}$也有一个未成对的电子处于较高能级的轨道上:

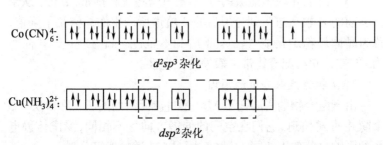

但是,$Cu(NH_3)_4^{2+}$配离子是极其稳定的,并不具有还原性。这一点该理论是没法解释的。

诸如这些问题,晶体场理论可以作出比较满意的解释。

11.2.3 晶体场理论(Crystal Field Theory)

与价键理论考虑配位键的情况不同,晶体场理论将配体看成点电荷(或点偶极),着重考虑配体静电场对中心体d轨道能级的影响,来说明配离子的光学、磁学性质。下面介绍该理论的基本原理和某些应用。

1. 基本要点

(1) 中心体M^{n+}为阳离子,配体L为阴离子(如F^-,CN^-等)或偶极子(如H_2O,NH_3等),中心体与配位体之间的静电引力是配合物稳定的主要原因。即中心体与周围配位体之间的相互作用可以被看成类似于离子晶体中正、负离子间的相互作用，中心离子与配位负离子或配位偶极子之间由于静电吸引而放出能量，使体系能量降低。

(2) 中心离子的 5 个能量相等的 d 轨道在空间的伸展方向各不相同，当过渡金属中心离子的 5 个简并的 d 轨道受到周围非球形对称的配位负电场(负离子或偶极子的负端)的作用时，配体的负电荷与 d 轨道上的电子相互排斥，不仅使得各 d 轨道能量普遍升高，而且不同的 d 轨道的电子因受到的影响不一样，各轨道能量升高的值也不相同，从而导致发生 d 轨道能级分裂。

(3) 由于 d 轨道能级的分裂，d 电子将重新排布，d 电子从未分裂前的 d 轨道进入到分裂后的 d 轨道所产生的总能量下降值，称为**晶体场稳定化能**（Crystal Field Stabilization Energy），简写为 CFSE，它给配合物带来额外的稳定性。

2. d 轨道能级分裂的原因

由于配合物的中心离子 M^{n+} 是过渡元素的离子，在价层有 5 个简并的 d 轨道，它们在空间的伸展方向各不相同，受配体静电场的影响也就各不相同，因此产生了 d 轨道的能级分裂。

现以八面体场为例。

如果将 M^{n+} 放在球形对称的负电场包围的球心上，则因负电场对 5 个简并的 d 轨道产生均匀的排斥力，使 5 个 d 轨道能量有所升高，但还不发生分裂。如果 6 个配体因受 M^{n+} 的吸引分别沿 x,y,z 轴的正、负方向接近 M^{n+} 时，从图 11-4 可见，$d_{x^2-y^2}$ 电子出现几率最大的方向与配体负电荷迎头相碰，受到配体场的强烈排斥而能量升高较多(较球形场时的能量高)；而 d_{xy} 轨道正好处于配体的空隙中间，其电子出现几率最大的方向则与配体负电荷方向错开，因此所受斥力较小而能量上升较少(较球形场时能量低，但仍比自由离子 d 轨道的能量高)。

对于其他 3 个 d 轨道，d_{z^2} 与 $d_{x^2-y^2}$ 所处的状态一样；d_{xz} 和

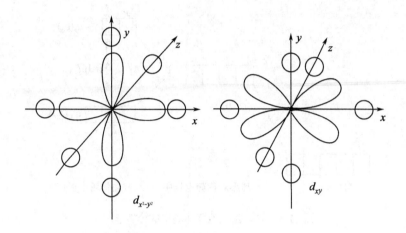

图 11-4　八面体场中配体静电场对中心体 d 轨道的影响情况

d_{yz} 与 d_{xy} 所处的状态一样。因此，原来 5 个简并的 d 轨道在八面体场中分裂为二组：$d_{x^2-y^2}$ 与 d_{z^2} 为一组，而 d_{xy}，d_{xz}，d_{yz} 为一组。

3. d 轨道分裂的情态

d 轨道分裂的情态主要决定于配体在空间的分布情况。由上面的分析，可得出 d 轨道在八面体场中分裂的情态如图 11-5 所示。

能量较高的 $d_{x^2-y^2}$，d_{z^2} 这一组轨道称为 d_r 轨道(或称为 e_g 轨道)；能量较低的 d_{xy}，d_{xz}，d_{yz} 这一组轨道称为 d_ε 轨道(或称为 t_{2g} 轨道)。d_r 和 d_ε 是晶体场理论中代表这些轨道的符号，e_g 和 t_{2g} 的符号来自群论，其中：

e— 二重简并　　　　　t— 三重简并
2— 镜面反对称　　　　g— 中心对称

在四面体配合物中，四个配体接近中心离子时正好和坐标轴 x，y，z 错开，避开了 $d_{x^2-y^2}$ 和 d_{z^2}，而靠近 d_{xy}，d_{xz}，d_{yz} 的极大值方向，如图 11-6 所示。

如图所示，在四面体场中，四个配体占据了立方体中相互错

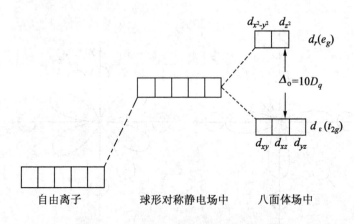

图 11-5 d 轨道在八面体场中的分裂情态

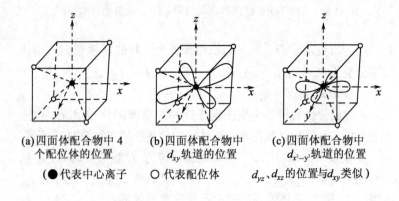

(a) 四面体配合物中 4 个配位体的位置

(b) 四面体配合物中 d_{xy} 轨道的位置

(c) 四面体配合物中 $d_{x^2-y^2}$ 轨道的位置

(●代表中心离子　○代表配位体　d_{yz}、d_{xz} 的位置与 d_{xy} 类似)

图 11-6 四面体配位中 $d_{xy}, d_{x^2-y^2}$ 的位置

开的四个顶点位置，中心离子的 5 个 d 轨道分裂的情态正好与八面体场时相反，即 $d_{x^2-y^2}, d_{z^2}$ 一组轨道的能量较自由离子时升高较少，而 d_{xy}, d_{xz}, d_{yz} 一组轨道的能量则升高较多，如图 11-7 所示。

在平面正方形场中，设四个配体沿 x 和 y 轴的正、负方向向中心体趋近，因 $d_{x^2-y^2}$ 轨道受配体静电场的影响最强，能级升

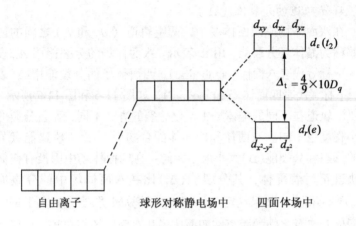

图 11-7 d 轨道在四面体场中的分裂情态

高最多,其次是 d_{xy} 轨道,而 d_{z^2} 和简并的 d_{xz},d_{yz} 的能量上升较少。因此,在平面正方形场中,d 轨道分裂成四组。

现将上述讨论结果绘入图 11-8,以资比较。

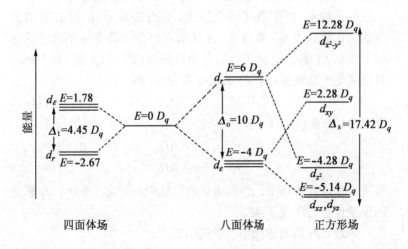

图 11-8 d 轨道在不同配体场中的分裂情态

4. d 轨道的分裂值（Δ）

在八面体场或四面体场中，两组轨道（d_r 和 d_ε）之间的能量差称为**晶体场分裂能**，用 Δ 表示。八面体场的分裂能用 Δ_o 表示，下标 o 代表八面体(octahedral)，四面体场的分裂能用 Δ_t 表示，下标 t 代表四面体 (tetrahedral)，如图 11-5 和图 11-7 所示。

d 轨道在不同的配体场中不仅分裂的方式不同，而且分裂的大小程度也不同。八面体和四面体配合物中两组 d 轨道能级分裂的形态和分裂能(Δ)大小就不相同：在四面体场中因没有任何 d 轨道正对着配体，其分裂能(Δ_t)比在八面体场中的分裂能(Δ_o)要小得多。如果规定 $\Delta_o = 10D_q$，计算表明，当金属离子 M^{n+} 与配体 L 二者之间的距离在四面体场和八面体场相同时，Δ_t 仅为 Δ_o 的 $\frac{4}{9}$，即 $\Delta_t = \frac{4}{9} \times 10D_q$。

在八面体场中，如上所述：

$$E(d_r) - E(d_\varepsilon) = \Delta_o = 10D_q \tag{11-1}$$

式中，$E(d_r)$ 和 $E(d_\varepsilon)$ 分别表示 d_r 和 d_ε 轨道的能级。

根据量子力学的重心不变原理，即分裂后的 d_r 和 d_ε 轨道的总能量代数和为零。换言之，以球形场中 5 个简并的 d 轨道的总能量为 $0D_q$(重心)，则 2 个 d_r 轨道升高的总能量(正值)与 3 个 d_ε 轨道降低的总能量(负值) 的代数和为零，即

$$2E(d_r) + 3E(d_\varepsilon) = 0 \tag{11-2}$$

联立(11-1)和(11-2)式解得

$$E(d_r) = +6D_q$$
$$E(d_\varepsilon) = -4D_q$$

可见，在八面体场中，d_r 轨道的能量比重心升高了 $6D_q$，d_ε 轨道的能量比重心降低了 $4D_q$。

同理，在四面体场中也可列出二式：

$$E(d_\varepsilon) - E(d_r) = \Delta_t = \frac{4}{9} \times 10D_q \tag{11-3}$$

$$3E(d_\varepsilon) + 2E(d_r) = 0 \qquad (11\text{-}4)$$

联立(11-3)和(11-4)式解得

$$E(d_\varepsilon) = +1.78D_q$$
$$E(d_r) = -2.67D_q$$

同样也可计算出平面正方形场中四组 d 轨道的相对能量为

$$E(d_{x^2-y^2}) = +12.28D_q$$
$$E(d_{xy}) = +2.28D_q$$
$$E(d_{z^2}) = -4.28D_q$$
$$E(d_{xz}, d_{yz}) = -5.14D_q$$

上述计算结果已绘入图 11-8 中。应该指出的是,严格地讲,这些能级图只能用于 1 个 d 电子的情况,多于 1 个 d 电子的体系因电子间的相互作用而变得复杂了,有时能级甚至颠倒。

分裂能 Δ 的大小,主要依赖于配合物的几何构型、中心离子的电荷和 d 轨道的主量子数,此外还同配体的种类有很大的关系。

一般来说,配合物的几何构型与分裂能 Δ 的关系是

$$\Delta_s > \Delta_o > \Delta_t$$

式中,Δ_s 为平面正方形场的分裂能。这由前述的 $17.42\,D_q > 10D_q > 4.45D_q$ 可以看出。

当配体一定时,中心离子 M^{n+} 的正电荷越高,对配体 L 的引力越大,M-L 的核间距越小,M^{n+} 外层的 d 电子与 L 之间的斥力也越大,因而 Δ 值也就越大。例如,

$$\text{Co}(\text{H}_2\text{O})_6^{2+}, \qquad \Delta_o = 9300 \text{ cm}^{-1}$$
$$\text{Co}(\text{H}_2\text{O})_6^{3+}, \qquad \Delta_o = 18600 \text{ cm}^{-1}$$

同族过渡金属相同价态的 M^{n+} 离子,在 L 相同时,绝大多数配合物的 Δ 值随 d 轨道主量子数 n 的增大而增大。例如,

$$\text{CrCl}_6^{3-}, \qquad \Delta_o = 13600 \text{ cm}^{-1}$$
$$\text{MoCl}_6^{3-}, \qquad \Delta_o = 19200 \text{ cm}^{-1}$$

当中心离子 M^{n+} 一定时，不同的配体对分裂能 Δ 的影响较大。根据光谱实验数据结合理论计算，可以归纳出一个"光谱化学序列"，这也是配体场从弱到强、Δ 值由小到大的顺序：

$I^- < Br^- < Cl^- \simeq \underline{S}CN^- < F^- < OH^- < C_2O_4^{2-} < H_2O <$
$\underline{N}CS^- < \underline{N}H_3 < en < \underline{N}O_2^- \simeq O\text{-phen} < \underline{C}N^- \simeq \underline{C}O$

（下面画线的为与 M^{n+} 配位的配位原子）

这一序列主要适用于第一过渡系列的金属离子。在这一序列中，大体上可以将 H_2O 和 NH_3 作为分界而将各种配体分成强场配体（Δ 值大，如 CN^-，NO_2^-，CO 等）和弱场配体（Δ 小，如 X^- 等）。对不同的中心离子，以上顺序有所差别。

从这个顺序可以粗略地看出，按配位原子来说，Δ 的大小为
$$X < O < N < C$$

5. 晶体场稳定化能（CFSE）

中心离子 M^{n+} 的 5 个简并的 d 轨道在不同配体场影响下发生分裂后，原来的 d 电子将会重新排布，d 电子从未分裂前的 d 轨道进入到分裂后的 d 轨道所产生的总能量下降值，称为**晶体场稳定化能（CFSE）**，它给配合物带来了额外的稳定性。所谓"额外"是指除了中心离子与配体由于静电吸引形成配合物的结合能之外，d 轨道的分裂使 d 电子优先进入低能级的 d 轨道而带来的额外稳定性。

在没有配体存在时，M^{n+} 离子中的 d 电子分布以 Hund 规则为准，即 d 电子尽可能多占 5 个简并的 d 轨道，尽可能多的 d 电子自旋平行。

在形成配合物时，M^{n+} 离子的 d 轨道发生分裂后，d 电子若填入高能级的 d 轨道，则能量比未分裂前高，使配合物变得较不稳定；若进入低能级的 d 轨道，则能量比未分裂前低，使配合物变得较为稳定。那么，在配体场中，M^{n+} 中的 d 电子是先分布在能级较低的 d 轨道上，还是分占各种 d 轨道使尽可能多的 d 电子自

旋平行,这要看具体的中心离子在具体的配体场中能量对哪一种排布方式有利一些,这主要视电子成对能(P)与分裂能(Δ)的相对大小而定。若 $\Delta > P$,则电子先分布在能级较低的 d 轨道上;若 $\Delta < P$,则电子分占各 d 轨道使尽可能的 d 电子自旋平行。

以 $Fe(H_2O)_6^{2+}$ 和 $Fe(CN)_6^{4-}$ 配离子为例。

Fe^{2+}:d^6 型,即有 6 个 $3d$ 电子。

$Fe(H_2O)_6^{2+}$ 和 $Fe(CN)_6^{4-}$ 都是八面体配离子。

对于 $Fe(H_2O)_6^{2+}$:Δ_o = 10 400 cm^{-1},P = 17 600 cm^{-1},可见,$\Delta_o < P$;

对于 $Fe(CN)_6^{4-}$:Δ_o = 26 000 cm^{-1},P = 17 600 cm^{-1},可见,$\Delta_o > P$。

因此,6 个 $3d$ 电子在这两个配离子中的排布方式如图 11-9 所示。

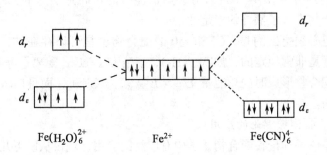

图 11-9 $Fe(H_2O)_6^{2+}$ 和 $Fe(CN)_6^{4-}$ 配离子中 d 电子的排布方式

由此可见,在 $Fe(H_2O)_6^{2+}$ 配离子中,d 电子组态为 $d_\varepsilon^4 d_r^2$,在 $Fe(CN)_6^{4-}$ 配离子中,d 电子组态为 $d_\varepsilon^6 d_r^0$。

在八面体场中,若 1 个 d 电子排布在 d_ε 轨道上,能量将比未分裂前降低 $4D_q$;若 1 个 d 电子排布在 d_r 轨道上,能量将比未分裂前升高 $6D_q$。据此,我们若知道配离子在八面体场中的 d 电子组态,就可算出其能量下降的总值(即 CFSE)。因此,对于 $Fe(H_2O)_6^{2+}$,$CFSE = 6×2 + (-4)×4 = -4(D_q)$;对于 $Fe(CN)_6^{4-}$:$CFSE = 6×0 + (-4)×6 = -24(D_q)$。

若设排在 d_r 轨道中的电子数为 n_r,排在 d_ε 轨道中的电子数为 n_ε,则对八面体配合物而言,$CFSE = 6× n_r - 4× n_\varepsilon (D_q)$;对四面体配合物而言,$CFSE = 1.78× n_\varepsilon - 2.67× n_r (D_q)$。

据此,我们可以算出不同 d 电子构型的离子在几种常见配位场的弱场和强场中的 CFSE,列于表 11-6。

由表 11-6 可见,除 d^0、d^{10} 和弱场 d^5 型离子的 CFSE = 0 外,其他 d 电子构型的阳离子作中心体形成的配合物中,CFSE 都或多或少地作出了"额外"的贡献。

综上所述,晶体场理论的核心内容是:中心体 M^{n+} 与配体 L 之间主要是静电作用力,由于配体静电场与中心离子的作用引起 d 轨道分裂,d 电子进入分裂后低能级的 d 轨道引起的 CFSE 给配合物带来了额外的稳定性。

但必须指出的是,CFSE = 0 的配合物也是可以存在的,有的甚至是非常稳定的,如 $Zn(NH_3)_6^{2+}$、HgI_4^{2-}、$FeCl_4^-$ 配离子等等,因为配合物形成时的总能量 $U_总 = E_{静(M-L)} + CFSE$,而且前者是主要的。

6. 晶体场理论的应用

晶体场理论在配合物化学中有广泛的应用,现仅从以下几个方面略作说明。

(1) 说明配合物的磁性

如前所述,中心离子 M^{n+} 的 d 轨道在配体静电场的影响下发生分裂后,d 电子重新排布的方式主要依赖于分裂能 Δ 和电子成对能 P 的相对大小:若 $\Delta > P$,即配体场较强时,电子尽可能占据低能级的 d 轨道,形成低自旋的配合物,成单电子少而磁矩低;若 $\Delta < P$,即配体场较弱时,电子则尽可能分占不同的 d 轨道,形成高自旋的配合物,成单电子多而磁矩高。

表 11-6　过渡金属配离子的晶体场稳定化能* （单位 D_q）

d^n	离子举例	弱场			强场		
		正方形	正八面体	正四面体	正方形	正八面体	正四面体
d^0	Ca^{2+}, Sc^{3+}	0	0	0	0	0	0
d^1	Ti^{3+}	-5.14	-4	-2.67	-5.14	-4	-2.67
d^2	Ti^{2+}, V^{3+}	-10.28	-8	-5.34	-10.28	-8	-5.34
d^3	V^{2+}, Cr^{3+}	-14.56	-12	-3.56	-14.56	-12	-8.01
d^4	Cr^{2+}, Mn^{3+}	-12.28	-6	-1.78	-19.70	-16	-10.68
d^5	Mn^{2+}, Fe^{3+}	0	0	0	-24.84	-20	-8.90
d^6	Fe^{2+}, Co^{3+}	-5.14	-4	-2.67	-29.12	-24	-6.12
d^7	Co^{2+}	-10.28	-8	-5.34	-26.84	-18	-5.34
d^8	Ni^{2+}, Pt^{2+}	-14.56	-12	-3.56	-24.56	-12	-3.56
d^9	Cu^{2+}	-12.28	-6	-1.78	-12.28	-6	-1.78
d^{10}	Ag^+, Zn^{2+}	0	0	0	0	0	0

* 本表中计算的 CFSE 均未扣除电子成对能（P），而且是以八面体的 Δ_o 为基准比较所得的相对值。严格地说，d 电子进入到分裂后的 d 轨道所引起的能量净下降值应扣除电子成对能 P。在目前的一些教科书或文献中有以下两种计算方法：

以 d^6 型中心离子所形成的八面体配合物为例。在八面体弱场中其 d 电子组态为 $d_\varepsilon^4 d_\gamma^2$；在八面体强场中其 d 电子组态为 $d_\varepsilon^6 d_\gamma^0$。其一种计算方法认为在弱场和强场中分别有一对和三对成对电子，因此，CFSE 应分别为 $-4D_q + P$ 和 $-24D_q + 3P$，这显然有不合理之处，因为 d^6 型自由金属离子本来就有一对成对电子，形成配合物后，在弱场成对电子数与自由离子时相同，在强场成对电子数仅比自由离子时多出两对。因此，另一种计算方法认为 CFSE 应分别为 $-4D_q$ 和 $-24D_q + 2P$。这种表示方法也不是完全没有缺陷，因为自由金属离子中的电子成对能 P 的具体值与形成配合物后的电子成对能 P 的具体值间也有一定的偏差。本教材在此处不作具体讨论，请读者在阅读有关书籍时加以注意。

仍以 $Fe(H_2O)_6^{2+}$ 和 $Fe(CN)_6^{4-}$ 为例。在 $Fe(H_2O)_6^{2+}$ 中，$\Delta < P$，配体 H_2O 为弱场配体。首先 3 个 d 电子分占 3 个简并的低能级的 d_ε 轨道，而第 4，5 个电子若再排在 d_ε 轨道则需克服电子成对能 P，若跃迁到 d_γ 轨道则需克服分裂能 Δ。由于 $\Delta < P$，因此第 4，5 个电子排在两个简并的 d_γ 轨道上对体系能量的降低更为有利，第 6 个 d 电子则在低能级的 d_ε 轨道中配对。在 $Fe(CN)_6^{4-}$ 中，$\Delta > P$，配体 CN^- 为强场配体。3 个 d 电子排在 3 个低能级的 d_ε 轨道后，另 3 个 d 电子也在 d_ε 轨道中配对，这对体系能量的降低更为有利，因为跃迁到 d_γ 轨道克服 Δ 所需的能量比克服 P 所需的能量更多。因此，这两个配离子的 d 电子的排布如图 11-9 所示。由图可见，在 $Fe(H_2O)_6^{2+}$ 配离子中，未成对的电子数目多(4 个，与自由 Fe^{2+} 离子一样)，磁矩高，为**弱场高自旋配合物**。而在 $Fe(CN)_6^{4-}$ 中，没有未成对的电子，因此为**强场低自旋配合物**。

表 11-7 中，列出了在强、弱场中，八面体配合物中心离子的 d^n 电子排布情况。

由表可见，在八面体场中，$d^0, d^1, d^2, d^3, d^8, d^9, d^{10}$ 型阳离子作中心体形成配合物时，无论是在强场还是在弱场中，d 电子排布方式都一样，只有 d^4, d^5, d^6, d^7 型在强、弱场中 d 电子排布方式不同。因此，在八面体配合物中，只有 $d^4 \sim d^7$ 型阳离子作中心体形成配合物时才有高、低自旋之分。

X^-，H_2O 等配体是弱场配体，第一系列过渡金属离子的配合物常常是高自旋的；NO_2^-，CN^- 则常常生成低自旋的配合物，它们是强场配体。NH_3 则介于二者之间，但生成强场低自旋的较多，如 $Co(NH_3)_6^{3+}$ 等。

第二、三系列过渡元素比第一系列过渡元素更易形成低自旋配合物，因为对于分裂能 Δ 大小来说是 $3d < 4d < 5d$，而且 $4d$，$5d$ 轨道比 $3d$ 轨道在空间的伸展范围大，因而 P 较小。

表 11-7　在八面体场中，中心离子的 d^n 电子排布情况

d^n	弱场		强场	
	d 电子排布	未成对电子数	d 电子排布	未成对电子数
d^0	$d_\varepsilon^0 d_r^0$	0	$d_\varepsilon^0 d_r^0$	0
d^1	$d_\varepsilon^1 d_r^0$	1	$d_\varepsilon^1 d_r^0$	1
d^2	$d_\varepsilon^2 d_r^0$	2	$d_\varepsilon^2 d_r^0$	2
d^3	$d_\varepsilon^3 d_r^0$	3	$d_\varepsilon^3 d_r^0$	3
d^4	$d_\varepsilon^3 d_r^1$	4	$d_\varepsilon^4 d_r^0$	2
d^5	$d_\varepsilon^3 d_r^2$	5	$d_\varepsilon^5 d_r^0$	1
d^6	$d_\varepsilon^4 d_r^2$	4	$d_\varepsilon^6 d_r^0$	0
d^7	$d_\varepsilon^5 d_r^2$	3	$d_\varepsilon^6 d_r^1$	1
d^8	$d_\varepsilon^6 d_r^2$	2	$d_\varepsilon^6 d_r^2$	2
d^9	$d_\varepsilon^6 d_r^3$	1	$d_\varepsilon^6 d_r^3$	1
d^{10}	$d_\varepsilon^6 d_r^4$	0	$d_\varepsilon^6 d_r^4$	0

对于第一系列过渡金属离子的四面体配合物，因为 $\Delta_t = \frac{4}{9}\Delta_o$，即 Δ_t 较小，常常不易超过 P，因而绝大多数为高自旋配合物。而 d^8 型离子的平面正方形配合物一般是低自旋的，因为分裂后 $d_{x^2-y^2}$ 轨道的能量特别高。

(2) 说明配合物的颜色

含有 $d^1 \sim d^9$ 电子的金属离子的配合物一般是有色的（d^0，d^{10} 型离子无色），以第一系列过渡金属的水合离子为例（配体是 H_2O，配位数为 6）：

离　　　　子:	Ti^{3+}	V^{3+}	Cr^{3+}	Cr^{2+}	Mn^{2+}	Fe^{3+}	Fe^{2+}	Co^{2+}	Ni^{2+}	Cu^{2+}
d 电子构型:	d^1	d^2	d^3	d^4	d^5	d^5	d^6	d^7	d^8	d^9
成单电子数:	1	2	3	4	5	5	4	3	2	1
颜　　　　色:	紫红	绿	紫	蓝	粉红	淡紫	浅绿	粉红	绿	蓝

晶体场理论认为，这些过渡金属配离子由于 d 轨道没有充满，d 电子可以吸收光能而从能量较低的 d_ε 轨道跃迁到能量较高的 d_γ 轨道，这种跃迁称为 ***d-d* 跃迁**。配离子吸收光的能量一般在 10 000～30 000 cm^{-1} 范围，其中 14 000～25 000 cm^{-1} 相当于可见光的波数，所以配离子常有特征颜色。

凡能吸收某种波长的可见光，并将未被吸收的那部分光反射（或透射）出来的物质都能呈现颜色。一般认为，被物质吸收的光的颜色与物质所呈现的颜色为互补色，二者的关系列于表11-8。

表 11-8　物质吸收的可见光波长与物质颜色的关系

吸收波长/10^2pm	波数/cm^{-1}	被吸收光的颜色	物质呈现的颜色
4 000～4 350	25 000～23 000	紫	绿黄
4 350～4 800	23 000～20 800	蓝	黄
4 800～4 900	20 800～20 400	绿蓝	橙
4 900～5 000	20 400～20 000	蓝绿	红
5 000～5 600	20 000～17 900	绿	红紫
5 600～5 800	17 900～17 200	黄绿	紫
5 800～5 950	17 200～16 800	黄	蓝
5 950～6 050	16 800～16 500	橙	绿蓝
6 050～7 500	16 500～13 333	红	蓝绿

以 $Ti(H_2O)_6^{3+}$ 为例,它的一个 d 电子吸收光能发生如下的跃迁:

$$d_\epsilon^1 d_r^0 \xrightarrow{h\nu} d_\epsilon^0 d_r^1$$

它的最大吸收峰约相当于 20 400 cm^{-1} 处(蓝绿色区,亦即其 Δ_o 值),最少吸收的光区在紫色和红色区,故它显紫红色,见图 11-10。

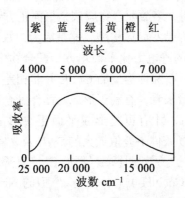

图 11-10 $Ti(H_2O)_6^{3+}$ 的吸收光谱

在原子结构一章中,我们已经知道

$$E_2 - E_1 = h\nu$$

d 电子吸收光能后,由 d_ϵ 轨道跃迁到 d_r 轨道,这种跃迁所吸收的能量恰好等于分裂能 Δ,因此有

$$E_{(d_r)} - E_{(d_\epsilon)} = \Delta = h\nu = h\frac{c}{\lambda}$$

式中,h——普朗克常数 c——光速

λ——波长 $\frac{1}{\lambda}$——波数

由上式可见,对于同种中心离子来说,配体场越强,则 Δ 越大,因此 d 电子产生 d-d 跃迁需要的能量越高,即需要吸收波长较短

的光,而配合物则呈现波长较长的颜色。例如,$Ni(H_2O)_6^{2+}$ 配离子因吸收红光而呈现绿色,若向溶液中加入乙二胺(en),因乙二胺的场强比 H_2O 强,即 d-d 分裂能相应增加,因此溶液也相应由$Ni(H_2O)_6^{2+}$ 配离子的绿色转变成$Ni(en)_3^{2+}$ 配离子的深蓝色(黄色的互补色光)。

(3) 说明配离子的空间构型

平面正方形构型的 CFSE 大于八面体型的 CFSE(参见表 11-6),这似乎表明大多数配合物应该是平面正方形构型。但实际上大多数配合物都是八面体构型。这是因为,八面体型配合物的 M^{n+} 与 6 个 L 间的静电力比平面正方形配合物中的 M^{n+} 与 4 个 L 间的静电力大,而两种构型的 CFSE 并非相差很大,因此从形成配合物的总能量来看,有利于形成八面体配合物。只有两者的 CFSE 差值很大时,才有可能形成平面正方形的配合物。从表 11-6 可知,在弱场条件下差值最大的是 d^4 及 d^9 型离子,在强场条件下是 d^8 型离子。例如弱场,d^9 型的 Cu^{2+} 离子形成平面正方形的$Cu(H_2O)_4^{2+}$ 和 $Cu(NH_3)_4^{2+}$,强场 d^8 型的 Ni^{2+} 离子形成平面正方形的$Ni(CN)_4^{2-}$。

八面体场与四面体场的 CFSE 相比,除 d^0,d^{10} 及弱场 d^5 型离子情况二者的 CFSE 都为 0 外,都是前者大于后者。因此,只有当 M^{n+} 的电子分布为 d^0,d^{10} 及弱场 d^5 时,才有可能形成较稳定的四面体型的配合物。事实上,大多数四面体配合物是由碱性较弱、体积较大的配体与第一系列过渡金属离子(特别是 Fe^{3+},Co^{2+} 离子)以及具有 d^0,d^{10} 结构的离子(如 Be^{2+},Zn^{2+},Ga^{3+} 等离子)所形成的配合物。常见的四面体配合物有 $FeCl_4^-$,$CoCl_4^{2-}$,$NiCl_4^{2-}$,$Be(H_2O)_4^{2+}$,$Zn(NH_3)_4^{2+}$ 等等。

与低配位数的配合物相比,六配位配合物中成键数较多而更稳定,这与六配位配合物最常见这一事实相符,例如某些离子(如 Cr^{3+} 和 Co^{3+})的配合物几乎全是六配位的八面体构型。晶体场理论也可以解释某些八面体配离子几何构型发生畸变的原因。实验发现,配位数为 6 的八面体配合物并非都是理想的正八面体构型,有许多是变形的八面体。这种情况的出现,可以由 d 电子云分布的不对称性来解释,亦称为姜 - 泰勒(John-Teller)效应。在八面体配离子中,只有 d 电子组态为 $d_\varepsilon^0 d_r^0, d_\varepsilon^3 d_r^0$, $d_\varepsilon^3 d_r^2, d_\varepsilon^6 d_r^0, d_\varepsilon^6 d_r^2, d_\varepsilon^6 d_r^4$ 时,d 电子云分布是球形对称或正八面体对称,这些 d 电子组态的配离子才是正八面体构型,如 $Cr(NH_3)_6^{3+}$, FeF_6^{3-}, $Fe(CN)_6^{4-}$ 配离子等等。其他 d 电子组态的电子云或多或少偏离球形对称或正八面体对称,因而产生姜 - 泰勒效应,配离子偏离正八面体构型。例如 d^9 型的 Cu^{2+} 离子,比电子云对称分布的 d^{10} 型离子少了一个 d_r 电子,如果少的是 $d_{x^2-y^2}$ 电子,则在 xy 平面上的 4 个配体受 d 电子云排斥较少,将形成一个拉长的八面体;如果少的是 d_{z^2} 电子,则在 ±z 方向的两个配体受 d 电子云的排斥较少而形成一个压扁了的八面体。当发生八面体变形时,d 轨道能级分裂由分裂成两组变成分裂成四组了。

晶体场理论在其他方面的应用,在此不作介绍。

晶体场理论在解释配合物的磁性和颜色等方面优于价键理论,而且目前已经开始用于动力学性质的估计。其主要缺点在于,它把中心体与配体间的作用力完全归结于静电作用,没有考虑二者之间一定程度的共价结合,这种模型显然过于简单而不严格,因此无法解释由中心体与配体间的共价作用所产生的一些实验现象。例如,对于 $Ni(CO)_4$, $Fe(C_5H_5)_2$ 等以共价结合为主的配合物无法说明;对光谱化学序列中为什么 X^-, OH^- 等负离子的场强比中性分子 H_2O, NH_3 还弱也无法解释,等等。从 1952 年开始,人们把静电场理论与分子轨道理论结合起来,即不仅考虑中心离子与配体之间的静电效应,也考虑到它们之间所生成的共价键分子轨道的性质,从而提出配位场理论。配位场理论更合理地说明了配合物结构及其性质的关系,这将在后续课程中介绍。

11.3 配位化合物的稳定性

配位化合物的稳定性，主要是指其热力学稳定性，尤其是指其在水溶液中是否离解的稳定性。影响配合物稳定性的因素很多，分内因和外因两方面：内因是指中心体和配体的性质对配合物稳定性的影响；外因是指溶液的酸度、浓度、温度、压力等对配合物稳定性的影响。本节着重讨论内因的影响。一般来说，过渡金属比非过渡金属容易生成稳定的配合物。下面我们将结合硬软酸碱规则，主要从中心体和配体的性质方面来讨论影响配合物稳定性的因素。

11.3.1 中心体的性质与配合物稳定性的关系

一般来说，8 电子构型的阳离子与其他电子组态的金属离子相比，形成配离子的能力要弱一些，这是因为 8 电子型的金属离子与配体间的离子极化作用较弱。下面根据中心离子的电子组态，讨论中心体的本性与配合物热力学稳定性的关系。

1. 8 电子型

一般认为，8 电子型金属离子多系球形对称的硬阳离子，当它们与配体(负离子或偶极子)配位时，其间的作用力是静电力。据此，当配体一定时，这些配离子的热力学稳定性一般取决于中心离子的电荷和半径。中心离子的电荷 (Z) 越高，半径(r) 越小，即离子势(Z/r) 越大，形成的配离子越稳定。不过，电荷的影响比离子半径的影响更为明显，因为离子的电荷总是成倍的增加，而离子的半径则只在小范围内变动。

按照硬软酸碱规则，这类离子在同周期中一般正电荷较小，极化力较弱，本身难变形，属于硬酸。它们与硬碱 F^-，OH^-，H_2O，O^{2-} 等容易配位(硬亲硬)，结合力主要是静电引力。

例如，下列离子分别与氨基酸（以羧氧配位）形成相应的金属配合物的稳定性有如下顺序：

$Cs^+ < Rb^+ < K^+ < Na^+$

$Ba^{2+} < Sr^{2+} < Ca^{2+} < Mg^{2+}$

$La^{3+} < Y^{3+} < Sc^{3+} < Al^{3+}$

$La^{3+} < Ce^{3+} < Pr^{3+} < Nd^{3+} < Sm^{3+} < Eu^{3+} < Gd^{3+} < Tb^{3+} < Dy^{3+} < Ho^{3+} < Er^{3+} < Tm^{3+} < Yb^{3+} < Lu^{3+}$

上述各系列稳定性增大的顺序与其中心离子的离子势增大的顺序完全一致。

2. 18电子型和18+2电子型

这一类型的金属离子的特点是它们均具有显著的变形性和极化能力，都是软酸或接近于软酸的交界酸。根据硬软酸碱原理，它们和软碱（如I^-等）易生成稳定的共价配合物。中心离子与配体间的作用除静电引力外还有极化作用力。因而该类金属配离子的稳定性比Z/r相近、配体相同的8电子型金属配离子的稳定性高。这类金属阳离子的极化能力和变形性随着离子半径的大小、电荷的高低以及配体的不同而有所差异，因此它们形成配合物的稳定性也不同。

例如，HgX_4^{2-}配离子($X^- = F^-, Cl^-, Br^-, I^-$)的稳定性按$F^- \to I^-$的顺序增大，这是因为$Hg^{2+}$为软酸，而路易斯碱$X^-$的软度随$X^-$离子的半径增大而增大。

又如，$Zn^{2+}, Cd^{2+}, Hg^{2+}$与$Cl^-$（或$Br^-, I^-$）形成$MCl_4^{2-}$配离子时，它们的稳定性顺序为$ZnCl_4^{2-} < CdCl_4^{2-} < HgCl_4^{2-}$，这是因为$Zn^{2+} \to Hg^{2+}$的离子半径依次增大，其变形性也增大，软度增大。而且这些阴离子都有比较明显的变形性，配离子中键的共价成分随$Zn^{2+}, Cd^{2+}, Hg^{2+}$的顺序增加。但是，当$Zn^{2+}, Cd^{2+}, Hg^{2+}$形成$MF_4^{2-}$配离子时，其稳定顺序为$ZnF_4^{2-} > CdF_4^{2-} < HgF_4^{2-}$。由于$F^-$离子没有显著的变形性，所以$F^-$与$Zn^{2+}, Cd^{2+}$配合时，静电作用力是主要的。但与$Hg^{2+}$配合时，由于

Hg^{2+} 的变形性显著,体积小的 F^- 离子使 Hg^{2+} 发生一定程度的变形,从而使相互之间的结合仍带有较大程度的共价性,因而相应的配离子稍稳定。

另外还需指出,8 电子型、18 电子型以及 18+2 电子型阳离子都只能用外层轨道(ns, np, nd)杂化形成外轨型配合物,一般说来,外轨型配合物的稳定性比内轨型配合物的低。

3. 9~17 电子型

对这类阳离子与配体之间形成的配位化合物的稳定性一般用静电理论和晶体场理论来解释。以第一系列过渡 M^{2+} 离子为例,在八面体弱场中,M^{2+} 离子与某一配体形成八面体弱场高自旋配合物的稳定性大小顺序为

$$d^0 < d^1 < d^2 < d^3 \gtreqless d^4 > d^5 < d^6 < d^7 < d^8 \gtreqless d^9 > d^{10}$$
$$Ca^{2+}\ (Sc^{2+})\ Ti^{2+}\ \ V^{2+}\ \ Cr^{2+}\ \ Mn^{2+}\ Fe^{2+}\ Co^{2+}\ Ni^{2+}\ Cu^{2+}\ Zn^{2+}$$

这些 M^{2+} 离子在水溶液中与某一单价配体 L 形成八面体型配合物的反应为

$$[M(H_2O)_6] + 6L \rightleftharpoons [ML_6] + 6H_2O$$

为简单起见,未写出逐级配位的反应式,也略去了上式中各物种可能带有的电荷。如果上式向右进行的程度越大,表明 $[ML_6]$ 越稳定。上述反应向右进行的程度取决于该反应的 $\Delta G^\ominus$ 的大小,而

$$\Delta G^\ominus = \Delta H^\ominus - T\Delta S^\ominus$$

但对于上述各 M^{2+} 离子来说,它们分别与同一弱场配体 L 形成配合物时,可近似地认为 $\Delta S^\ominus$ 相等,因此可以近似地认为该反应向右进行的倾向大小取决于反应的焓变 $\Delta H^\ominus$。

对于上述各 M^{2+} 离子来说,当它们分别与同一配体 L 形成八面体配合物时,假如其中都不存在 CFSE,则 M^{2+} 离子按同一周期从左到右的顺序有效核电荷递增,离子半径递减,与同一配体形成八面体配合物时放出的能量应依次递增。然而 CFSE 的存在破坏了这种依次递增的顺序。尽管 CFSE 仅占 M^{2+} 与 L 配位

时放出的总能量的一小部分,却对总能量的大小顺序起了决定性的作用,使得上述配合物的稳定性顺序与相应的 CFSE 的大小顺序基本一致:

$$d^0 < d^1 < d^2 < d^3 > d^4 > d^5 < d^6 < d^7 < d^8 > d^9 > d^{10}$$

CFSE: 0 -4 -8 -12 -6 0 -4 -8 -12 -6 0

从 CFSE 来看:

d^0, d^5, d^{10}: CFSE = 0,配离子的稳定性小;

d^3, d^8: CFSE = $-12D_q$,配离子较稳定;

d^4, d^9: d_r 轨道上的 d 电子分布不对称。

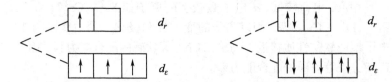

由于姜-泰勒效应形成的配离子的几何构型通常是拉长的八面体,其能量比正八面体更低而增加了配离子的稳定性。因此 d^4, d^9 型的 CFSE 虽比 d^3, d^8 型的小,但 d^4, d^9 型的配离子稳定性常常大于 d^3, d^8 型配离子的稳定性。

从价键理论的观点考虑,这类离子的配合物比 8 电子型阳离子的配合物稳定,因为有效核电荷比 8 电子型高(d 电子的屏蔽作用小),极化力较强,而且 $(n-1)d$ 亚层电子未填满,可生成内轨型配合物。

按照硬软酸碱规则,常见的 +2、+3 价的 d 区金属离子大多属于交界酸,随着 d 电子数的不同,有少数属于硬酸或软酸,如

d^3	d^3	d^5	d^5	d^6	d^7	d^8	d^8	d^8	d^9
V^{2+}	Cr^{3+}	Fe^{3+}	Mn^{2+}	Fe^{2+}	Co^{2+}	Ni^{2+}	Pd^{2+}	Pt^{2+}	Cu^{2+}
	硬酸						软酸		

(未注明者为交界酸)

可见,电荷愈高,d 电子数愈少,则变形性越小,就越接近于同周

期中左边 8 电子型的硬酸；电荷越低，d 电子数越多，则变形性越大，就越接近于同周期中右侧 18 电子型的软酸。

因此，电荷高、d 电子少的离子如

$$Ti^{4+}, \quad V^{4+}, \quad V^{5+}, \quad Nb^{5+}, \quad Mo^{5+}$$
$$d^0 \quad\quad d^1 \quad\quad d^0 \quad\quad d^0 \quad\quad d^1$$

等等中心体与配体间以库仑引力占优势，与 8 电子型的硬酸性质接近，与 F^-，OH^-，O^{2-} 等硬碱的配合能力强，但同 S^{2-}，CN^- 等软碱的配位能力差，如 TiO_3^{2-}，VF_6^-，NbF_6^- 等等。

相反，电荷较低、d 电子数较多的离子如 Fe^{2+}，Co^{2+}，Ni^{2+}，Pt^{2+}，Pd^{2+}，Cu^{2+} 等，则以离子的变形性和极化作用占优，与 18 电子型的软酸性质接近，与 S^{2-}，CN^- 等软碱的配合能力强，而与 F^-，OH^- 等硬碱的配合能力差。

11.3.2 配位体的性质与配合物稳定性的关系

笼统地说，配位体越容易给出电子对，它与中心体形成的 σ 配键就越强，配合物也越稳定。配位键的强度从配位体角度来说受下列因素的影响。

1. 配位原子的电负性

对 8 电子型的阳离子来说，配位原子的电负性越大，则配合物越稳定（符合 HSAB 规则），其稳定性有下列顺序：

$$N \gg P > As > Sb$$
$$O \gg S > Se > Te$$
$$F > Cl > Br > I$$

对于 18 电子型和 18+2 电子型的阳离子，配位原子的电负性越小，配合物越稳定（也符合 HSAB 规则），其稳定性顺序为

$$F < Cl < Br < I$$
$$N \ll P$$
$$O \ll S$$

总之，C，S，P>N>O>F，例如，HgX_4^{2-} 的稳定性依 $F^- \rightarrow I^-$ 次序增强。

进一步说，对 d 电子数较多、电荷较低的 d 区金属离子的配合物，往往因为配位原子如 P,As 有空 d 轨道，CO,CN^- 等（以 C 配位）有空的 π^* 轨道，能接受中心体反馈的 d 电子而形成反馈 π 键，从而增加了配合物的稳定性。例如 NH_3 和 PH_3 与 d 区金属离子形成配合物时，其配位能力常常是 PH_3 大于 NH_3。

2．配位原子给电子的能力

一般认为，配位原子给电子的能力越强，则形成的配合物越稳定。例如，NH_3 可以作配位体，而 NF_3 则不能。因为 F 的电负性很大，使 N 带有部分形式正电荷，在 NF_3 中尽管 N 原子上还有一对孤对电子，但已很难给出。又如，$P(CH_3)_3$ 的配位能力比 PH_3 强，因为 CH_3 是推电子基团，使得 $P(CH_3)_3$ 中 P 上的一对孤对电子更容易给出。

3．螯合效应

对于同一种配位原子，多价配体与 M^{n+} 形成螯合物时，由于形成螯环，因此，其螯合物比单价配体形成的简单配合物稳定性高。这种由于螯环的形成而使螯合物具有特殊稳定性的作用，称为**螯合效应**。

配合物的稳定性是由反应的 ΔG 的大小来衡量的，并不完全取决于配位键的能量，它还与配合物的熵密切相关，这在生成螯合物时尤为明显。例如

$$3en + M(H_2O)_6^{n+} \rightleftharpoons M(en)_3^{n+} + 6H_2O \qquad (11\text{-}5)$$

$$6NH_3 + M(H_2O)_6^{n+} \rightleftharpoons M(NH_3)_6^{n+} + 6H_2O \qquad (11\text{-}6)$$

反应（11-5）和（11-6）配位键的强度是类似的，但是反应（11-6）中可以自由运动的质点在反应前后没有变化，熵变不大；反应（11-5）中可以自由运动的质点由 4 个变到 7 个，自由运动的质点数目大大增加，意味着熵增加很多。根据

$$\Delta G^\ominus = \Delta H^\ominus - T\Delta S^\ominus$$

可知反应（11-5）比反应（11-6）的吉布斯自由能降低得多，因而乙二胺螯合物比氨配合物（对同一中心体而言）要稳定得多。由于生成螯合物时有利于熵增加，因此螯合物总是比相应的非螯合物稳定，这种螯合效应主要是"熵效应"。

螯环的大小也是影响稳定性的一个重要因素，大多数情况下，五、六元环最稳定。

表 11-9　Ca^{2+} 与四元羧酸 $(^{-}OOCH_2)_2N(CH_2)_nN(CH_2COO^{-})_2$ 配合物的 $\lg K_\text{稳}$ 与环的大小关系

n	环的大小	$\lg K_\text{稳}$
2	5	10.7
3	6	7.1
4	7	5.1
5	8	4.6

由表 11-9 可见，五元环具有最大的稳定性，因为这种环状结构空间张力小，生成热大。

另外，在螯合物中形成环的数目越多，稳定性越高。这是因为环的数目越多，则动用的配位原子愈多，配合后与中心体脱开的几率越小，因而更稳定。这种影响由表 11-10 可以看出。

可见，$Cu(NH_3)_4^{2+}$ 没有形成螯环，稳定性较小；$Cu(en)_2^{2+}$ 有两个五元环，比较稳定；$Cu(trien)^{2+}$ 有三个五元环，最稳定。

在分析化学中广泛应用的氨羧螯合剂中以乙二胺四乙酸（H_4Y，简称EDTA）最为重要，它具有 4 个可置换的 H^+ 离子和 6 个配位原子（两个胺基氮原子和四个羧基氧原子），它与金属离子能形成 5 个五元环，成为最稳定的配合物。因此 EDTA 是一

表 11-10　环的数目对螯合物稳定性的影响

配 位 体	Cu^{2+} 的配合物	$\lg K_{稳}$
氨　NH_3	$Cu(NH_3)_4^{2+}$	12.67
乙二胺　CH_2-NH_2 （en）　CH_2-NH_2	$\left[\begin{array}{c}(H_2C-NH_2)_2Cu(NH_2-CH_2)_2\end{array}\right]^{2+}$ 螯合结构	19.6
三乙撑四胺（trien） $CH_2CH_2NH_2$ H_2C-NH H_2C-NH $CH_2CH_2NH_2$	trien–Cu 螯合结构 $[\cdots]^{2+}$	20.4

种很好的螯合剂。例如它与不易生成配合物的 8 电子型的 Ca^{2+} 离子能形成稳定的螯合物，其结构如图 11-11 所示。

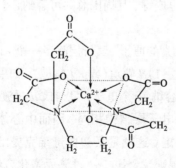

图 11-11　CaY^{2-} 的结构

4. 空间位阻和邻位效应

在螯合剂的配位原子附近，如果存在着体积较大的基团，会阻碍配位原子与金属离子的配位，降低配合物的稳定性，这种现象叫做**空间位阻**，亦称**位阻效应**。该效应出现在配位原子的邻位上时特别显著，故称为**邻位效应**。

例如，phen 与 Fe^{2+} 离子按下式生成稳定的鲜橙色螯合物：

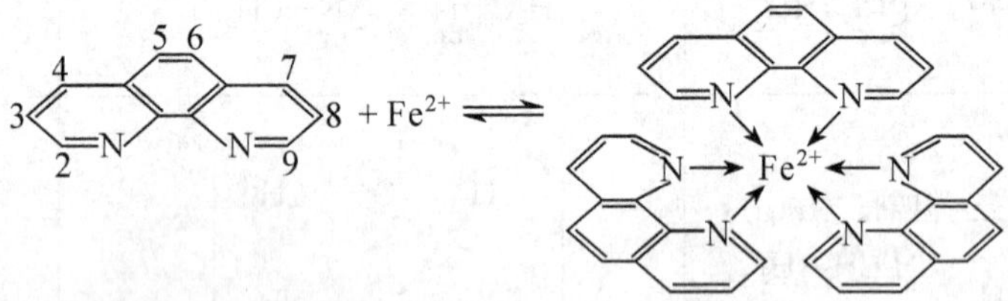

如果在 2,9 位（邻位）引入—CH_3 时，因邻位效应而不能与 Fe^{2+} 离子配位形成相应的螯合物。

11.3.3　18 电子规则

非过渡元素化合物一般以八隅体电子结构较稳定，诸如 $Be(OH)_4^{2-}$，BF_4^-，$SiCl_4$ 等，因为这些元素的原子通常用一个 ns 轨道和 3 个 np 轨道成键，其周围总共可容纳 8 个价电子，遵循八隅体规则。

对于 d 过渡元素的原子，其价层除了一个 ns 轨道、3 个 np 轨道外，还有 5 个 $(n-1)d$ 轨道（或 nd 轨道），如果每个轨道容纳 2 个电子，则总共可容纳 18 个电子，且与该 d 过渡金属后面最邻近的稀有气体元素的电子层结构相同，因而中心体价层有 18 个电子的配合物比较稳定。这就是最初西奇维克提出的 **18 电子规则**（即有效原子序数规则）。不过，d 过渡元素化合物的情况比非过渡元素化合物复杂，此规则对于含有 M—C 键的羰基化合物及金

属有机化合物尤为适用。例如，

	$Ni(CO)_4$	$Fe(CO)_5$	$Cr(CO)_6$	$Fe(C_5H_5)_2$
价电子总数（NVE）	$10+4\times 2$	$8+5\times 2$	$6+6\times 2$	$6+6\times 2$

计算 NVE 时，金属常按零价计算；配体如 CO, CN^-, X^- 等均按提供 2 个电子计算；不饱和烃配体则按所能提供的 π 电子数计算，如环戊二烯负离子按提供 6 个电子计算；配离子的电荷按中心金属得到或失去的电子数另行计算。

表 11-11 列出某些羰基金属配合物的形成情况。

表 11-11　某些羰基金属配合物的形成情况

M	Cr	Mn	Fe	Co	Ni
M 的价电子数	6	7	8	9	10
需要的电子数	12	11	10	9	8
羰基配合物	$Cr(CO)_6$	$Mn_2(CO)_{10}$	$Fe(CO)_5$	$Co_2(CO)_8$	$Ni(CO)_4$

由表 11-11 可见：

(1) 中心原子原子序数为偶数的过渡金属（如 $^{24}Cr, ^{26}Fe, ^{28}Ni$）直接遵循 18 电子规则，如 Cr, Fe, Ni 的羰基配合物可用通式 $M(CO)_n$ 表示，其中 $n=9-\dfrac{N}{2}$（N 为 M 的价电子数）。这些配合物是反磁性的。

(2) 中心原子原子序数为奇数时，如 $^{25}Mn, ^{27}Co$ 等，它们的简单加合不能满足 18 电子规则。如 Mn，有 7 个价电子，若形成 $Mn(CO)_5$，则 $NVE=7+5\times 2=17$，还少一个电子，因此至今还未制得 $Mn(CO)_5$。

但是，18 电子构型可借其他方式来实现。一种是借还原作用加合一个电子形成阴离子，如 $Co(CO)_4^-$，$Mn(CO)_5^-$ 等；另一种是通过它们之间形成二聚体，例如，$Mn_2(CO)_{10}$ 就是一个典型的双核羰基化合物，其中 Mn-Mn 直接成键（其成键情况将在本书下册介绍）。每个 Mn 原子和 5 个 CO 结合，从每个 CO 获得 2 个电子，尚缺 1 个电子，不满足 18 电子规则。由 Mn-Mn 直接形成共价键，各向对方提供 1 个电子共用，就可以满足 18 电子规则。

(3) 有一些配合物的中心体不遵循 18 电子规则。如 $V(CO)_6$ 中 V 原子的价层电子总数为 $5+6\times 2=17$，因此具有顺磁性。$V(CO)_6$ 不能像 $Mn_2(CO)_{10}$ 那样形成稳定的二聚体，这可能与空间因素有关。因为，如果形成二聚体

$$(CO)_6V-V(CO)_6$$

其中每个 V 原子的配位数将达到 7，这将使形成 V—V 键所降低的能量小于配位体间相互排斥而升高的能量，所以 $V_2(CO)_{12}$ 是不稳定的。据报导，约 10 K 时 $V(CO)_6$ 可能聚合为二聚体，其结构为

$$(CO)_5V(\mu\text{-}CO)_2V(CO)_5$$

即使 $V(CO)_6$ 能稳定存在，但其稳定性比遵循 18 电子规则的羰基化合物小，它在约 70°C 分解。在强还原剂（如 Na）作用下可接受电子而形成符合 18 电子规则的 $V(CO)_6^-$。

对于 d^8 型的 Pd^{2+}，Pt^{2+} 和某些情况下的 Ni^{2+} 的有机配合物，NVE=16 时却比较稳定，这可能是 dsp^2 杂化的平面正方形配合物有更稳定的反馈 π 键之故。

总之，18 电子规则主要适用于有机金属化合物和羰基配合物，在其他场合下，例外的情况甚多，如 TiF_6^{2-}（NVE = 12），$Co(H_2O)_6^{2+}$（NVE = 19），$Ni(en)_3^{2+}$（NVE = 20），等等。因此，使用 18 电子规则时必须加以注意。

11.4 配位平衡及平衡移动

11.4.1 配位化合物的稳定常数

配位化合物在溶液中的稳定性大小由相应的稳定常数来衡量。

在$Ag(NH_3)_2^+$配离子的水溶液中加入氯化钠,没有AgCl沉淀生成,这似乎说明溶液中Ag^+离子完全与NH_3形成了$Ag(NH_3)_2^+$。但是,若加入碘化钾溶液却有AgI沉淀生成,通入H_2S也有Ag_2S沉淀生成。这又说明溶液中还有Ag^+离子存在,即Ag^+并没有与NH_3分子完全配位生成$Ag(NH_3)_2^+$配离子。事实上,在此溶液中,不仅有Ag^+离子和NH_3分子的配位反应,同时也存在着$Ag(NH_3)_2^+$配离子的解离反应,配位与解离最后达到平衡,这种平衡称为**配位平衡**:

$$Ag^+ + 2NH_3 \rightleftharpoons Ag(NH_3)_2^+$$

根据化学平衡的一般原理,其平衡常数表示式为

$$K_{稳} = \frac{[Ag(NH_3)_2^+]}{[Ag^+][NH_3]^2} = 1.6 \times 10^7$$

或

$$\lg K_{稳} = 7.2$$

该常数越大,说明生成配离子的倾向越大,而解离的倾向就越小,即配离子越稳定。所以把它称为$Ag(NH_3)_2^+$配离子的**稳定常数**(或生成常数)。一般用$K_{稳}$或$\lg K_{稳}$表示。

1. 稳定常数和不稳定常数

一般配合物的生成是分步进行的,其相应的平衡常数为逐级稳定常数。以$Cu(NH_3)_4^{2+}$配离子的生成为例:

$$Cu^{2+} + NH_3 \rightleftharpoons Cu(NH_3)^{2+}$$

$$K_{稳_1} = \frac{[\text{Cu(NH}_3)^{2+}]}{[\text{Cu}^{2+}][\text{NH}_3]} = 1.41 \times 10^4$$

$$\text{Cu(NH}_3)^{2+} + \text{NH}_3 \rightleftharpoons \text{Cu(NH}_3)_2^{2+}$$

$$K_{稳_2} = \frac{[\text{Cu(NH}_3)_2^{2+}]}{[\text{Cu(NH}_3)^{2+}][\text{NH}_3]} = 3.17 \times 10^3$$

$$\text{Cu(NH}_3)_2^{2+} + \text{NH}_3 \rightleftharpoons \text{Cu(NH}_3)_3^{2+}$$

$$K_{稳_3} = \frac{[\text{Cu(NH}_3)_3^{2+}]}{[\text{Cu(NH}_3)_2^{2+}][\text{NH}_3]} = 7.76 \times 10^2$$

$$\text{Cu(NH}_3)_3^{2+} + \text{NH}_3 \rightleftharpoons \text{Cu(NH}_3)_4^{2+}$$

$$K_{稳_4} = \frac{[\text{Cu(NH}_3)_4^{2+}]}{[\text{Cu(NH}_3)_3^{2+}][\text{NH}_3]} = 1.39 \times 10^2$$

可以证明，各级稳定常数的乘积就是 Cu^{2+} 与 NH_3 生成 $\text{Cu(NH}_3)_4^{2+}$ 配离子的总的稳定常数，即

$$\text{Cu}^{2+} + 4\text{NH}_3 \rightleftharpoons \text{Cu(NH}_3)_4^{2+}$$

$$K_{稳} = K_{稳_1} \cdot K_{稳_2} \cdot K_{稳_3} \cdot K_{稳_4}$$
$$= (1.41 \times 10^4) \times (3.17 \times 10^3) \times (7.76 \times 10^2) \times (1.39 \times 10^2)$$
$$= 4.8 \times 10^{12}$$

配离子在水溶液中经溶剂分子的作用也会发生分步解离，生成一系列不同配位数的配离子，其解离程度用相应的各级解离常数表示。在溶液中解离常数越大，说明该配离子越易解离而越不稳定，因此又叫**不稳定常数**，一般用 $K_{不稳}$ 表示。仍以 $\text{Cu(NH}_3)_4^{2+}$ 配离子为例：

$$\text{Cu(NH}_3)_4^{2+} \rightleftharpoons \text{Cu(NH}_3)_3^{2+} + \text{NH}_3$$

$$K_{不稳_1} = \frac{[\text{Cu(NH}_3)_3^{2+}][\text{NH}_3]}{[\text{Cu(NH}_3)_4^{2+}]} = \frac{1}{K_{稳_4}}$$

$$\text{Cu(NH}_3)_3^{2+} \rightleftharpoons \text{Cu(NH}_3)_2^{2+} + \text{NH}_3$$

$$K_{\text{不稳}_2} = \frac{[\text{Cu(NH}_3)_2^{2+}][\text{NH}_3]}{[\text{Cu(NH}_3)_3^{2+}]} = \frac{1}{K_{\text{稳}_3}}$$

$$\text{Cu(NH}_3)_2^{2+} \rightleftharpoons \text{Cu(NH}_3)^{2+} + \text{NH}_3$$

$$K_{\text{不稳}_3} = \frac{[\text{Cu(NH}_3)^{2+}][\text{NH}_3]}{[\text{Cu(NH}_3)_2^{2+}]} = \frac{1}{K_{\text{稳}_2}}$$

$$\text{Cu(NH}_3)^{2+} \rightleftharpoons \text{Cu}^{2+} + \text{NH}_3$$

$$K_{\text{不稳}_4} = \frac{[\text{Cu}^{2+}][\text{NH}_3]}{[\text{Cu(NH}_3)^{2+}]} = \frac{1}{K_{\text{稳}_1}}$$

各级不稳定常数的乘积等于总的不稳定常数。可以证明，同一配离子的不稳定常数与其稳定常数互为倒数，即

$$\text{Cu(NH}_3)_4^{2+} \rightleftharpoons \text{Cu}^{2+} + 4\text{NH}_3$$

$$K_{\text{不稳}} = K_{\text{不稳}_1} \cdot K_{\text{不稳}_2} \cdot K_{\text{不稳}_3} \cdot K_{\text{不稳}_4}$$

$$= \frac{1}{K_{\text{稳}}}$$

$K_{\text{不稳}}$ 越大，说明配离子解离的趋势越大，配离子越不稳定。表 11-12 列出了一些配离子的逐级稳定常数的对数值。

表 11-12　某些配离子的逐级稳定常数（对数值）

配离子	$\lg K_1$	$\lg K_2$	$\lg K_3$	$\lg K_4$	$\lg K_5$	$\lg K_6$
$\text{Zn(NH}_3)_4^{2+}$	2.37	2.44	2.5	2.15		
$\text{Hg(NH}_3)_4^{2+}$	8.8	8.7	1.0	0.78		
Zn(en)_3^{2+}	5.92	5.15	1.80			
$\text{Ag(NH}_3)_2^+$	3.27	3.90				
$\text{Cu(NH}_3)_4^{2+}$	4.15	3.50	2.89	2.13		
Cu(en)_2^{2+}	10.55	9.05				
$\text{Ni(NH}_3)_6^{2+}$	2.8	2.2	1.73	1.19	0.75	0.03
AlF_6^{3-}	6.13	5.02	3.85	2.74	1.63	0.47

由表 11-12 可见，配离子的逐级稳定常数彼此差别不大，除少数例外，一般是比较均匀地逐级减小。因此，在计算配位平衡中各物质的浓度时，必须考虑各级配离子的存在。但在实际工作中，一般总是加入过量的配位体（配合剂），这时金属离子绝大部分处在最高配位数的状态，因此其他较低配位数的配离子可忽略不计。如果只要求简单金属离子的浓度，此时只需按总的 $K_{稳}$（或 $K_{不稳}$）来计算，这样计算就大大简化了。

【例 11-1】 计算在 $0.1 \text{mol} \cdot \text{dm}^{-3} \text{Cu(NH}_3)_4^{2+}$ 溶液中含有 $1 \text{mol} \cdot \text{dm}^{-3}$ 氨水时 Cu^{2+} 离子浓度和在 $0.1 \text{mol} \cdot \text{dm}^{-3} \text{Zn(NH}_3)_4^{2+}$ 溶液中含有 $1 \text{mol} \cdot \text{dm}^{-3}$ 氨水时 Zn^{2+} 离子浓度。

解 $K_{稳}(\text{Cu(NH}_3)_4^{2+}) = 4.8 \times 10^{12}$

$K_{稳}(\text{Zn(NH}_3)_4^{2+}) = 2.9 \times 10^9$

设 $[Cu^{2+}] = x$，根据配位平衡，有

$$Cu^{2+} + 4NH_3 \rightleftharpoons Cu(NH_3)_4^{2+}$$
$$x \quad\quad 1+4x \quad\quad 0.1-x$$

由于 $K_{稳}(\text{Cu(NH}_3)_4^{2+})$ 较大，而且 NH_3 过量，解离受到抑制，此时 $1 + 4x \approx 1$，$0.1 - x \approx 0.1$，则

$$K_{稳} = \frac{[\text{Cu(NH}_3)_4^{2+}]}{[Cu^{2+}][NH_3]^4} = \frac{0.1}{x \cdot 1^4} = \frac{0.1}{x} = 4.8 \times 10^{12}$$

所以 $x = [Cu^{2+}] = 2.08 \times 10^{-14} \text{mol} \cdot \text{dm}^{-3}$。

与上面的计算相似也可求出 $[Zn^{2+}]$：

$$K_{稳} = \frac{[\text{Zn(NH}_3)_4^{2+}]}{[Zn^{2+}][NH_3]^4} = \frac{0.1}{[Zn^{2+}] \cdot 1^4} = 2.9 \times 10^9$$

所以 $[Zn^{2+}] = 3.45 \times 10^{-11} \text{mol} \cdot \text{dm}^{-3}$。

计算结果表明，在水溶液中，$Cu(NH_3)_4^{2+}$ 比 $Zn(NH_3)_4^{2+}$ 配离子更难解离，即 $Cu(NH_3)_4^{2+}$ 更稳定。

值得指出的是，在 $Cu(NH_3)_4^{2+}$ 的溶液中存在着各级低配位数的配离子即 $Cu(NH_3)_3^{2+}$，$Cu(NH_3)_2^{2+}$ 和 $Cu(NH_3)^{2+}$，在

$Zn(NH_3)_4^{2+}$ 的溶液中也是这样。因此不能认为溶液中$[NH_3] = 4[Cu^{2+}]$或$[NH_3] = 4[Zn^{2+}]$，由于$Cu(NH_3)_4^{2+}$和$Zn(NH_3)_4^{2+}$配离子是逐级解离的，当用综合平衡反应方程式计算时，反应方程式中的系数并不代表溶液中各物种实际的物质的量之比，正如$H_2S + 2H_2O \rightleftharpoons 2H_3O^+ + S^{2-}$中并不代表$H_2S$一步电离出两个$H_3O^+$和一个$S^{2-}$离子一样。在$H_2S$的水溶液中，$H^+$离子浓度并不是$S^{2-}$离子浓度的 2 倍。不过在例 11-1 中，由于氨水是过量的，$Cu(NH_3)_4^{2+}$和$Zn(NH_3)_4^{2+}$配离子的$K_稳$又很大，因此忽略了配离子的解离部分是比较合理的。

还应指出，在用$K_稳$比较配离子的稳定性时，配离子的类型必须相同，否则会出错误。例如，CuY^{2-}和$Cu(en)_2^{2+}$的$K_稳$分别为6.0×10^{18}和4.0×10^{19}，表面看来，似乎后者比前者稳定，但事实恰恰相反，这是因为前者是 1:1 型，而后者是 1:2 型。对于不同类型的配离子，只能通过计算来比较它们的稳定性。

2. 积累稳定常数

配合物的稳定常数常用**积累稳定常数** $\beta_1, \beta_2 \cdots\cdots$ 来表示。仍以$Cu(NH_3)_4^{2+}$配离子为例，说明积累稳定常数与逐级稳定常数之间的关系：

$$\beta_1 = K_{稳_1}$$

$$\beta_2 = K_{稳_1} \cdot K_{稳_2}$$

$$\beta_3 = K_{稳_1} \cdot K_{稳_2} \cdot K_{稳_3}$$

$$\beta_4 = K_{稳_1} \cdot K_{稳_2} \cdot K_{稳_3} \cdot K_{稳_4} = K_稳$$

附录 V 列出了一些常见配合物的$\lg\beta_n$值。

11.4.2 配位平衡的移动

如前所述，金属离子M^{n+}和配体L^-生成配离子$ML_x^{(n-x)+}$，在水溶液中存在如下平衡：

$$M^{n+} + xL^- \rightleftharpoons ML_x^{(n-x)+}$$

这种配位平衡也是一种相对的动态平衡。根据平衡移动原理，改变 M^{n+} 或 L^- 的浓度，会使上述平衡发生移动。例如，向上述平衡体系中加入某种试剂，如酸、碱、沉淀剂、氧化剂或还原剂，或其他配合剂，当其与 M^{n+} 或 L^- 发生各种化学反应时就会导致上述配位平衡发生移动。这一过程涉及到配位平衡与其他各种化学平衡相互联系的多重平衡。下面将分别予以讨论。

1. 配位平衡与酸碱电离平衡

许多配位体是弱酸的酸根，例如 F^-，CN^-，SCN^-，CO_3^{2-}，$C_2O_4^{2-}$ 等等，它们均能与加入的酸（H^+）生成弱酸而使配位平衡发生移动。

例如：

$$Fe^{3+} + 6F^- \rightleftharpoons FeF_6^{3-}$$
$$+$$
$$6H^+ \quad\quad +H^+$$
$$\Downarrow$$
$$6HF$$

也就是说，在 FeF_6^{3-} 的配位平衡体系中加酸，由于加入的 H^+ 与 F^- 生成弱酸 HF，导致了 FeF_6^{3-} 配离子按箭头所指的方向解离，使 FeF_6^{3-} 配离子的稳定性减小。这种作用称为**酸效应**。即酸效应是通过加酸使配体的浓度降低而使配位平衡向解离的方向移动。在上述体系中同时存在两种平衡：

$$FeF_6^{3-} \rightleftharpoons Fe^{3+} + 6F^- \quad\quad 1/K_稳$$
$$+)\quad 6F^- + 6H^+ \rightleftharpoons 6HF \quad\quad 1/K_a^6$$

$$FeF_6^{3-} + 6H^+ \rightleftharpoons Fe^{3+} + 6HF \quad K = \frac{1}{K_稳 \cdot K_a^6}$$

可见，配离子的 $K_稳$ 越小，生成的酸越弱（即 K_a 越小），则综合平衡的 K 值越大，亦即配离子越容易被酸分解。

当中心离子可以水解时,酸度对配位平衡也有影响,仍以形成 FeF_6^{3-} 配离子的配位平衡为例:

$$Fe^{3+} + 6F^- \rightleftharpoons FeF_6^{3-}$$

当溶液的酸度太低(即 pH 值较大)时,Fe^{3+} 离子会发生水解,随着水解的进行,使溶液中 Fe^{3+} 离子浓度降低而使上述配位平衡左移,FeF_6^{3-} 配离子遭到破坏。这种作用称为**水解效应**。

可见酸度对配位平衡的影响是多方面的,酸效应和水解效应对配位平衡的影响相反,但通常以酸效应为主。至于在某一酸度下,以哪一个变化为主,要由配位体的碱性、金属氢氧化物的溶度积以及配离子的稳定性等诸多因素来决定。

2. 配位平衡与沉淀-溶解平衡

配位平衡与沉淀-溶解平衡的关系,可看成是沉淀剂与配合剂共同争夺金属离子的过程。

【例 11-2】 计算溶解 0.01 mol $Cu(OH)_2$ 和 0.01 mol CuS 所需 1dm³ 氨水的浓度。已知:

$$K_{sp}(Cu(OH)_2(s)) = 1.6 \times 10^{-19}$$
$$K_{sp}(CuS(s)) = 8.5 \times 10^{-45}$$
$$K_{稳}(Cu(NH_3)_4^{2+}) = 4.8 \times 10^{12}$$

解 对 $Cu(OH)_2$ 的溶解,同时存在下面两个平衡:

$$Cu(OH)_2(s) \rightleftharpoons Cu^{2+} + 2OH^- \quad K_{sp} = 1.6 \times 10^{-19}$$
$$+) \quad Cu^{2+} + 4NH_3 \rightleftharpoons Cu(NH_3)_4^{2+} \quad K_{稳} = 4.8 \times 10^{12}$$
$$\overline{Cu(OH)_2(s) + 4NH_3 \rightleftharpoons Cu(NH_3)_4^{2+} + 2OH^-}$$

$$K = \frac{[Cu(NH_3)_4^{2+}][OH^-]^2}{[NH_3]^4} = K_{sp} \cdot K_{稳} = 7.68 \times 10^{-7}$$

设溶解 0.01 mol $Cu(OH)_2$ 所需氨水的最低浓度为 x mol·dm⁻³,平衡时 $Cu(OH)_2$ 恰好溶解完,则平衡时,$[Cu(NH_3)_4^{2+}] = 0.01$ mol·dm⁻³。

$$[OH^-] = 2 \times [Cu(NH_3)_4^{2+}] = 0.02 \text{ mol·dm}^{-3}$$
$$[NH_3] = x - 4 \times [Cu(NH_3)_4^{2+}] = (x - 0.04) \text{ mol·dm}^{-3}$$

所以 $\dfrac{0.01 \times (0.02)^2}{(x-0.04)^4} = 7.68 \times 10^{-7}$

解得 $x = C_{NH_3 \cdot H_2O} = 1.55$ (mol·dm^{-3})

即溶解 0.01 mol Cu(OH)$_2$ 所需 1dm^3 氨水的最低浓度为 1.55 mol·dm^{-3}。

同理，对 CuS 的溶解有：

$$CuS + 4NH_3 \rightleftharpoons Cu(NH_3)_4^{2+} + S^{2-}$$

$$K' = \frac{[Cu(NH_3)_4^{2+}][S^{2-}]}{[NH_3]^4} = K_{sp} \cdot K_{稳} = 4.08 \times 10^{-32}$$

设溶解 0.01molCuS 所需氨水的最低浓度为 $y$mol·dm^{-3}，平衡时 CuS 恰好溶解完，则平衡时，

$$[Cu(NH_3)_4^{2+}] = [S^{2-}] = 0.01 \text{ mol·dm}^{-3}$$
$$[NH_3] = (y - 0.04) \text{ mol·dm}^{-3}$$

所以 $\dfrac{0.01 \times 0.01}{(y-0.04)^4} = 4.08 \times 10^{-32}$

解得 $y = C_{NH_3 \cdot H_2O} = 7.04 \times 10^6$ (mol·dm^{-3})

即溶解 0.01 mol CuS 所需 1dm^{-3} 氨水的最低浓度为 7.04×10^6 mol·dm^{-3}。

浓氨水在常温下的浓度约为 15mol·dm^{-3}，7.04×10^6 mol·dm^{-3} 的浓度是根本达不到的。因此，上面的计算结果表明，Cu(OH)$_2$ 能溶于氨水而 CuS 则不能。

Ag$^+$ 离子作中心体所形成的三种常见的配离子是 Ag(NH$_3$)$_2^+$、Ag(S$_2$O$_3$)$_2^{3-}$、Ag(CN)$_2^-$ 配离子，它们的稳定性依次增强。这三种配离子与 AgCl，AgBr，AgI，Ag$_2$S 之间有以下沉淀-溶解平衡：

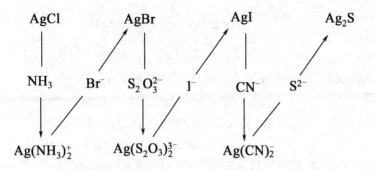

上面图示表明，AgCl 可溶于一定浓度的氨水生成 Ag$(NH_3)_2^+$ 配离子：

$$AgCl + 2NH_3 \rightleftharpoons Ag(NH_3)_2^+ + Cl^-$$

$$K_1 = K_{稳}(Ag(NH_3)_2^+) \cdot K_{sp}(AgCl)$$
$$= 1.6 \times 10^7 \times 1.7 \times 10^{-10} = 2.7 \times 10^{-3}$$

KBr 溶液又可把 Ag$(NH_3)_2^+$ 配离子中的 Ag$^+$ 沉淀出来形成淡黄色的 AgBr 沉淀：

$$Ag(NH_3)_2^+ + Br^- \rightleftharpoons AgBr\downarrow + 2NH_3$$

$$K_2 = \frac{1}{K_{sp}(AgBr) \cdot K_{稳}(Ag(NH_3)_2^+)}$$
$$= \frac{1}{4.95 \times 10^{-13} \times 1.6 \times 10^7} = 1.3 \times 10^5$$

AgBr 可溶于 Na$_2$S$_2$O$_3$ 溶液生成 Ag$(S_2O_3)_2^{3-}$ 配离子：

$$AgBr + 2S_2O_3^{2-} \rightleftharpoons Ag(S_2O_3)_2^{3-} + Br^-$$

$$K_3 = K_{稳}(Ag(S_2O_3)_2^{3-}) \cdot K_{sp}(AgBr)$$
$$= 2.9 \times 10^{13} \times 4.95 \times 10^{-13} = 14.4$$

KI 溶液又可与 Ag$(S_2O_3)_2^{3-}$ 作用析出溶解度更小的黄色的 AgI 沉淀：

$$Ag(S_2O_3)_2^{3-} + I^- \rightleftharpoons AgI\downarrow + 2S_2O_3^{2-}$$

$$K_4 = \frac{1}{K_{\text{稳}}(\text{Ag}(S_2O_3)_2^{3-}) \cdot K_{\text{sp}}(\text{AgI})}$$

$$= \frac{1}{2.9 \times 10^{13} \times 1.5 \times 10^{-16}} = 2.3 \times 10^2$$

AgI 又可溶于 KCN 溶液生成 Ag(CN)_2^- 配离子：

$$\text{AgI} + 2\text{CN}^- \rightleftharpoons \text{Ag(CN)}_2^- + \text{I}^-$$

$$K_5 = K_{\text{稳}}(\text{Ag(CN)}_2^-) \cdot K_{\text{sp}}(\text{AgI})$$

$$= 1.0 \times 10^{21} \times 1.5 \times 10^{-16} = 1.5 \times 10^5$$

而 $(\text{NH}_4)_2\text{S}$ 溶液可与 Ag(CN)_2^- 生成黑色的 Ag_2S 沉淀：

$$2\text{Ag(CN)}_2^- + \text{S}^{2-} \rightleftharpoons \text{Ag}_2\text{S} \downarrow + 4\text{CN}^-$$

$$K_6 = \frac{1}{(K_{\text{稳}}(\text{Ag(CN)}_2^-))^2 \cdot K_{\text{sp}}(\text{Ag}_2\text{S})}$$

$$= \frac{1}{(1.0 \times 10^{21})^2 \times 6 \times 10^{-50}} = 1.7 \times 10^7$$

由于 Ag_2S 的溶度积极小，目前还没有适合的配合剂使 Ag_2S 显著溶解。

上述六个平衡都是包括沉淀-溶解平衡和配离子配位平衡的多重平衡，有关配合剂和沉淀剂的加入量可根据多重平衡来计算。以上六个多重平衡的平衡常数 $K_1 \sim K_6$ 计算表明，如果配合物的 $K_{\text{稳}}$ 越大、沉淀的 K_{sp} 越大，则沉淀越容易被配合剂溶解；相反，如果配合物的 $K_{\text{稳}}$ 越小、沉淀的 K_{sp} 越小，则配离子越容易被沉淀剂所沉淀。

3. 配位平衡与氧化还原平衡

配位平衡与氧化还原平衡是可以相互影响和制约的，因为配合物的形成使金属离子 M^{n+}（水合配离子）的浓度发生变化导致电极电势发生变化。

【例 11-3】 已知 $\varphi^{\ominus}_{\text{Au}^{3+}/\text{Au}} = 1.45\text{V}$，$\varphi^{\ominus}_{\text{Fe}^{3+}/\text{Fe}^{2+}} = 0.771\text{V}$，

配离子	AuCl_4^-	Fe(CN)_6^{3-}	Fe(CN)_6^{4-}
$K_{\text{稳}}$	2.0×10^{23}	1.0×10^{42}	1.0×10^{35}

求下列电对的标准电极电势 $\varphi^{\ominus}$：

(1) $AuCl_4^- + 3e \rightleftharpoons Au + 4Cl^-$

(2) $Fe(CN)_6^{3-} + e \rightleftharpoons Fe(CN)_6^{4-}$

解 （1）因为 $K_稳 = \dfrac{[AuCl_4^-]}{[Au^{3+}][Cl^-]^4}$，标准状态下，$[AuCl_4^-] = [Cl^-] = 1\ mol \cdot dm^{-3}$，所以

$$[Au^{3+}] = \dfrac{[AuCl_4^-]}{K_稳 \cdot [Cl^-]^4} = \dfrac{1}{K_稳}$$

所以
$$\begin{aligned}\varphi^{\ominus}_{AuCl_4^-/Au} &= \varphi^{\ominus}_{Au^{3+}/Au} + \dfrac{0.059}{3}\lg[Au^{3+}] \\ &= \varphi^{\ominus}_{Au^{3+}/Au} + \dfrac{0.059}{3}\lg\dfrac{1}{K_稳} \\ &= \varphi^{\ominus}_{Au^{3+}/Au} - \dfrac{0.059}{3}\lg K_稳 \\ &= 1.45 - \dfrac{0.059}{3}\lg(2.0 \times 10^{23}) = 0.984(V)\end{aligned}$$

（2）标准状态下，$[Fe(CN)_6^{3-}] = [Fe(CN)_6^{4-}] = [CN^-] = 1\ mol \cdot dm^{-3}$，所以

$$[Fe^{3+}] = \dfrac{1}{K_{稳(Ⅲ)}} \quad (\text{式中}\ K_{稳(Ⅲ)}\ \text{表示}\ K_稳(Fe(CN)_6^{3-}))$$

$$[Fe^{2+}] = \dfrac{1}{K_{稳(Ⅱ)}} \quad (\text{式中}\ K_{稳(Ⅱ)}\ \text{表示}\ K_稳(Fe(CN)_6^{4-}))$$

所以
$$\begin{aligned}\varphi^{\ominus}_{Fe(CN)_6^{3-}/Fe(CN)_6^{4-}} &= \varphi^{\ominus}_{Fe^{3+}/Fe^{2+}} + 0.059\lg\dfrac{[Fe^{3+}]}{[Fe^{2+}]} \\ &= \varphi^{\ominus}_{Fe^{3+}/Fe^{2+}} + 0.059\lg\dfrac{1/K_{稳(Ⅲ)}}{1/K_{稳(Ⅱ)}} \\ &= \varphi^{\ominus}_{Fe^{3+}/Fe^{2+}} + 0.059\lg\dfrac{K_{稳(Ⅱ)}}{K_{稳(Ⅲ)}} \\ &= 0.771 + 0.059\lg\dfrac{1.0 \times 10^{35}}{1.0 \times 10^{42}} = 0.358\ (V)\end{aligned}$$

由（1）的计算可知，如果知道 $\varphi^{\ominus}_{Au^{3+}/Au}$ 和 $\varphi^{\ominus}_{AuCl_4^-/Au}$ 的值，反过来也可求出 $AuCl_4^-$ 配离子的稳定常数，这正如知道了

$\varphi^{\ominus}_{Ag^+/Ag}$ 和 $\varphi^{\ominus}_{AgCl/Ag}$，就可求出 AgCl 的溶度积常数 K_{sp}一样。

通过（2）的计算可以从反面得到一个结论，即：如果已知 $\varphi^{\ominus}_{Fe(CN)_6^{3-}/Fe(CN)_6^{4-}} < \varphi^{\ominus}_{Fe^{3+}/Fe^{2+}}$，就可以判断 $K_{稳Fe(CN)_6^{3-}} > K_{稳Fe(CN)_6^{4-}}$，也就是说，$Fe(CN)_6^{3-}$ 比 $Fe(CN)_6^{4-}$ 稳定。同理，如果知道 $\varphi^{\ominus}_{Co^{3+}/Co^{2+}} = 1.82V$，$\varphi^{\ominus}_{Co(NH_3)_6^{3+}/Co(NH_3)_6^{2+}} = 0.1V$，也可以判断 $Co(NH_3)_6^{3+}$ 比 $Co(NH_3)_6^{2+}$ 更稳定。

由于配合物的生成可以改变金属离子电对的电极电势，因此可以影响氧化还原反应进行的程度，甚至改变氧化还原反应进行的方向。例如

$$2Fe^{3+} + 2I^- \rightleftharpoons I_2 + 2Fe^{2+}$$

$$E^{\ominus} = \varphi^{\ominus}_{Fe^{3+}/Fe^{2+}} - \varphi^{\ominus}_{I_2/I^-}$$

$$= 0.771 - 0.535 = 0.236 > 0$$

因此该反应在标准状态下从左到右可以自发进行。当在此体系中加入一定量的 NaF 时，Fe^{3+} 与 F^- 生成 FeF_6^{3-} 配离子，若此时体系中各物质处于标准状态，则 $\varphi^{\ominus}_{FeF_6^{3-}/Fe^{2+}} = 0.40V$，比 $\varphi^{\ominus}_{I_2/I^-}$ 要小，因此，上述反应不是从左到右进行，而是从右到左逆向自发进行。

4. 配合物的相互转化与平衡

在一盛有 $FeCl_3$ 溶液的试管中加入 KSCN 溶液会产生血红色的配合物 $Fe(NCS)_3$，其配位反应为

$$Fe^{3+} + 3SCN^- \rightleftharpoons Fe(NCS)_3 \quad （血红色）$$

$$K_{稳} = 2.0 \times 10^3$$

若在此体系中再加入 NH_4F，血红色立即褪去，这是因为 Fe^{3+} 与 F^- 离子生成了比 $Fe(NCS)_3$ 更稳定的配合物 FeF_3：

$$Fe(NCS)_3 + 3F^- \rightleftharpoons FeF_3 + 3SCN^-$$

上述配合物之间的转化，主要决定于它们稳定常数的差别。上述平衡可看成下面两个平衡组成的多重平衡：

$$\text{Fe(NCS)}_3 \rightleftharpoons \text{Fe}^{3+} + 3\text{SCN}^- \quad 1/K_{\text{稳}}(\text{Fe(NCS)}_3)$$
$$\underline{+)\quad \text{Fe}^{3+} + 3\text{F}^- \rightleftharpoons \text{FeF}_3 \quad K_{\text{稳}}(\text{FeF}_3) = 1.1 \times 10^{12}}$$
$$\text{Fe(NCS)}_3 + 3\text{F}^- \rightleftharpoons \text{FeF}_3 + 3\text{SCN}^-$$

$$K = \frac{[\text{FeF}_3][\text{SCN}^-]^3}{[\text{Fe(NCS)}_3][\text{F}^-]^3} = \frac{K_{\text{稳}}(\text{FeF}_3)}{K_{\text{稳}}(\text{Fe(NCS)}_3)} = \frac{1.1 \times 10^{12}}{2.0 \times 10^3} = 5.5 \times 10^8$$

设达到平衡后 $[\text{SCN}^-] = [\text{F}^-] = 1 \text{ mol·dm}^{-3}$，则

$$\frac{[\text{FeF}_3]}{[\text{Fe(NCS)}_3]} = 5.5 \times 10^8$$

可见体系中 Fe(NCS)_3 几乎全部转化成 FeF_3 了。

利用这一性质，可以用 NH_4F 为掩蔽剂，消除 Fe^{3+} 对其他待测离子的干扰。如

$$\text{Co}^{2+} + 4\text{SCN}^- \rightleftharpoons \text{Co(NCS)}_4^{2-}（蓝色）$$

如果 Co^{2+} 离子溶液中含有少量 Fe^{3+} 杂质，由于 SCN^- 也能与 Fe^{3+} 离子生成血红色的 Fe(NCS)_3，从而干扰了 Co^{2+} 的鉴定。这时就可加 NH_4F 将 Fe(NCS)_3 转化成更稳定的无色配合物 FeF_3 而将 Fe^{3+} 离子掩蔽起来，使 Co^{2+} 离子鉴定能顺利进行。

配位化合物是一大类化合物，种类繁多，在自然界普遍存在。配位化学不仅是无机化学的一个重要的组成部分，而且也与其他学科（分析化学、有机化学、电化学、生物化学、药物学、染料化学、催化动力学等等）有着密切的关系。配位化合物的应用极为广泛，随着科学技术的发展，它无论在实践或理论的意义上都极为重要。关于配位化合物的应用，因本书篇幅所限，在此不作介绍，请读者参考有关资料。

习 题

11.1 组成相同的三种配合物化学式均为 $\text{CrCl}_3\cdot 6\text{H}_2\text{O}$，其颜色各不相同。分别加入足量的 AgNO_3 后，亮绿色者有 2/3 的氯沉淀析出；暗绿色者有 1/3 的氯沉淀析出；紫色者能沉淀出全部的氯。请分别写出它们的结

构式。

11.2 命名下列各配合物：

(1) $[Co(H_2O)_4Cl_2]Cl$

(2) $[Co(ONO)(NH_3)_5]SO_4$

(3) $[Co(NCS)(NH_3)_5]Cl_2$

(4) $[Cr(H_2O)_4Br_2]Br \cdot 2H_2O$

(5) $[Cr(H_2O)(en)(C_2O_4)(OH)]$

(6) $[Cr(NH_3)_2(H_2O)_3(OH)](NO_3)_2$

(7) $NH_4[Co(NH_3)_2(NO_2)_4]$

(8) $[Pt(NH_3)_2(NO_2)Cl]$

(9) $[Fe(en)(C_2O_4)Cl_2]^-$

(10) $[Cr(en)_2(NH_3)Cl]SO_4$

11.3 指出下列配合物的空间构型并画出它们可能存在的几何异构体：

(1) $[Cr(en)_2(SCN)_2]SCN$

(2) $[Co(NH_3)_3(OH)_3]$

(3) $[Pt(NH_3)_2(OH)_2Cl_2]$

(4) $[FeCl_2(C_2O_4)(en)]^-$

(5) $[Pt(CO_3)(NH_3)(en)]$

(6) $[Pt(py)(NH_3)ClBr]$

11.4 下列配合物有无异构现象？若有异构现象请指出属于哪一类异构：

(1) $[Co(en)_2(NCS)(NO_2)]^+$

(2) $[Zn(NH_3)_4][CuCl_4]$

(3) $[Co(NH_3)_5(NO_3)]SO_4$

(4) $[Co(NH_3)_3(H_2O)_2Cl]Br$

(5) $[Pt(NH_3)_3Br_3]^+$

11.5 指出下列各配离子的空间构型和中心体所采用的杂化轨道类型：

(1) $Ni(CN)_4^{2-}$

(2) $CoCl_4^{2-}$

(3) $Cu(CN)_4^{3-}$

(4) $Co(H_2O)_4Cl_2^+$

(5) $Ni(NH_3)_6^{2+}$

(6) $Zn(en)_3^{2+}$

11.6 根据实验测得的有效磁矩数据,判断下列配离子中心体所采用的杂化轨道类型和配离子的几何构型,并指出哪些是内、外轨型配合物,哪些是高、低自旋配合物。

(1) $Fe(CN)_6^{3-}$ 2.3 B.M.

(2) $Fe(CN)_6^{4-}$ 0 B.M.

(3) $Co(NH_3)_6^{3+}$ 0 B.M.

(4) $Co(NH_3)_6^{2+}$ 5.0 B.M.

(5) $Mn(CN)_6^{4-}$ 1.8 B.M.

(6) $Mn(CN)_6^{3-}$ 3.2 B.M.

(7) $Mn(NCS)_6^{4-}$ 6.1 B.M.

(8) $Ni(CN)_4^{2-}$ 0 B.M.

(9) $Ni(NH_3)_4^{2+}$ 3.2 B.M.

(10) $Pt(CN)_4^{2-}$ 0 B.M.

11.7 请照表 11-7 那样将 $d^0 \sim d^{10}$ 型中心离子形成的四面体型配位体中中心离子的 d 电子分布情况列成一表。

11.8 请分别用价键理论和晶体场理论解释:

(1) $Fe(CN)_6^{4-}$ 是反磁性的;

(2) $Fe(H_2O)_6^{2+}$ 是顺磁性的。

11.9 计算 Mn^{3+} 离子在正八面体弱场和强场中的晶体场稳定化能(D_q 单位)。

11.10 s, p, d 三种轨道在平面正方形场中哪些有可能发生分裂?简述理由。

11.11 下列各对配离子相比,哪一个在晶体场中分裂值 Δ 大?为什么?

(1) $Fe(H_2O)_6^{2+}$ 和 $Fe(H_2O)_6^{3+}$

(2) $CoCl_6^{4-}$ 和 CoF_6^{4-}

(3) $NiCl_4^{2-}$ 和 $Ni(CN)_4^{2-}$

(4) $CoCl_6^{4-}$ 和 $CoCl_4^{2-}$

11.12 以 Cr^{3+}, Cr^{2+}, Mn^{3+}, Mn^{2+}, Fe^{3+}, Fe^{2+}, Co^{3+}, Co^{2+} 作

中心体形成八面体配合物,在强场和弱场中各有多少未成对电子?分别写出它们的 d 电子组态。

11.13 预测下列各组所形成的两种配离子之间的稳定性的大小,并简述理由:

(1) Al^{3+} 与 F^- 或 Cl^- 配合

(2) Pd^{2+} 与 RSH 或 ROH 配合

(3) Hg^{2+} 与 Cl^- 或 I^- 配合

(4) Ni^{2+} 与 NH_3 或 PH_3 配合

(5) Cu^{2+} 与 NH_2CH_2COOH 或 CH_3COOH 配合

11.14 等体积混合 $0.300\ mol\cdot dm^{-3}\ NH_3$、$0.300\ mol\cdot dm^{-3}\ NaCN$ 和 $0.030\ mol\cdot dm^{-3}\ AgNO_3$ 溶液,试求:

(1) $Ag(NH_3)_2^+ + 2CN^- \rightleftharpoons Ag(CN)_2^- + 2NH_3$ 的平衡常数;

(2) 平衡时 NH_3 和 CN^- 离子的浓度比。

11.15 在某温度时用 1 升 $1\ mol\cdot dm^{-3}$ 氨水处理过量的 $AgIO_3$ 固体时溶解了 $85g\ AgIO_3$。若此温度下的 $AgIO_3$ 溶度积常数为 4.5×10^{-8},试计算 $Ag(NH_3)_2^+$ 的稳定常数。

11.16 在三份 $0.2\ mol\cdot dm^{-3}\ Ag(CN)_2^-$ 配离子的溶液中,分别加入等体积的 $0.2\ mol\cdot dm^{-3}$ KCl, KBr, KI 溶液,问:

(1) 三种卤化银沉淀是否均能生成?

(2) 若原 $Ag(CN)_2^-$ 溶液中还含有浓度为 $0.2\ mol\cdot dm^{-3}$ 的 KCN,则分别加入 KCl, KBr, KI 时,三种卤化银是否均会沉淀出来?

11.17 计算下列电对的标准电极电势 $\varphi^{\ominus}$:

(1) $Ni(CN)_4^{2-} + 2e \rightleftharpoons Ni + 4CN^-$

(2) $Co(NH_3)_6^{3+} + e \rightleftharpoons Co(NH_3)_6^{2+}$

11.18 通过计算判断下列反应能否在标准状态下从左到右自发进行:

(1) $Cu(NH_3)_4^{2+} + Zn \rightleftharpoons Zn(NH_3)_4^{2+} + Cu$

(2) $2Fe(CN)_6^{3-} + 2I^- \rightleftharpoons 2Fe(CN)_6^{4-} + I_2$

(3) $AuCl_4^- + 2Au + 2Cl^- \rightleftharpoons 3AuCl_2^-$

11.19 一个铜电极浸在含有 $1.00\ mol\cdot dm^{-3}$ 氨和 $1.00\ mol\cdot dm^{-3}\ Cu(NH_3)_4^{2+}$ 配离子的溶液里,若用标准氢电极作正极,经实验测得它和铜电极之间的电势差为 0.0300V。试计算 $Cu(NH_3)_4^{2+}$ 配离子的稳定常数。

11.20 为了测量难溶盐 Ag_2S 的 K_{sp},现装有如下一个原电池,电池的正极是银片,插入 $0.1\ mol·dm^{-3}$ 的 $AgNO_3$ 溶液,并将 H_2S 气体不断通入 $AgNO_3$ 溶液中,直至溶液中的硫化氢达到饱和(假设反应前 $AgNO_3$ 溶液原有酸度相对地可以忽略);电池负极是锌片,插入 $0.1\ mol·dm^{-3}$ 的 $ZnSO_4$ 溶液中,并将氨气不断通入 $ZnSO_4$ 溶液中,直至游离氨的浓度达到 $0.1\ mol·dm^{-3}$ 为止。再用盐桥连接两种溶液,测得电池电动势为 $0.852V$。试求 Ag_2S 的 K_{sp}。已知:$\varphi^{\ominus}_{Ag^+/Ag}=0.80V$ $\varphi^{\ominus}_{Zn^{2+}/Zn}=-0.76V$

H_2S 的 $K_{a1}=1.0\times 10^{-7}$ $K_{a2}=1.0\times 10^{-14}$

$Zn(NH_3)_4^{2+}$ 的 $K_{稳}=1.0\times 10^9$。

附录 I 常用物理常数

名　称	符　号	数　值　与　单　位
阿伏加德罗常数	N_A	6.0221367×10^{23} mol^{-1}
摩尔气体常数	R	8.314510 J·mol^{-1}·K^{-1}
理想气体的摩尔体积	V_m	0.0224140 m^3·mol^{-1} (273.15 K, 101.3 kPa)
真空光速	c	2.99792458×10^8 m·s^{-1}
电子电荷	e	$1.60217733 \times 10^{-19}$ C
电子质量	m_e	$9.1093897 \times 10^{-31}$ kg
普朗克常数	h	$6.6260755 \times 10^{-34}$ J·s
法拉第常数	F	9.6485309×10^4 C·mol^{-1}
玻耳兹曼常数	k	1.380658×10^{-23} J·K^{-1}
玻尔磁子	μ_B	$9.2740154 \times 10^{-24}$ J·T^{-1}
玻尔半径	a_0	$5.29177249 \times 10^{-11}$ m

附录 II 难溶电解质的溶度积常数(298.15 K)

化 合 物	K_{sp}	化 合 物	K_{sp}
Ag_2AsO_4	1.0×10^{-22}	$BaCO_3$	5.1×10^{-9}
$AgBr$	5.0×10^{-13}	$BaCrO_4$	1.2×10^{-10}
$AgCl$	1.8×10^{-10}	BaF_2	1.0×10^{-6}
$AgCN$	1.2×10^{-16}	$BaSO_4$	1.1×10^{-10}
$Ag_2C_2O_4$	3.4×10^{-11}	BiI_3	8.1×10^{-19}
Ag_2CO_3	8.1×10^{-12}	$Bi(OH)_3$	4×10^{-31}
Ag_2CrO_4	1.1×10^{-12}	$BiOCl$	1.8×10^{-31}
AgI	8.3×10^{-17}	$BiOOH$	4×10^{-10}
$AgOH$	2.0×10^{-8}	$BiPO_4$	1.3×10^{-23}
Ag_3PO_4	1.4×10^{-16}	Bi_2S_3	1×10^{-97}
Ag_2S	6.3×10^{-50}	$CaC_2O_4\cdot H_2O$	4×10^{-9}
$AgSCN$	1.0×10^{-12}	$CaCO_3$	2.8×10^{-9}
Ag_2SO_4	1.4×10^{-5}	CaF_2	5.3×10^{-9}
$Al(OH)_3$ 无定形	1.3×10^{-33}	$Ca_3(PO_4)_2$	2.0×10^{-29}
$AlPO_4$	6.3×10^{-19}	$CaSO_4$	9.1×10^{-6}
BaC_2O_4	1.6×10^{-7}	$CaWO_4$	8.7×10^{-9}
$BaC_2O_4\cdot H_2O$	2.3×10^{-8}	$Cd(OH)_2$ 新析出	2.5×10^{-14}

续表

化 合 物	K_{sp}	化 合 物	K_{sp}
$Cd_2[Fe(CN)_6]$	3.2×10^{-17}	$CuSCN$	4.8×10^{-15}
$CdC_2O_4 \cdot 3H_2O$	9.1×10^{-5}	$Fe(OH)_2$	8.0×10^{-16}
$CdCO_3$	5.2×10^{-12}	$Fe(OH)_3$	4×10^{-38}
CdS	8×10^{-27}	$FeCO_3$	3.2×10^{-14}
$\alpha\text{-}CoS$	4×10^{-21}	$FePO_4$	1.3×10^{-22}
$\beta\text{-}CoS$	2×10^{-25}	FeS	6.3×10^{-18}
$Co(OH)_2$ 新析出	1.6×10^{-15}	$Hg(OH)_2$	3.0×10^{-26}
$Co(OH)_3$	1.6×10^{-44}	$Hg_2(OH)_2$	2.0×10^{-24}
$Co_2[Fe(CN)_6]$	1.8×10^{-15}	Hg_2Br_2	5.6×10^{-23}
$Co_3(PO_4)_2$	2×10^{-35}	Hg_2Cl_2	1.3×10^{-18}
$Co[Hg(SCN)_4]$	1.5×10^{-6}	Hg_2CO_3	8.9×10^{-17}
$CoCO_3$	1.4×10^{-13}	Hg_2I_2	4.5×10^{-29}
$Cr(OH)_3$	6.3×10^{-31}	Hg_2S	1.0×10^{-17}
$Cu(OH)_2$	2.2×10^{-20}	Hg_2SO_4	7.4×10^{-7}
Cu_2S	2.5×10^{-48}	HgS 黑色	1.6×10^{-52}
$CuBr$	5.3×10^{-9}	HgS 红色	4×10^{-53}
$CuCl$	1.2×10^{-6}	$Mg(OH)_2$	1.8×10^{-11}
$CuCN$	3.2×10^{-20}	$MgCO_3$	3.5×10^{-5}
$CuCO_3$	1.4×10^{-10}	MgF_2	6.5×10^{-9}
CuI	1.1×10^{-12}	$MgNH_4PO_4$	2.5×10^{-13}
$CuOH$	1×10^{-14}	$Mn(OH)_2$	1.9×10^{-13}
CuS	6.3×10^{-36}	$MnCO_3$	1.8×10^{-11}

附录 II 难溶电解质的溶度积常数(298.15 K)

续表

化 合 物	K_{sp}	化 合 物	K_{sp}
MnS 晶形	2.5×10^{-13}	$PbSO_4$	1.6×10^{-8}
MnS 无定形	2.5×10^{-10}	$Sn(OH)_2$	1.4×10^{-28}
$Ni(OH)_2$ 新析出	2.0×10^{-15}	$Sn(OH)_4$	1×10^{-56}
$Ni_3(PO_4)_2$	5×10^{-31}	SnS	1.0×10^{-25}
$NiCO_3$	6.6×10^{-9}	$Sr_3(PO_4)_2$	4.1×10^{-28}
$\beta\text{-}NiS$	1.0×10^{-24}	$SrC_2O_4 \cdot H_2O$	1.6×10^{-7}
$\alpha\text{-}NiS$	3.2×10^{-19}	$SrCO_3$	1.1×10^{-10}
$\gamma\text{-}NiS$	2.0×10^{-26}	$SrCrO_4$	2.2×10^{-5}
$Pb(OH)_2$	1.2×10^{-15}	SrF_2	2.5×10^{-9}
$Pb(OH)_4$	3.2×10^{-66}	$SrSO_4$	3.2×10^{-7}
$Pb_3(PO_4)_2$	8.0×10^{-43}	$Ti(OH)_3$	1×10^{-45}
$PbCl_2$	1.6×10^{-5}	$Zn(OH)_2$	1.2×10^{-17}
$PbCO_3$	7.4×10^{-14}	$Zn_2[Fe(CN)_6]$	4.0×10^{-16}
$PbCrO_4$	2.8×10^{-13}	$Zn_3(PO_4)_2$	9.0×10^{-33}
PbF_2	2.7×10^{-8}	$ZnCO_3$	1.4×10^{-11}
PbI_2	7.1×10^{-9}	$\beta\text{-}ZnS$	2.5×10^{-22}
PbS	8.0×10^{-28}	$\alpha\text{-}ZnS$	1.6×10^{-24}

摘自 "Lange's Handbook of Chemistry", 12 ed., 5~7。

附录 III 标准电极电势(298.15 K)

一、酸性溶液

电极反应		$\varphi_A^\ominus$/V
氧化型	还原型	
$Ag^+ + e$ ⇌ Ag		0.7996
$AgBr + e$ ⇌ $Ag + Br^-$		0.07133
$AgBrO_3 + e$ ⇌ $Ag + BrO_3^-$		0.546
$Ag_2C_2O_4 + 2e$ ⇌ $2Ag + C_2O_4^{2-}$		0.4647
$AgCl + e$ ⇌ $Ag + Cl^-$		0.22233
$AgI + e$ ⇌ $Ag + I^-$		-0.15224
$Ag_2S + 2H^+ + 2e$ ⇌ $2Ag + H_2S$		-0.0366
$AgSCN + e$ ⇌ $Ag + SCN^-$		0.08951
$Ag_2SO_4 + 2e$ ⇌ $2Ag + SO_4^{2-}$		0.654
$Al^{3+} + 3e$ ⇌ Al		-1.662
$AlF_6^{3-} + 3e$ ⇌ $Al + 6F^-$		-2.069
$As + 3H^+ + 3e$ ⇌ AsH_3		-0.608
$As_2O_3 + 6H^+ + 6e$ ⇌ $2As + 3H_2O$		0.234
$HAsO_2 + 3H^+ + 3e$ ⇌ $As + 2H_2O$		0.248
$H_3AsO_4 + 2H^+ + 2e$ ⇌ $HAsO_2 + 2H_2O$		0.560
$Au^+ + e$ ⇌ Au		1.692

附录Ⅲ 标准电极电势(298.15 K)

续表

电极反应 氧化型	还原型	$\varphi_A^\ominus/\text{V}$
$Au^{3+} + 2e$ ⇌	Au^+	1.401
$Au^{3+} + 3e$ ⇌	Au	1.498
$H_3BO_3 + 3H^+ + 3e$ ⇌	$B + 3H_2O$	-0.8698
$Ba^{2+} + 2e$ ⇌	Ba	-2.912
$Ba^{2+} + 2e$ ⇌	$Ba(Hg)$	-1.570
$Be^{2+} + 2e$ ⇌	Be	-1.847
$BiCl_4^- + 3e$ ⇌	$Bi + 4Cl^-$	0.16
$BiO^+ + 2H^+ + 3e$ ⇌	$Bi + H_2O$	0.320
$BiOCl + 2H^+ + 3e$ ⇌	$Bi + Cl^- + H_2O$	0.1583
$Br_2(aq) + 2e$ ⇌	$2Br^-$	1.0873
$Br_2(l) + 2e$ ⇌	$2Br^-$	1.066
$HBrO + H^+ + 2e$ ⇌	$Br^- + H_2O$	1.331
$HBrO + H^+ + e$ ⇌	$\frac{1}{2}Br_2(aq) + H_2O$	1.574
$HBrO + H^+ + e$ ⇌	$\frac{1}{2}Br_2(l) + H_2O$	1.596
$BrO_3^- + 6H^+ + 5e$ ⇌	$\frac{1}{2}Br_2 + 3H_2O$	1.482
$BrO_3^- + 6H^+ + 6e$ ⇌	$Br^- + 3H_2O$	1.423
$Ca^{2+} + 2e$ ⇌	Ca	-2.868
$Cd^{2+} + 2e$ ⇌	Cd	-0.4030
$Cd^{2+} + 2e$ ⇌	$Cd(Hg)$	-0.3521
$Ce^{3+} + 3e$ ⇌	Ce	-2.483
$Ce^{4+} + e$ ⇌	Ce^{3+}	1.61
$Cl_2(g) + 2e$ ⇌	$2Cl^-$	1.35827

续表

电极反应		$\varphi_A^\ominus/V$
氧化型	还原型	
$HClO + H^+ + e$ ⇌	$\frac{1}{2}Cl_2 + H_2O$	1.611
$HClO + H^+ + 2e$ ⇌	$Cl^- + H_2O$	1.482
$ClO_2 + H^+ + e$ ⇌	$HClO_2$	1.277
$HClO_2 + 2H^+ + 2e$ ⇌	$HClO + H_2O$	1.645
$HClO_2 + 3H^+ + 4e$ ⇌	$Cl^- + 2H_2O$	1.570
$ClO_3^- + 3H^+ + 2e$ ⇌	$HClO_2 + H_2O$	1.214
$ClO_3^- + 6H^+ + 5e$ ⇌	$\frac{1}{2}Cl_2 + 3H_2O$	1.47
$ClO_3^- + 6H^+ + 6e$ ⇌	$Cl^- + 3H_2O$	1.451
$ClO_4^- + 2H^+ + 2e$ ⇌	$ClO_3^- + H_2O$	1.189
$ClO_4^- + 8H^+ + 7e$ ⇌	$\frac{1}{2}Cl_2 + 4H_2O$	1.39
$ClO_4^- + 8H^+ + 8e$ ⇌	$Cl^- + 4H_2O$	1.389
$(CN)_2 + 2H^+ + 2e$ ⇌	$2HCN$	0.373
$2HCNO + 2H^+ + 2e$ ⇌	$(CN)_2 + 2H_2O$	0.330
$(CNS)_2 + 2e$ ⇌	$2CNS^-$	0.77
$Co^{2+} + 2e$ ⇌	Co	-0.28
$Co^{3+} + e$ ⇌	Co^{2+} (2 mol·dm^{-3} H$_2$SO$_4$)	1.83
$[Co(NH_3)_6]^{3+} + e$ ⇌	$[Co(NH_3)_6]^{2+}$	0.108
$CO_2 + 2H^+ + 2e$ ⇌	$HCOOH$	-0.199
$Cr^{2+} + 2e$ ⇌	Cr	-0.913
$Cr^{3+} + e$ ⇌	Cr^{2+}	-0.407
$Cr^{3+} + 3e$ ⇌	Cr	-0.744
$Cr_2O_7^{2-} + 14H^+ + 6e$ ⇌	$2Cr^{3+} + 7H_2O$	1.232
$HCrO_4^- + 7H^+ + 3e$ ⇌	$Cr^{3+} + 4H_2O$	1.350

附录Ⅲ 标准电极电势(298.15 K)

续表

电极反应		$\varphi_A^\ominus/V$
氧化型	还原型	
$Cs^+ + e$ ⇌	Cs	-2.92
$Cu^+ + e$ ⇌	Cu	0.521
$Cu^{2+} + e$ ⇌	Cu^+	0.153
$Cu^{2+} + 2e$ ⇌	Cu	0.3419
$CuI_2^- + e$ ⇌	$Cu + 2I^-$	0.00
$Eu^{3+} + 3e$ ⇌	Eu	-2.407
$F_2 + 2H^+ + 2e$ ⇌	$2HF$	3.053
$F_2 + 2e$ ⇌	$2F^-$	2.866
$F_2O + 2H^+ + 4e$ ⇌	$H_2O + 2F^-$	2.153
$Fe^{2+} + 2e$ ⇌	Fe	-0.447
$Fe^{3+} + 3e$ ⇌	Fe	-0.037
$Fe^{3+} + e$ ⇌	Fe^{2+}	0.771
$[Fe(CN)_6]^{3-} + e$ ⇌	$[Fe(CN)_6]^{4-}$	0.358
$FeO_4^{2-} + 8H^+ + 3e$ ⇌	$Fe^{3+} + 4H_2O$	2.20
$Ga^{3+} + 3e$ ⇌	Ga	-0.560
$Ge^{2+} + 2e$ ⇌	Ge	0.24
$Ge^{4+} + 2e$ ⇌	Ge^{2+}	0.00
$2H^+ + 2e$ ⇌	H_2	0.00000
$H_2 + 2e$ ⇌	$2H^-$	-2.23
$HO_2 + H^+ + e$ ⇌	H_2O_2	1.495
$H_2O_2 + 2H^+ + 2e$ ⇌	$2H_2O$	1.776
$Hg^{2+} + 2e$ ⇌	Hg	0.851
$2Hg^{2+} + 2e$ ⇌	Hg_2^{2+}	0.920
$Hg_2^{2+} + 2e$ ⇌	$2Hg$	0.7973

续表

电极反应		$\varphi_A^\ominus/V$
氧化型	还原型	
$Hg_2Cl_2 + 2e$ ⇌	$2Hg + 2Cl^-$	0.26808
$I_2 + 2e$ ⇌	$2I^-$	0.5355
$I_3^- + 2e$ ⇌	$3I^-$	0.536
$H_5IO_6 + H^+ + 2e$ ⇌	$IO_3^- + 3H_2O$	1.601
$2HIO + 2H^+ + 2e$ ⇌	$I_2 + 2H_2O$	1.439
$HIO + H^+ + 2e$ ⇌	$I^- + H_2O$	0.987
$2IO_3^- + 12H^+ + 10e$ ⇌	$I_2 + 6H_2O$	1.195
$IO_3^- + 6H^+ + 6e$ ⇌	$I^- + 3H_2O$	1.085
$In^+ + e$ ⇌	In	-0.40
$In^{3+} + 2e$ ⇌	In^+	-0.443
$In^{3+} + 3e$ ⇌	In	-0.3382
$Ir^{3+} + 3e$ ⇌	Ir	1.156
$K^+ + e$ ⇌	K	-2.931
$La^{3+} + 3e$ ⇌	La	-2.522
$Li^+ + e$ ⇌	Li	-3.0401
$Mg^{2+} + 2e$ ⇌	Mg	-2.372
$Mn^{2+} + 2e$ ⇌	Mn	-1.185
$Mn^{3+} + e$ ⇌	Mn^{2+}	1.5415
$MnO_2 + 4H^+ + 2e$ ⇌	$Mn^{2+} + 2H_2O$	1.224
$MnO_4^- + 4H^+ + 3e$ ⇌	$MnO_2 + 2H_2O$	1.679
$MnO_4^- + 8H^+ + 5e$ ⇌	$Mn^{2+} + 4H_2O$	1.507
$Mo^{3+} + 3e$ ⇌	Mo	-0.200
$N_2 + 2H_2O + 6H^+ + 6e$ ⇌	$2NH_4OH$	0.092
$3N_2 + 2H^+ + 2e$ ⇌	$2HN_3$	-3.09

附录 Ⅲ 标准电极电势 (298.15 K)

续表

电极反应		$\varphi_A^\ominus/V$
氧化型	还原型	
$N_2O + 2H^+ + 2e$	$\rightleftharpoons$ $N_2 + H_2O$	1.766
$N_2O_4 + 2e$	$\rightleftharpoons$ $2NO_2$	0.867
$2NO + 2H^+ + 2e$	$\rightleftharpoons$ $N_2O + H_2O$	1.591
$HNO_2 + H^+ + e$	$\rightleftharpoons$ $NO + H_2O$	0.983
$2HNO_2 + 4H^+ + 4e$	$\rightleftharpoons$ $N_2O + 3H_2O$	1.297
$NO_3^- + 3H^+ + 2e$	$\rightleftharpoons$ $HNO_2 + H_2O$	0.934
$NO_3^- + 4H^+ + 3e$	$\rightleftharpoons$ $NO + 2H_2O$	0.957
$2NO_3^- + 4H^+ + 2e$	$\rightleftharpoons$ $N_2O_4 + 2H_2O$	0.803
$Na^+ + e$	$\rightleftharpoons$ Na	-2.71
$Nb^{3+} + 3e$	$\rightleftharpoons$ Nb	-1.099
$Nd^{3+} + 3e$	$\rightleftharpoons$ Nd	-2.431
$Ni^{2+} + 2e$	$\rightleftharpoons$ Ni	-0.257
$NiO_2 + 4H^+ + 2e$	$\rightleftharpoons$ $Ni^{2+} + 2H_2O$	1.678
$O_2 + 2H^+ + 2e$	$\rightleftharpoons$ H_2O_2	0.695
$O_2 + 4H^+ + 4e$	$\rightleftharpoons$ $2H_2O$	1.229
$O_3 + 2H^+ + 2e$	$\rightleftharpoons$ $O_2 + H_2O$	2.076
$OsO_4 + 8H^+ + 8e$	$\rightleftharpoons$ $Os + 4H_2O$	0.85
$P(红) + 3H^+ + 3e$	$\rightleftharpoons$ $PH_3(g)$	-0.111
$P(白) + 3H^+ + 3e$	$\rightleftharpoons$ $PH_3(g)$	-0.063
$H_3PO_2 + H^+ + e$	$\rightleftharpoons$ $P + 2H_2O$	-0.508
$H_3PO_3 + 2H^+ + 2e$	$\rightleftharpoons$ $H_3PO_2 + H_2O$	-0.499
$H_3PO_3 + 3H^+ + 3e$	$\rightleftharpoons$ $P + 3H_2O$	-0.454
$H_3PO_4 + 2H^+ + 2e$	$\rightleftharpoons$ $H_3PO_3 + H_2O$	-0.276
$Pb^{2+} + 2e$	$\rightleftharpoons$ Pb	-0.1262

续表

电 极 反 应		$\varphi_A^{\ominus}/V$
氧 化 型	还 原 型	
$PbO_2 + 4H^+ + 2e$ ⇌	$Pb^{2+} + 2H_2O$	1.455
$PbO_2 + SO_4^{2-} + 4H^+ + 2e$ ⇌	$PbSO_4 + 2H_2O$	1.6913
$PbSO_4 + 2e$ ⇌	$Pb + SO_4^{2-}$	-0.3588
$Pd^{2+} + 2e$ ⇌	Pd	0.951
$Pt^{2+} + 2e$ ⇌	Pt	1.118
$[PtCl_6]^{2-} + 2e$ ⇌	$[PtCl_4]^{2-} + 2Cl^-$	0.68
$Rb^+ + e$ ⇌	Rb	-2.98
$Re^{3+} + 3e$ ⇌	Re	0.300
$ReO_4^- + 4H^+ + 3e$ ⇌	$ReO_2 + 2H_2O$	0.510
$ReO_2 + 4H^+ + 4e$ ⇌	$Re + 2H_2O$	0.2513
$Rh^+ + e$ ⇌	Rh	0.600
$Rh^{2+} + 2e$ ⇌	Rh	0.600
$Rh^{3+} + 3e$ ⇌	Rh	0.758
$Ru^{2+} + 2e$ ⇌	Ru	0.455
$Ru^{3+} + e$ ⇌	Ru^{2+}	0.2487
$S + 2H^+ + 2e$ ⇌	H_2S (aq)	0.142
$S_2O_6^{2-} + 4H^+ + 2e$ ⇌	$2H_2SO_3$	0.564
$S_2O_8^{2-} + 2e$ ⇌	$2SO_4^{2-}$	2.010
$S_2O_8^{2-} + 2H^+ + 2e$ ⇌	$2HSO_4^-$	2.123
$S_4O_6^{2-} + 2e$ ⇌	$2S_2O_3^{2-}$	0.08
$H_2SO_3 + 4H^+ + 4e$ ⇌	$S + 3H_2O$	0.449
$SO_4^{2-} + 4H^+ + 2e$ ⇌	$H_2SO_3 + H_2O$	0.172
$Sb + 3H^+ + 3e$ ⇌	SbH_3	-0.510
$Sb_2O_3 + 6H^+ + 6e$ ⇌	$2Sb + 3H_2O$	0.152

附录Ⅲ 标准电极电势(298.15 K)

续表

电极反应		$\varphi_A^\ominus/V$
氧化型	还原型	
$Sb_2O_5 + 6H^+ + 4e$ ⇌	$2SbO^+ + 3H_2O$	0.581
$SbO^+ + 2H^+ + 3e$ ⇌	$Sb + H_2O$	0.212
$Se + 2H^+ + 2e$ ⇌	H_2Se (aq)	-0.399
$H_2SeO_3 + 4H^+ + 4e$ ⇌	$Se + 3H_2O$	-0.74
$SeO_4^{2-} + 4H^+ + 2e$ ⇌	$H_2SeO_3 + H_2O$	1.151
$SiF_6^{2-} + 4e$ ⇌	$Si + 6F^-$	-1.24
SiO_2(石英)$ + 4H^+ + 4e$ ⇌	$Si + 2H_2O$	0.857
$Sn^{2+} + 2e$ ⇌	Sn	-0.1375
$Sn^{4+} + 2e$ ⇌	Sn^{2+}	0.151
$Sr^{2+} + 2e$ ⇌	Sr	-2.89
$Sr^{2+} + 2e$ ⇌	Sr (Hg)	-1.793
$Ta_2O_5 + 10H^+ + 10e$ ⇌	$2Ta + 5H_2O$	-0.750
$Te + 2H^+ + 2e$ ⇌	H_2Te	-0.793
$H_6TeO_6 + 2H^+ + 2e$ ⇌	$TeO_2 + 4H_2O$	1.02
$Ti^{2+} + 2e$ ⇌	Ti	-1.630
$Ti^{3+} + e$ ⇌	Ti^{2+}	-0.368
$TiO_2 + 4H^+ + 2e$ ⇌	$Ti^{2+} + 2H_2O$	-0.502
$TiOH^{3+} + H^+ + e$ ⇌	$Ti^{3+} + H_2O$	-0.055
$Tl^+ + e$ ⇌	Tl	-0.336
$Tl^{3+} + 2e$ ⇌	Tl^+	1.252
$U^{3+} + 3e$ ⇌	U	-1.798
$U^{4+} + e$ ⇌	U^{3+}	-0.607
$UO_2^+ + 4H^+ + e$ ⇌	$U^{4+} + 2H_2O$	0.612
$UO_2^{2+} + e$ ⇌	UO_2^+	0.062

续表

电极反应		$\varphi_A^\ominus/V$
氧化型	还原型	
$V^{2+} + 2e$ ⇌	V	-1.175
$V^{3+} + e$ ⇌	V^{2+}	-0.255
$VO^{2+} + 2H^+ + e$ ⇌	$V^{3+} + H_2O$	0.337
$VO_2^+ + 2H^+ + e$ ⇌	$VO^{2+} + H_2O$	0.991
$W_2O_5 + 2H^+ + 2e$ ⇌	$2WO_2 + H_2O$	-0.031
$WO_3 + 6H^+ + 6e$ ⇌	$W + 3H_2O$	-0.090
$Y^{3+} + 3e$ ⇌	Y	-2.372
$Zn^{2+} + 2e$ ⇌	Zn	-0.7618

二、碱性溶液

电极反应		$\varphi_B^\ominus/V$
氧化型	还原型	
$AgCN + e$ ⇌	$Ag + CN^-$	-0.017
$Ag_2S + 2e$ ⇌	$2Ag + S^{2-}$	-0.691
$H_2AlO_3^- + H_2O + 3e$ ⇌	$Al + 4OH^-$	-2.33
$AsO_2^- + 2H_2O + 3e$ ⇌	$As + 4OH^-$	-0.68
$AsO_4^{3-} + 2H_2O + 2e$ ⇌	$AsO_2^- + 4OH^-$	-0.71
$H_2BO_3^- + 5H_2O + 8e$ ⇌	$BH_4^- + 8OH^-$	-1.24
$H_2BO_3^- + H_2O + 3e$ ⇌	$B + 4OH^-$	-1.79
$Ba(OH)_2 + 2e$ ⇌	$Ba + 2OH^-$	-2.99
$Be_2O_3^{2-} + 3H_2O + 4e$ ⇌	$3Be + 6OH^-$	-2.63
$Bi_2O_3 + 3H_2O + 6e$ ⇌	$2Bi + 6OH^-$	-0.46
$BrO^- + H_2O + 2e$ ⇌	$Br^- + 2OH^-$	0.761
$BrO_3^- + 3H_2O + 6e$ ⇌	$Br^- + 6OH^-$	0.61

附录Ⅲ 标准电极电势(298.15 K)

续表

电极反应		$\varphi_B^\ominus$/V
氧化型	还原型	
$Ca(OH)_2 + 2e$ ⇌	$Ca + 2OH^-$	-3.02
$Cd(OH)_2 + 2e$ ⇌	$Cd(Hg) + 2OH^-$	-0.809
$ClO^- + H_2O + 2e$ ⇌	$Cl^- + 2OH^-$	0.81
$ClO_2^- + H_2O + 2e$ ⇌	$ClO^- + 2OH^-$	0.66
$ClO_2^- + 2H_2O + 4e$ ⇌	$Cl^- + 4OH^-$	0.76
$ClO_3^- + H_2O + 2e$ ⇌	$ClO_2^- + 2OH^-$	0.33
$ClO_4^- + H_2O + 2e$ ⇌	$ClO_3^- + 2OH^-$	0.36
$Co(OH)_2 + 2e$ ⇌	$Co + 2OH^-$	-0.73
$Co(OH)_3 + e$ ⇌	$Co(OH)_2 + OH^-$	0.17
$CrO_2^- + 2H_2O + 3e$ ⇌	$Cr + 4OH^-$	-1.2
$CrO_4^{2-} + 4H_2O + 3e$ ⇌	$Cr(OH)_3 + 5OH^-$	-0.13
$Cr(OH)_3 + 3e$ ⇌	$Cr + 3OH^-$	-1.48
$Cu_2O + H_2O + 2e$ ⇌	$2Cu + 2OH^-$	-0.360
$Cu(OH)_2 + 2e$ ⇌	$Cu + 2OH^-$	-0.222
$2Cu(OH)_2 + 2e$ ⇌	$Cu_2O + 2OH^- + H_2O$	-0.080
$Fe(OH)_3 + e$ ⇌	$Fe(OH)_2 + OH^-$	-0.56
$H_2GaO_3^- + H_2O + 3e$ ⇌	$Ga + 4OH^-$	-1.219
$2H_2O + 2e$ ⇌	$H_2 + 2OH^-$	-0.8277
$Hg_2O + H_2O + 2e$ ⇌	$2Hg + 2OH^-$	0.123
$HgO + H_2O + 2e$ ⇌	$Hg + 2OH^-$	0.0977
$H_3IO_6^{2-} + 2e$ ⇌	$IO_3^- + 3OH^-$	0.7
$IO^- + H_2O + 2e$ ⇌	$I^- + 2OH^-$	0.485
$IO_3^- + 2H_2O + 4e$ ⇌	$IO^- + 4OH^-$	0.56
$IO_3^- + 3H_2O + 6e$ ⇌	$I^- + 6OH^-$	0.26

续表

电极反应		$\varphi_B^\ominus/V$
氧化型	还原型	
$La(OH)_3 + 3e$ ⇌	$La + 3OH^-$	-2.90
$Mg(OH)_2 + 2e$ ⇌	$Mg + 2OH^-$	-2.690
$MnO_4^- + e$ ⇌	MnO_4^{2-}	0.558
$MnO_4^- + 2H_2O + 3e$ ⇌	$MnO_2 + 4OH^-$	0.595
$MnO_4^{2-} + 2H_2O + 2e$ ⇌	$MnO_2 + 4OH^-$	0.60
$Mn(OH)_2 + 2e$ ⇌	$Mn + 2OH^-$	-1.56
$Mn(OH)_3 + e$ ⇌	$Mn(OH)_2 + OH^-$	0.15
$2NO + H_2O + 2e$ ⇌	$N_2O + 2OH^-$	0.76
$NO_2^- + H_2O + e$ ⇌	$NO + 2OH^-$	-0.46
$2NO_2^- + 3H_2O + 4e$ ⇌	$N_2O + 6OH^-$	0.15
$NO_3^- + H_2O + 2e$ ⇌	$NO_2^- + 2OH^-$	0.01
$2NO_3^- + 2H_2O + 2e$ ⇌	$N_2O_4 + 4OH^-$	-0.85
$Ni(OH)_2 + 2e$ ⇌	$Ni + 2OH^-$	-0.72
$NiO_2 + 2H_2O + 2e$ ⇌	$Ni(OH)_2 + 2OH^-$	-0.490
$O_2 + H_2O + 2e$ ⇌	$HO_2^- + OH^-$	-0.076
$O_2 + 2H_2O + 2e$ ⇌	$H_2O_2 + 2OH^-$	-0.146
$O_2 + 2H_2O + 4e$ ⇌	$4OH^-$	0.401
$O_3 + H_2O + 2e$ ⇌	$O_2 + 2OH^-$	1.24
$HO_2^- + H_2O + 2e$ ⇌	$3OH^-$	0.878
$P + 3H_2O + 3e$ ⇌	$PH_3(g) + 3OH^-$	-0.87
$H_2PO_2^- + e$ ⇌	$P + 2OH^-$	-1.82
$HPO_3^{2-} + 2H_2O + 2e$ ⇌	$H_2PO_2^- + 3OH^-$	-1.65
$HPO_3^{2-} + 2H_2O + 3e$ ⇌	$P + 5OH^-$	-1.71
$PO_4^{3-} + 2H_2O + 2e$ ⇌	$HPO_3^{2-} + 3OH^-$	-1.05

续表

电极反应		$\varphi_B^\ominus/V$
氧化型	还原型	
$PbO + H_2O + 2e$	$\rightleftharpoons$ $Pb + 2OH^-$	-0.580
$HPbO_2^- + H_2O + 2e$	$\rightleftharpoons$ $Pb + 3OH^-$	-0.535
$PbO_2 + H_2O + 2e$	$\rightleftharpoons$ $PbO + 2OH^-$	0.247
$S + 2e$	$\rightleftharpoons$ S^{2-}	-0.47627
$S + H_2O + 2e$	$\rightleftharpoons$ $HS^- + OH^-$	-0.478
$2SO_3^{2-} + 3H_2O + 4e$	$\rightleftharpoons$ $S_2O_3^{2-} + 6OH^-$	-0.571
$SO_4^{2-} + H_2O + 2e$	$\rightleftharpoons$ $SO_3^{2-} + 2OH^-$	-0.93
$SbO_2^- + 2H_2O + 3e$	$\rightleftharpoons$ $Sb + 4OH^-$	-0.66
$SbO_3^- + H_2O + 2e$	$\rightleftharpoons$ $SbO_2^- + 2OH^-$	-0.59
$SeO_3^{2-} + 3H_2O + 4e$	$\rightleftharpoons$ $Se + 6OH^-$	-0.366
$SeO_4^{2-} + H_2O + 2e$	$\rightleftharpoons$ $SeO_3^{2-} + 2OH^-$	0.05
$SiO_3^{2-} + 3H_2O + 4e$	$\rightleftharpoons$ $Si + 6OH^-$	-1.697
$HSnO_2^- + H_2O + 2e$	$\rightleftharpoons$ $Sn + 3OH^-$	-0.909
$Sn(OH)_6^{2-} + 2e$	$\rightleftharpoons$ $HSnO_2^- + 3OH^- + H_2O$	-0.93
$Sr(OH)_2 + 2e$	$\rightleftharpoons$ $Sr + 2OH^-$	-2.88
$TeO_3^{2-} + 3H_2O + 4e$	$\rightleftharpoons$ $Te + 6OH^-$	-0.57
$Tl(OH)_3 + 2e$	$\rightleftharpoons$ $TlOH + 2OH^-$	-0.05
$ZnO_2^{2-} + 2H_2O + 2e$	$\rightleftharpoons$ $Zn + 4OH^-$	-1.215
$ZrO(OH)_2 + H_2O + 4e$	$\rightleftharpoons$ $Zr + 4OH^-$	-2.36

摘自 Robert C. West "CRC Handbook of Chemistry and Physics", 70 ed., 1989~1990, D-151。

附录 Ⅳ　一些物质的热力学性质(298.15 K)

物　质	状　态	$\dfrac{\Delta_\mathrm{f} H_\mathrm{m}^\ominus}{\mathrm{kJ\cdot mol^{-1}}}$	$\dfrac{\Delta_\mathrm{f} G_\mathrm{m}^\ominus}{\mathrm{kJ\cdot mol^{-1}}}$	$\dfrac{S_\mathrm{m}^\ominus}{\mathrm{J\cdot K^{-1}\cdot mol^{-1}}}$
Ag	c	0	0	42.551
Ag^+	aq	105.579	77.124	72.676
Ag_2O	c	-31.045	-11.213	121.336
AgCl	c	-127.068	-109.805	96.232
AgBr	c	-100.374	-96.901	107.11
AgI	c	-61.84	-66.191	115.48
Al	c	0	0	28.33
Al^{3+}	aq	-531.37	-485.34	-321.75
AlO_2^-	aq	-918.81	-822.99	-20.92
Al_2O_3	ac	-1675.69	-1582.39	50.92
AlH_3	c	-46.024	—	—
$AlCl_3$	c	-704.17	-628.44	110.67
Al_2Cl_6	g	-1290.76	-1220.47	489.53
AlF_3	c	-1504.15	-1425.07	66.44
Ar	g	0	0	154.734
As	灰 α c	0	0	35.15
As	黄 γ c	14.644	—	—
As	β 无定形	4.184	—	—
As_2O_3	c	-924.87	-782.4	105.44

附录 IV 一些物质的热力学性质(298.15 K)

续表

物 质	状 态	$\dfrac{\Delta_f H_m^\ominus}{kJ \cdot mol^{-1}}$	$\dfrac{\Delta_f G_m^\ominus}{kJ \cdot mol^{-1}}$	$\dfrac{S_m^\ominus}{J \cdot K^{-1} \cdot mol^{-1}}$
AsH_3	g	66.44	68.91	222.67
$HAsO_4^{2-}$	aq	-906.34	-714.71	-1.6736
$H_2AsO_3^-$	aq	-714.79	-587.22	110.46
$H_2AsO_4^-$	aq	-909.56	-753.29	117.152
Ba	c	0	0	62.76
Ba^{2+}	aq	-537.46	-560.82	9.62
BaO_2	c	-634.29	—	—
BaH_2	c	-178.66	—	—
$Ba(OH)_2$	c	-944.75	—	—
BaS	c	-460.24	-456.1	78.24
Be	c	0	0	9.498
$Be(OH)_2$	α-c	-902.49	-815.04	51.88
$BeCl_2$	α-c	-490.36	-445.60	82.676
Be^{2+}	aq	-382.8	-379.70	-129.7
BeO	c	-609.61	-580.32	14.14
Bi	c	0	0	56.735
Bi^{3+}	aq	—	82.84	—
Bi_2O_3	c	-573.88	-493.7	151.5
$BiCl_3$	c	-379.1	-315.1	176.98
BiOCl	c	-366.9	-322.17	120.5
Bi_2S_3	c	-143.1	-140.6	200.4
B	β-c	0	0	5.858
B_2O_3	c	-1272.77	-1193.7	53.97
$B_4O_7^{2-}$	aq	—	-2604.96	—
B_2H_6	g	35.56	86.61	232.0
H_3BO_3	c	-1094.3	-969.01	88.826

续表

物 质	状 态	$\dfrac{\Delta_f H_m^\ominus}{\text{kJ}\cdot\text{mol}^{-1}}$	$\dfrac{\Delta_f G_m^\ominus}{\text{kJ}\cdot\text{mol}^{-1}}$	$\dfrac{S_m^\ominus}{\text{J}\cdot\text{K}^{-1}\cdot\text{mol}^{-1}}$
$B(OH)_4^-$	aq	−1344.03	−1153.32	102.5
BF_3	g	−1137.0	−1120.35	254.01
BF_4^-	aq	−1574.9	−1487.0	179.9
BCl_3	l	−427.2	−387.44	206.27
BCl_3	g	−403.76	−388.74	289.99
BBr_3	l	−239.74	−238.5	229.7
BBr_3	g	−205.64	−232.46	324.13
Br_2	aq	−121.55	−103.97	82.43
Br_2	l	0	0	152.23
Br_2	g	30.907	3.142	245.35
BrO^-	aq	−94.14	−33.47	41.84
BrO_3^-	aq	−67.07	18.54	161.71
BrO_4^-	aq	12.97	117.99	199.6
HBr	g	−36.40	−53.43	198.585
Cd^{2+}	aq	−75.898	−77.580	−73.22
CdO	c	−258.15	−228.45	54.81
$Cd(OH)_2$	c	−560.66	−473.63	96.2
CdS	c	−161.93	−156.5	64.85
Ca	c	0	0	41.42
Ca^{2+}	aq	−542.83	−553.54	−53.14
CaO	c	−635.089	−604.044	39.75
CaH_2	c	−186.19	−147.3	41.84
$Ca(OH)_2$	c	−986.085	−898.56	83.387
CaF_2	c	−1219.64	−1167.34	68.869
$CaCl_2$	c	−795.80	−748.10	104.6
CaC_2	c	−59.83	−64.85	69.96

附录 Ⅳ 一些物质的热力学性质(298.15 K)

续表

物　质	状　态	$\dfrac{\Delta_f H_m^\ominus}{kJ \cdot mol^{-1}}$	$\dfrac{\Delta_f G_m^\ominus}{kJ \cdot mol^{-1}}$	$\dfrac{S_m^\ominus}{J \cdot K^{-1} \cdot mol^{-1}}$
C	石墨 c	0	0	5.740
C	金钢石 c	1.8966	2.8995	2.3765
CO	g	-110.525	-137.152	197.564
CO_2	g	-393.51	-394.359	213.64
CO_2	aq	-413.80	-386.02	117.6
CO_3^{2-}	aq	-677.139	-527.895	-56.90
CH_4	g	-74.810	-88.408	186.155
$HCOO^-$	aq	-425.55	-351.04	92.05
HCO_3^-	aq	-691.992	-586.848	91.211
HCHO	g	-117	-113	218.66
HCOOH	l	-424.72	-361.41	128.95
H_2CO_3	aq	-699.65	-623.165	187.44
CH_3OH	l	-238.66	-166.36	126.78
CH_3OH	g	-162.00	11.43	43.89
CF_4	g	-924.66	-878.6	261.5
CCl_4	l	-135.436	-65.27	216.40
CH_3Cl	g	-80.835	-57.40	234.47
CS_2	l	89.705	65.27	151.3
HCN	l	108.87	124.93	112.84
HCN	g	135.1	124.7	201.67
CNS^-	aq	76.44	92.676	144.35
$C_2O_4^{2-}$	aq	-825.08	-674.04	45.61
C_2H_4	g	52.258	68.116	219.45
C_2H_6	g	-84.684	-32.886	229.49
$HC_2O_4^-$	aq	-818.39	-698.44	149.37
CH_3COO^-	aq	-486.01	-369.41	86.61

续表

物 质	状 态	$\dfrac{\Delta_f H_m^\ominus}{kJ \cdot mol^{-1}}$	$\dfrac{\Delta_f G_m^\ominus}{kJ \cdot mol^{-1}}$	$\dfrac{S_m^\ominus}{J \cdot K^{-1} \cdot mol^{-1}}$
CH_3CHO	l	−192.30	−128.20	160.25
C_2H_5OH	l	−277.69	−174.89	160.67
Ce	c	0	0	71.97
Cs	c	0	0	85.228
Cs^+	aq	−258.28	−292.00	133.05
Cl^-	aq	−167.159	−131.26	56.48
Cl_2	g	0	0	222.96
ClO^-	aq	107.11	36.82	41.84
ClO_3^-	aq	−99.16	−3.35	162.3
ClO_4^-	aq	−129.33	−8.619	182.0
HCl	g	−92.307	−95.299	186.799
HCl	aq	−167.159	−131.26	56.48
CrO_4^{2-}	aq	−881.15	−727.848	50.208
Cr_2O_3	c	−1139.7	−1058.1	81.17
$Cr_2O_7^{2-}$	aq	−1490.3	−1301.2	261.9
Co^{2+}	aq	−58.16	−54.39	−112.97
$CoCl_2$	c	−312.5	−269.87	109.16
Cu	c	0	0	33.15
Cu^{2+}	aq	64.768	65.52	−99.58
CuO	c	−157.32	−129.7	42.61
Cu_2O	c	−168.62	146.0	93.14
$Cu(OH)_2$	c	−449.78	—	—
$CuCl$	c	−137.2	−119.87	86.19
$CuCl_2$	c	−220.1	−175.7	108.07
CuS	c	−53.14	−53.56	66.53
F^-	aq	−332.63	−278.82	−13.8

附录 Ⅳ 一些物质的热力学性质(298.15 K)

续表

物 质	状 态	$\dfrac{\Delta_f H_m^\ominus}{kJ \cdot mol^{-1}}$	$\dfrac{\Delta_f G_m^\ominus}{kJ \cdot mol^{-1}}$	$\dfrac{S_m^\ominus}{J \cdot K^{-1} \cdot mol^{-1}}$
F_2	g	0	0	202.67
HF	g	−271.12	−273.22	173.669
HF	aq	−332.63	−278.82	−13.8
Fe	α-c	0	0	27.28
Fe^{2+}	aq	−89.12	−78.87	−137.65
Fe^{3+}	aq	−48.53	−4.60	−315.89
FeO	c	−271.96	—	—
Fe_2O_3	α-c	−824.25	−742.24	87.40
Fe_3O_4	c	−1118.38	−1015.46	146.4
$Fe(OH)_2$	c	−569.02	−486.60	87.86
$Fe(OH)_3$	c	−822.99	−696.64	106.69
$FeCl_3$	c	−399.49	−344.05	142.3
H^+	aq	0	0	0
H^-	g	139.70	—	—
H_2	g	0	0	130.574
OH^-	aq	−229.731	−157.293	−10.75
H_2O	l	−285.83	−237.18	69.92
H_2O	g	−241.82	−228.59	188.72
H_2O_2	l	−187.78	−120.42	—
Hg	l	0	0	76.023
Hg^{2+}	aq	171.13	164.43	−32.22
Hg_2^{2+}	aq	172.38	153.55	84.52
HgO	红 c	−90.835	−58.555	70.291
HgO	黄 c	−89.538	−58.241	73.638
I^-	aq	−55.19	−51.59	111.29
I_2	c	0	0	116.135

续表

物 质	状 态	$\dfrac{\Delta_f H_m^\ominus}{kJ \cdot mol^{-1}}$	$\dfrac{\Delta_f G_m^\ominus}{kJ \cdot mol^{-1}}$	$\dfrac{S_m^\ominus}{J \cdot K^{-1} \cdot mol^{-1}}$
I_2	g	62.438	19.359	260.58
I_2	aq	22.59	16.40	137.2
I_3^-	aq	−51.46	−51.46	239.32
IO_3^-	aq	−221.33	−128.03	118.4
HI	g	26.49	1.715	206.48
HI	aq	−55.187	−51.599	111.29
K	c	0	0	64.183
K^+	aq	−252.38	−283.26	−102.51
KO_2	c	−284.93	−239.45	116.73
KO_3	c	−260.25	—	—
K_2O	c	−361.50	—	
K_2O_2	c	−494.13	−425.09	102.09
KOH	c	−424.764	−379.112	78.87
KOH	aq	−482.37	−440.53	91.63
KCl	c	−436.75	−409.15	82.59
KBr	c	−393.798	−380.66	95.897
KI	c	−327.90	−324.89	106.32
Li	c	0	0	29.24
Li^+	aq	−278.49	−297.48	13.39
LiH	c	−90.54	−68.37	20.01
LiF	c	−615.97	−587.73	35.65
LiCl	c	−408.61	−409.49	59.33
Mg	c	0	0	32.677
Mg^{2+}	aq	−466.85	−454.80	−138.07
MgO	c	−601.701	−569.44	26.945
MgH_2	c	−75.312	−35.98	31.06

附录 Ⅳ　一些物质的热力学性质(298.15 K)

续表

物　质	状　态	$\dfrac{\Delta_f H_m^\ominus}{kJ\cdot mol^{-1}}$	$\dfrac{\Delta_f G_m^\ominus}{kJ\cdot mol^{-1}}$	$\dfrac{S_m^\ominus}{J\cdot K^{-1}\cdot mol^{-1}}$
$Mg(OH)_2$	c	−924.54	−873.58	63.178
MgF_2	c	−1123.404	−1070.27	57.237
$MgCl_2$	c	−641.324	−591.827	89.621
Mn	c	0	0	32.01
Mn^{2+}	aq	−220.75	−228.03	−73.64
MnO_2	c	−520.029	−465.177	53.05
Mn_2O_3	c	−958.97	−881.15	110.46
Ni	c	0	0	29.87
Ni^{2+}	aq	−53.97	−45.61	−128.87
N_2	g	0	0	191.50
NO	g	90.249	86.567	210.652
NO_2	g	33.18	51.296	239.95
NO_2^-	aq	−104.6	−32.2	−129.0
NO_3^-	aq	−207.36	−111.34	146.44
N_2O	g	82.048	104.19	219.744
N_2O_3	g	83.722	139.41	312.17
N_2O_4	g	9.163	92.822	304.18
N_2O_5	c	−43.09	113.8	178.2
N_2O_5	g	11.30	115.1	355.6
NH_3	g	−46.11	−16.485	192.34
NH_4^+	aq	−132.51	−79.37	113.39
N_2H_4	l	50.63	149.24	121.2
N_2H_4	g	95.395	159.29	238.36
HN_3	l	264.01	327.19	140.58
HN_3	g	294.14	328.03	238.87
HNO_2	aq	−119.24	−50.63	136.98

续表

物 质	状 态	$\frac{\Delta_f H_m^\ominus}{kJ \cdot mol^{-1}}$	$\frac{\Delta_f G_m^\ominus}{kJ \cdot mol^{-1}}$	$\frac{S_m^\ominus}{J \cdot K^{-1} \cdot mol^{-1}}$
HNO_3	l	−174.096	−80.793	155.185
HNO_3	aq	−207.36	−111.34	146.44
NH_4Cl	c	−314.43	−202.97	94.56
Na	c	0	0	51.21
Na^+	aq	−240.12	−261.89	58.99
NaO_2	c	−260.24	−218.40	115.90
Na_2O	c	−414.22	−375.47	75.06
Na_2O_2	c	−510.87	−447.69	94.98
NaOH	c	−425.61	−378.53	64.455
NaF	c	−573.65	−543.51	51.463
NaCl	c	−411.149	−384.154	72.132
Na_2S	c	−364.84	−349.78	83.60
O_2	g	0	0	205.029
O_3	g	142.67	163.18	238.82
P	白 c	0	0	41.087
P	红 c	−17.57	−12.13	22.80
P_4O_6	c	−1640.13	—	—
P_4O_{10}	c	−2984.03	−2697.84	228.87
H_3PO_4	aq	−1277.38	−1018.80	−221.75
PF_3	g	−918.81	−897.47	273.13
PF_5	g	−1595.78	—	—
PCl_3	l	−319.66	−272.38	217.15
PCl_3	g	−287.02	−267.78	311.67
Pb	c	0	0	64.81
Pb^{2+}	aq	−1.67	−24.39	10.46
PbO	黄 c	−215.33	−187.90	68.70

附录 Ⅳ 一些物质的热力学性质 (298.15 K)

续表

物　质	状　态	$\dfrac{\Delta_f H_m^\ominus}{kJ \cdot mol^{-1}}$	$\dfrac{\Delta_f G_m^\ominus}{kJ \cdot mol^{-1}}$	$\dfrac{S_m^\ominus}{J \cdot K^{-1} \cdot mol^{-1}}$
PbO	红 c	−218.99	−188.95	66.53
PbO_2	c	−277.4	−217.36	68.62
Ra^{2+}	aq	−527.6	−161.49	54.4
Rb^+	aq	−251.17	−284.97	121.50
S	c	0	0	31.80
SO_2	c	−320.49	—	—
SO_2	g	−296.83	−300.19	248.11
SO_3	c	−454.51	−368.99	52.3
SO_3	g	−395.72	−371.08	256.66
SO_3^{2-}	aq	−635.55	−486.60	−29.3
SO_4^{2-}	aq	−909.27	−744.63	20.83
H_2S	g	−20.63	−33.56	205.69
H_2SO_4	l	−813.99	−690.101	156.904
H_2SO_4	aq	−909.27	−744.63	20.08
SF_4	g	−774.88	−731.36	291.92
SF_6	g	−1209.18	−1105.41	291.71
Sb	c	0	0	45.69
$SbCl_3$	c	−382.17	−323.72	184.10
Sb_2O_5	c	−971.94	−829.27	125.10
Se	c	0	0	42.44
Si	c	0	0	18.83
SiO_2	α-c	−910.94	−856.67	41.84
SiH_4	g	34.31	56.90	204.51
SiF_4	g	−1614.9	−1572.68	282.38
$SiCl_4$	l	−687.01	−619.90	239.74
SiC	β-c	−65.27	−62.76	16.61

续表

物　质	状　态	$\dfrac{\Delta_f H_m^\ominus}{kJ \cdot mol^{-1}}$	$\dfrac{\Delta_f G_m^\ominus}{kJ \cdot mol^{-1}}$	$\dfrac{S_m^\ominus}{J \cdot K^{-1} \cdot mol^{-1}}$
Sr	c	0	0	52.3
Sr^{2+}	aq	-562.54	-559.44	-32.64
Sn	白 c	0	0	51.55
Sn	灰 c	-2.09	0.126	44.14
Sn^{2+}	aq	-8.79	-27.20	-16.74
SnO_2	c	-580.74	-519.65	52.3
$SnCl_4$	l	-511.29	-440.16	258.57
Ti	c	0	0	30.63
TiO_2	锐钛矿 c	-939.73	-884.50	49.87
TiO_2	金红石 c	-944.75	-889.52	50.33
$TiCl_4$	l	-804.17	-737.22	252.34
W	c	0	0	32.64
WO_3	c	-842.87	-764.08	75.90
V_2O_5	c	-1550.59	-1419.63	130.96
Zn	c	0	0	41.63
Zn^{2+}	aq	-153.89	-147.03	-112.13
ZnO	c	-348.28	-318.32	43.64
$ZnCl_2$	c	-415.05	-369.43	111.46

摘自 Robert C. West "CRC Handbook of Chemistry and Physics", 70 ed., 1989~1990, D-51, 已换算成 SI 单位。

附录 V 配合物的稳定常数

配位体	金属离子			$\lg \beta_n$			
NH_3	Ag^+	3.24	7.05				
	Cd^{2+}	2.65	4.75	6.19	7.12	6.80	5.14
	Co^{2+}	2.11	3.74	4.79	5.55	5.73	5.11
	Co^{3+}	6.7	14.0	20.1	25.7	30.8	35.2
	Cu^+	5.93	10.86				
	Cu^{2+}	4.31	7.98	11.02	13.32	12.86	
	Fe^{2+}	1.4	2.2				
	Mn^{2+}	0.8	1.3				
	Hg^{2+}	8.8	17.5	18.5	19.28		
	Ni^{2+}	2.80	5.04	6.77	7.96	8.71	8.74
	Pt^{2+}						35.3
	Zn^{2+}	2.37	4.81	7.31	9.46		
Br^-	Ag^+	4.38	7.33	8.00	8.73		
	Cd^{2+}	1.75	2.34	3.32	3.70		
	In^{3+}	1.30	1.88				
	Hg^{2+}	9.05	17.32	19.74	21.00		
	Sn^{2+}	1.11	1.81	1.46			
Cl^-	Ag^+	3.04	5.04		5.30		
	Bi^{3+}	2.44	4.7	5.0	5.6		
	Cd^{2+}	1.95	2.50	2.60	2.80		

续表

配位体	金属离子	$\lg \beta_n$					
	Cu^+		5.5	5.7			
	Cu^{2+}	0.1	-0.6				
	Fe^{3+}	1.48	2.13	1.99	0.01		
	Hg^{2+}	6.74	13.22	14.07	15.07		
	Pd^{2+}	6.1	10.7	13.1	15.7		
	Pb^{2+}	1.62	2.44	1.70	1.60		
	Pt^{2+}		11.5	14.5	16.0		
	Sb^{3+}	2.26	3.49	4.18	4.72		
	Sn^{2+}	1.51	2.24	2.03	1.48		
	Tl^{3+}	8.14	13.60	15.78	18.00		
	Zn^{2+}	0.43	0.61	0.53	0.20		
CN^-	Ag^+		21.1	21.7	20.6		
	Cd^{2+}	5.48	10.60	15.23	18.78		
	Cu^+		24.0	28.59	30.30		
	Fe^{2+}					35	
	Fe^{3+}					42	
	Hg^{2+}				41.4		
	Ni^{2+}				31.3		
	Zn^{2+}				16.7		
F^-	Al^{3+}	6.10	11.15	15.00	17.75	19.37	19.84
	Be^{2+}	5.1	8.8	12.6			
	Cr^{3+}	4.41	7.81	10.29			
	In^{3+}	3.70	6.25	8.60	9.70		
	Fe^{3+}	5.28	9.30	12.06			
OH^-	Al^{3+}	9.27			33.03		
	Cd^{2+}	4.17	8.33	9.02	8.62		

附录 V　配合物的稳定常数

续表

配位体	金属离子	$\lg \beta_n$					
OH^-	Cr^{3+}	10.1	17.8		29.9		
	Cu^{2+}	7.0	13.68	17.00	18.5		
	Ga^{3+}	11.0	21.7		34.3	38.0	40.3
	Fe^{2+}	5.56	9.77	9.67	8.58		
	Fe^{3+}	11.87	21.17	29.67			
	In^{3+}	9.9	19.8		28.7		
	Ni^{2+}	4.97	8.55	11.33			
	Pb^{2+}	7.82	10.85	14.58			
	Sb^{3+}		24.3	36.7	38.3		
	Zn^{2+}	4.40	11.30	14.14	17.66		
I^-	Bi^{3+}	3.63			14.95	16.80	18.80
	Ag^+	6.58	11.74	13.68			
	Cd^{2+}	2.10	3.43	4.49	5.41		
	Cu^+		8.85				
	Pb^{2+}	2.00	3.15	3.92	4.47		
	Hg^{2+}	12.87	23.82	27.60	29.83		
	Tl^{3+}	11.41	20.88	27.60	31.82		
SCN^-	Ag^+		7.57	9.08	10.08		
	Bi^{3+}	1.15	2.26	3.41	4.23		
	Cd^{2+}	1.39	1.98	2.58	3.6		
	Cr^{3+}	1.87	2.98				
	Cu^+	12.11	5.18				
	Fe^{3+}	2.95	3.36				
	Hg^{2+}		17.47		21.23		
	Ni^{2+}	1.18	1.64	1.81			
	Zn^{2+}	1.61					

续表

配位体	金属离子	$\lg \beta_n$			
$S_2O_3^{2-}$	Ag^+	8.82	13.46		
	Cd^{2+}	3.93	6.44		
	Cu^+	10.27	12.22	13.84	
	Fe^{3+}	2.10			
	Hg^{2+}		29.44	31.90	33.24
	Pb^{2+}		5.13	6.35	
Ac^-	Ag^+	0.73	0.64		
	Ce^{3+}	1.68	2.69	3.13	3.18
	Cr^{3+}	1.80	4.72		
	Cu^{2+}	2.16	3.20		
	Fe^{2+}	3.2	6.1	8.3	
	Pb^{2+}	2.52	4.0	6.4	8.5
AcAc（乙酰丙酮）	Al^{3+}	8.6	15.5		
	Cd^{2+}	3.84	6.66		
	Ce^{3+}	5.30	9.27	12.65	
	Co^{2+}	5.40	9.54		
	Cu^{2+}	8.27	16.34		
	Fe^{2+}	5.07	8.64		
	Fe^{3+}	11.4	22.1	26.7	
	Ni^{2+}	6.06	10.77	13.09	
	Zn^{2+}	4.98	8.81		
$C_2O_4^{2-}$	Ag^+	2.41			
	Al^{3+}	7.26	13.0	16.3	
	Fe^{2+}	2.9	4.52	5.22	
	Fe^{3+}	9.4	16.2	20.2	
	Mn^{2+}	3.97	5.80		

续表

配位体	金属离子	$\lg \beta_n$					
$C_2O_4^{2-}$	Mn^{3+}	9.98	16.57	19.42			
	Ni^{2+}	5.3	7.64	~8.5			
	Zn^{2+}	4.89	7.60	8.15			
En (乙二胺)	Ag^+	4.70	7.70				
	Cd^{2+}	5.47	10.09	12.09			
	Co^{2+}	5.91	10.64	13.94			
	Co^{3+}	18.7	34.9	48.69			
	Cu^+		10.8				
	Cu^{2+}	10.67	20.00	21.0			
	Fe^{2+}	4.34	7.65	9.70			
	Hg^{2+}	14.3	23.8				
	Ni^{2+}	7.52	13.84	18.33			
	Zn^{2+}	5.77	10.83	14.11			
N◯	Ag^+	1.97	4.35				
	Cd^{2+}	1.40	1.95	2.27	2.50		
	Co^{2+}	1.14	1.54				
	Cu^{2+}	2.59	4.33	5.93	6.54	7.00	10.2
	Hg^{2+}	5.1	10.0	10.4			
	Mn^{2+}	1.92	2.77	3.37	3.50		
	Zn^{2+}	1.41	1.11	1.61	1.93		
EDTA	Ag^+	7.32					
	Al^{3+}	16.11					
	Ba^{2+}	7.78					
	Be^{2+}	9.3					
	Bi^{3+}	22.8					

续表

配位体	金属离子	$\lg \beta_n$
EDTA	Ca^{2+}	11.0
	Cd^{2+}	16.4
	Ce^{3+}	16.8
	Co^{2+}	16.31
	Co^{3+}	36
	Cr^{2+}	13.6
	Cr^{3+}	23
	Cu^{2+}	18.7
	Fe^{2+}	14.33
	Fe^{3+}	24.23
	Hg^{2+}	21.80
	In^{3+}	24.95
	La^{3+}	16.34
	Mg^{2+}	8.64
	Mn^{2+}	13.8
	Ni^{2+}	18.56
	Pb^{2+}	18.3
	Sn^{2+}	22.1
	Sr^{2+}	8.80
	Zn^{2+}	16.4

摘自 "Lange's Handbook of Chemistry", 12 ed., 5~49。